R – Einführung durch angewandte Statistik

W0064563

Reinhold Hatzinger
Kurt Hornik
Herbert Nagel

R

Einführung durch
angewandte Statistik

ein Imprint von Pearson Education
München • Boston • San Francisco • Harlow, England
Don Mills, Ontario • Sydney • Mexico City
Madrid • Amsterdam

Bibliografische Information der Deutschen Nationalbibliothek

Die Deutsche Nationalbibliothek verzeichnet diese Publikation in der Deutschen
Nationalbibliografie; detaillierte bibliografische Daten sind im Internet
über <http://dnb.d-nb.de> abrufbar.

10   9   8   7   6   5   4   3   2   1

13   12   11

ISBN 978-3-86894-060-2

© 2011 by Pearson Studium
ein Imprint der Pearson Education Deutschland GmbH,
Martin-Kollar-Straße 10–12, D-81829 München/Germany
Alle Rechte vorbehalten
www.pearson-studium.de
Programmleitung: Birger Peil, bpeil@pearson.de
Lektorat: Irmgard Wagner, irmwagner@t-online.de
Umschlaggestaltung: Thomas Arlt, tarlt@adesso21.net
Herstellung: Martha Kürzl-Harrison, mkuerzl@pearson.de
Korrektorat: Petra Kienle, Fürstenfeldbruck
Satz: le-tex publishing services GmbH, Leipzig
Druck und Verarbeitung: Kösel, Krugzell (www.KoeselBuch.de)

Printed in Germany

Inhaltsverzeichnis

Vorwort

Dieses Buch entstand aus der Idee, auf moderne, problem- und praxisorientierte Weise Grundlagen der Statistik zu vermitteln. Das geht nicht, ohne dabei gleichzeitig die Umsetzung mittels geeigneter Software zu berücksichtigen. Eine natürliche Wahl dafür ist R, eine „Umgebung für Datenanalyse und Grafik". R ist die state-of-the-art Statistiksoftware, ist Open Source und daher auch frei verfügbar. Der modulare und funktionale Charakter von R ermöglicht es, statistische Methoden leichter erlernen und besser verstehen zu können. Man kann alles ausprobieren, nachvollziehen und auf „spielerische" Weise mit Zahlen, Daten und Formeln umgehen.

Traditionelle Ansätze des Vermittelns von Statistikkenntnissen für substanzwissenschaftliche Studienrichtungen (wie z. B. Psychologie, Soziologie, Kommunikationswissenschaft, Betriebswirtschaft oder Medizin) verfolgten entweder sehr formale, wahrscheinlichkeitstheoretisch orientierte Konzepte oder teilten den Lehrstoff in deskriptive und inferenzstatistische Methoden (eine unserer Meinung nach unglückliche Trennung). Übungs- bzw. Anwendungsbeispiele waren oft sehr praxisfern. Man denke an die Urnen, gefüllt mit bunten Kugeln, aus denen nach bestimmten Vorschriften zufällig einige herauszuziehen sind. Oder an das Einsetzen einiger weniger Zahlen in Formeln, um dann Mittelwert und Varianz zu berechnen. Spätestens als die PCs Einzug hielten, begann man sich darauf zu besinnen, dass im Zentrum statistischer Überlegungen eigentlich Daten, Information, deren Verarbeitung und mögliche Schlussfolgerungen stehen. Entsprechend hat sich seither, wenn auch langsam, die Vermittlung von Statistikkenntnissen geändert. Immer öfter wird heute der computerunterstützten Verarbeitung von Daten Raum gegeben.

Das Konzept dieses Buchs (das wir genauer im ersten Kapitel beschreiben) zielt daher auch darauf ab, die interessanten Aspekte anhand vieler Fallbeispiele aus unterschiedlichsten Bereichen (die zum Teil fortgesetzt und unter verschiedenen methodischen Aspekten betrachtet werden) in den Vordergrund zu stellen, ohne das zum Verständnis notwendige formale Wissen auszublenden. Wir versuchen dabei, Berührungsängste zu verringern und einen vielleicht manchmal als trocken erlebten Stoff lebendig zu gestalten. Die Verwendung von R kann hierzu einen wesentlichen Beitrag leisten, da R relativ (entgegen oft anders gehörten Meinungen) leicht zu erlernen ist und einen spielerischen und kreativen Umgang mit den Inhalten erlaubt und fördert. Wir haben oft erlebt, dass Studierende von Ergebnissen und grafischen Darstellungen freudig überrascht waren, besonders wenn sie eigene Fragestellungen und selbst erhobene Daten analysiert hatten.

Als Zielgruppe haben wir in erster Linie an Studierende verschiedenster empirisch ausgerichteter Substanzwissenschaften gedacht, aber auch an (junge) ForscherInnen, die ihr Wissen auffrischen und/oder sich vielleicht die eine oder andere Anregung zur Umsetzung ihrer Studien holen wollen.

Nicht zuletzt soll dieses Buch auch dazu dienen, nachschlagen zu können, wenn man etwas in R realisieren möchte und nicht genau weiß oder vergessen hat, wie das geht. Aus diesem Grund haben wir uns bemüht, den Index so zu gestalten, dass man auch findet, was man sucht.

Bedanken wollen wir uns bei Studierenden und unseren Kolleginnen und Kollegen am Institut für Statistik und Mathematik der WU (Wirtschaftsuniversität Wien), sowie besonders bei Regina Dittrich, Ingrid Koller und Marco Maier, die oftmals Teile des Manuskripts lasen, uns auf Fehler aufmerksam machten und wichtige Anregungen gaben. Viele Studierende aus diversen Kursen haben zur Entwicklung unseres Konzepts beigetragen.

Interessante Beispiele und Daten wurden von Kathrin Gruber, Dieter Gstach, Graeme Hutchinson (Universität Manchester) und Wolfgang Lutz beigesteuert oder zur Verfügung gestellt.

Ganz herzlich wollen wir uns bei Irmgard Wagner bedanken, die uns bei der Verwirklichung des Buchs begleitet hat. Sie hat mit großem Sachverstand, vielen guten Anregungen und viel Geduld und Mühe wesentlich zur Entstehung beigetragen. Petra Kienle hat darauf geachtet, dass unsere Kämpfe mit der neuen deutschen Rechtschreibung nicht im Desaster endeten, und uns vor manchen Satzungetümen bewahrt.

Dieses Buch wurde mit LaTeX realisiert. Ohne das R-Package **Sweave** (Leisch, 2002), das es erlaubt, R-Code und R-Output in LaTeX automatisiert zu integrieren, wäre die Arbeit an dem Buch sehr mühsam geworden. Dafür wollen wir uns bei Fritz Leisch, dem Autor von **Sweave**, herzlich bedanken. Schließlich wollen wir auch der Setzerin bzw. dem Setzer unsere Anerkennung aussprechen. Es war sicher nicht einfach, unsere LaTeX markups und macros im endgültigen Satzbild umzusetzen.

Schließlich, und nicht zuletzt, ein großes Danke an Regina, Ilse und Sibylle für ihre Geduld, ihr Verständnis und ihre Unterstützung. Ohne sie wäre dieses Buch nicht zustande gekommen.

Reinhold Hatzinger, Kurt Hornik und Herbert Nagel

Fragestellungen und Methoden

Kapitel 11: Dimensionsreduktion:

Kapitel 12: Gruppierung von Beobachtungen:

Einführung

1

ÜBERBLICK

1.1 Konzeption des Buchs

Wie schon aus dem Titel ersichtlich, beschäftigt sich dieses Buch mit zwei Themen, dem Programmpaket R (R Development Core Team, 2010) und angewandter Statistik. Im Alltagssprachgebrauch ist der Begriff Statistik nicht besonders positiv besetzt und hat oft den Beigeschmack trockener Zahlenklauberei. Tatsächlich aber ist Statistik viel mehr. Statistik ist die Kunst und Wissenschaft, von Daten zu lernen. Sie ermöglicht uns einen Blick auf die Welt, der in unserer modernen Informationsgesellschaft von vitaler Bedeutung ist. Wir alle, Studierende und Lehrende, Frauen und Männer, Jüngere und Ältere, müssen die täglich auf uns einströmende, manchmal überbordende Fülle an Information bewältigen und das heißt eben, von Daten zu lernen und sie zu interpretieren.

Somit hat die Statistik auch die Aufgabe, Information so zu vereinfachen und zu komprimieren, dass Kernaspekte herausgearbeitet werden. Durch die Verwendung von Computern und geeigneter Software ist das heute viel leichter als vor noch nicht allzu langer Zeit. R ist eines dieser Softwarepakete. Es beruht auf S, das vor mehr als 40 Jahren bei AT & T Bell Labs entstand und das 1998 mit dem Software System Award der Association for Computing Machinery ausgezeichnet wurde, weil es „für alle Zeiten die Art wie Menschen Daten analysieren, visualisieren und manipulieren verändert hat". Um 1990 begannen Ross Ihaka und Robert Gentleman, damals an der University of Auckland in Neuseeland, mit der Implementierung eines Open Source Systems „nicht unähnlich zu S", das sie R nannten. Diese Initiative wurde von Statistikern an Universitäten mit wachsender Begeisterung aufgenommen. Rasch entstand ein Team von Kernentwicklern aus führenden Vertretern der modernen, rechenorientierten Statistik. Mittlerweile ist R zum de facto Standard der statistischen Forschung an Universitäten geworden. R versteht sich aber nicht als „reine" Statistiksoftware, sondern als flexible (Software)Umgebung für „Datenanalyse und Grafik", und erfreut sich so in einer Vielzahl von Disziplinen immer größerer Beliebtheit wenn es darum geht, Daten zu analysieren und zu visualisieren. Den Kern von R bildet eine mächtige, für den Umgang mit Daten konzipierte Programmiersprache, deren Basisfunktionalität einfach zu erlernen ist. Beruhend auf dieser universellen Sprache gibt es eine Vielzahl von Erweiterungen für speziellere Bedürfnisse, wie etwa grafische Benutzeroberflächen, oder Verfahren für bestimmte Anwendungsbereiche.

Die Konzeption dieses Buchs beruht auf unserer mehr als zwanzigjährigen Erfahrung im Unterrichten einführender Statistik und Statistiksoftware. Wir haben die Entwicklung er- und gelebt, die von einem traditionellen, an Formeln orientierten zu einem modernen Ansatz führte, der Konzepte in den Vordergrund stellt. Zumindest in einem ersten Schritt sollte Lernen von Statistik nicht darin bestehen, irgendwelche Zahlen in scheinbar obskure Formel einsetzen und diese dann ausrechnen zu können. Daher ist auch die Kombination mit Statistiksoftware so wichtig, weil es die Konzentration auf die wesentlichen Aspekte fördert. Wir folgen den Richtlinien, die unter anderem von den beiden weltweit führenden Institutionen auf diesem Gebiet, der American Statistical Association und der englischen Royal Statistical Society, für die Einführung in Statistik formuliert wurden. Die wichtigsten sind:

- Betonung statistischer Fähigkeiten (*literacy*) und Entwicklung statistischen Denkens
- Verwendung echter Daten

- Eher Akzentuierung konzeptuellen Verständnisses als einfache Kenntnisse formaler Prozeduren
- Benutzung technologischer Hilfsmittel zur Analyse von Daten und Entwicklung von Konzepten

1.2 Aufbau des Buchs

Dieses Buch versteht sich nicht als R-Handbuch, in dem alle Details beschrieben werden (d. h. in dem alle Funktionen definiert und Menüpunkte durchbesprochen werden), und auch nicht als Statistiklehrbuch in Form eines Trockenkurses. R wird parallel zu statistischen Methoden erläutert und damit soll es der Leserin bzw. dem Leser ermöglicht werden, Statistik mit diesem Computerprogramm für Aufgaben im Alltag und Beruf einsetzen zu können.

Aus diesen Gründen haben wir einen Ansatz gewählt, der nicht einer traditionelle Vermittlungsweise in der Form: *Beschreibende Statistik – Wahrscheinlichkeitstheorie – Inferenzstatistik* folgt. Wir bevorzugen einen alternativen, mehr an der Praxis und an Daten orientierten Aufbau und integrieren statistische Konzepte mit einer Darstellung des *how to do*, wie also bei bestimmten Fragenstellung die Umsetzung erfolgen kann und wie man dabei in der Praxis konkret vorgeht.

Das Buch beginnt mit einer kurzen Darstellung der wesentlichen Grundbegriffe der Statistik, die für das Verstehen der späteren Kapitel notwendig sind, und einem Überblick über die Bedienung von R. Dieser orientiert sich an den Schritten einer Datenanalyse, wie sie in der Praxis durchgeführt wird.

Der eigentliche Kern des Buchs besteht aus vier Teilen, in denen verschiedene Typen von Information behandelt werden. Zunächst liegt der Fokus auf kategorialen Daten, also solchen, wo Information in Form von Häufigkeiten und Prozentsätzen bestimmter Gruppen oder Klassifikationen vorliegt. Der zweite Teil beschäftigt sich dann mit metrischer bzw. numerischer Information, also mit Daten, die nicht durch Kategorien repräsentiert werden, sondern in Form von Zahlen vorliegen. Informationen, in der diese beiden Typen gemeinsam vorkommen, sind Gegenstand des dritten Teils und schließlich folgt noch eine Behandlung komplexer, vieldimensionaler Information, sogenannter multivariater Daten. Die Teile bestehen immer aus einem oder zwei Kapiteln, die sich mit spezifischen Problemen befassen, die mit dem jeweiligen Informationstyp in Zusammenhang stehen.

Gegliedert ist jedes Kapitel in typische Fragestellungen, die bei einem bestimmten Datentyp auftauchen können. Hierbei werden anhand von insgesamt 27 realen Fallbeispielen Probemstellungen diskutiert und Lösungsmöglichkeiten sowohl bezüglich der statistischen Methodik als auch deren Umsetzung in R vorgestellt. Alle dazu notwendigen methodischen Überlegungen werden nicht auf Vorrat, sondern immer dann präsentiert, wenn sie zur Beantwortung einer Fragestellung wichtig sind. Dies ist auch der Grund, warum beschreibende und inferenzstatistische Methoden nicht getrennt sondern kombiniert dargestellt werden und schon gleich zu Beginn des Kernstoffs in Kapitel 6 auftauchen. Gleich nach der in einem Fallbeispiel gestellten Frage werden die formalen Ideen zu deren Beantwortung auf einfache Weise präsentiert, formale Aspekte (wie z. B. Formeln) werden dabei so weit als möglich ausgespart und nur dort behandelt, wo sie zum Verständnis notwendig erscheinen. Besonderes Augenmerk legen wir auf Interpretationen, die sowohl die technischen als auch inhaltlichen Gesichtspunkte ausführlich abdecken und der Leserin bzw.

dem Leser als Vorbild für eigene Arbeiten dienen können. Allgemeinere Grundideen bzw. spezielle Überlegungen werden in Exkursen behandelt, die bei einem ersten Lesen überblättert werden können. In drei Fällen gibt es eine vertiefende Betrachtung des Lernstoffs in einem Anhang zum jeweiligen Kapitel.

Jedes Kapitel beginnt mit einer kurzen Zusammenstellung und einem Ausblick auf den Inhalt und endet mit einer Zusammenfassung der behandelten Konzepte und Übungsaufgaben.

Zum Buch gibt es eine Companion Website (http://www.pearson-studium.de). Dort finden Sie, nach Kapiteln gegliedert, den gesamten im Buch verwendeten R-Code, sowie zu allen Übungsaufgaben die dazu benötigten Dateien und kommentierte Lösungen.

Bis auf wenige Ausnahmen werden nur reale Datensätze verwendet, die alle ebenso auf der Companion Website zur Verfügung stehen. Eines der Ziele des Buchs besteht darin, alle Schritte nachvollziehbar zu machen.

1.3   Programmversionen von R

Das Buch wurde mit R 2.11.1 erstellt. Wir empfehlen, grundsätzlich immer die aktuellste veröffentlichte Version von R zu verwenden: dies stellt sicher dass auch bei den verwendeten Erweiterungs-Packages immer die aktuellste Version verfügbar ist.

1.4   Wie kann dieses Buch verwendet werden?

Ohne Statistikgrundkenntnisse:

- in einem einsemestrigen Kurs (20–25 Stunden)
- im Selbststudium

Da keinerlei Voraussetzungen bestehen (außer dem basalen Umgang mit PCs und ein wenig Mathematik), lässt sich dieser Text in einem einsemestrigen Einführungskurs in Statistik mit R gut umsetzen. Der Text ist so konzipiert, dass er auch zum Selbststudium geeignet sein sollte.

Mit Statistikgrundkenntnissen:

- Wenn man eine Datenerhebung plant oder Daten bereits gesammelt hat und wissen möchte, wie man diese computergerecht erfassen und für eine Analyse aufbereiten sollte
- Wenn man zu einer bestimmten inhaltlichen (substanzwissenschaftlichen) Fragestellung die entsprechende statistische Methode sucht
- Wenn man für eine bestimmte statistische Methode wissen möchte, wie man deren Ergebnis interpretiert
- Wenn man eine konkrete Analyse in R durchführen möchte

Der einführende, problem- und lösungsorientierte Charakter des Texts soll die Leserin bzw. den Leser in die Lage versetzen, bestimmte statistische Methoden anwenden und umsetzen zu können bzw. Hilfe und Anregungen bei spezifischen Fragenstellungen zu erhalten.

1.5 Typografische und andere Konventionen in diesem Buch

Um den Text übersichtlich und lesefreundlich zu gestalten, haben wir einige Elemente definiert, die durch verschiedene Schrifttypen und Gestaltungsweisen gekennzeichnet sind.

R Input und Output

Der Input in R, d. h., die Befehle, wie Sie sie eingeben sollen wird in R-Kästen dargestellt:

R

```
> x <- c(2, 4, 6, 8)
> x
```

Die Ausgabe dieser beiden Befehle, die bis auf wenige Ausnahmen (wie hier) unmittelbar nach den Eingabekästen folgt, sieht so aus:

[1] 2 4 6 8

Bei manchen Befehlen gibt es keine unmittelbare Ausgabe. Wenn sich der nachfolgende Text auf die Ausgabe bezieht und diese kommentiert wird, dann werden die entsprechenden Elemente genauso wie in der Ausgabe, also z. B. so [1] 2 4 6 8 dargestellt.

In R erzeugte Grafiken finden sich in Abbildungen auf die im Text verwiesen wird. Beispiel: Mit dem folgenden Befehl kann man die Logarithmusfunktion visualisieren (▶ Abbildung 1.1).

R

```
> plot(log(seq(1, 5, 0.1)), type = "l")
```

Bis auf extra gekennzeichnete Ausnahmen verwenden wir immer R-Standardgrafiken und verzichten auf Hinzufügen zusätzlicher Grafikelemente.

Aus ästethischen Gründen hat der Verlag bei manchen Grafiken Blau- statt Grautöne (wie sie in R standardmäßig erzeugt werden) verwendet. Bunte R-Grafiken werden durch Blauschattierungen dargestellt.

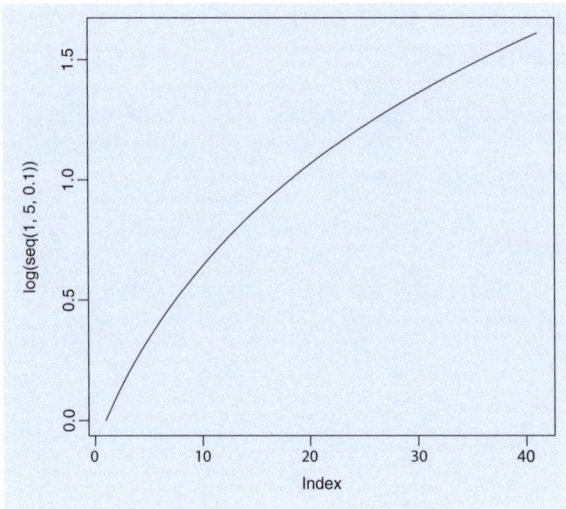

Abbildung 1.1: Beispielsgrafik: Logarithmusfunktion

Schrifttypen

Im Prinzip wird immer jene Schrift verwendet, wie sie auch am Bildschirm zu sehen ist.

- Nichtproportionale Schrift (*monospace*):
  Ebenso wie für den **R** Input und Output als auch für Variablen-, Funktions-, Options- und Dateinamen verwenden wir nichtproportionale Schrifttypen, wie z. B. für die Variable `geschlecht` oder die Datei `fragebogen.RData`. Funktionen werden mit Klammern geschrieben (z. B. `plot()`), um anzudeuten, dass nach Funktionsnamen immer Klammern folgen. Nach Namen von Optionen bzw. Argumenten von Funktionen schreiben wir = (z. B. `type=`), um anzudeuten, dass nach dem = etwas zu spezifizieren ist.
- Serifenlose Schrift (*sans serif*):
  Alles, was sich in der **R** Benutzeroberfläche in serifenloser Schrift dargestellt wird (im Wesentlichen Fenstertitel und Menüpunkte), hat diese Form, wie z. B. der Menüpunkt Datei. R-Packages werden serifenlos fett geschrieben wie z. B. das Package foreign.
- Schrift mit Serifen (*serif*):
  Verweise auf Links, die in Screenshots von Webseiten vorkommen, sind so dargestellt wie z. B. Task Views.

Weiters verwenden wir

- Schrifttyp: Kapitälchen (*small caps*)
  Wichtige Begriffe werden, wenn sie zum ersten Mal auftauchen, IN DER FORM bzw. IN DER FORM gekennzeichnet, wie z. B. HYPOTHESE.

- kursive Schrift (*slanted*)
  Kursiv wird verwendet, wenn wir etwas *hervorheben* wollen oder bei englischen Übersetzungen, wenn sie zum ersten Mal auftauchen, wie z. B. Arbeitsverzeichnis (engl. *working directory*).

Buttons und Keyboard-Tasten

Wenn in der Bedienung von R ein Mausklick auf eine Schaltfläche (Button) erfolgen soll, dann wird es so oder durch das entsprechende Icon, z. B. ✕ dargestellt. Die Verwendung von Tasten am Keyboard wird durch die Symbole →, ↑, ↓ und ← gekennzeichnet, die Eingabe-Taste (Return-Taste) durch ↵. Tastenkombinationen, wie z. B. für Kopieren und Einfügen, werden symbolisiert durch Strg+C und Strg+V.

Hinweise, Tipps und Warnungen

Manchmal gibt es Textpassagen, die spezielle Hinweise enthalten. Diese sind in Blau gesetzt und werden zusätzlich durch ein Symbol am Rand gekennzeichnet.

Navigation und Auswahl von Menüpunkten

Die grafische Benutzeroberfläche ist in R eher spartanisch gehalten und wird besonders bei der Anwendung von statistischen Methoden kaum benutzt. In diesem Buch werden Menüpunkte so dargestellt wie z. B. für Hilfe. Die Auswahl von Untermenüpunkten wird wie z. B. in Datei ▷ Speichern repräsentiert.

Statistische Grundbegriffe

2

ÜBERBLICK

Dieses Kapitel gibt einen Überblick über wesentliche Konzepte der Statistik, ohne deren Kenntnis die Verwendung von R nicht besonders sinnvoll erscheint. Es beginnt mit einigen Beispielen, die die Hauptaufgabengebiete der Statistik illustrieren sollen. Es handelt sich hierbei um Hochrechnung (statistisches Schätzen), das Prüfen von Fragestellungen und die Hilfe bei Entscheidungen (Testen von Hypothesen) sowie die Modellbildung, um komplexere Zusammenhangsstrukturen zu verstehen (statistisches Modellieren). Es folgt eine Besprechung grundlegender Begriffe wie Stichprobe und Population, Beobachtungseinheiten und Variablen. Ein kurzer Abschnitt behandelt die Frage wie Daten zustande kommen (Messung) und welche Arten von Daten unterschieden werden (kategorial bzw. metrisch). Dies ist deshalb besonders wichtig, weil die Art der statistischen Analysen davon abhängt. Schließlich werden noch Typen von Fragestellungen und die damit verbundene Einteilung von Variablen behandelt.

LERNZIELE

Nach Durcharbeiten dieses Kapitels haben Sie Folgendes erreicht:

- Sie kennen die Hauptaufgabengebiete der Statistik und die Unterschiede zwischen Schätzen, Testen und Modellieren.
- Sie wissen, was eine Population, eine Stichprobe und Beobachtungseinheiten sind, und verstehen die Beziehungen zwischen diesen Begriffen.
- Sie wissen, was eine Messung ist, und können metrische und kategoriale Daten definieren und unterscheiden.
- Sie können Nominal-, Ordinal, Intervall- und Ratio(nal)-Skalen erklären und Daten diesen Skalen zuordnen.
- Sie wissen, was Variablen sind.
- Sie können zwei wichtige Typen von statistischen Zusammenhängen zwischen Variablen („je – desto"-Zusammenhänge und Unterschiede zwischen Gruppen von Personen) unterscheiden und inhaltliche Fragestellungen danach einteilen.
- Sie wissen, was „wenn – dann"-Fragestellungen sind, und können dabei unabhängige und abhängige Variablen bzw. erklärende und Responsevariablen charakterisieren.

2.1 Einige Beispiele

Anhand einiger Beispiele (Keller und Warrack, 1997) sollen zunächst grundlegende Ideen und typische Problemstellungen der Statistik dargestellt werden.

2.1.1 Hochrechnung (statistisches Schätzen)

Produkteinführung

In den USA gibt es ein Unternehmen, *NPDC* (National Patent Development Corporation), das sich zur Aufgabe gesetzt hat, neu entwickelte Produktideen vom Patent bis zur Markteinführung zu betreuen. Eines dieser neuen Produkte ist *CARIDEX*, eine Paste, die zur Zahnbehandlung dient. Diese Paste wird auf kariöse Zähne aufgetragen und löst dort die erkrankten Stellen auf. Der große Vorteil dieses Produkts ist, dass sich sowohl Patient wie auch Zahnarzt das Bohren ersparen. Um nun *CARIDEX* auf den Markt zu bringen und die dafür benötigten Investitionen und Einkünfte abzuschätzen, braucht *NPDC* einige Informationen. Die Fixkosten beziffert das Unternehmen mit 4 Millionen Dollar. Eine Marktanalyse ergab, dass 10 000 von den insgesamt 100 000 Dentisten und Zahnärzten in den USA *CARIDEX* im ersten Jahr nach der Einführung verwenden würden. *NPDC* würde jedem Zahnarzt ein Gerät zum Auftragen der Paste zum Selbstkostenpreis von 200$ zur Verfügung stellen. Die Paste für einen Zahn kostet 0,50$, *NPDC* würde dafür 2,50$ in Rechnung stellen. Ob sich die Markteinführung rentiert, hängt also nur von der Gesamtzahl behandelter Zähne ab, da *NPDC* pro Zahn, der mit *CARIDEX* behandelt wird, wieder 2$ zurückerhält. Die Hauptfrage, die sich *NPDC* stellt, ist, ob die Markteinführung von *CARIDEX* schon im ersten Jahr profitabel ist. Man benötigt also Information darüber, wie viele Zähne die 10 000 Zahnärzte innerhalb eines Jahres mit *CARIDEX* behandeln würden.

Zu diesem Zweck wurde eine Stichprobe von 400 Zahnärzten befragt, wie viele Zähne sie in einer typischen (durchschnittlichen) Woche behandeln würden. Die Zahlen, die *NPDC* aus dieser Befragung erhalten hat, könnten so aussehen:

7, 3, 5, 5, 4, 7, 7, . . .

d. h., der erste Zahnarzt würde 7 Zähne pro Woche, der zweite 3 etc. behandeln. Was fängt *NPDC* nun mit dem Ergebnis der Befragung an? In diesem Beispiel ist eine wichtige Frage wohl:

- Wie viele Zähne werden von den Zahnärzten durchschnittlich pro Woche behandelt?

Zunächst wird man versuchen, diese Zahlen übersichtlich und sinnvoll zusammenzufassen, um einen ersten Eindruck zu bekommen, welche Information in den Daten steckt. Dies ist das Aufgabengebiet der sogenannten BESCHREIBENDEN oder DESKRIPTIVEN STATISTIK.

Deskriptive Statistik
stellt Methoden bereit, mit deren Hilfe man die Gesamtinformation, die in Rohdaten steckt, numerisch oder grafisch so darstellen bzw. komprimieren kann, dass wesentliche Aspekte erkennbar sind, ohne allzu viel an wichtiger Information zu verlieren.

Dies dient vor allem zur Präsentation bzw. Strukturierung (möglicherweise umfang-reichen) Datenmaterials. Hierzu gibt es eine Reihe von numerischen und grafischen Methoden, die je nach Art der Daten und nach der jeweiligen Fragestellung ange-wendet werden. Wir werden solche deskriptiven statistischen Methoden zur Zusam-menfassung, Reduktion und Darstellung von Informationen noch ausführlich behan-deln.

Deskriptive statistische Methoden werden meistens bei Stichprobendaten ange-wendet, also hier auf die Angaben der 400 befragten Zahnärzte. Es geht aber eigent-lich darum, vorherzusagen, wie viele Zähne insgesamt, also von allen 10 000 Zahn-ärzten, behandelt werden. Aufgrund des Stichprobenmittelwerts kann man hoch-rechnen, wie viele behandelte Zähne insgesamt zu erwarten wären. Man erhält eine bestimmte Zahl als Ergebnis dieser Schätzung. Allerdings kann man nicht erwarten, dass diese Zahl ganz genau stimmen wird, sondern sie wird nur ungefähr stimmen. Aber natürlich möchte man schon wissen, wie groß dieses „ungefähr" ist. Und das ist die zweite wichtige Frage:

- In welchem Bereich wird die Gesamtanzahl aller von 10 000 Zahnärzten innerhalb eines Jahres behandelten Zähne liegen?

Methoden, die uns helfen, solche Fragen zu beantworten, gehören in das Gebiet der sogenannten INFERENZSTATISTIK (auch INFERENTIELLE oder SCHLIESSENDE STATIS-TIK).

> **Inferenzstatistik**
> stellt Methoden bereit, mit deren Hilfe man Schlüsse über die Eigenschaften von Grund-gesamtheiten (oder Populationen) basierend auf Stichprobendaten ziehen kann.

In unserem Beispiel wäre es wohl schwer gewesen, alle 10 000 Zahnärzte zu befra-gen, wie viele Zähne sie behandeln würden. Aber es genügt, nur einen kleinen Teil von ihnen (nämlich 400) zu befragen, um eine verlässliche Vorhersage über die zu erwartenden Einnahmen von *NPDC* abgeben zu können. Dieses erste Beispiel ist typisch für eine der Aufgaben der Statistik. Es soll versucht werden, bestimmte Werte aus einer Stichprobe für die Population hochzurechnen. Diese Aufgabe nennt man SCHÄTZUNG. Dazu gehört auch zusätzlich noch eine Angabe der Genauigkeit dieser Hochrechnung.

2.1.2 Prüfen von Fragestellungen (Testen von Hypothesen)

Wirksamkeit von Werbung

In den USA gibt es bestimmte TV-Shows, die inzwischen auch im deutschsprachigen Privatfern-sehen zu finden sind, in denen der Showmaster gleichzeitig als Werbeträger auftritt. Einer der Gründe für diese Art von Werbung besteht darin, dass Marketingfachleute glauben, dadurch eine höhere Glaubwürdigkeit des Werbeträgers zu erreichen und dadurch eine bessere Wirksamkeit der Werbung zu erzielen. Eine Studie an Kindern im Alter von 6 bis 10 Jahren sollte feststellen, ob diese Art von Werbung – sie soll im Folgenden kurz Showmaster-Werbung genannt (SW) werden –

wirksamer als normale Werbung (NW) ist. Im Speziellen wurde untersucht, ob die Erinnerungs-leistung bei Showmaster-Werbung höher ist und ob die Kinder dann eher das beworbene Pro-dukt kaufen würden. Zu diesem Zweck wurden zwei Gruppen von Kindern gebildet. Eine Gruppe von 121 Kindern (NW) sah ein Fernsehprogramm, das von normalen Werbepausen unterbrochen war. Die zweite Gruppe von ebenfalls 121 Kindern (SW) sah dasselbe Programm, mit der Aus-nahme, dass die Werbung nicht von einem unbekannten Schauspieler, sondern vom Showmaster selbst präsentiert wurde. Das beworbene Produkt war ein bestimmtes Frühstücksgericht (Zerealie) mit dem Namen *Canary Crunch*. Unmittelbar nach der Show wurden den Kindern einige Fragen gestellt, um zu untersuchen, was sie sich vom Werbeinhalt gemerkt haben. Jedes Kind wurde auf einer 10-Punkte-Skala beurteilt, wobei der Wert 10 bedeutete, dass ein Kind ausgezeichnet in der Lage war, sich Details der Werbung zu merken. Außerdem bekam jedes Kind die Gelegenheit, eine Gratispackung mit nach Hause zu nehmen, wobei es unter vier verschiedenen Produkten wäh-len konnte: *Kangaroo Hops (KH), Froot Loops (FL), Boo Berries (BB)* und *Canary Crunch (CC)*. Die Resultate könnten folgendermaßen aufgezeichnet worden sein:

Gruppe	Punkte beim Merken von Details	gewählte Gratispackung
SW	6	FL
SW	9	CC
SW	7	KH
SW	7	CC
⋮	⋮	⋮
NW	9	FL
NW	5	CC
NW	7	BB
NW	9	CC

Welche Informationen resultieren nun aus dieser Untersuchung? Folgende zwei Fragen lassen sich mit den erhobenen Daten beantworten:

- Merken sich Kinder mehr Details der Werbung, wenn sie vom Showmaster präsentiert wird?
- Wählen die Kinder, die die Showmaster-Werbung gesehen haben, eher das beworbene Pro-dukt?

Es geht also um die generelle Frage, ob sich die zwei Gruppen bezüglich der unter-suchten Merkmale, nämlich Gedächtnisleistung und gewähltes Produkt, unterschei-den. Dazu wird man zunächst die Daten, wie sie in der obigen Tabelle dargestellt sind, so zusammenfassen, dass aus den 726 Detailinformationen einige wenige übersichtliche Vergleichszahlen und Grafiken resultieren, die die untersuchte Stich-probe beschreiben.

Aber natürlich möchte man aufgrund der Ergebnisse dieser Studie auch darauf schließen können, wie generell sechs- bis zehnjährige Kinder auf Showmaster-Werbung reagieren. Man wird also wieder versuchen, die Ergebnisse, die anhand der untersuchten Stichprobe gewonnen wurden, auf alle vergleichbaren Kinder zu verallgemeinern. Letztlich wollen die Werbewissenschaftler die Frage beantworten, ob Showmaster-Werbung effektiver als normale Werbung ist.

Fragen dieser Art werden als Hypothesen bezeichnet und eine Aufgabe der Statistik ist es, solche zu überprüfen. Diese Aufgabe nennt man das TESTEN VON HYPOTHESEN. Natürlich kann man nie hundertprozentig sicherstellen, ob eine Hypothese zutrifft. Die Aufgabe der Statistik ist hierbei eine Entscheidungsgrundlage dafür zu geben, ob eher „JA" oder eher „NEIN" die richtige Antwort ist.

2.1.3   Erstellen von Modellen (statistisches Modellieren)

Bücherverkauf und Freiexemplare

Der Markt für Lehrbücher und wissenschaftliche Texte ist nicht ohne Weiteres mit anderen Produktmärkten vergleichbar, da die Entscheidung zum Kauf eines akademischen Werks auf anderen Grundlagen beruht als beim Kauf anderer Produkte. In den meisten Fällen sind SchülerInnen oder StudentInnen die Käufer und oft wird ein Lehrbuch nur deswegen gekauft, weil die LehrerInnen oder ProfessorInnen dieses Buch als Lernunterlage empfehlen. Also muss ein Verlag, der ein bestimmtes Buch verkaufen will, versuchen, jene Personen von den Vorteilen ihres Produkts zu überzeugen, die dann die Empfehlung aussprechen. Nun ist es für einen Unterrichtenden meist nicht leicht, die Qualität von Büchern zu beurteilen, da oft viele verschiedene Bücher mit gleichem oder ähnlichem Inhalt am Markt sind und er oder sie nicht alle kaufen und lesen kann. Aus diesem Grund gibt es Rezensionen in Fachzeitschriften, die den LehrerInnen helfen sollen, ein geeignetes Buch auszuwählen. Aber auch die Verlage haben sich eine Strategie einfallen lassen, um die LehrerInnen zu überzeugen, ihr Buch zu verwenden und zu empfehlen. Sie verschenken Freiexemplare an LehrerInnen in der Hoffnung, diese freundlich gegenüber ihrem Buch stimmen zu können.

Eine Managerin eines wissenschaftlichen Verlages untersucht die letzten Geschäftszahlen eines neu herausgegebenen Statistikbuchs. Besonders interessiert sie, wie viele Freiexemplare vergeben und wie viele Exemplare verkauft wurden. Ein Mitarbeiter hat ihr dazu eine Liste zusammengestellt, die wie in der folgenden Tabelle aussehen könnte:

Nummer des Repräsentanten	Bruttoerlös in US-Dollar	Anzahl vergebener Freiexemplare
1305	2086	106
1307	63093	337
1327	41017	182
1329	7621	192
1330	28725	161
1331	55298	185
⋮	⋮	⋮

Er fragt sich, ob seine Vertreter zu viele Bücher verschenken (dies kostet natürlich eine Menge). Es könnte aber auch sein, dass man die Erträge erhöhen könnte, wenn man mehr Freiexemplare vergeben würde. Im Prinzip interessiert ihn also:

■ Gibt es eine direkte Beziehung zwischen der Anzahl verschenkter Exemplare und den Einnahmen aus dem Verkauf dieser Bücher?

Man könnte aber auch weitere Fragen bezüglich dieser Beziehung stellen. Etwa, ob es einen Unterschied macht, wenn man ein Freiexemplar an jemanden vergibt, der an einer Universität mit nur wenigen Studenten unterrichtet, oder an jemanden, der viele Studenten zu betreuen hat. Eine andere Frage könnte sein, ob es eine Grenze für die Anzahl verschenkter Bücher gibt, ab der es sich nicht mehr rentiert, noch mehr zu vergeben. Sollte eine direkte Beziehung zwischen der Anzahl verschenkter und verkaufter Exemplare bestehen, dann lässt sich auch prognostizieren, wie viele Bücher verkauft würden, wenn man eine bestimmte Anzahl verschenken würde. Dies ist eine weitere Aufgabe der Inferenzstatistik. Es geht darum, ein STATISTISCHES MODELL zu formulieren, das bestimmte Sachverhalte geeignet abbildet und Beziehungen zwischen ihnen zu erklären hilft. In der Folge kann man solch ein Modell auch dazu verwenden, vernünftige PROGNOSEN abzugeben.

2.2 Grundlegende Konzepte

Die Beispiele und Fragestellungen, wie sie im vorigen Abschnitt dargestellt wurden, sind typische Anwendungssituationen für statistische Methoden. Die Frage, was mit dem Begriff Statistik eigentlich verbunden ist, könnte man so beantworten:

> **Was ist Statistik? (Arbeitsdefinition)**
> **Statistik beschäftigt sich mit**
>
> - dem Sammeln,
> - der Präsentation,
> - und der Analyse
>
> **von Daten (Information). Dabei will man üblicherweise aufgrund von Informationen, die man anhand von Stichproben gewonnen hat, allgemeine Schlussfolgerungen ziehen.**

In empirischen Wissenschaften (das sind solche, in denen Erkenntnisse durch Beobachtung gewonnen werden) geht es darum, Ordnungsprinzipien bei natürlichen Phänomenen zu entdecken, zu beschreiben, zu erklären und vorherzusagen. Hierbei verläuft der Prozess der Erkenntnisgewinnung in vier Schritten:

1. Beobachtung von Phänomenen
2. Aufstellen von Hypothesen und Theorien
3. (daraus) Ableitung von Vorhersagen
4. (und schließlich deren) Überprüfung

Im Prinzip begleiten statistische Methoden alle diese vier Schritte. Allerdings werden die drei oben angeführten Aspekte von Statistik (nämlich Sammeln, Präsentation und Analyse von Daten) vor allem im ersten und im vierten Schritt vorrangig sein. Die Statistik liefert dazu ein Methodeninventar (oder anders ausgedrückt, eine Werkzeugkiste), mit dessen Hilfe man Informationen aus Daten gewinnen und verarbeiten kann. Hauptaufgabe dieses Textes ist es, solche Werkzeuge zu besprechen und die Anwendung bei typischen Problemstellungen zu erläutern.

Dabei geht es im Wesentlichen um die Gewinnung und Verarbeitung von Information. Information gewinnt man durch Beobachtung. Es ist daher naheliegend, sich die einfache Frage zu stellen: **WORAN** beobachte ich **WAS**?

Ein bestimmtes, einzelnes **WORAN**, an dem man etwas beobachtet, nennt man BEOBACHTUNGSEINHEIT (oder auch statistische Einheit oder Fall, engl. *case*). Dabei wird es sich oft um Personen handeln, es können aber im Prinzip beliebige Objekte (wie Firmen, Regionen, aber auch bestimmte definierte Situationen) sein.

> **Beobachtungseinheiten:**
> Individuen, Objekte oder (Trans-)Aktionen, an denen etwas beobachtet wird. Eine statistische Erhebung dient üblicherweise dazu, Informationen über eine bestimmte, abgegrenzte (oder wohldefinierte) Menge von Beobachtungseinheiten zu gewinnen.

Diese wohldefinierte Menge nennt man POPULATION oder GRUNDGESAMTHEIT.

> **Population oder Grundgesamtheit**
> ist die Menge aller möglichen Beobachtungseinheiten, über die man eine Aussage treffen will.

Im Beispiel der Produkteinführung war als Population die Menge der 10 000 amerikanischen Zahnärzte festgelegt, die CARIDEX im ersten Jahr nach Markteinführung verwenden würden. Will man den Ausgang einer Parlamentswahl prognostizieren, dann besteht die Grundgesamtheit aus allen wahlberechtigten Bürgern des betreffenden Landes. Will man eine bestimmte Fragestellung nur bei Frauen untersuchen, dann spricht man von Teilpopulationen. Üblicherweise sind Grundgesamtheiten sehr groß, sie können im Prinzip aber auch unendlich groß oder sogar hypothetisch sein. Will man z. B. die Ausdehnungsgeschwindigkeit sterbender Sterne untersuchen, so hat man es im Universum mit unendlich vielen Sternen zu tun. Im Beispiel der Werbewirksamkeit von Showmastern wollen wir Aussagen über die hypothetische Gesamtheit aller sechs- bis zehnjährigen Kindern treffen. Die Ergebnisse sollen ja auch für Kinder gelten, die erst sechs Jahr alt werden, d. h. irgendwann in diese Altersgruppe kommen.

Normalerweise wird es aus verschiedensten Gründen nicht möglich sein, alle Objekte einer Population zu untersuchen. Man wird dann aus der Population nach bestimmten Kriterien eine Auswahl treffen und diese Gruppe untersuchen. Diese nennt man STICHPROBE.

> **Stichprobe (engl. *sample*)**
> ist eine Teilmenge der Grundgesamtheit. Sie soll ein möglichst getreues Abbild der Grundgesamtheit sein.
>
> **Stichprobenumfang (oder Größe der Stichprobe)**
> ist die Anzahl der Beobachtungseinheiten, die eine Stichprobe umfasst. (Sie wird in der Statistik üblicherweise mit n oder N bezeichnet.)

Eine Stichprobe sollte so auswählt werden, dass sie möglichst repräsentativ für die Population ist. Der Grund, warum man ein möglichst getreues Abbild der Population haben möchte, besteht natürlich darin, dass man ja aufgrund von Stichprobeninformation gültige Aussagen über die Population machen bzw. gültige Schlussfolgerungen ziehen will. Es gibt verschiedene Methoden, wie Stichproben gewonnen werden, das ist aber nicht Gegenstand dieses Buchs. Ein wichtiger Begriff in diesem Zusammenhang ist jener der ZUFALLSSTICHPROBE, auf dem ein Großteil der statistischen Theorie beruht.

> **Zufallsstichprobe (engl. *random sample*)**
> ist eine Stichprobe, in der jedes Element der Population die gleiche Chance hat, in die Stichprobe zu kommen. (Oder anders gesagt, alle möglichen Stichproben mit einem bestimmten Umfang sollen gleich wahrscheinlich sein.)

In manchen Fällen kann oder muss man die gesamte Population untersuchen. Man spricht dann von VOLLERHEBUNG. Wenn man Daten nur auf der Basis einer Stichprobe sammelt, nennt man das eine STICHPROBENERHEBUNG.

Das **WAS**, das ich beobachte, sind bestimmte Merkmale der Beobachtungseinheiten. Deshalb werden diese manchmal auch Merkmalsträger genannt. Solch ein MERKMAL, das man beobachtet, nennt man in der Statistik VARIABLE.

> **Variablen (Merkmale)**
> sind Charakteristika (bzw. Eigenschaften) von Beobachtungseinheiten, die man erheben will.

Im Beispiel der Produkteinführung von CARIDEX war das Merkmal, das an der Stichprobe der 400 Zahnärzte beobachtet wurde, deren subjektive Einschätzung der *Anzahl in einer durchschnittlichen Woche behandelter Zähne*. Die untersuchten Variablen im Beispiel der Wirksamkeit von Showmaster-Werbung waren *Behaltensleistung, gewähltes Produkt* und *Art der Werbung, die ein Kind gesehen hat*. Ein Merkmal kann verschiedene Werte annehmen und wird deshalb Variable genannt, da die beobachteten Werte von Beobachtungseinheit zu Beobachtungseinheit variieren (d. h. nicht bei allen gleich sind). Man nennt diese unterschiedlichen Werte auch MERKMALSAUSPRÄGUNGEN oder kurz Ausprägungen. Wichtig ist die Unterscheidung zwischen dem Begriff Merkmal (bzw. Variable) und dem Begriff Merkmalsausprägung (bzw. Wert), den eine Variable bei einer bestimmten Beobachtungseinheit hat. Wenn wir z. B. untersuchen, welches Produkt ein Kind nach der gezeigten Werbung gewählt hat, dann ist die untersuchte Variable (bzw. das untersuchte Merkmal) *gewähltes Produkt*, der Wert (bzw. die Ausprägung) für diese Variable beim ersten Kind war *FL* (siehe die Tabelle auf Seite 29).

2.3 Messung und Typen von Daten

Im Allgemeinen verbindet man den Begriff Daten mit Zahlen und tatsächlich wird man meist mit Zahlen operieren, wenn man Statistik betreibt. Allerdings müssen wir mit unseren Überlegungen einen Schritt früher beginnen, nämlich wie wir zu diesen Zahlen kommen. Wir können die Frage „*WORAN beobachte ich WAS*" um das Wort „*WOMIT*" erweitern. Hier kommt der Begriff *Messung* bzw. *Messinstrument* ins Spiel. Im Alltagssprachgebrauch versteht man unter Messung einen Vorgang, bei dem man mit einem Messinstrument irgendeine Zahl bestimmt, die eine interessierende Größe beschreibt, z. B. mit einem Metermaß wird die Breite eines Zimmers bestimmt, in das man einen Teppich legen möchte. Allerdings verwendet man in empirischen Wissenschaften den Begriff Messung allgemeiner (es gibt auch einen eigenen Forschungszweig, der sich Messtheorie nennt). Man spricht auch dann von Messung, wenn man bei einer Befragung das Alter und das Geschlecht eines Befragten bestimmt. Messung heißt nämlich allgemein, einem beobachtbaren Tatbestand eine Zahl zuzuordnen.

> **Messung**
> ist die Zuordnung von Zahlen zu beobachtbaren Phänomenen.
>
> Die Beziehungen zwischen beobachteten Phänomenen sollen durch die Beziehungen zwischen den zugeordneten Zahlen widergespiegelt werden.

Wir wollen einige Situationen betrachten, in denen verschiedene Typen von Messungen stattfinden:

Beispiel 1: So kann man z. B. bei der „Messung" des Geschlechts für männlich die Zahl 0 und für weiblich die Zahl 1 verwenden. Wichtig bei der Zuordnung von Zahlen zu den beobachtbaren Tatbeständen und ihrer Verwendung ist es, wie gesagt, dass diese Zahlen die Beziehungen zwischen den einzelnen Tatbeständen widerspiegeln. Für Geschlecht gibt es (ohne biologische Ausnahmen zu berücksichtigen) zwei Ausprägungen, nämlich *männlich* und *weiblich*. Die beobachtbare Beziehung zwischen diesen beiden Kategorien ist, dass sie **unterschiedlich** sind. Wenn wir die beiden Zahlen 0 und 1 verwenden, dann widerspiegeln diese ebenfalls einen Unterschied, nämlich $0 \neq 1$. Wir hätten aber ebenso 1 für *männlich* und 2 für *weiblich* verwenden können. Auch diese beiden Zahlen reflektieren den Unterschied. Wir können also beliebige Zahlen zuordnen, mit der Einschränkung, dass sie unterschiedlich sind.

Beispiel 2: Etwas anders ist es, wenn man z. B. Schulnoten betrachtet. Hier haben die Zahlen 1, 2, 3, ... eine bestimmte Bedeutung, die sich auch in den Beziehungen zwischen den Zahlen widerspiegelt. So ist 1 üblicherweise besser als 2 oder 3 etc. Ohne jetzt auf die Problematik einzugehen, was mit der Schulnote eigentlich gemessen wird (das ist ein Anwendungsfall für die oben genannte Messtheorie), unterscheiden sich diese Messungen der, sagen wir, Leistung in Geschichte von der Messung des Geschlechts dadurch, dass man bei Geschlecht nur Unterschiede beobachten kann, während bei der Leistung in Geschichte **zusätzlich** ein **mehr** oder **weniger** vorkommt (1 ist anders als 2, aber 1 ist auch besser als 2). Wir können jetzt nicht mehr irgendwelche Zahlen verwenden, die sich einfach unterscheiden, sondern es muss zusätzlich die Größenordnung berücksichtigt werden. Allerdings stünde es uns frei (vorausgesetzt man kann wirklich Leistungen unterscheiden, die *sehr gut, gut, ..., nicht genügend* sind), auch andere Zahlen zu verwenden (z. B. 11, 43, 95, ...), solange sie die Relation (besser, schlechter) widerspiegeln.

Beispiel 3: Noch einen Schritt weiter gehen wir, wenn wir etwa die Breite und Länge eines Zimmers messen, in das wir einen Teppich legen wollen. Wir müssen natürlich auch die Breite und Länge des Teppichs gemessen haben, um zu sehen, ob er in das Zimmer passt. Vergleicht man die Länge von zwei Objekten, so kann man folgende Eigenschaften feststellen: zwei Objekte sind gleich oder nicht gleich lang (sie können sich unterscheiden, wie schon *männlich* von *weiblich* bei Geschlecht), ein Objekt ist länger als das andere („gut" ist besser als „genügend" beim Geschichte-Test). Als Drittes kommt aber jetzt noch hinzu, dass auch **Unterschiede** (Differenzen) zwischen zwei Objekten **gleich** oder **ungleich** bzw. **kleiner** oder **größer** sein können. So kann z. B. die Breite des Teppichs um 5 cm kleiner sein als die Breite des Zimmers und ebenso die Länge des Teppichs um 5 cm kleiner sein als die Länge des Zimmers (der Teppich passt also, zumindest in das leere Zimmer). In beiden Fällen ist der Unterschied 5 cm, also gleich. Das kann man bei den Schulnoten nicht sagen (der Unterschied zwischen 1 und 2, also 1, ist sicher nicht gleich groß wie der Unterschied zwischen 4 und 5, der auch 1 beträgt.

Wir müssen also je nach Messung unterscheiden, welche Bedeutung die Zahlen haben, die wir verwenden. Dementsprechend werden sich dann auch die Methoden unterscheiden, die wir zu statistischen Analysen heranziehen werden.

Nach diesen Vorüberlegungen können wir uns jetzt an eine Einteilung von Daten machen. Dazu gibt es verschiedene Möglichkeiten, die wichtigste aber ist, nach der auch der Aufbau dieses Buchs gestaltet ist, die Einteilung in KATEGORIALE und METRISCHE DATEN.

Kategoriale Daten:

- Das Ergebnis einer Messung erfolgt durch Klassifikation oder Einteilung in Kategorien.
- Kategoriale Daten können Zahlen, aber auch irgendwelche Zeichen oder Wörter sein.

Kategoriale Daten sind also solche, wo ein beobachtetes Merkmal oder die Angabe einer Person in eine von zwei oder mehreren Kategorien (Gruppen, Klassen) eingeteilt wird. Beispiele hierfür sind: Geschlecht (männlich, weiblich), Blutgruppe (0, A, B, AB) oder Interesse an Mode (sehr interessiert, mäßig interessiert, überhaupt nicht interessiert). Wie an diesen Beispielen ersichtlich, gibt es zwei Arten von kategorialen Daten. Diese beiden Arten entsprechen auch den ersten beiden Arten von Messungen, wie wir sie eingangs dieses Kapitels besprochen haben. Wenn die Kategorien so definiert sind, dass dadurch nur Unterschiede beschrieben werden (wie männlich/weiblich bei Geschlecht oder 0/A/B/AB bei Blutgruppe), dann spricht man von UNGEORDNETEN KATEGORIEN. Man spricht auch davon, dass solche Daten auf einer NOMINALSKALA gemessen werden. Wenn zwischen den Kategorien noch eine Beziehung der Art *größer–kleiner* oder *mehr–weniger* besteht (wie bei *sehr/mäßig/gar nicht* interessiert an Mode), dann spricht man von GEORDNETEN

KATEGORIEN. Die entsprechende Skala, auf der solche Variablen gemessen werden, heißt ORDINALSKALA oder RANGSKALA, weil man hier die Kategorien in eine Rangreihe bringen kann.

> **Metrische Daten:**
>
> ■ Das Ergebnis einer Messung kommt durch eine Art Zählen zustande und ist numerisch.
> ■ Metrische Daten können nur Zahlen sein.

Metrische (numerische) Daten beruhen im Vergleich zu kategorialen Daten darauf, was man im Alltagssprachgebrauch unter Messungen versteht, z. B. die Zeit, die jemand benötigt, um von zu Hause zum Arbeitsplatz zu gelangen, die Länge der Strecke, die er/sie dabei zurücklegt, oder die Gewichtsveränderung, nachdem man eine Hochzeitsfeierlichkeit besucht hat. Solche Daten entsprechen der dritten Art von Messung vom Beginn dieses Kapitels, als wir über die Länge und Breite des Teppichs gesprochen haben, der ins Zimmer passen soll. Erst metrische Daten sind solche, wo wir wirklich Zahlen verwenden und mit ihnen operieren. So ist es offensichtlich, dass man bei der kategorialen Variable Geschlecht keinen Durchschnittswert ausrechnen kann. Aber wenn man daran interessiert ist, wie lange man z. B. im Durchschnitt auf einen Autobus einer bestimmten Linie warten muss, dann ist ein Durchschnittswert eine durchaus sinnvolle Beschreibung dafür, wie viel Wartezeit man zu erwarten hat, wenn man mit einem Bus dieser Linie fahren will. Auch metrische Daten sind durch Mess-Skalen definiert. Diese heißen INTERVALLSKALA und RATIO(NAL)- bzw. VERHÄLTNISSKALA. Für beide gilt, dass Unterschiede zwischen zwei Zahlen gleich groß bzw. kleiner/größer sein können. Die Verhältnisskala hat zusätzlich noch die Eigenschaft, dass auch *Verhältnisse* zwischen Zahlen gleich groß bzw. kleiner/größer sein können. In der statistischen Praxis ist diese Unterscheidung aber meist nicht sehr wichtig.

Einen Überblick über Datentypen und Beispiele dazu gibt ► Abbildung 2.1.

Ein erwähnenswerter Punkt im Zusammenhang mit Skalen ist es, dass die genannten vier Skalen unterschiedlich viel Information beinhalten. Die wenigste Information steckt in *nominal* skalierten Daten, während die meiste Information bei *ratio(nal)* skalierten Daten zu finden ist. Man spricht daher auch von SKALENNIVEAUS. Man kann Daten so transformieren, dass sie auch mittels einer Skala mit geringerem Informationsgehalt beschrieben werden, aber nicht umgekehrt. So kann man z. B. die Körpertemperatur von Kindern, gemessen in Celsius Graden (also intervallskalierte Daten), auch so angeben, dass daraus ordinale Daten werden, nämlich indem man die Temperatur eines Kindes in die Kategorien *hat kein Fieber*, *hat leichtes Fieber* und *hat hohes Fieber* einteilen kann. Aber wenn man einmal Daten nur in diesen Fieberkategorien erhoben hat, kann man daraus nicht mehr Grad Celsius machen. Das heißt also, metrische Daten können (nach Gruppierung) immer auch als kategoriale Daten verarbeitet werden, umgekehrt geht das aber nicht.

2.4 Arten von Fragestellungen und Variablen

Der Aufbau dieses Buchs folgt im Wesentlichen der Einteilung nach Datentypen, also welche Methoden verwendet werden können, wenn nur kategoriale, nur metrische

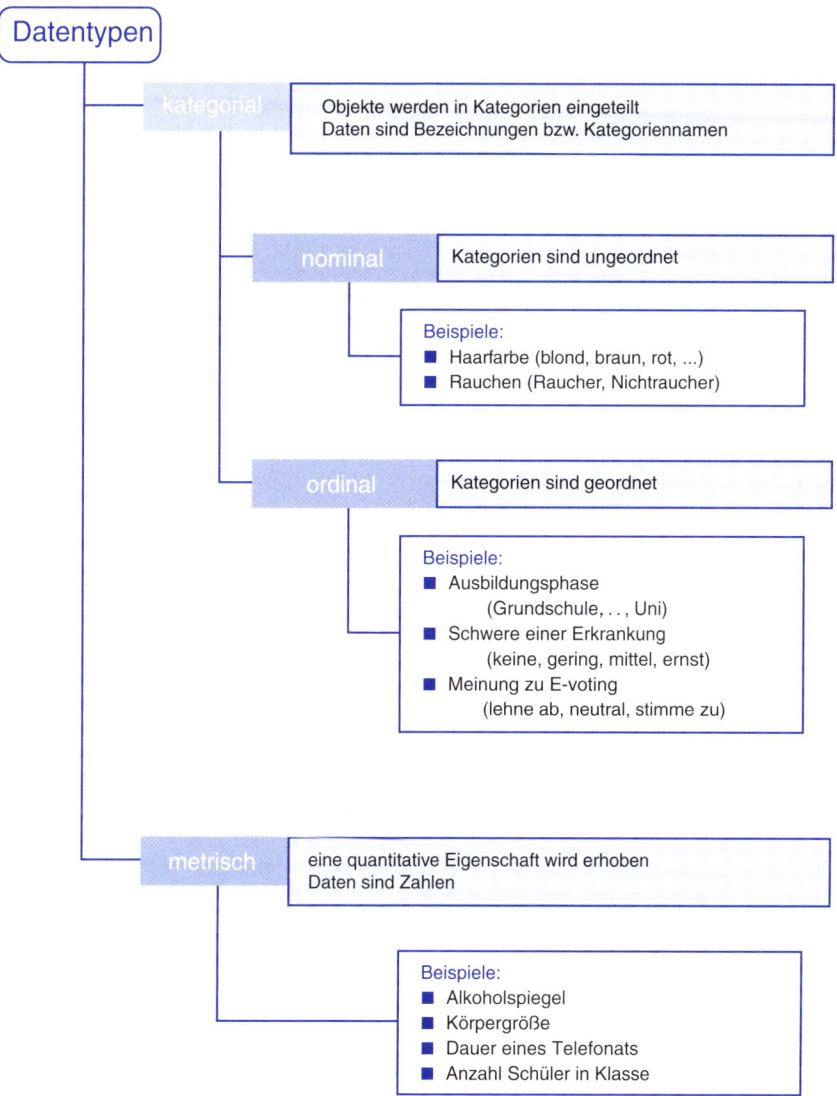

Abbildung 2.1: Statistische Datentypen

oder beide Datentypen gemeinsam vorliegen. Die Kapitelüberschriften sind als Fragen formuliert, wie sie typischerweise in empirischen Untersuchungen vorkommen. Wir werden im Wesentlichen vier Arten von Fragestellungen behandeln:

1. Fragestellungen, die darauf abzielen, ob bestimmte Sachverhalte, die man in einer Stichprobe festgestellt hat, auch mit bekannten Vorgaben (also etwa Zuständen in der Population) übereinstimmen. Meistens handelt es sich dabei um Fragen, die eine einzelne (kategoriale oder metrische) Variable betreffen.

2. Fragestellungen, bei denen es um den ZUSAMMENHANG zwischen zwei oder mehreren Variablen geht. Zusammenhang bedeutet hierbei, dass diese Variablen im Sinne eines „je – desto" miteinander verknüpft sind. Ein Beispiel hierfür ist die Frage, ob es einen Zusammenhang der Körpergröße von Ehepaaren gibt. Anders formuliert, haben große Frauen auch eher große Ehemänner und kleine Männer auch eher kleine Ehefrauen? Oder besteht ein Zusammenhang zwischen Straßenunebenheiten und Benzinverbrauch? Hierbei können sowohl ordinale kategoriale als auch metrische Variablen vorkommen.

3. Fragestellungen, die auf UNTERSCHIEDE abzielen. Ein Beispiel hierfür ist die Frage, ob sich männliche von weiblichen Teenagern darin unterscheiden, wie viel Taschengeld ihnen durchschnittlich im Monat zur Verfügung steht. Bei solchen Fragestellungen ist die Variable, die das Unterscheidungsmerkmal definiert (hier also Geschlecht), immer kategorial, die zweite Variable, für die nach einem Unterschied gefragt wird, kann sowohl kategorial als auch metrisch (wie hier das Taschengeld) sein.

4. Fragestellungen, die darauf abzielen, Gruppen von ähnlichen Fällen oder ähnlichen Variablen zu finden.

Besonders bei der zweiten und dritten Art von Fragestellung wird eine wichtige Unterscheidung der darin vorkommenden Variablen vorgenommen, nämlich welche Stellung die Variablen dabei einnehmen. Es gibt zwei Situationen.

Unterscheidung in abhängige und unabhängige Variablen

Wenn eine Fragestellung in der Form einer Wenn-Dann-Beziehung gestellt wird, dann muss man abhängige von unabhängigen Variablen unterscheiden. Eine grafische Darstellung bietet ▶ Abbildung 2.2, wobei X die unabhängige und Y die abhängige Variable bezeichnet.

> **Unabhängige Variable (auch erklärende Variable genannt)**
> Das sind die Variablen, die das „WENN" konstituieren. Sie sind die (potenzielle) „Ursache" für die Ausprägungen der abhängigen Variable.
>
> **Abhängige Variable (auch Response- oder erklärte Variable genannt)**
> Das sind die Variablen, die von der oder den unabhängigen Variablen abhängen. Diese konstituieren das „DANN".

Abbildung 2.2: Unterscheidung in unabhängige Variable (X) und abhängige Variable (Y), X beeinflusst möglicherweise Y.

Abbildung 2.3: Keine Unterscheidung in unabhängige Variable (*X*) und abhängige Variable (*Y*), *X* und *Y* könnten sich gegenseitig beeinflussen.

Einige Wörter sind in Anführungszeichen gesetzt, um auszudrücken, dass es hierbei nicht um streng kausale Beziehungen geht. (Kausalität ist ein sehr komplexes Thema und kann hier nicht behandelt werden). Vielmehr ist es eher eine konzeptuelle Sicht der Dinge, in der bestimmte Variablen (die unabhängigen) so gesehen werden können, dass sie (potenziell) Einfluss auf eine andere (die abhängige) haben (und nicht umgekehrt). Einige Beispiele für Situationen, in denen diese Unterscheidung getroffen wird, sind:

- Das Verkehrsministerium möchte das Verhältnis zwischen Straßenunebenheiten und Benzinverbrauch untersuchen.
- Ein Händler, der seine Waren bei Fußballspielen verkauft, möchte die Verkaufszahlen auf die Anzahl von Siegen des Heimteams beziehen.
- Ein Soziologe möchte untersuchen, ob die Anzahl von Wochenenden, die Studierende (die nicht dauerhaft am Studienort wohnen) zu Hause verbringen, in Beziehung steht zur Entfernung zwischen Wohn- und Studienort.

Die Grundidee ist letztlich: Wenn ich die Ausprägung einer Variable (der unabhängigen) festlege, welche Werte nimmt dann die andere Variable (die abhängige) an?

Keine Unterscheidung in abhängige und unabhängige Variablen

Bei Fragestellungen, bei denen diese Einteilung nicht möglich ist oder bei denen man die Wenn-Dann-Beziehung auch sinnvollerweise umkehren könnte, wird natürlich auch nicht zwischen abhängigen und unabhängigen Variablen unterschieden (▶ Abbildung 2.3). Ein Beispiel hierfür ist:

- Gibt es einen Zusammenhang der Intelligenz bei Ehepartnern?

Die Unterscheidung in abhängige und unabhängige Variablen bei unterschiedlichen Fragestellungsarten

Beim ersten Fragestellungstyp auf Seite 37 gibt es nur eine Variable, daher gibt es auch keine Unterscheidung. (Konzeptuell ist diese einzelne Variable eine abhängige.)

Wie wir später noch sehen werden, gibt es bei der oben dargestellten zweiten Art von Fragestellungen (nach Zusammenhängen zwischen Variablen) beide Möglichkeiten. Alle bisher in diesem Abschnitt angeführten Beispiele beziehen sich auf diesen Fragestellungstyp.

Bei der dritten Art von Fragestellungen (wenn nach Unterschieden gefragt wird) wird hingegen immer eine Einteilung in abhängige und unabhängige Variable gemacht. Hierbei ist diejenige Variable, die das Unterscheidungsmerkmal definiert, immer die unabhängige, die andere die abhängige. Ein Beispiel ist:

- Ein Politologe möchte untersuchen, ob sich die Wahlbeteiligung bei Männern und Frauen bzw. bei jüngeren und älteren Personen unterscheidet.

Alter und Geschlecht sind dabei die unabhängigen Variablen.

Beim vierten Fragestellungstyp gibt es diese Unterscheidung wie beim ersten auch nicht.

Der Grund, warum wir alle diese Begriffe ausführlicher besprochen haben, ist, dass statistische Methoden immer im Zusammenhang mit der Art von Information, die verarbeitet werden soll, gesehen werden müssen. In der praktischen Anwendung sind immer die ersten Fragen:

- Mit welcher Art von Daten habe ich es zu tun?
- Welcher Typ von Fragestellung liegt vor?
- Muss man abhängige von unabhängigen Variablen unterscheiden und welche Variablen sind das konkret?

Wenn diese Fragen beantwortet sind, ist es nicht mehr schwer, die richtige statistische Methode auszuwählen und anzuwenden.

2.5 Zusammenfassung der Konzepte

Statistik beschäftigt sich mit dem Sammeln, der Präsentation und der Analyse von Daten.

- Hauptaufgabengebiete der Statistik sind Hochrechnung (Schätzen), Prüfen von Fragestellungen (Testen von Hypothesen) sowie Modellbildung (statistisches Modellieren).
- Daten werden an Beobachtungseinheiten (Fällen, Personen) erhoben, die eine Stichprobe bilden. Eine Stichprobe ist eine Teilmenge aus einer Grundgesamtheit (Population) und sollte für diese repräsentativ sein.
- Daten entstehen durch Messungen, d. h. durch die Zuordnung von Zahlen zu beobachtbaren Phänomenen. Man unterscheidet kategoriale und metrische Daten: Kategoriale Daten entstehen durch Klassifikation (Einteilung in Kategorien), metrische durch eine Art Zählen (das Ergebnis ist numerisch).
- Je nach Art der Messung unterscheidet man zwischen Nominal-, Ordinal- Intervall- und Verhältnisskala.
- Variablen (Merkmale) sind Charakteristika der Beobachtungseinheiten (Fälle, Personen). Der individuelle Wert einer Person wird Variablen- (oder Merkmals-)ausprägung genannt. Daten sind die Sammlung der Werte (Ausprägungen) einer oder mehrerer Variablen.
- Zwei wichtige Typen von statistischen Fragestellungen sind jene nach Zusammenhängen zwischen Variablen („je–desto") und jene nach Unterschieden zwischen Gruppen von Personen.
- Variablen werden bei „wenn–dann"-Fragefragestellungen in unabhängige und abhängige bzw. erklärende und Responsevariable eingeteilt.

2.6 Übungen

1. Beschreiben Sie in eigenen Worten die folgenden Begriffe:

   (a) Population   (d) Inferenzstatistik

   (b) Stichprobe   (e) Variable

   (c) Beobachtungseinheit   (f) Merkmalsausprägung

(g) Messung   (i) metrische Daten

(h) kategoriale Daten   (j) Skalenniveau

2. Beantworten Sie bitte die folgenden Fragen für die untenstehenden drei Beispiele i) bis iii):

   (a) Was ist im jeweiligen Beispiel die Population und was die Stichprobe?

   (b) Wurde eine geeignete Stichprobe ausgewählt? (Wenn Sie diese Frage verneinen, geben Sie Gründe für Ihre Antwort an und beschreiben Sie, wie die Population und die Beobachtungseinheiten definiert sein müssten und welche Stichprobe erhoben werden sollte.)

   (c) Welche und wie viele Variablen wurden erhoben?

   (d) Welche Ausprägungen haben die erhobenen Variablen?

   (e) Geben Sie für jede Variable an, ob sie kategorial oder metrisch ist?

   i) Im Beispiel *Bücherverkauf und Freiexemplare* (Abschnitt 2.1.3) wollte der Herausgeber eines akademischen Buchverlags wissen, ob zwischen der Anzahl vergebener Freiexemplare und dem erzielten Erlös eines bestimmten Buchs ein Zusammenhang besteht. Zu diesem Zweck untersuchte er Daten aller Vertreter, wie sie in der Tabelle auf Seite 30 wiedergegeben sind.

   ii) Ein Bürgermeister einer Kleinstadt möchte den Bedarf für Kindergärten erheben. Dazu lässt er 50 Frauen an einem Samstagvormittag in der Fußgängerzone befragen, wie viele Kinder sie haben, wie alt sie sind, ob sie ganztags, halbtags oder gar nicht arbeiten und ob sie glauben, dass ein Bedarf für mehr Kindergärten besteht.

   iii) Ein Hersteller von Computerchips behauptet, dass in seiner Produktion weniger als 1 Prozent defekte Chips anfallen. Im Zuge einer Qualitätskontrolle werden aus der Produktion eines Tages 100 Chips zufällig ausgewählt und überprüft.

3. Nennen Sie Beispiele für Situationen, in denen eine Vollerhebung bzw. eine Stichprobenerhebung sinnvoll ist.

4. Welche der folgenden Variablen sind nominal, ordinal oder metrisch?

   (a) Sozialversicherungsnummer

   (b) Geburtsdatum

   (c) Geschlecht

   (d) Körpergröße

   (e) Hausnummer der Wohnadresse

   (f) Anzahl der Geschwister

   (g) Schulnoten

   (h) Studienrichtung

   (i) Einkommen

   (j) Entfernung zwischen Wohn- und Studienort

TEIL I

Einführung in R

Erste Schritte

3

ÜBERBLICK

Dieses Kapitel soll einen ersten Einstieg in R ermöglichen. Es wird zunächst die Installation der Basisversion und optionaler Erweiterungen, sogenannter R-Packages, beschrieben. Es folgt ein Abschnitt, der ohne in die Tiefe zu gehen, auf einfache, interaktive Weise das Kennenlernen einiger Grundstrukturen ermöglichen soll. Hierzu scheint es am besten, sich vor einen Rechner zu setzen und den Text direkt nachzuvollziehen. Man kann dabei auch gleich eigene Ideen ausprobieren und umsetzen. Der Schwerpunkt liegt auf einem spielerischen Umgang mit R.

LERNZIELE

Nach Durcharbeiten dieses Kapitels haben Sie Folgendes erreicht:

- Sie kennen die R-Download-Webseite und können die R-Basisversion sowie Ergänzungen herunterladen und installieren.
- Sie können R als eine Art Taschenrechner unter Anwendung der Grundrechenarten und einfacher mathematischer Funktionen benutzen und Ergebnisse speichern.
- Sie kennen den Unterschied zwischen Zahlen und Zeichenketten in R und können diese zu Vektoren und Matrizen kombinieren.
- Sie wissen, wie man Elemente aus Vektoren und Matrizen in R ansprechen und extrahieren kann.
- Sie kennen den Begriff Data Frame, können einen solchen erstellen und die darin enthaltenen Variablen mit beschreibenden Namen versehen.
- Sie wissen, wie man in R einfache Grafiken erstellen kann.

3.1   Download und Installation von R

Dieser Abschnitt zeigt, wie man die Basisversion von R sowie Ergänzungen installiert.

3.1.1   Download

Den Download-Server erreicht man direkt unter http://CRAN.R-project.org/. CRAN steht für *Comprehensive R Archive Network*, ein Netzwerk von Webseiten in vielen Ländern rund um den Globus, auf denen identisches Material (verschiedene R-Versionen im Quellcode und als Binärprogramme, Erweiterungen und Dokumentationen) verfügbar ist. R ist plattformunabhängig, d. h., man kann R unter verschiedensten Betriebssystemen (z. B. Windows, Linux, Mac-OS) verwenden. Wir werden uns hier auf die Installation unter Windows beschränken, wobei ein Querverweis zu anderen Betriebssystemen an entsprechender Stelle gegeben wird. Zunächst muss man die gewünschte Version herunterladen. In einem Internet-Browser geht man zur Seite http://CRAN.R-project.org/. Ein Ausschnitt ist in ▶ Abbildung 3.1 dargestellt.

Im linken Navigationsteil findet man den Link <u>Mirrors</u>, der zu einer Seite führt, in der man einen Server aussuchen kann, der in der Nähe liegt. Nachdem man einen Server ausgewählt hat, gelangt man zu einer Seite, die so aussieht wie in ▶ Abbildung 3.1, die allerdings jetzt vom gewählten Server kommt. Im Kasten Download and Install R wählt man das Betriebssystem. Für Linux und Mac-OS findet man auf den

The Comprehensive R Archive Network

Frequently used pages

CRAN
Mirrors
What's new?
Task Views
Search

About R
R Homepage
The R Journal

Software
R Sources
R Binaries
Packages
Other

Download and Install R

Precompiled binary distributions of the base system and contributed packages, **Windows and Mac** users most likely want one of these versions of R:

- Linux
- MacOS X
- Windows

Source Code for all Platforms

Windows and Mac users most likely want the precompiled binaries listed in the upper box, not the source code. The sources have to be compiled

Abbildung 3.1: Ausschnitt der CRAN-Webseite (http://CRAN.R-project.org/)

sich öffnenden Seiten weitere Anweisungen. Wir klicken auf <u>Windows</u> und kommen zu einer Seite, die ausschnittsweise in ▶ Abbildung 3.2 dargestellt ist.

Wenn Sie auf <u>base</u> klicken, erhalten Sie (die für Anfänger empfohlene) 32-bit-Version. Sollten Sie ein 64-bit-Betriebssystem verwenden, dann klicken Sie auf: See <u>here</u> for a 64-bit Windows port. In beiden Fällen öffnet sich die eigentliche Download-Seite (ein Ausschnitt ist in ▶ Abbildung 3.3 dargestellt). Hier findet sich immer die aktuellste **R**-Version.

Nach Klicken auf <u>Download R x.xx.x for Windows</u> (R 2.11.1 ist die beim Schreiben dieses Buchs verwendete Version) können Sie die **R**-Installationsdatei (die in unserem Fall `R-2.11.1-win32.exe` heißt) herunterladen. Wir empfehlen, sie in ein geeignetes Verzeichnis zu speichern und nicht gleich auszuführen.

R for Windows

This directory contains 32-bit binaries for a base distribution and packages to run on i386/x64 Windows.
See <u>here</u> for a 64-bit Windows port.

Note: CRAN does not have Windows systems and cannot check these binaries for viruses. Use the normal precautions with downloaded executables.

Subdirectories:

<u>base</u>   Binaries for base distribution (managed by Duncan Murdoch)
<u>contrib</u>   Binaries of contributed packages (managed by Uwe Ligges)

Abbildung 3.2: Ausschnitt der Windows-Download-Seite

R-2.11.1 for Windows (32 bit build)

CRAN
Mirrors
What's new?
Task Views
Search

About R
R Homepage
The R Journal

Software
R Sources
R Binaries
Packages
Other

Download R 2.11.1 for Windows (33 megabytes, 32 bits)

Installation and other instructions
New features in this version: Windows specific, all platforms.

If you want to double-check that the package you have downloaded exactly matches the package distributed by R, you can compare the md5sum of the .exe to the true fingerprint. You will need a version of md5sum for windows: both graphical and command line versions are available.

Frequently asked questions

- How do I install R when using Windows Vista?
- How do I update packages in my previous version of R?
- Should I run 32-bit or 64-bit R?

Abbildung 3.3: Ausschnitt der eigentlichen Windows-Download-Seite

3.1.2   Installation

Nach dem Herunterladen wechseln Sie in das Verzeichnis, in das Sie die Installationsdatei gespeichert haben. Sie starten die Installation durch Doppelklick auf die Installationsdatei, in unserem Beispiel R-2.11.1-win32.exe. Auf etwaige Fragen, ob das Programm Änderungen an Ihrem Computer durchführen darf, antworten Sie mit Ja. Es öffnet sich der Setup-Assistent. Im Prinzip können Sie bei der Installation den Voreinstellungen folgen und immer auf Weiter klicken, außer Sie wollen eine spezielle Einstellung.

Zu beachten ist die Wahl des Ziel-Ordners. Sie können R in ein beliebiges Verzeichnis installieren, also auch auf einen USB-Stick. Sie sollten aber beachten, dass Sie für den Zielordner Schreibrechte besitzen. Wenn Sie in Windows als Standardbenutzer angemeldet sind (und nicht als Benutzer mit Administratorrechten, bzw. Sie nicht wissen, was das ist oder was zutrifft), vermeiden Sie Verzeichnisse im System-Bereich von Windows (also z. B. die Verzeichnisse \Programme\ oder \Program Files\) und installieren R besser woanders. Wer es genau wissen will, kann weitere Informationen über die Links Installation and other instructions (für Windows XP) bzw. How do I install R when using Windows Vista? (für Windows Vista/7/Server 2008) erhalten (▶ Abbildung 3.3).

Eine Ausnahme von der Standardinstallation, die wir vorschlagen, ergibt sich bei folgendem Fenster ▶ Abbildung 3.4:

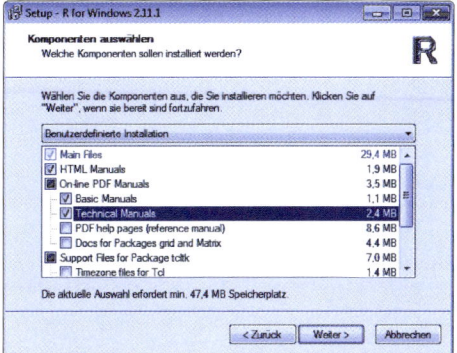

Abbildung 3.4: Auswahl von Installationskomponenten

Hier sollten Sie zusätzlich die Auswahlmöglichkeit **Technical Manuals** anklicken. Es werden dann weiterführende Dokumente in PDF-Form installiert, die Sie später über die Hilfe aufrufen können. Nach Spezifikation aller Optionen wird **R** installiert. Zum Abschluss teilt Ihnen der Setup-Assistent mit, dass die Installation abgeschlossen ist.

3.1.3 Aufrufen und Beenden von R

Um zu prüfen, ob alles geklappt hat, wollen wir **R** aufrufen. Dies erfolgt entweder über das Icon am Desktop oder über das Startmenü unter ... ▷ **R** ▷ **R 2.11.1** (statt 2.11.1 wird hier die aktuell installierte Versionsnummer stehen). Es öffnet sich das R-Fenster (▶ Abbildung 3.5).

Sie können **R** wieder beenden, indem Sie im Menü **Datei** ▷ **Beenden** oder einfach auf ▨ rechts oben klicken. Es öffnet sich dann das Fenster aus ▶ Abbildung 3.6, wo Sie mit (Nein) antworten. (Die Alternative (JA) wird in Abschnitt 5.1.2 besprochen.)

3.1.4 Installation von Ergänzungen (Contributed Packages)

Unter anderem ist die Erfolgsstory von **R** darauf zurückzuführen, dass Wissenschaftler auf der ganzen Welt Beiträge zu **R** liefern, die den Funktionsumfang gewaltig steigern. Diese Beiträge werden PACKAGES (oder Pakete) genannt und sind abgeschlossene Erweiterungsmodule. Sie implementieren spezialisierte statistische Methoden, erlauben Zugriff auf Daten und Hardware oder dienen zur Ergänzung bestimmter Texte oder Lehrbücher. Einige sind in der Basisversion von **R** enthalten, andere können von CRAN oder anderen Archiven (wie etwa http://www.bioconductor.org/) heruntergeladen werden. Momentan gibt es über 2000 Erweiterungs-Packages und ihre Zahl wächst täglich. In diesem Abschnitt wollen wir zeigen, wie man Packages installiert. In den späteren Kapiteln werden wir öfters solche Erweiterungs-Packages verwenden.

Eine Liste aller Packages, die auf CRAN verfügbar sind, sowie eine kurze Beschreibung findet man auf der CRAN-Webseite unter Packages links unten im Navigationsbereich (siehe auch ▶ Abbildung 3.1). Wir werden in diesem Buch manche dieser

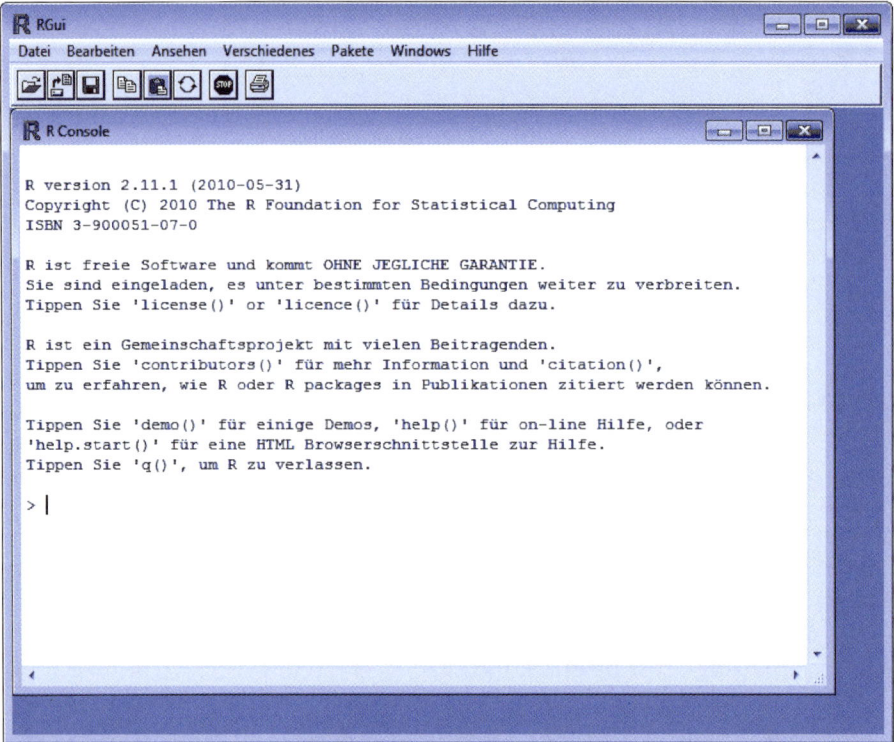

Abbildung 3.5: Das R-Fenster

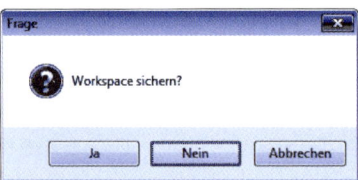

Abbildung 3.6: Dialogfenster beim Beenden von R

Packages verwenden. Diese müssen natürlich, bevor man sie verwenden will, installiert werden. Am einfachsten geht das folgendermaßen.

Zunächst müssen wir R starten (siehe Abschnitt 3.1.3). Es öffnet sich das R-Fenster (siehe auch ▶ Abbildung 3.10). In der Menüleiste ganz oben finden wir den Menüpunkt Pakete. Nach Anklicken öffnet sich ein Submenü (▶ Abbildung 3.7).

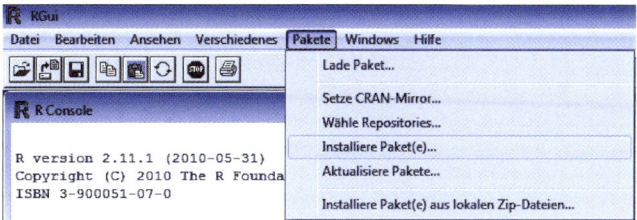

Abbildung 3.7: Das Pakete-Menü

Hier wählen wir Installiere Pakete ... Es öffnet sich ein Fenster (▶ Abbildung 3.8 links), in dem wir wieder einen nahe gelegenen Server aussuchen und ⌷OK⌷ klicken. Im darauf folgenden Fenster (▶ Abbildung 3.8 rechts) finden wir eine Liste aller verfügbaren Packages. Wir wollen das Package **maps** auswählen, das wir später verwenden wollen. Nach Hinunterscrollen, Markieren von **maps** und Klicken von ⌷OK⌷ wird das Package installiert.

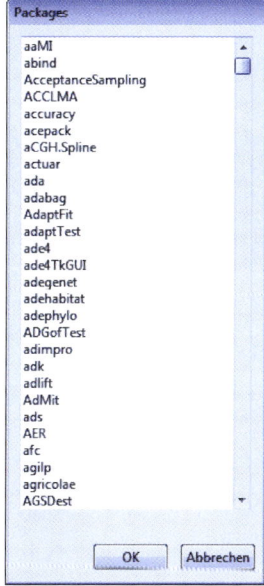

Abbildung 3.8: Auswahl des Servers und des zu installierenden Packages

Falls Windows die Frage stellt, ob eine persönliche Bibliothek eingerichtet werden soll, um dort Pakete zu installieren, antworten Sie mit Ja. Nach erfolgreichem Abschluss der Installation sehen Sie im R-Fenster eine entsprechende Meldung, die etwa so aussehen könnte (▶ Abbildung 3.9):

```
Content type 'application/zip' length 2133704 bytes (2.0 Mb)
URL geöffnet
downloaded 2.0 Mb

Paket 'maps' erfolgreich ausgepackt und MD5 Summen abgeglichen

Die heruntergeladenen Pakete sind in
        C:\Users\Ruser\AppData\Local\Temp\Rtmp3ddms6\downloaded_packages
> |
```

Abbildung 3.9: Meldung zur Installation im R-Fenster

Wir haben nun die Basisversion von R (und ein Package) installiert und können beginnen, das Programm näher kennenzulernen.

3.2   Aller Anfang ist leicht

Wir starten R wie in Abschnitt 3.1.3 beschrieben. Es öffnet sich das R-Fenster (▶ Abbildung 3.10).

Ein wesentlicher Unterschied zu den meisten Standardprogrammen, die man unter Windows verwendet, besteht darin, dass R in der Basisversion befehlsorientiert ist.

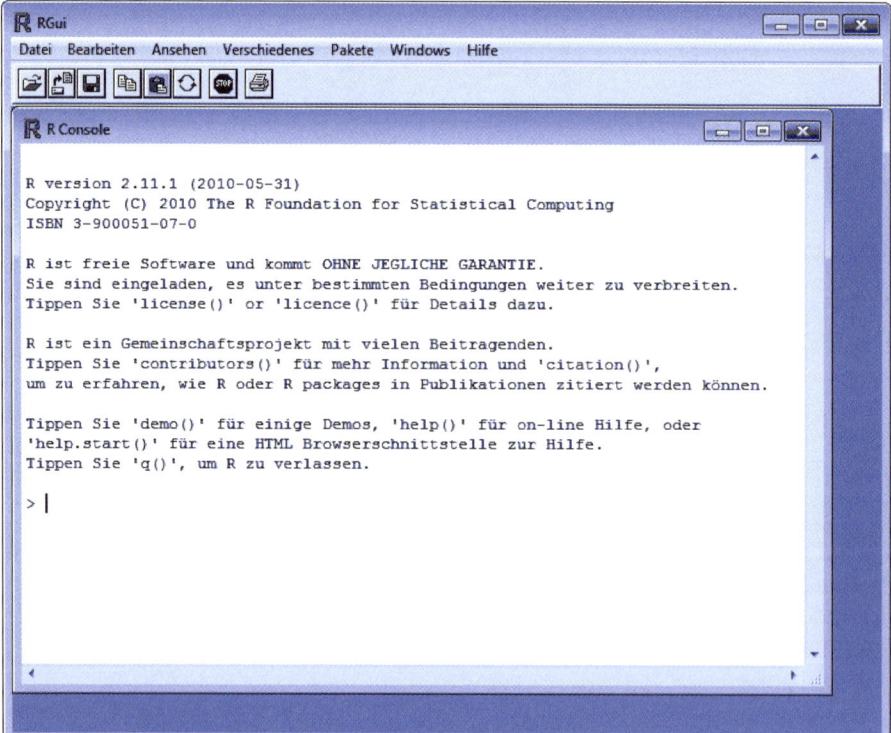

Abbildung 3.10: Das R-Fenster

```
Tippen Sie 'demo()' für einige Demos,
'help.start()' für eine HTML Browsersc
Tippen Sie 'q()', um R zu verlassen.

> 13
[1] 13
> |
```

Abbildung 3.11: Ausschnitt des R-Fensters nach Eingabe einer Zahl

Das heißt, dass man Kommandos eingeben muss, um mit **R** zu kommunizieren. Wie man in ▶ Abbildung 3.10 sieht, gibt es zwar einige Menüs und Schaltflächen, diese erlauben es aber nicht, Berechnungen durchzuführen oder Grafiken zu erstellen, sondern dienen eher allgemeinen Aufgaben, wie bestimmte Dateien einzulesen oder Hilfe aufzurufen. Darauf werden wir später noch näher eingehen. Im Prinzip könnte man aber alle diese Funktionen auch über Befehle ausführen.

Nachdem wir also **R** aufgerufen haben, sehen wir einen kurzen Text und darunter den sogenannten *Command Prompt* > (das Aufforderungszeichen für eine Eingabe) und daneben das Zeichen | für den Cursor. **R** wartet darauf, dass man an dieser Stelle etwas eingibt. Im einfachsten Fall ist das eine Zahl, die von **R** dann auch gleich ausgegeben wird. Wenn wir nach > die Zahl 13 eingeben und die Eingabetaste ⏎ drücken, sehen wir folgendes Bild (▶ Abbildung 3.11). **R** hat 13 wieder ausgegeben (die Bedeutung von [1] wird später erklärt).

Im Folgenden werden die **R**-Befehle, die Sie eingeben sollen, und die Ausgabe, die dadurch erzeugt wird, immer so dargestellt:

R

```
> 13
```

```
[1] 13
```

Bitte beachten Sie, dass Sie in **R** mit der Pfeiltaste ↑ die vorher eingegebenen Befehle wieder bekommen und diese auch adaptieren können. Statt der Eingabe 13 erhalten Sie die Zahl 23, indem Sie 1 durch 2 ersetzen und dann die Eingabetaste drücken (der Cursor muss dazu nicht am Ende der Eingabezeile sein). Das ist besonders bei langen Befehlen sehr nützlich. Mit ↑ und ↓ können Sie durch die Liste der verwendeten Befehle blättern. Falls irgendetwas schief geht und Sie Fehlermeldungen erhalten, geben Sie einfach den vorherigen Befehl korrigiert nochmals ein. Wenn Sie einen Befehl nicht ordnungsgemäß beenden (zum Beispiel eine schließende Klammer vergessen) und schon die Eingabetaste gedrückt haben, dann erwartet **R** noch Input und zeigt das durch ein + statt > an. Falls Sie da nicht weiterwissen, drücken Sie am besten die Taste (ESC). Dann wird das Vorangegangene ignoriert und Sie können am Command Prompt, d. h. an der Stelle rechts von >, wieder von Neuem beginnen.

Einfaches Rechnen

Wir wollen zunächst R als eine Art Rechenmaschine verwenden und die Grundrechenarten illustrieren.

```
R
> 1 + 2
```

[1] 3

```
R
> 1 - 2
```

[1] -1

```
R
> 4 * 5
```

[1] 20

Man muss zwischen den einzelnen Zeichen keine Leerzeichen eingeben (aber es erhöht die Lesbarkeit).

```
R
> 4/5
```

[1] 0.8

 Das Resultat ist 0,8. R stellt es aber als 0.8 dar. R verwendet den Dezimalpunkt als Dezimalzeichen. Verwenden Sie also bitte immer einen Dezimalpunkt und nicht ein Dezimalkomma.

Potenzieren funktioniert so:

```
R
> 4^2
```

[1] 16

Es gibt viele Funktionen wie zum Beispiel die Exponentialfunktion

R

```
> exp(1)
```

[1] 2.72

Logarithmus

R

```
> log(1)
```

[1] 0

oder trigonometrischen Funktionen, wie z. B. Cosinus.

R

```
> cos(0)
```

[1] 1

Man kann Funktionen auch schachteln.

R

```
> log(exp(0))
```

[1] 0

Geschachtelte Funktionen werden von innen nach außen abgearbeitet. Zuerst wird e^0 berechnet, das Ergebnis = 1. Dann folgt der Logarithmus von 1, das Ergebnis ist 0.

Beachten Sie bitte, dass R *case sensitive* ist, d. h., Groß- und Kleinbuchstaben werden unterschieden. Die Eingabe von EXP(0) oder Exp(0) würde zu Fehlern führen.

Variablen

Zahlen können Variablen zugewiesen werden und man kann damit rechnen.

R

```
> x <- 25
> x
```

[1] 25

Der nach links gerichtete Pfeil <- (ein Kleiner-Zeichen und ein Bindestrich) bedeutet, dass die Zahl 25 der Variable x zugewiesen wird. Auf Englisch spricht man von *gets*, also „x gets 25", auf Deutsch könnte man „x *wird* 25" sagen.

Bei Zuweisungen, d. h., wird in einem R-Befehl <- verwendet, gibt es keinen Output. Erst durch die Eingabe der Variable wird ihr Inhalt ausgegeben. Im obigen Beispiel antwortet R nach Eingabe von x <- 25 nur mit dem Command Prompt >. Erst die Eingabe von x zeigt, was in dieser Variable gespeichert ist.

Weitere Beispiele sind: Addition

R
```
> y <- x + 1
> y
```

[1] 26

Multiplikation

R
```
> x * y
```

[1] 650

oder Division

R
```
> z <- x/y
> z
```

[1] 0.962

Vektoren

Variablen können auch mehr als eine Zahl enthalten. Wir verwenden dazu die Funktion c() (*combine*). Die Klammern () deuten an, dass dazwischen kein, ein oder mehrere Argumente stehen können. Bei Funktionen müssen aber prinzipiell diese Klammern geschrieben werden. Mit Hilfe der Funktion c() erzeugt man Vektoren von Elementen gleichen Typs. Der Typ kann numerisch sein, wie in

R
```
> ALTER <- c(21, 24, 28)
> ALTER
```

[1] 21 24 28

Ein anderer Typ ist *character*. Die Elemente eines Character-Vektors sind Text, d. h. Zeichenketten oder engl. *strings*. Text bzw. eine Zeichenkette wird immer unter Anführungszeichen geschrieben (diese können wahlweise beide doppelt "..." oder beide einfach '...' nur nicht gemischt, z. B. "...', sein).

```
> Geschlecht <- c("männlich", "weiblich")
> Geschlecht
```

[1] "männlich" "weiblich"

Wenn Ziffern bzw. Zahlen unter Anführungszeichen stehen, sind sie auch vom Typ character (z. B. "15" oder "q20").

Mit c() kann man auch schon bestehende Variablen erweitern.

```
> ALTER <- c(22, ALTER, 39)
> ALTER
```

[1] 22 21 24 28 39

Hier wurde am Anfang 22 und am Ende 39 hinzugefügt, in der Mitte blieben die ursprünglichen Werte von ALTER, nämlich 21, 24 und 28. Die neuen Werte wurden wieder der Variablen ALTER zugewiesen, wodurch sich die ursprüngliche Variable ALTER geändert hat und nun fünf Elemente enthält.

Die Funktion length() gibt die Anzahl der Elemente einer Variable aus.

```
> length(ALTER)
```

[1] 5

R verfügt über eine Vielzahl unterschiedlicher Funktionen, die man auf Variable anwenden kann. Wir erhalten zum Beispiel den Mittelwert einer Variable mit der Funktion mean().

```
> mean(ALTER)
```

[1] 26.8

Die Auswahl von Elementen eines Vektors kann durch direkte Angabe der entsprechenden Indizes (Positionen) erfolgen. Den zweiten Wert von ALTER erhält man, indem man die Zahl 2 in eckigen Klammern hinter ALTER anfügt.

```
R
> ALTER[2]
```

[1] 21

Man kann auch mehrere Indizes (als Vektoren) angeben. Den ersten, zweiten und vierten Wert erhält man mit

```
R
> ALTER[c(1, 2, 4)]
```

[1] 22 21 28

Den ersten, zweiten und dritten Wert hätten wir auch so spezifizieren können

```
R
> ALTER[1:3]
```

[1] 22 21 24

Der Doppelpunkt : ist hierbei eine Abkürzung und bedeutet „von-bis", hier von 1 bis 3. Diese Möglichkeit ist natürlich dann besonders nützlich, wenn man fortlaufende Sequenzen wie z. B. die Zahlen von 1 bis 50 erzeugen will.

```
R
> x <- 1:50
> x
```

```
 [1]  1  2  3  4  5  6  7  8  9 10 11 12 13 14 15 16 17 18
[19] 19 20 21 22 23 24 25 26 27 28 29 30 31 32 33 34 35 36
[37] 37 38 39 40 41 42 43 44 45 46 47 48 49 50
```

Man kann diese Sequenz auch umdrehen:

```
R
> x <- 50:1
> x
```

```
 [1] 50 49 48 47 46 45 44 43 42 41 40 39 38 37 36 35 34 33
[19] 32 31 30 29 28 27 26 25 24 23 22 21 20 19 18 17 16 15
[37] 14 13 12 11 10  9  8  7  6  5  4  3  2  1
```

Nun erkennen wir auch die Bedeutung der Zahlen in eckigen Klammern am Zeilenanfang, wenn wir uns den Wert eines Vektors anzeigen lassen. Es handelt sich um den Index der unmittelbar folgenden Komponente des Vektors. Wir sehen z. B. neben [19] 32 und neben [37] 14. Das bedeutet, dass die 19. Zahl 32 und die 37. Zahl 14 ist.

Statt der combine-Funktion c() kann man zum Indizieren auch Variablen (Vektoren) verwenden, in denen die Indizes stehen. (Für diesen Index-Vektor können wir natürlich einen beliebigen Namen verwenden, also z. B. u.)

R

```
> u <- 3:5
> ALTER[u]
```

[1] 24 28 39

Man kann einzelnen (aber auch mehreren) Elementen einer Variable auch neue Werte zuweisen. Die aktuell in ALTER gespeicherten Werte sind

R

```
> ALTER
```

[1] 22 21 24 28 39

Wir ändern das dritte Element von ALTER auf 42 mit

R

```
> ALTER[3] <- 42
> ALTER
```

[1] 22 21 42 28 39

Generell werden Variable in R mit eckigen Klammern indiziert. Werden keine eckigen Klammern angegeben, sind immer alle Elemente der Variable gemeint.

Es gibt auch die Möglichkeit, negative Werte als Indizes zu verwenden, zum Beispiel

R

```
> ALTER[-3]
```

[1] 22 21 28 39

Dabei bedeutet ein Minus (-) alle Elemente ohne die mit den angegebenen Indizes. Diese Indizes können auch in Vektoren enthalten sein, wie z. B. im oben definierten u.

R

```
> ALTER[-u]
```

[1] 22 21

Verwendet man den Doppelpunkt (:), um mit Minus (-) Werte aus einem Vektor auszuschließen, dann muss man Klammern verwenden, also -(1:3) und nicht -1:3, da man sonst die Werte von −1 bis 3 erzeugen würde.

Möchte man mehrere Variable in Tabellenform anordnen, gibt es dafür in R das Konzept einer Matrix. Um das zu veranschaulichen, wollen wir noch zwei weitere Variablen definieren, nämlich GEWICHT und GRÖSSE.

R

```
> GEWICHT <- c(56, 63, 80, 49, 75)
> GRÖSSE <- c(1.64, 1.73, 1.85, 1.6, 1.81)
```

Matrizen

Mit dem Befehl cbind() kann man Vektoren spaltenweise, also nebeneinander (von links nach rechts) zusammenfügen (*c* in cbind() steht für *columns*).

R

```
> X <- cbind(ALTER, GEWICHT, GRÖSSE)
> X
```

```
     ALTER GEWICHT GRÖSSE
[1,]    22      56   1.64
[2,]    21      63   1.73
[3,]    42      80   1.85
[4,]    28      49   1.60
[5,]    39      75   1.81
```

(Die Bedeutung der eckigen Klammern wird später erklärt). Das Gleiche geht auch zeilenweise (von oben nach unten) mit dem Befehl rbind() (das *r* steht für *rows*).

R

```
> Z <- rbind(ALTER, GEWICHT, GRÖSSE)
> Z
```

```
        [,1]   [,2]   [,3]  [,4]  [,5]
ALTER   22.00  21.00  42.00 28.0  39.00
GEWICHT 56.00  63.00  80.00 49.0  75.00
GRÖSSE   1.64   1.73   1.85  1.6   1.81
```

Die Vektoren in `cbind()` bzw. `rbind()` sollten gleich lang sein. Beide Befehle produzieren hier eine Matrix.

Wie Vektoren können Matrizen mit eckigen Klammern indiziert werden, allerdings muss man jetzt zwischen Zeilen und Spalten unterscheiden. Der Index einer Matrix enthält also jetzt zwei Spezifikationen. Will man z. B. aus der Matrix X den Wert, der in der 2. Zeile und in der 3. Spalte steht, dann spezifiziert man

R

```
> X[2, 3]
```

```
GRÖSSE
   1.73
```

Die erste Zahl steht für die Zeile und die zweite für die Spalte. Wie oben kann man auch Vektoren zum Indizieren verwenden. Die ersten drei Zeilen und die ersten zwei Spalten von X erhält man z. B. mit

R

```
> X[u, 1:2]
```

```
     ALTER GEWICHT
[1,]    42      80
[2,]    28      49
[3,]    39      75
```

Lässt man einen der beiden Indizes aus (das trennende Komma bleibt aber), dann erhält man alle Werte der entsprechenden Zeile oder Spalte, für die man einen Index angegeben hat.

R

```
> X[3, ]
```

```
ALTER GEWICHT  GRÖSSE
42.00   80.00    1.85
```

Diese Darstellungsform, also [3,], haben wir schon bei der Ausgabe der Matrix X gesehen. Links neben den Werten der Matrix war [1,], [2,] etc. zu sehen. Dort betraf es die Beschriftung der Zeilen, wobei [1,] bedeutet: Werte aus Zeile 1, über alle Spalten. Oberhalb der Matrix waren die Spalten für X mit den Namen der Variablen, die wir zur Erzeugung der Matrix verwendet haben, beschriftet. Jede Matrix kann nämlich

Zeilen- und Spaltennamen haben, die man mit den Funktionen `rownames()` bzw. `colnames()` spezifizieren, aber auch abfragen kann. So nennt uns R die Spaltennamen von X mit

```
> colnames(X)
```

```
[1] "ALTER"   "GEWICHT" "GRÖSSE"
```

Wir können den Zeilen von X neue Namen geben, zum Beispiel

```
> namen <- c("Gerda", "Karin", "Hans", "Doris", "Ludwig")
> rownames(X) <- namen
> X
```

```
       ALTER GEWICHT GRÖSSE
Gerda     22      56   1.64
Karin     21      63   1.73
Hans      42      80   1.85
Doris     28      49   1.60
Ludwig    39      75   1.81
```

In unserem Beispiel oben, als wir mit `cbind()` die Matrix X erzeugt haben, hat R die Spaltennamen automatisch vergeben, da die Variablennamen `ALTER` etc. schon definiert waren.

Einzelne Elemente einer Matrix, aber auch einzelne Spalten bzw. Zeilen kann man mit den Namen indizieren. Will man das Gewicht von Doris, so kann man schreiben

```
> X["Doris", "GEWICHT"]
```

```
[1] 49
```

Alle Werte von Doris (also die vierte Zeile) erhält man mit

```
> X["Doris", ]
```

```
ALTER GEWICHT  GRÖSSE
 28.0    49.0     1.6
```

Bei Verwendung der Namen kann man aber : als Abkürzung nicht verwenden.

Eine Matrix kann, wie ein Vektor, nur Elemente eines bestimmten Typs enthalten, z. B. müssen alle Elemente numerisch oder Textzeichen (character) sein. Verwendet man beide Typen gemeinsam, dann wandelt R die numerischen Vektoren in Text-Vektoren um und das Resultat ist eine Matrix, die nur aus Text-Elementen besteht.

Bestimmte Eigenschaften einer Matrix lassen sich abfragen. Die Dimension, also Größe der Matrix erhält man mit der Funktion dim(), zum Beispiel

R

```
> dim(X)
```

```
[1] 5 3
```

Die erste Zahl ist die Anzahl der Zeilen, die zweite die Anzahl der Spalten. Die Anzahl aller Elemente (also Anzahl Zeilen mal Anzahl Spalten) erhält man wie vorher mit

R

```
> length(X)
```

```
[1] 15
```

Data Frames

Zum Abschluss wollen wir noch das Konzept von Data Frames vorstellen, wo verschiedene Datentypen gleichzeitig in einer matrixähnlichen Struktur vorkommen können.

Eine Möglichkeit, einen Data Frame zu erzeugen, bietet die Funktion data.frame(), die ähnlich wie cbind() funktioniert. Nur lassen sich damit Vektoren (auch Matrizen) spaltenweise zusammenfassen, die sowohl numerisch als auch character sein können. Die einzige Einschränkung ist, dass die Länge aller Vektoren (bzw. die Anzahl der Zeilen der Matrizen) gleich ist.

Als Beispiel wollen wir zur Matrix X davor noch eine Spalte hinzufügen, die das Geschlecht beschreibt. Dazu erzeugen wir zunächst einen Vektor SEX. Dann erstellen wir einen Data Frame, den wir gewichtsdaten nennen wollen, und zeigen ihn an.

R

```
> SEX <- c("weiblich", "weiblich", "männlich", "weiblich",
+     "männlich")
> gewichtsdaten <- data.frame(SEX, X)
> gewichtsdaten
```

```
          SEX ALTER GEWICHT GRÖSSE
Gerda   weiblich     22      56   1.64
Karin   weiblich     21      63   1.73
Hans    männlich     42      80   1.85
Doris   weiblich     28      49   1.60
Ludwig  männlich     39      75   1.81
```

Wie bei Matrizen, können Zeilen und/oder Spalten von Data Frames mit eckigen Klammern indiziert werden. Zum Beispiel erhalten wir die Daten von `Doris` wie schon oben mit

```R
> gewichtsdaten["Doris", ]
```

```
          SEX ALTER GEWICHT GRÖSSE
Doris weiblich     28      49    1.6
```

Data Frames bieten einen natürlichen Rahmen, wie man statistische Daten repräsentieren kann, da oft sowohl metrische als auch kategoriale Variable in einem Datensatz vorkommen. Wir werden auf Data Frames in Abschnitt 4.3 detaillierter eingehen.

Natürlich kann man mit Vektoren, Matrizen und den Inhalten von Data Frames rechnen, Funktionen auf sie anwenden und sie auf beinahe beliebige Weise weiterverwenden. Vor allem statistische Funktionen werden in diesem Buch noch ausführlich behandelt werden. Dieser Abschnitt sollte Ihnen einen ersten Einstieg ermöglichen und zeigen, dass die grundsätzliche Bedienung von R im Gegensatz zu oft gehörten Meinungen eigentlich ganz einfach ist. Die Komplexität und Mächtigkeit von R entsteht vor allem aus der Kombination von, für sich genommen, relativ einfachen Konzepten.

Einfache Grafiken

Ein besondere Eigenschaft von R ist die Möglichkeit, maßgeschneiderte, druckreife Grafiken zu erstellen. Zur Illustration zeigen wir hier nur ein paar einfache Möglichkeiten, Details werden später behandelt (Abschnitt 5.2). Wollen wir z. B. die GRÖSSE unserer fiktiven Personen darstellen, könnten wir die Funktion `barplot()` verwenden.

```R
> barplot(GRÖSSE)
```

Es öffnet sich ein eigenes Grafikfenster (▶ Abbildung 3.12), in dem R den Output von Grafikfunktionen darstellt. Wir sehen für jede Person einen Balken, die Höhe des jeweiligen Balkens entspricht der Körpergröße. (Wir könnten uns vorstellen, es stehen fünf schematisierte Personen nebeneinander, die wir bezüglich ihrer Körpergröße vergleichen wollen.)

Ein weiteres Beispiel ist `plot()`, die vielleicht wichtigste Grafikfunktion in R. Aus der Vielzahl an Möglichkeiten, die `plot()` bietet, wollen wir zwei herausgreifen.

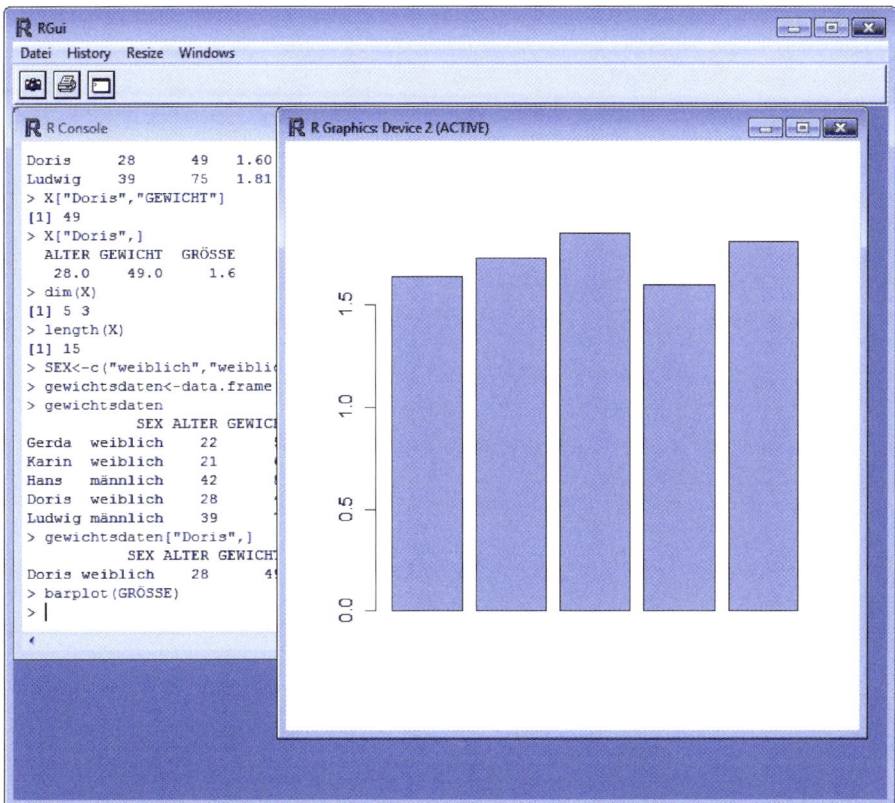

Abbildung 3.12: Einfache R-Grafik

In einem datenanalytischen Kontext ist es oft wichtig zu untersuchen, ob zwei Variablen in Zusammenhang stehen. Bei den von uns vorher verwendeten Variablen könnten das Gewicht und Körpergröße sein, die wir gegeneinander in einem sogenannten Streudiagramm (siehe auch Abschnitt 9.1.1) darstellen wollen. In der plot()-Funktion gibt man dann die beiden Variablen an, wobei die erste auf der x-Achse und die zweite auf der y-Achse dargestellt wird. Der Befehl ist

R

```
> plot(GRÖSSE, GEWICHT)
```

Im Output (▶ Abbildung 3.13) sieht man für jede Person einen Punkt, der ihr Gewicht und ihre Körpergröße beschreibt. Man sieht auch: je größer eine Person ist, umso schwerer ist sie. Es besteht also ein Zusammenhang zwischen den beiden Variablen.

Eine andere, sehr praktische Verwendungsmöglichkeit von plot() ergibt sich, wenn man eine mathematische Funktion visualisieren möchte. Zum Beispiel könnten wir die Logarithmusfunktion folgendermaßen darstellen. Mit dem Operator : erzeugen wir eine Sequenz von Zahlen, für die wir dann die Funktionswerte aus-

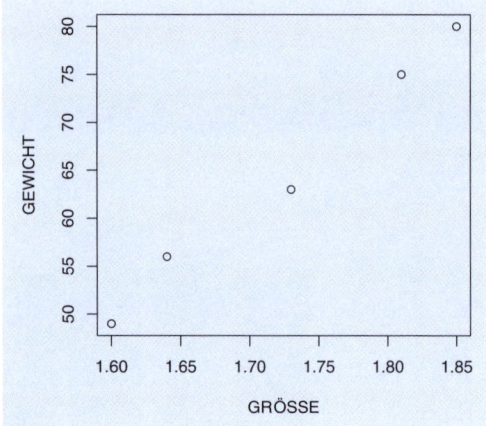

Abbildung 3.13: Einfache R-Grafik

rechnen. Legen wir also für x die Zahlen 1 bis 10 fest und berechnen wir die logarithmierten Werte von x, die wir in y speichern. Dann erhalten wir eine Grafik der Funktion (► Abbildung 3.14) so:

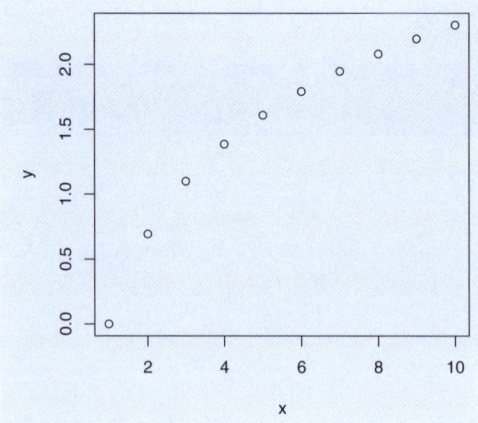

Abbildung 3.14: Die Logarithmusfunktion

R

```
> x <- 1:10
> y <- log(x)
> plot(x, y)
```

Die bisher dargestellten Grafiken sind bewusst einfach gehalten. Im Prinzip lassen sie sich nahezu beliebig erweitern und an spezielle Anforderungen anpassen. Dazu

Abbildung 3.15: Eine Landkarte von Italien

gehören Änderungen der Skalierung und Beschriftungen der Achsen, Legenden, Hinzufügen weiterer Elemente wie Linien oder Texte, Farben und vieles mehr. Wir werden darauf in Abschnitt 5.2 detaillierter eingehen.

Zum Abschluss dieser Einführung wollen wir noch eine komplexere Grafik demonstrieren. Hierzu benötigen wir das R-Package **maps** (Becker et al., 2010), das wir über die Menüpunkte Pakete ▷ Installiere Pakete ... installieren müssen (Abschnitt 3.1.4). In diesem Package sind geografische Daten für mehrere Länder enthalten. Nachdem wir das Package installiert und mit library() geladen haben, erhalten wir eine Landkarte von z. B. Italien (▶ Abbildung 3.15) mittels

R

```
> library("maps")
> map("italy")
```

Einen Überblick, was in **R** alles an Grafiken möglich ist, gibt die *R Graph Gallery* (http://addictedtor.free.fr/graphiques/).

3.3 R-Befehle im Überblick

`+ - * / ^` Grundrechenarten. Zum Beispiel: `1 + 3`

`<-`   Zuweisung. Daten werden in eine Variable gespeichert. Zum Beispiel: `x <- 25`. x hat jetzt den Wert 25 bzw. x „wird" 25.

`:`   Erzeugt eine Sequenz von ganzen Zahlen von:bis. Zum Beispiel: `1:3` ergibt die Zahlen 1,2,3.

`[ ]` bzw. `[,]` dient zur Indizierung von Vektoren, Matrizen oder Data Frames. Zum Beispiel: `ALTER[2]` beschreibt das 2. Element des Vektors `ALTER`.

`barplot(height)` erzeugt ein Balkendiagramm. Die Höhe der Balken wird mit `height` angegeben.

`c(...)` Kombiniert das, was unter ... steht, zu einem Vektor. Zum Beispiel: `c(21, 24, 28)`

`cbind()` Vektoren werden nebeneinander, spaltenweise zusammengefügt (von links nach rechts, *c* in `cbind()` steht für *columns*), es entsteht eine Matrix.

`colnames(x)` Setzen oder Abrufen von Spaltennamen einer Matrix oder eines Data Frame.

`cos(x)` Kosinusfunktion.

`data.frame(...)` erzeugt einen Data Frame, d.h. eine rechteckige Kollektion von Vektoren, die verschiedenen Typs sein dürfen. Sie werden durch Kommas getrennt an der Stelle ... spezifiziert. Ansonsten verhalten sich Data Frames ähnlich wie Matrizen. Sie bilden die fundamentale Datenstruktur für viele Statistikfunktionen in R.

`dim(x)` Setzen oder Abrufen der Dimension einer Matrix oder eines Data Frame (d.h. Anzahl der Zeilen bzw. Anzahl der Spalten)

`exp(x)` Exponentialfunktion (zur Basis *e*)

`length(x)` Setzen oder Abrufen der Länge eines Vektors (d.h. Anzahl der Elemente)

`library(package)` Laden und zur Verfügungstellung von (installierten) Packages

`log(x)` Logarithmusfunktion (natürlicher Logarithmus)

`mean(x)` Arithmetisches Mittel

`plot(x, y, ...)` Funktion zum Plot von R-Objekten. Im einfachen Fall werden Punkte mit den Koordinaten *x* und *y* dargestellt.

`rbind()` Vektoren werden untereinander, zeilenweise zusammengefügt (von oben nach unten, *r* in `rbind()` steht für *rows*), es entsteht eine Matrix.

`rownames(x)` Setzen oder Abrufen von Zeilennamen einer Matrix oder eines Data Frame

3.4 Übungen

1. Weisen Sie einer Variable x den Wert 15 zu und erstellen Sie einen Vektor y mit den Werten $\{1, 2, 3, 10, 100\}$. Multiplizieren Sie diese miteinander und speichern Sie das Ergebnis in einem neuen Objekt z. Bilden Sie anschließend die Summe aller Elemente von z.

2. Erzeugen Sie eine Sequenz von 0 bis 10 und eine Sequenz von 5 bis -5.

3. Erzeugen Sie eine Sequenz von -3 bis $+3$ in 0.1-Schritten. (Tipp: Erzeugen Sie die Sequenz von -30 bis 30 und dividieren Sie durch 10.)

   Zeichnen Sie die Funktion $y = x^2$, wobei Sie für x die erzeugte Sequenz verwenden. Wie sieht die Funktion für $y = 2 + x^2$ bzw. $y = 5 - x^2$ aus?

4. Definieren Sie zwei Vektoren mit folgenden Daten: t enthält {mo, di, mi, do, fr, sa} und m enthält {90, 80, 50, 20, 5, 50}.

   Verbinden Sie beide Vektoren spaltenweise zu einer Matrix mit 5 Zeilen und 2 Spalten und speichern Sie diese im Objekt studie ab. Vergeben Sie anschließend die Spaltennamen *Wochentag* für t und *Motivation* für m.

   Fügen Sie nun am unteren Ende der Matrix eine Zeile mit den Elementen {so, 100} hinzu und überschreiben Sie mit dem Ergebnis das Objekt studie.

5. Gehen Sie genauso vor wie im vorigen Beispiel, aber erzeugen Sie einen Data Frame (den Sie studie2 nennen) anstelle einer Matrix.

Datenfiles sowie Lösungen finden Sie auf der Webseite des Verlags.

Daten in R – vom Fragebogen zum fertigen Datensatz

4

ÜBERBLICK

Dieses Kapitel behandelt vor allem, wie man ausgehend von erhobenen Daten in Fragebogenform einen Datensatz erstellt, der dann als Grundlage für statistische Auswertungen dienen kann. Kernpunkte hierbei sind die Definition von Variablen, die Eingabe der Daten in R und das Management erfasster Daten.

LERNZIELE

Nach Durcharbeiten dieses Kapitels haben Sie Folgendes erreicht:

- Sie wissen, was ein Kodierungsschema bzw. Code-Book ist, und können Fragen eines ausgefüllten Fragebogens kodieren
- Sie können erhobene Daten in R eingeben.
- Sie wissen, wie man Daten abspeichern und wieder einlesen kann.
- Sie kennen den Begriff Data Frame und können einen solchen erstellen.
- Sie wissen, wie man einzelne Variablen eines Data Frame anspricht.
- Sie kennen das Konzept eines Faktors und wissen wie man in R kategoriale Variablen definiert und verwendet.
- Sie wissen, wie man Beobachtungseinheiten (Fälle) für eine spezifische Analyse auswählen kann.
- Sie können Daten transformieren bzw. umkodieren und neue Variablen erzeugen.
- Sie können Modifikationen an einem Data Frame durchführen.
- Sie wissen, wie man Datenkontrollen durchführt.

4.1 Fragebogen und Kodierung

Als Beispiel für dieses Kapitel soll der Beispiel-Fragebogen (▶ Abbildung 4.1) dienen.

In der Regel empfiehlt es sich, ein paar Vorbereitungen für die spätere Dateneingabe und Analyse zu treffen, bevor man überhaupt R startet (bei kleinen, klar strukturierten Datensätzen mag das überflüssig sein).

Bei sozialwissenschaftlichen Untersuchungen wird man die Rohdaten meist in Form von ausgefüllten Fragebögen oder Protokollblättern vorliegen haben, die man dann in irgendeiner Form in den Computer bringen will. Bei der Dateneingabe ist es sehr nützlich, wenn man schon weiß, welche Namen man für die Variablen und welche Zahlen man für die Beobachtungen (Antwortkategorien) verwenden will. Bei Fragebögen sollte einem klar sein, dass jede Frage (auch Subfrage, manchmal sogar auch nur eine Antwortkategorie, z. B. bei Fragen mit möglichen Mehrfachantworten) eine Variable darstellt. Die Umsetzung dieser Überlegungen bezeichnet man als KODIERUNGSSCHEMA oder Kodierleitfaden (engl. *Code Book*).

Am einfachsten ist es, einen leeren Fragebogen zur Hand zu nehmen und für jede Frage einen Kurznamen zu definieren (den wir dann für R benötigen) und dazuzuschreiben. Für kategoriale Variablen (also Fragen mit mehreren Antwortkategorien) schreibt man noch dazu, welche Zahlen man verwenden will. Der Fragebogen, der als Codeblatt dient, könnte dann etwa so aussehen wie in ▶ Abbildung 4.2.

ID :_____

Fragebogen: (bitte ankreuzen)

mein Geschlecht?

| weiblich | männlich |

mein liebstes Alter wäre ?

| egal | jünger | älter | genau so wie jetzt es ist | gleich wie jetzt oder jünger | gleich wie jetzt oder älter |

meine Größe ? _____ cm

mein Alter ? _____ Monate

bei einem ersten Date bevorzuge ich ?

| romantischer Spaziergang | Kino | Abendessen | Disco | spontane Entscheidung | Video ausleihen | auf der Couch knuddeln |

die meisten Entscheidungen, die ich treffe, beruhen auf ?

| Logik | Intuition | Moral | Freunde | Entscheidung ... Was ist das ? |

wenn ich an einem Projekt arbeite

| ich beginne sofort und bin frühzeitig fertig | ich schiebe es vor mir her, dann mache ich eine Nacht durch | ich kaufe mir einen Hund und sage, er hat die Arbeit gefressen |

ich würde mich beschreiben als:

bei Terminen oder Verabredungen bin ich nie zu spät

| trifft sehr zu | trifft eher zu | weder/ noch | trifft eher nicht zu | trifft überhaupt nicht zu |

ich kann gut zuhören, lasse andere zuerst sprechen

| trifft sehr zu | trifft eher zu | weder/ noch | trifft eher nicht zu | trifft überhaupt nicht zu |

ich versuche oft mehrere Dinge gleichzeit zu tun – " und was kommt als nächstes ?"

| trifft sehr zu | trifft eher zu | weder/ noch | trifft eher nicht zu | trifft überhaupt nicht zu |

ich kann gelassen warten

| trifft sehr zu | trifft eher zu | weder/ noch | trifft eher nicht zu | trifft überhaupt nicht zu |

es macht mir nichts aus, wenn Dinge nicht ganz fertig sind

| trifft sehr zu | trifft eher zu | weder/ noch | trifft eher nicht zu | trifft überhaupt nicht zu |

Abbildung 4.1: Beispiel-Fragebogen

id　ID :_____

Fragebogen:　(bitte ankreuzen)

mein Geschlecht? *sex*

weiblich 1	männlich 2

mein liebstes Alter wäre ? *alt*

egal 1	jünger 2	älter 3	genau so wie jetzt es ist 4	gleich wie jetzt oder jünger 5	gleich wie jetzt oder älter 6

meine Größe ? _____ cm *gross*

mein Alter ? _____ Monate *mon*

bei einem ersten Date bevorzuge ich ? *date*

romantischer Spaziergang 1	Kino 2	Abendessen 3	Disco 4	spontane Entscheidung 5	Video ausleihen 6	auf der Couch knuddeln 7

die meisten Entscheidungen, die ich treffe, beruhen auf ? *entsch*

Logik 1	Intuition 2	Moral 3	Freunde 4	Entscheidung ... Was ist das ? 5

wenn ich an einem Projekt arbeite *proj*

ich beginne sofort und bin frühzeitig fertig 1	ich schiebe es vor mir her, dann mache ich eine Nacht durch 2	ich kaufe mir einen Hund und sage, er hat die Arbeit gefressen 3

ich würde mich beschreiben als:

bei Terminen oder Verabredungen bin ich nie zu spät *i1*

trifft sehr zu 1	trifft eher zu 2	weder/ noch 3	trifft eher nicht zu 4	trifft überhaupt nicht zu 5

ich kann gut zuhören, lasse andere zuerst sprechen *i2*

trifft sehr zu	trifft eher zu	weder/ noch	trifft eher nicht zu	trifft überhaupt nicht zu

ich versuche oft mehrere Dinge gleichzeit zu tun – " und was kommt als nächstes ?" *i3*

trifft sehr zu	trifft eher zu	weder/ noch	trifft eher nicht zu	trifft überhaupt nicht zu

ich kann gelassen warten *i4*

trifft sehr zu	trifft eher zu	weder/ noch	trifft eher nicht zu	trifft überhaupt nicht zu

es macht mir nichts aus, wenn Dinge nicht ganz fertig sind *i5*

trifft sehr zu	trifft eher zu	weder/ noch	trifft eher nicht zu	trifft überhaupt nicht zu

Abbildung 4.2: Beispiel-Fragebogen mit Kodierungsschema

Für diese Kurznamen kann man beliebige Buchstaben und Zahlen verwenden, wobei zu beachten ist, dass Klein- und Großbuchstaben unterschieden werden, d. h., a ist etwas anderes als A. Außerdem sind die Zeichen . und _ erlaubt. Der Einfachheit halber sollte man sich auf Variablennamen beschränken, bei denen das erste Zeichen entweder ein Buchstabe oder ein Punkt ist (mit der Einschränkung, dass das zweite Zeichen nach einem Punkt keine Zahl sein darf). Leerzeichen dürfen nicht verwendet werden. Obwohl es prinzipiell möglich ist, sollte man es vermeiden, Funktionsnamen wie z. B. length, mean, oder log zu verwenden, da dies leicht zu Verwechslungen führen kann.

Auch wenn man beliebig viele Buchstaben und/oder Ziffern verwenden darf, sollte man sich auf möglichst kurze, einprägsame Namen beschränken, da man dann nicht so viel tippen muss und auch die Übersichtlichkeit erhöht wird.

Für metrische Variablen (wie hier z. B. „Alter") braucht man natürlich keine Codes, für kategoriale Variablen ist es im Prinzip egal, welche Zahlen (Codes) man für die Werte der Variablen verwendet. Man könnte auch ZEICHENKETTEN (engl. *Strings*, d. h. eine Folge von Buchstaben und eventuell auch Ziffern) verwenden, wovon wir aber aus verschiedenen Gründen abraten. Bei der Verwendung von Zahlen für die Kategorien ist es sinnvoll, eine natürliche Ordnung einzuhalten, also bei 1 zu beginnen und dann fortlaufend zu nummerieren. Verwendet man Zahlen, muss man R aber mitteilen, dass es sich bei der entsprechenden Variable um eine kategoriale Variable handelt. Dies geschieht mit der Funktion factor(), auf die wir später noch eingehen werden.

Man sollte keine Umgestaltungen, besonders keine „händischen Berechnungen" oder Umkodierungen, vor der Dateneingabe vornehmen, da das die Dateneingabe nur erschwert, fehleranfällig ist und man im Nachhinein, wie wir noch sehen werden, in R alles ganz leicht nach Belieben ändern kann. Also am besten alles so definieren und die Daten dann so eingeben wie der Fragebogen aussieht. (So ist z. B. die Anordnung der Kategorien der Variable „mein liebstes Alter" nicht wirklich sinnvoll und sollte eigentlich geändert werden, man macht das aber besser später.)

4.2   Erfassen der kodierten Daten

4.2.1   Eingabe der Daten

Es gibt verschiedene Möglichkeiten, Daten so aufzubereiten, dass man sie dann in R zur Verfügung hat. Eine besteht darin, dies direkt in R zu machen, worauf wir in diesem Abschnitt eingehen wollen. Die andere Möglichkeit ist, die Daten in einem externen Programm (wie z. B. Excel) einzugeben und dann in R einzulesen. Diese Möglichkeit beschreiben wir in Abschnitt 5.5.1. Besonders bei großen Datenmengen wird das der bequemere Weg sein.

Hat man es mit kleinen Datenmengen zu tun, d. h., nur wenige (max. 20) Beobachtungen und wenige Variablen (max. 5), dann kann man direkt R-Befehle, wie z. B. c(), verwenden. Das wird aber eher die Ausnahme sein. Meistens wird man einen sogenannten Data Frame verwenden, der eine flexible Struktur zur Verfügung stellt, in der man mehrere Variablen zusammenfassen kann. Auf die Struktur eines Data Frame und wie man ihn verwenden kann, werden wir in Abschnitt 4.3 näher eingehen. Zur Erzeugung eines Data Frame und zur einfachen Modifikation von Daten werden wir den R-Dateneditor verwenden, der eine simple Arbeitsblattstruktur zur Verfügung stellt.

Will man einen neuen Datensatz anlegen, kann man den R-Dateneditor folgendermaßen aufrufen. Die Daten wollen wir mit `fragebogen` bezeichnen.

R

```
> fragebogen <- edit(data.frame())
```

Es öffnet sich das leere Arbeitsblatt ▶ Abbildung 4.3.

In den meisten Statistikpaketen und so auch in R ist es üblich, die Daten in rechteckiger Tabellenform zu organisieren und zwar so, dass die Zeilen (bis auf spezielle Ausnahmefälle) immer den Beobachtungseinheiten (Personen, Objekten etc.) und die Spalten den Variablen (Alter, Geschlecht etc.) entsprechen. Dies sieht man auch schon am Aufbau des Dateneditors, wo die Spalten schon mit `var1`, `var2`, etc. vordefiniert sind. Diese Bezeichnungen wollen wir für unseren Fragebogen ändern.

Mit einem Mausklick auf `var1` öffnet sich das Definitionsfenster (▶ Abbildung 4.4). Hier fügen wir den Namen der ersten Variable, `id`, ein. Zusätzlich können wir noch definieren, ob die Variable numerisch (`numeric`) oder kategorial (`character`) ist. Da wir aber nur Zahlen verwenden wollen, ändern wir den Typ auf `numeric`.

Zur Definition der weiteren Variablen, also `sex`, `lalt`, `gross` bis `i5`, gehen wir in gleicher Weise vor.

Wenn wir das erledigt haben, können wir beginnen, die Daten einzugeben. Wenn wir Daten aus Fragebögen eingeben, werden wir normalerweise die Fragebögen der Reihe nach abarbeiten, d. h., für jeden Fragebogen werden wir eine Zeile eingeben.

	var1	var2	var3	var4	var5	var6
1						
2						
3						
4						
5						
6						

Abbildung 4.3: R-Dateneditor

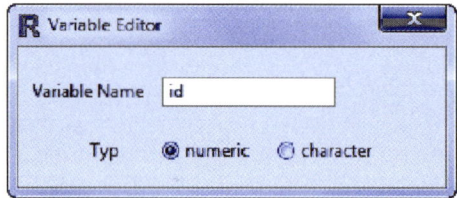

Abbildung 4.4: R-Variableneditor

Nehmen wir zu Übungszwecken an, wir hätten Daten mit dem Fragebogen aus ▶ Abbildung 4.1 gesammelt. Die erste Zahl, die erfasst werden soll, ist die ID-Nummer des Fragebogens, nehmen wir an, diese sei 11. Die linke obere Ecke des Dateneditor-Fensters ist markiert (fett rot umrandet), d. h., diese Zelle ist bereit, einen Wert aufzunehmen. Wir geben die Zahl 11 ein und wechseln mit → zur nächsten Zelle. Die Tabelle in ▶ Abbildung 4.5 sollte dann folgendes Aussehen haben:

	id	sex	lalt	gross	mon	date	entsch	proj	i1	i2	i3	i4	i5
1	11												
2													
3													
4													

Abbildung 4.5: R-Dateneditor: nach Eingabe einer Zahl

Hätten wir ↵ getippt, wäre das markierte Feld eine Zeile tiefer gerutscht und wir hätten dort die erste Zahl des zweiten Fragebogens eingeben können. Wir wollen aber die Fragebögen der Reihe nach abarbeiten, d. h., es soll nun die zweite Zahl der ersten Zeile eingegeben werden. Im Prinzip kann man, wie in Tabellenkalkulationsprogrammen üblich, die Markierung mittels der Pfeiltasten →, ↑, ↓ oder ← zum gewünschten Feld navigieren und dann dort eine Eingabe tätigen oder einen schon vorhandenen Inhalt ändern (wenn man etwa einen Eingabefehler entdeckt hat). Wenn Sie mit der rechten Maustaste irgendwo im Dateneditor klicken, erhalten Sie ein Menü für verschiedene Bearbeitungsmöglichkeiten und ein einfaches Hilfe-Fenster.

Nach der Eingabe der Daten einiger Fragebögen könnte der Tabellenausschnitt jetzt folgende Form haben (▶ Abbildung 4.6):

	id	sex	lalt	gross	mon	date	entsch	proj	i1	i2	i3	i4	i5
1	11	1	2	173	266	4	3	2	2	3	3	2	2
2	16	1	3	166	241	5	4	1	4	2	3	1	1
3	17	7	2	178	231	3	4	2	2	1	3	2	4
4	18	1	3	154	265	3	5	2	5	3	2	4	1
5	19	1	1	164	225	2	3	2	1	4	2	2	3
6	20	2	1	389	229	4	1	1	5	2	2	1	4
7	23	2	2	181	222	3	2	2	4	2	4	4	1
8													

Abbildung 4.6: R-Dateneditor: nach Eingabe einiger Beobachtungen

Hat man eine Zeile vergessen, so kann man die entsprechende Zeile am Ende anfügen (für viele statistische Anwendungen ist die Reihenfolge der Datenzeilen egal, außer Daten sind in einer natürlichen Reihenfolge geordnet, wie z. B. nach Jahreszahlen). Einfügen von Zeilen ist im Dateneditor nicht möglich.

Fehlt in einem der ausgefüllten Fragebögen ein Wert, d. h., hat eine Person zum Beispiel keine Antwort auf i3 gegeben, dann wird so etwas als fehlender Wert bezeichnet. Bei der Dateneingabe lässt man das entsprechende Feld einfach leer. Wenn Sie zur nächsten Zelle gehen, für die wieder Daten zur Verfügung stehen, dann fügt R in die ausgelassene Zelle NA („not available") ein. Bei der Verwendung statistischer Prozeduren in R werden dann solche fehlenden Werte automatisch berücksichtigt (siehe auch die Anmerkung zu fehlenden Werten auf Seite 78).

Anmerkung zu fehlenden Werten:

Leider kommt es in der Praxis oft vor, dass Personen beim Ausfüllen eines Fragebogens nicht alle Fragen beantwortet haben. Die Frage ist, wie wir mit solchen Daten umgehen. Eine radikale Möglichkeit ist es, die Daten der entsprechenden Person überhaupt nicht zu berücksichtigen. Allerdings fehlen oft nur einzelne Werte und es wäre schade, auf die restlichen Daten zu verzichten. In diesem Fall spricht man von fehlenden Werten (oder *missing values*), die in R mit NA („not available") dargestellt werden. R erkennt solche fehlenden Werte dann automatisch und nimmt bei der Verwendung statistischer Prozeduren darauf Rücksicht. Je nach Methode kann es sein, dass fehlende Werte nur bei einer einzelnen Variable berücksichtigt werden müssen, es kann aber auch sein, dass mehrere Variablen betroffen sind, d.h., R verwendet dann nur die Information, die übrig bleibt, wenn alle Beobachtungseinheiten weggelassen werden, bei denen irgendwelche Werte für die betroffenen Variablen fehlen. Verwendet man Variablen mit fehlenden Werten für irgendwelche Berechnungen, muss man dies berücksichtigen. Generell gilt, dass jede Operation, in der ein NA vorkommt, auch ein NA produziert. Der Grund für diese Regel ist, dass, falls die Spezifikation einer Operation unvollständig ist, das Resultat unbekannt und daher nicht verfügbar (also NA) ist. Will man zum Beispiel den Mittelwert einer Variablen, in der fehlende Werte vorkommen, mittels mean() berechnen, dann ist das Ergebnis NA. Bei der Addition von Vektoren werden im Resultat alle jene Elemente NA sein, die in den Ausgangsvektoren auch NA sind. Manche Funktionen, wie z.B. mean(), erlauben es mit der Option na.rm = TRUE, nur die vorhandenen Werte zu berücksichtigen (Beispiel: mean(ALTER, na.rm = TRUE)).

Nachdem wir die Daten eingegeben haben, schließen wir den Dateneditor, indem wir auf [X] rechts oben klicken. Beim Aufruf des Dateneditors haben wir ja als Ergebnis fragebogen spezifiziert (siehe Seite 76). Daher finden wir nun unsere Daten im Data Frame fragebogen. Wir wollen sehen, ob wir erfolgreich waren, und sehen uns die ersten Zeilen mit Hilfe der Funktion head() an. (Diese Funktion zeigt standardmäßig die ersten sechs Zeilen eines Data Frame an. Man kann sie auch bei Vektoren oder Matrizen verwenden. Gibt man noch zusätzlich zum Data-Frame-Namen eine Zahl n an, dann werden die ersten n Zeilen ausgegeben. Die letzten Zeilen erhält man mit der Funktion tail() auf analoge Weise. Versuchen Sie tail(1:5,3).)

R

```
> head(fragebogen, 4)
```

```
  id sex lalt gross mon date entsch proj i1 i2 i3 i4 i5
1 11   1    2   173 266    4      3    2  2  3  3  2  2
2 16   1    3   166 241    5      4    1  4  2  3  1  1
3 17   7    2   178 231    3      4    2  2  1  3  2  4
4 18   1    3   154 265    3      5    2  5  3  2  4  1
```

Zufällig sehen wir, dass in Zeile 3 der Wert von `sex` 7 ist, was nicht sein kann. Im ausgefüllten Fragebogen mit der `id` Nummer 17 können wir nachsehen, wie der richtige Wert wäre. Wir entnehmen, dass die betreffende Person ein Mann war. Das wollen wir gleich ausbessern.

Beim Erzeugen des Data Frames `fragebogen` haben wir den Dateneditor über die Funktion `edit()` aufgerufen und das Ergebnis mittels `<-` dem Data Frame `fragebogen` zugewiesen, diesen also angelegt. Existiert ein Data Frame schon und möchte man die darin enthaltenen Daten ergänzen oder modifizieren, dann verwendet man die Funktion `fix()` ohne Zuweisung. Der folgende Befehl ist eine Abkürzung für `fragebogen <- edit(fragebogen)`.

R

```
> fix(fragebogen)
```

Es öffnet sich wieder der **R**-Dateneditor und man kann alle gewünschten Änderungen durchführen. Wir ersetzen 7 durch 2 für *männlich*. Nach dem Schließen mittels `[x]` sind alle Modifikationen in `fragebogen` enthalten, ohne dass man beim Aufruf eine Zuweisung vornehmen musste. Wir kontrollieren Zeile 3:

R

```
> fragebogen[3, ]
```

```
  id sex lalt gross mon date entsch proj i1 i2 i3 i4 i5
3 17   2    2   178 231      3      4  2  2  1  3  2  4
```

Es ist wichtig, die Daten nach der Eingabe zu kontrollieren und gegebenenfalls Fehler auszubessern. Wir werden darauf in Abschnitt 4.3.8 eingehen.

4.2.2 Abspeichern und Wiedereinlesen der Daten

Die Daten in `fragebogen` speichern wir am besten als komprimierte **R**-Datei mittels

R

```
> save(fragebogen, file = "fragebogen.RData")
```

Wenn wir später auf diese Daten zurückgreifen wollen, können wir sie mit der Funktion `load()` wieder in **R** einlesen.

R

```
> load("fragebogen.RData")
```

Warten Sie bei der Eingabe größerer Datenmengen nicht, bis Sie fertig sind, sondern speichern Sie (ca.) alle 15 Minuten. Das bisher Gespeicherte wird dann ohnehin überschrieben, es geht also kein Speicherplatz verloren und der Verlust, falls etwas passiert, beträgt maximal eine Viertelstunde. Und vergessen Sie auch nicht, die Daten auf einem oder vielleicht sogar zwei weiteren Datenträgern zu speichern. Oft ist es auch eine einfache Lösung, sich die Daten selbst per E-Mail zu schicken.

4.3   Organisation eines Datensatzes – Data Frames

DATA FRAMES sind *die* typische Datenstruktur für statistische Analysen in **R**. Viele Methoden und Funktionen erwarten einen Data Frame als Input. Ein Data Frame besteht üblicherweise aus mehreren Variablen, die in einer rechteckigen, matrixähnlichen Struktur so angeordnet sind, dass die Variablen die Spalten und die Beobachtungseinheiten die Zeilen bilden. Die Variablen können sowohl metrisch als auch kategorial sein, müssen aber alle die gleiche Länge haben. Natürlich könnte man auch mit den Variablen in der Form einzelner Vektoren getrennt arbeiten, aber es ist einfacher, sie zu kombinieren. Ein wichtige, vorteilhafte Eigenschaft von Data Frames ist es also, alle für eine bestimmte Analyse relevanten Variablen in einem Datenobjekt beisammen zu haben.

Wir haben die grundlegende Struktur von Data Frames schon in den vorigen Abschnitten dieses Kapitels kennengelernt. Wir wollen diese Strukturen nun etwas ausführlicher behandeln und einige wichtige Möglichkeiten besprechen, die bei der Organisation von Daten im Zuge einer Datenanalyse auftreten können.

4.3.1   Das Ansprechen einzelner Variablen eines Data Frame

Am Ende von Abschnitt 3.2 haben wir gesehen, wie man einzelne Elemente eines Data Frame mittels [] indizieren kann. Die ersten fünf Werte der Variable i1 (in der neunten Spalte) aus dem `fragebogen`-Datensatz bekommen wir mit

R

```
> fragebogen[1:5, 9]
```

[1] 2 4 2 5 1

Wir wissen bereits, dass man diese Variable auch mit ihrem Namen ansprechen kann, also

R

```
> fragebogen[1:5, "i1"]
```

[1] 2 4 2 5 1

Eine weitere Möglichkeit, die uns bei Data Frames zur Verfügung steht, ist das $-Zeichen. Wir fassen damit die Variable, die wir hinter dem $ anführen, als einzelnen

Vektor auf und spezifizieren die fünf Werte, die wir anzeigen wollen wie bei einem Vektor, d. h., es gibt jetzt kein Komma innerhalb von [].

R

```
> fragebogen$i1[1:5]
```

[1] 2 4 2 5 1

Alle Werte von i1 hätten wir bekommen, wenn wir [1:5] weggelassen hätten.

Natürlich ist es lästig, immer fragebogen schreiben zu müssen, wenn man nur einzelne darin enthaltene Variablen ansprechen will. Leider funktioniert es nicht, einfach nur den Variablennamen zu verwenden:

R

```
> i1[1:5]
```

Fehler: Objekt 'i1' nicht gefunden

Wir bekommen eine Fehlermeldung. Eine bequeme Möglichkeit, das zu vermeiden, ist die Funktion attach().

R

```
> attach(fragebogen)
```

Mit ihrer Hilfe werden die Variablen, die in fragebogen enthalten sind, zugänglich gemacht und man kann sie direkt ansprechen. Jetzt funktioniert

R

```
> i1[1:5]
```

[1] 2 4 2 5 1

Wenn man den direkten Zugriff nicht mehr benötigt, sollte man diesen wieder aufheben. Dies geschieht mit

R

```
> detach(fragebogen)
```

Man beachte, dass „einfache" Modifikationen von Variablen, die mit attach() zur Verfügung gestellt sind, sich nicht auf den Data Frame auswirken. Hat man, wie oben, mittels `attach(fragebogen)` direkten Zugriff beispielsweise auf die Variable `i1`, so führt ein Befehl wie etwa

```
i1 <- i1 + 1
```

dazu, dass eine neue Variable (mit gleichem Namen) `i1` (im Workspace Abschnitt 5.1.2) angelegt wird, die ursprüngliche Variable `i1` im Data Frame `fragebogen`, also `fragebogen$i1`, aber unverändert bleibt. Hingegen führt die Version mit Angabe des Data Frame, wie z. B.

```
fragebogen$i1 <- i1 + 1
```

zu einer Änderung des Data Frame (die vorher mittels `attach()` zugeordnete Variable `i1` bleibt aber unverändert). Wenn Sie also eine Modifikation im Data Frame beabsichtigen, verwenden Sie immer die Form

```
dataframe$variable <- ...
```

Permanent wird die Änderung natürlich nur dann, wenn man den Data Frame wieder mit `save()` speichert. Generell gesehen, empfiehlt es sich, `attach()` erst dann zu verwenden, wenn man nur mehr analysieren, aber keine Datenmodifikationen mehr durchführen will.

4.3.2 Faktoren

Ein FAKTOR ist in R ein spezieller Datentyp und wird für kategoriale Variablen verwendet. In Abschnitt 3.2 haben wir Textvektoren für kategoriale Variablen verwendet. Aus verschiedensten Gründen ist es sinnvoll, stattdessen Faktoren zu verwenden. R weiß dann, dass es sich um kategoriale Variablen handelt, und verarbeitet sie entsprechend. Viele R-Funktionen, die wir in den späteren Kapiteln des Buchs besprechen werden, beruhen darauf, dass kategoriale Variablen als Faktoren definiert sind. Es entspricht der Philosophie von R, dass beim Einlesen von Textvektoren aus externen Dateien (siehe auch Abschnitt 5.5.1) diese standardmäßig in Faktoren umgewandelt werden.

Ein wichtige Eigenschaft von Faktoren ergibt sich daraus, dass auch Zahlen als Kategorienwerte einer kategorialen Variable verwendet werden können. Dies ist bei unseren Daten im `fragebogen`-Data Frame der Fall. Faktoren gewährleisten, dass kategoriale Variablen in R richtig verarbeitet werden. Hat man z. B. kategoriale Daten, deren Kategorien aus den Zahlen 1 bis 3 bestehen

R

```
> x <- c(1, 2, 3, 1, 1, 2, 2)
> x
```

```
[1] 1 2 3 1 1 2 2
```

und wandelt diese in einen Faktor um, erhält man

R

```
> x_fact <- factor(x)
> x_fact
```

[1] 1 2 3 1 1 2 2
Levels: 1 2 3

Im ersten Fall ist x ein simpler numerischer Vektor. Im zweiten Fall, x_fact ist ein Faktor, finden sich zusätzlich die Kategorien unter Levels im Output.

Man kann bei der Definition von Faktoren auch gleich Bezeichnungen, Labels, für die Kategorien mit der Option labels= angeben. Wir wollen die Kategorien 1 bis 3 mit den Labels "A", "B" und "C") versehen. Dies geschieht mittels

R

```
> x_fact <- factor(x, labels = c("A", "B", "C"))
> x_fact
```

[1] A B C A A B B
Levels: A B C

Man sieht, dass sich die Werte entsprechend geändert haben.

Ist eine Variable bereits als Faktor definiert, kann man die Darstellung der Labels auf zwei Arten ändern, die aber zum gleichen Ergebnis führen.

R

```
> x_fact1 <- factor(x_fact, labels = c("AA", "BB", "CC"))
> x_fact1
```

[1] AA BB CC AA AA BB BB
Levels: AA BB CC

bzw. mit der Funktion levels(), die je nach Gebrauch sowohl das Vergeben von Labels als auch die Abfrage von Labels ermöglicht. Wir kopieren zunächst x_fact nach x_fact2, weil mit levels(x_fact) die Definition x_fact überschrieben würde. Wir wollen x_fact aber noch verwenden.

R

```
> x_fact2 <- x_fact
> levels(x_fact2) <- c("AA", "BB", "CC")
> x_fact2
```

[1] AA BB CC AA AA BB BB
Levels: AA BB CC

Wir sehen, dass `x_fact1` und `x_fact2` identisch sind. Die Labels eines Faktors können wir ebenfalls mit `levels()` abfragen, zum Beispiel

```
R

> levels(x_fact)
```

```
[1] "A" "B" "C"
```

Manchmal ist es notwendig, die Reihenfolge bei einer Ausgabe zu ändern (wir werden das in Abschnitt 6.2 benötigen). Dies geschieht mit

```
R

> x_fact3 <- factor(x_fact2, levels = c("CC", "AA", "BB"))
> x_fact3
```

```
[1] AA BB CC AA AA BB BB
Levels: CC AA BB
```

Der einzige Unterschied zu `x_fact1` und `x_fact2` ist, dass sich die Reihenfolge unter `levels` geändert hat, die Daten sind aber gleich geblieben. Die Auswirkung sieht man zum Beispiel, wenn man Tabellierungen erstellt. Die Funktion `table()` (die in Abschnitt 6.2 genauer beschrieben wird) zählt für jede Kategorie aus, wie oft sie in Daten vorkommt. Wir vergleichen die Tabellierung von `x_fact2` und `x_fact3`.

```
R

> table(x_fact2)
```

```
x_fact2
AA BB CC
 3  3  1
```

```
R

> table(x_fact3)
```

```
x_fact3
CC AA BB
 1  3  3
```

Die Ergebnisse sind gleich, nur wird bei `x_fact3` die Kategorie `"CC"` zuerst ausgegeben. Wichtig hier ist, dass unter `levels=` genau die gleichen Kategorien, die schon definiert sind, verwendet werden müssen, da sonst die Daten, der nicht übereinstimmenden Kategorien auf `NA` gesetzt würden. Wenn wir die alternative Anordnung, also zuerst `"CC"`, mit der Funktion `levels()` durchgeführt hätten, dann wäre das Ergebnis ganz anders.

R

```
> x_fact4 <- x_fact
> levels(x_fact4) <- c("CC", "AA", "BB")
> x_fact4
```

```
[1] CC AA BB CC CC AA AA
Levels: CC AA BB
```

R

```
> table(x_fact4)
```

```
x_fact4
CC AA BB
 3  3  1
```

Wir müssen unsere Fragebogendaten entsprechend umwandeln, also alle kategorialen Variablen in Faktoren umdefinieren. Wir wollen das beispielhaft für sex tun. Bei der Spezifikation müssen wir darauf achten, dass

- die Variable sex auch tatsächlich im Data Frame geändert wird, d. h., wir müssen fragebogen$sex oder fragebogen[,"sex"] verwenden und nicht sex allein.
- Außerdem müssen wir bei der Anordnung der Bezeichnungen, hier "w" für *weiblich* (1) und "m" für *männlich* (2), auf die Reihenfolge achten, wie sie im Kodierungsschema (▶ Abbildung 4.2) spezifiziert war.

Die entsprechende Definition lautet

R

```
> fragebogen$sex <- factor(fragebogen$sex, labels = c("w", "m"))
> head(fragebogen$sex)
```

```
[1] w w m w w m
Levels: w m
```

Die anderen kategorialen Variablen in fragebogen müssen wir auch noch in Faktoren umwandeln. Wir verschieben das aber auf später, da wir noch andere Funktionen kennenlernen werden, mit denen man diese Aufgabe lösen kann.

4.3.3 Auswählen von Beobachtungseinheiten (Fällen)

Es kommt manchmal vor, dass man sich bei einer statistischen Analyse auf eine Teilstichprobe beschränken möchte. Man möchte z. B. bei einer bestimmten Analyse Ergebnisse nur für eine bestimmte Altersgruppe. Dies lässt sich auf einfache Weise dadurch erreichen, dass bei dieser Analyse nur eine Alters-Teilstichprobe ausgewählt wird. Wir wollen als Beispiel alle Personen in unserem Datensatz auswählen, die jünger als 20 Jahre sind, konkreter, die den zwanzigsten Geburtstag noch nicht gefeiert haben, also jünger als 240 Monate sind.

R erlaubt es, Fälle in Abhängigkeit von einer Bedingung, die man festlegen muss, auszuwählen. Eine Möglichkeit dazu ist der Befehl `subset()` (engl. Teilmenge). Wir erhalten einen neuen Data Frame `fragebogenJ`, der nur Antworten jüngerer Personen enthält, so

R

```
> fragebogenJ <- subset(fragebogen, mon < 240)
> head(fragebogenJ)
```

	id	sex	lalt	gross	mon	date	entsch	proj	i1	i2	i3	i4	i5
3	17	m	2	178	231	3	4	2	2	1	3	2	4
5	19	w	1	164	225	2	3	2	1	4	2	2	3
6	20	m	1	389	229	4	1	1	5	2	2	1	4
7	23	m	2	181	222	3	2	2	4	2	4	4	1
10	51	w	3	167	232	7	4	1	2	2	5	4	4
13	53	w	3	165	219	7	5	2	5	4	2	1	2

In der Spalte ganz links finden sich die Zeilennummern, die durch die Bedingung `mon < 240` ausgewählt wurden. Wir sehen, dass alle Werte von mon kleiner als 240 sind. Genau das sagt die Definition `mon < 240`. Wir haben eine logische Bedingung spezifiziert, deren Ergebnis wahr (`TRUE`) oder falsch (`FALSE`) sein kann. Der Ausdruck `mon < 240` bedeutet: Wenn immer ein Wert in mon kleiner als 240 ist, dann ist der Ausdruck `TRUE`, sonst ist er `FALSE`. R kopiert nur jene Fälle von `fragebogen` nach `fragebogenJ`, für die der Ausdruck `TRUE` ist.

Das Kleiner-Zeichen < nennt man einen LOGISCHEN OPERATOR. Einige der in R definierten logischen Operatoren sind in Tabelle 4.1 angeführt.

<	kleiner als	>	größer als
<=	kleiner oder gleich	>=	größer oder gleich
==	(exakt) gleich	!=	(exakt) ungleich
&	UND (Durchschnitt)	|	ODER (Vereinigung)
!	NICHT (Negation)		

Tabelle 4.1: Logische Operatoren

Man kann logische Bedingungen auch verknüpfen. Dies geschieht z. B. über die Operatoren & (UND) bzw. | (ODER). Wir wollen als Beispiel den Datensatz nicht nur auf jüngere, sondern zusätzlich auf größere Personen einschränken. Dabei definieren wir „größer" als „mindestens 180 cm". Die logische Auswahlbedingung ist dann (mon < 240) & (gross >= 180). Das & ist ein logisches UND und bedeutet „sowohl als auch". Der entsprechende **R**-Befehl ist

R

```
> fragebogenJG <- subset(fragebogen, (mon < 240) &
+     (gross >= 180))
> fragebogenJG
```

	id	sex	lalt	gross	mon	date	entsch	proj	i1	i2	i3	i4	i5
6	20	m	1	389	229	4	1	1	5	2	2	1	4
7	23	m	2	181	222	3	2	2	4	2	4	4	1
39	74	m	1	180	228	1	5	1	5	4	5	2	3
86	61	m	3	180	232	2	2	2	5	2	1	3	2
90	28	m	6	189	230	4	1	1	4	4	4	2	2

Wir sehen, dass nur mehr wenige Fälle übrig geblieben sind. Außerdem sehen wir noch einen Datenfehler – sehen Sie ihn auch? Man kann also solche logischen Bedingungen auch zur Datenkontrolle verwenden. (Wir werden auf diesen Fehler noch in Abschnitt 4.3.8 eingehen.)

Bei zusammengesetzten logischen Ausdrücken unter Verwendung von NICHT, ODER bzw. UND sollte man immer genau auf die Regeln für logische Operationen achten und (wie immer) lieber zu viele als zu wenige Klammern verwenden.

Während bei numerischen (metrischen) Variablen vor allem die Operatoren >, >=, <, <= Verwendung finden, sind bei kategorialen Daten die Operatoren == (Gleichheit) und != (Ungleichheit) wichtig. Als Beispiel wählen wir aus unserem Data Frame fragebogen alle weiblichen Personen und geben wieder die ersten Fälle aus.

R

```
> fragebogenW <- subset(fragebogen, sex == "w")
> head(fragebogenW)
```

	id	sex	lalt	gross	mon	date	entsch	proj	i1	i2	i3	i4	i5
1	11	w	2	173	266	4	3	2	2	3	3	2	2
2	16	w	3	166	241	5	4	1	4	2	3	1	1
4	18	w	3	154	265	3	5	2	5	3	2	4	1
5	19	w	1	164	225	2	3	2	1	4	2	2	3
8	10	w	6	174	307	4	4	1	2	3	1	1	1
10	51	w	3	167	232	7	4	1	2	2	5	4	4

Bei berechneten metrischen Variablen muss man achtgeben, wenn man == verwendet. Da der Computer intern (üblicherweise) mehr Dezimalstellen verwendet, als er bei einer Ausgabe anzeigt, und == hier numerische Gleichheit bedeutet, können Fehler passieren. Zum Beispiel zeigt der Computer als Ergebnis von log(3) die Zahl 1.098612.

R

```
> log(3)
```

[1] 1.098612

Verwenden wir diese Zahl 1.098612 dann in einem Vergleich mittels ==

R

```
> 1.098612 == log(3)
```

[1] FALSE

dann ist das Ergebnis FALSE, weil die interne Darstellung des Computers z. B. 1.09861228866811 (je nach Prozessor und Betriebssystem) ist. Bei solchen Variablen ist es besser, nur die Operatoren >, >=, <, <= zu verwenden.

Eine wichtige Anwendung von logischen Operationen tritt bei der Behandlung von fehlenden Werten, NA, auf. Wir wollen zwei Möglichkeiten vorstellen:

- Möchte man den ganzen Data Frame ohne fehlende Werte, d. h., möchte man alle Zeilen weglassen, in denen irgendein Wert NA ist, dann gibt es zwei Möglichkeiten. Die erste ist die Verwendung der Funktion na.omit(), die auf einen Data Frame angewendet wird.

R

```
> fragebogen_ohneNA <- na.omit(fragebogen)
> dim(fragebogen_ohneNA)
```

[1] 97 13

Die Funktion dim() zeigt uns, dass statt 100 nur mehr 97 Fälle übrig geblieben sind, wir also 3 aufgrund irgendwelcher fehlender Werte verloren haben.

- Die zweite Möglichkeit ist selektiver. Die Funktion is.na() prüft jedes Element, ob es den Wert NA hat, und hat als Resultat TRUE, wenn der Wert NA ist, und FALSE wenn er nicht NA ist. Zum Beispiel:

R

```
> x <- c(1, 2, NA, NA, 3)
> is.na(x)
```

[1] FALSE FALSE TRUE TRUE FALSE

Diese Funktion können wir uns zunutze machen, wenn wir nur Fälle weglassen oder anzeigen wollen, die bei bestimmten Variablen fehlende Werte haben. Wollen wir z. B. jene Fälle im Data Frame anzeigen, bei denen die Variable sex fehlende Werte aufweist, dann schreiben wir:

R

```
> subset(fragebogen, is.na(sex))
```

	id	sex	lalt	gross	mon	date	entsch	proj	i1	i2	i3	i4	i5
25	42	<NA>	4	172	283	1	1	2	5	2	2	3	3
44	33	<NA>	5	168	305	2	1	1	4	4	5	3	2
89	29	<NA>	6	171	283	5	3	1	1	3	4	1	4

Hätten wir nur jene Fälle sehen wollen, bei denen sex keinen fehlenden Wert hat, dann hätten wir die Negation !, also !is.na(sex), verwendet.

Schließlich wollen wir noch die Möglichkeit zeigen, wie man mit der subset()-Funktion zusätzlich auch Variablen auswählen kann. Dies geschieht mit der Option select=, bei der man die auszuwählenden Variablen spezifiziert. Wollen wir z. B. nur die Variablen date und entsch und diese nur für Männer, dann schreiben wir

R

```
> fragebogen_DE_M <- subset(fragebogen, sex == "m",
+     select = c(date, entsch))
> head(fragebogen_DE_M)
```

	date	entsch
3	3	4
6	4	1
7	3	2
9	5	2
14	3	5
17	6	2

Die Option select= ist relativ flexibel. Wir können natürlich, wie beim Indizieren, eine negative Auswahl treffen. Alle Variablen außer sex und mon werden mittels select = -c(sex, mon) ausgewählt.

Es funktioniert (ausnahmsweise bei der Verwendung von Variablennamen) auch die „von–bis"-Spezifikation mittels Doppelpunkt von:bis. Wollen wir z. B. nur die Variablen sex und i1 bis i5, dann schreiben wir

R

```
> subset(fragebogen, select = c(sex, i1:i5))
```

4.3.4   Transformieren der Daten bzw. Erzeugen von neuen Variablen

In diesem Abschnitt werden Methoden beschrieben, wie man Variablen erzeugt. Hierbei geht es vor allem um das (arithmetische) BERECHNEN von Variablen bzw. das UMKODIEREN (Ersetzen) bestimmter Werte einer (alten) Variable durch neue Werte (in einer neuen Variable). Schließlich wird noch gezeigt, wie man diese Variablen in einen bestehenden Data Frame einfügt bzw. Variablen, die schon im Data Frame enthalten sind, ersetzt.

4.3.5   Berechnen neuer Variablen

Das Berechnen neuer Variablen betrifft meistens Situationen, in denen man solche Variablen in eine Untersuchung einbeziehen will, die sich aus vorhandenen Variablen ableiten lassen. Zwei Beispiele aus unserem Fragebogen (▶ Abbildung 4.1) sollen die Vorgangsweise veranschaulichen.

Zur Erleichterung der Berechnungen verwenden wir `attach()`, um den `fragebogen`-Datensatz unserer R-Sitzung zuzuordnen.

R

```
> attach(fragebogen)
```

Zunächst wollen wir das Alter der Befragten, das wir in Monaten erfasst haben, in Jahre umrechnen. Die neue Variable wollen wir `alter` nennen. Die ersten sechs Werte sind:

R

```
> alter <- mon/12
> alter[1:6]
```

[1] 22.2 20.1 19.2 22.1 18.8 19.1

Allgemein gilt:

> **Berechnung von Variablen:**
>
> variable <- numerischer Ausdruck

Für eine detailliertere Beschreibung numerischer Ausdrücke siehe Seite 91.

In R stehen uns zum Berechnen von Variablen eine Vielzahl von numerischen Funktionen zur Verfügung. Ihre Verwendung wollen wir anhand eines einfachen Beispiels erläutern. Die neue Variable `alter`, die wir eben aus `mon` berechnet haben, ist nicht ganzzahlig. Im Output sieht man die Werte: 22.16667, 20.08333, 19.25 etc. Nun sagt niemand, wenn man nach dem Alter fragt: Ich bin 22.16667 Jahre alt, sondern man würde wohl 22 Jahre sagen. Wenn wir in unseren Daten solche ganzzahligen Werte haben möchten, müssen wir Variablen entsprechend umrechnen.

Numerische Ausdrücke:

Ganz allgemein sind numerische Ausdrücke in R aus einem oder mehreren der folgenden Elemente zusammengesetzt:
- Bereits definierte Variablen
- Zahlen
- Addition (+)
- Subtraktion (–)
- Multiplikation (∗)
- Division (/)
- Potenzfunktion (^ oder ∗∗)
- Klammern
- Funktionen

Es gilt „Punkt- vor Strichrechnung". Allerdings empfiehlt es sich immer, geeignet Klammern zu setzen. Besser einmal ein paar Klammern zu viel als falsche Ergebnisse. Außerdem sollte man an ein paar Ergebniszahlen kontrollieren, ob man den numerischen Ausdruck richtig spezifiziert hat.

In numerischen Ausdrücken können Sie zahlreiche Funktionen verwenden, die numerische Variablen oder Zahlen, aber auch (geschachtelt) Ergebnisse weiterer Funktionen als Argumente verarbeiten. Einige wichtige Funktionen sind:

- `abs()` Absolutwert (Betrag)
- `exp()` Exponentialfunktion
- `log()` Natürlicher Logarithmus
- `round()` auf eine ganze Zahl gerundeter Wert
- `trunc()` auf eine ganze Zahl abgeschnittener Wert
- `sqrt()` Quadratwurzel
- `min()` Minimum
- `max()` Maximum
- `sum()` Summe
- . . .

Wir haben die Wahl, die Dezimalstellen abzuschneiden (mit der Funktion `trunc()`) oder zu runden (mit der Funktion `round()`, wobei man auch noch mittels `digits` die Anzahl der Dezimalstellen angeben kann, auf die gerundet werden soll).

R

```
> alter <- trunc(mon/12)
> alter[1:6]
```

```
[1] 22 20 19 22 18 19
```

R

```
> alter_gerundet <- round(mon/12)
> alter_gerundet[1:6]
```

[1] 22 20 19 22 19 19

R

```
> alter_gerundet <- round(mon/12, digits = 2)
> alter_gerundet[1:6]
```

[1] 22.2 20.1 19.2 22.1 18.8 19.1

Als zweites Beispiel zur Berechnung von Variablen soll eine etwas komplexere Aufgabe gelöst werden, die sich bei der Analyse von Fragebögen öfter ergibt.

Beispiel: Erstellung eines Stress-Summenscore (Stress-Index)

In unserem Fragebogen entstammen die letzten fünf Fragen einem längeren Stress-Fragebogen, der messen soll, wie sehr jemand unter Stress leidet und damit umgeht. Die extremen Ausprägungen sind: „Leben unter starkem Zeitdruck, Wettbewerb und Zielgerichtetheit, aber auch Mangel an Erfolgserlebnissen und Freude an geleisteten Tätigkeiten" vs. „keine Getriebenheit, easy going, gute Fähigkeit zu delegieren, entspannt". Eine übliche Vorgangsweise bei solchen Fragebogenskalen ist es, die Werte der einzelnen Items (Fragen) zusammenzuzählen und den Summenscore als zusammenfassenden, beschreibenden Wert zu verwenden. Bei Ansicht unseres Fragebogens sehen wir aber, dass das nicht ohne Weiteres geht, da das Ergebnis keinen Sinn ergeben würde. Hat man bei allen fünf Fragen „trifft sehr zu" mit 1 und „trifft überhaupt nicht zu" mit 5 kodiert, dann bedeutet bei Frage 1: „bei Terminen oder Verabredungen bin ich nie zu spät" ein niedriger Wert hohen Stress, während bei Frage 2: „ich kann gut zuhören, lasse andere zuerst sprechen" ein niedriger Wert auch niedrigen Stress indiziert. Man nennt diese Eigenschaft von Items auch POLUNG. Einfaches Zusammenzählen geht also nicht, wir müssen zunächst bei einigen Items die Polung umkehren (d. h. 1 zu 5, 2 zu 4 etc. machen), bevor wir einen sinnvollen Summenscore bilden können. Dazu müssen wir zunächst entscheiden, was ein hoher Summenscore bedeuten soll. Wenn wir wollen, dass ein hoher Wert auch hohen Stress anzeigt, dann passen die Items 2, 4 und 5. Die anderen beiden, nämlich 1 und 3, müssen *umgepolt* werden. Eine einfache Formel erlaubt diese Transformation:

`neuer (umgepolter) Wert = 6 - alter Wert`

Die Zahl 6 ergibt sich aus dem höchsten Wert, der vorkommen kann, plus 1. (Wären die Kategorien nicht von 1 bis 5, sondern von 0 bis 4 definiert, dann wäre die rechte Seite 4 - alter Wert.) Wenn man 0 für die niedrigste Kategorie verwendet, braucht man also zur höchsten Kategorie nicht 1 dazuzuzählen. In R würde die Berechnung für Variable i1u und i3u also so aussehen (das u soll andeuten, dass es sich um umgepolte Variablen handelt):

```
R
> i1u <- 6 - i1
> i3u <- 6 - i3
```

Zum Vergleich: die ersten Werte des originalen Vektors i1

```
R
> head(i1)
```

[1] 2 4 2 5 1 5

und die umgepolten Werte in i1u

```
R
> head(i1u)
```

[1] 4 2 4 1 5 1

Wenn wir die gleiche Berechnung noch für die zweite „verkehrt" gepolte Frage, nämlich für Frage 3 durchführen, haben wir alle Fragen so gepolt, dass wir den Summenscore, den wir stress nennen wollen, bilden können.

```
R
> stress <- i1u + i2 + i3u + i4 + i5
> stress[1:10]
```

[1] 14 9 14 13 18 12 11 14 11 15

Die neue Variable stress beschreibt nun (als Zusammenfassung der fünf Items) die
generelle Tendenz einer Person, unter Stress zu stehen. Hohe Werte bedeuten dabei
viel Stress. Natürlich erhebt sich die Frage, ob es überhaupt gerechtfertigt ist, einfach fünf Items zu einem Stress-Index zusammenzuzählen und damit eine verein-
fachte Beschreibung einer Person zu erhalten. Dabei geht es darum, ob alle Items das
Gleiche, nämlich Stress, messen und ob die Bildung einer einfachen (ungewichte-
ten) Summe aus den Einzelantworten zulässig ist. Darauf gehen wir in Kapitel 11
detailliert ein.

4.3.6 Umkodieren von Variablen

Im Gegensatz zum „Berechnen" neuer Variablen verwendet man den Begriff UMKO-
DIEREN (oder auch Rekodieren) vor allem, um Werte einer Variable zu ändern, Werte

zu gruppieren bzw. sie umzugruppieren. Dabei wird an allen Stellen einer Variable, in der ein zu bestimmender Wert auftritt, dieser Wert durch einen anderen ersetzt und das Ergebnis in eine neue Variable gespeichert. (Man kann das Ergebnis auch in die alte Variable speichern, aber in den meisten Fällen ist das nicht empfehlenswert.)

Meistens verwendet man Umkodieren, um Kategorien neu zu definieren oder Werte zusammenzufassen. Es gibt in R viele Möglichkeiten zur Umkodierung von Variablen, wir wollen hier drei besprechen.

Die Funktion `ifelse()`

Die einfachste Möglichkeit besteht in der Verwendung logischer Ausdrücke (Abschnitt 4.3.3) in der Funktion `ifelse()`. Wir wollen sie an einem Beispiel demonstrieren. Wir definieren einen Vektor x, der aus den Zahlen 1 bis 6 besteht. Wir wollen für alle Werte, die kleiner als 4 sind, die Ausgabe `"A"`, für die anderen die Ausgabe `"B"`. Das geht so

R

```
> x <- 1:6
> x
```

`[1] 1 2 3 4 5 6`

R

```
> ifelse(x < 4, "A", "B")
```

`[1] "A" "A" "A" "B" "B" "B"`

Es passiert Folgendes: Für jeden Wert von x wird geprüft, ob er die Bedingung kleiner als 4 (das erste Argument von `ifelse()`) erfüllt. Ist das Ergebnis TRUE, dann ist das Resultat das zweite Argument, also `"A"`, wenn nicht (FALSE), dann ist das Resultat das dritte Argument, also `"B"`.

Man kann `ifelse()` auch schachteln. Will man z. B. für 1 und 2 die Ausgabe `"A"`, für 3 bis 5 die Ausgabe `"B"` und für 6 die Ausgabe `"C"`, dann schreibt man:

R

```
> ifelse(x <= 2, "A", ifelse(x <= 5, "B", "C"))
```

`[1] "A" "A" "B" "B" "B" "C"`

Im Prinzip passiert das Gleiche wie oben, nur durchlaufen jetzt die Werte, bei denen die erste Bedingung (x <= 2) FALSE ist, eine weitere Prüfung (wo vorher `"B"` war). Dieses zweite `ifelse()` liefert das Ergebnis analog zu oben. (Wir brauchen als zweite Bedingung nicht mehr den ganzen Bereich, also größer gleich 3 und kleiner gleich 5 anzugeben, da ohnehin durch die erste Bedingung (x <= 2) nur mehr Werte in Frage kommen, die größer als 2 sind).

Die Funktion `recode()`

Eine andere Möglichkeit zur Durchführung von Umkodierungen bietet die Funktion `recode()` aus dem R-Package **car** (Fox und Weisberg, 2010). Zu Packages und deren Installation siehe Abschnitt 3.1.4. Bevor wir die Funktion `recode()` verwenden können müssen wir das Package mit dem Befehl `library()` laden.

R

```
> library("car")
```

Der Aufbau von `recode()` soll an einem einfachen Beispiel illustriert werden. Wir wollen die Werte der Variable `sex` aus unserem Data Frame `fragebogen`, die ja mit "m" und "w" kodiert waren, leserlicher machen und stattdessen die Werte "männlich" und "weiblich" verwenden. Das geht so

R

```
> sex.neu <- recode(sex,
+        recodes = '"m"="männlich" ; "w"="weiblich"')
```

Das erste Argument ist die Variable, die umkodiert werden soll. Das zweite Argument unter `recodes =` ist eine Zeichenkette, die die Spezifikation für die Umkodierung enthält. Sie steht hier unter einfachen Anführungszeichen. (Der Grund ist, dass m und w Textzeichen sind, die unter Anführungszeichen stehen müssen. Da aber das gesamte Argument `character` (ein Text) sein muss, benötigen wir ein alternatives Anführungszeichen, nämlich '. Würden wir stattdessen auch " verwenden (also `..."""m"="männlich"...`), dann wäre die Spezifikation gleich wieder zu Ende, da R ein "" als (leeren) Text auffassen würde und danach ein = erwartet, jetzt aber das m folgt. R würde dann eine Fehlermeldung ausgeben.)

Im Inneren der Zeichenkette, also zwischen den beiden einfachen Anführungszeichen, steht "m"="männlich"; "w"="weiblich". Das ist die eigentliche Spezifikation, nämlich "m" soll zu "männlich" werden und "w" zu "weiblich". Die ersten fünf Elemente der rekodierten Variable sind nun

R

```
> sex.neu[1:5]
```

```
[1] weiblich weiblich männlich weiblich weiblich
Levels: männlich weiblich
```

Ganz allgemein werden die Umkodierungsanweisungen `recodes =` in einer Zeichenkette spezifiziert, die aus (einem oder) mehreren Bereich/Wert-Paaren bestehen, die als `Bereich = Wert` geschrieben und durch Strichpunkte getrennt werden. Dabei gibt es vier Möglichkeiten, wie diese Bereich/Wert-Paare definiert sein können:

- einzelne Werte, z. B. 1 = "männlich"
- multiple Werte, z. B. c(1,2,4) = 1
- Bereiche, z. B. 3:4 = "mittel"
  Bei Bereichen kann man auch die Werte lo bzw. hi angeben, um den niedrigsten bzw. höchsten Wert einer Variable berücksichtigen zu können, z. B. lo:3 = 1
- die Spezifikation else, um Werte, die sonst nicht in einem anderen Bereich/Wert-Paar spezifiziert werden, repräsentieren zu können, z. B. else = "sonstige"

Als Beispiel wollen wir die Variable gross

```
R

> head(gross)
```

[1] 173 166 178 154 164 389

umkodieren und zwar so, dass für Werte kleiner als 160 cm die Zahl 1, für Werte zwischen 160 bis 174 cm die Zahl 2 und für Werte ab 175 cm die Zahl 3 („groß") festgelegt wird. Die neue Variable wollen wir gross.3 nennen. Dies erreicht man mittels

```
R

> gross.3 <- recode(gross, recodes =
+            'lo:159 = 1 ; 160:174 = 2 ; 175:hi = 3')
> head(gross.3)
```

[1] 2 2 3 1 2 3

Die Variable gross.3 ist, wie auch die Variable gross, numerisch, wird von R also als metrische Variable aufgefasst. Aber man könnte sie auch als kategorial auffassen, da sie ja eigentlich die Kategorien *klein*, *mittel* und *groß* beschreibt. Es gibt eine weitere Option in recode(), die bewirkt, dass recode() das Ergebnis in eine kategoriale Variable, einen Faktor, umwandelt. Diese Option ist as.factor.result. Will man als Ergebnis einen Faktor, dann spezifiziert man in recode() zusätzlich as.factor.result = TRUE. Die obige Definition würde dann so aussehen:

```
R

> gross.3 <- recode(gross, recodes =
+            'lo:159 = 1 ; 160:174 = 2 ; 175:hi = 3',
+            as.factor.result = TRUE)
> head(gross.3)
```

[1] 2 2 3 1 2 3
Levels: 1 2 3

Die Funktion cut()

Eine dritte Möglichkeit zum Rekodieren bzw. GRUPPIEREN ist für metrische Variablen gedacht, wobei man die Gruppen nach einer bestimmten Einteilung der Werte, die bei der jeweiligen Variable auftreten, festlegen will. Wir wollen das am Beispiel der Variablen alter, die wir in Abschnitt 4.3.5 berechnet haben, ausprobieren. Den größten und kleinsten Wert von alter können wir mit der Funktion range() berechnen.

```
> range(alter)
```

[1] 18 27

Demnach sind die Personen aus unseren Fragebogendaten zwischen 18 und 27 Jahre alt. Mit cut() teilen wir diesen Bereich in z. B. drei Bereiche (Intervalle) und erzeugen gleichzeitig einen Faktor, nennen wir ihn alter.3, der jede Personen in einen der Bereiche einteilt.

```
> alter.3 <- cut(alter, 3)
> head(alter.3)
```

[1] (21,24] (18,21] (18,21] (21,24] (18,21] (18,21]
Levels: (18,21] (21,24] (24,27]

Man sieht am Output (i) an Levels: (18,21] (21,24] (24,27], dass die Daten in drei Intervalle aufgeteilt wurden, und (ii) an [1] (21,24] (18,21] ..., dass die Werte für die Personen nun durch diese Intervalle beschrieben werden. Es werden dabei die Intervallgrenzen angegeben. Zum Beispiel bedeutet (21,24] größer als 21 und höchstens 24. Die runde Klammer ist die offene Intervallgrenze, d. h., dieser Wert ist nicht im Intervall. Die eckige Klammer ist die geschlossene Grenze , d. h., der Wert ist (gerade noch) im Intervall. Eine Ausnahme ist die unterste Kategorie (18,21]. Hier wird irreführenderweise eine runde Klammer verwendet, obwohl der Wert 18 dem untersten Intervall zugeordnet wird. Eigentlich müsste dort [18,21] stehen. Wir sehen uns die ersten Fälle an.

```
> head(data.frame(alter, alter.3))
```

```
  alter alter.3
1    22 (21,24]
2    20 (18,21]
3    19 (18,21]
4    22 (21,24]
5    18 (18,21]
6    19 (18,21]
```

Wir können hier nicht die Funktion `cbind()` zur spaltenweisen Anzeige der Variablen verwenden, da `cbind()` nicht die Labels eines Faktors anzeigt. Daher verwenden wir stattdessen die Funktion `data.frame()`.

Man kann auch Labels mit der Option `labels=` vergeben, zum Beispiel

R

```
> alter.3kat <- cut(alter, 3, labels = c("jung",
+     "mittel", "alt"))
> head(alter.3kat)
```

```
[1] mittel jung   jung   mittel jung   jung
Levels: jung mittel alt
```

Es ist auch möglich, die Intervalle selbst zu bestimmen. Hierzu spezifiziert man unter der Option `breaks=` einen Vektor mit den Intervallgrenzen. Als Beispiel wollen wir eine Variable erzeugen, in der wir `mon` (das Alter in Monaten) in vier Bereiche teilen. Wir wollen als Grenzen 240, 264 und 288 (das entspricht 20, 22 und 24 Jahren) festlegen. Wir benötigen noch die kleinsten und den größten Wert, den wir mit `range()` oder mit `min()` bzw. `max()` berechnen können. Den Vektor, den wir für `breaks=` benötigen, erzeugen wir mittels

R

```
> grenzen <- c(min(mon), 240, 264, 298, max(mon))
> grenzen
```

```
[1] 219 240 264 298 328
```

und erstellen die neue Variable `mon.4` mittels

R

```
> mon.4 <- cut(mon, breaks = grenzen)
> head(mon.4)
```

```
[1] (264,298] (240,264] (219,240] (264,298] (219,240]
[6] (219,240]
Levels: (219,240] (240,264] (264,298] (298,328]
```

Die spezifizierten Grenzen 240, 264 und 288 sind jeweils als die oberen (geschlossenen) Grenzen der Intervalle definiert worden, das unterste Intervall geht also bis inklusive 240. In `breaks=` werden also die oberen Intervallgrenzen definiert.

Für Fortgeschrittene: Man kann Intervalle auch für (etwa) gleich große Häufigkeiten mithilfe der Funktion `quantile()` erzeugen. Für Quartilsgrenzen wäre die Spezifikation: breaks = quantile(mon, (0:4)/4). Da hier die untere offene Intervallgrenze schlagend wird, muss man zur Vermeidung von NAs zusätzlich die Option `include.lowest = TRUE` angeben.

4.3.7 Modifikation eines Data Frame

Eine wichtige, oft zeitraubende Aufgabe bei statistischen Auswertungen ist es, Rohdaten in die Form zu bringen, die man dann für konkrete Analysen benötigt. Dazu gehören Datenkontrolle, Transformation von Variablen und ihre Bezeichnungen und schließlich die Auswahl für konkrete Analysen. Meistens hat man eine Art Master-Datensatz, in dem alles Wichtige gespeichert ist und den man dann als Ausgangspunkt für spezifischere Datensätze verwendet.

In diesem Abschnitt werden wir unseren `fragebogen`-Data Frame so modifizieren, dass wir ihn als Master-Datensatz verwenden können. Dazu gehören die Änderung spezieller Variablen, die Vergabe verständlicherer Namen und Werte (bei den kategorialen Variablen), die Umwandlung des Datentyps sowie das Hinzufügen von Variablen in einen Dataframe.

Als Erstes kopieren wir den `fragebogen`-Data Frame in einen neuen, den wir `master` nennen wollen, und mit dem wir dann arbeiten werden.

R

```
> master <- fragebogen
```

Um uns die Dateneingabe zu erleichtern, haben wir bei den kategorialen Variablen nur ganz kurze Bezeichnungen für die einzelnen Werte verwendet. Zunächst wollen wir für sex die Bezeichnungen von "w" auf "weiblich" und "m" auf "männlich" ändern und diese Änderung in `master` speichern. Wir haben das schon in Abschnitt 4.3.6 gemacht, die so modifizierte Variable heißt `sex.neu`. Wir müssen also nur mehr `sex` im Data Frame `master` durch `sex.neu` ersetzen. Außerdem wollen wir diese Variable gleich in einen Faktor umwandeln. Eine bequeme Möglichkeit hierzu bietet die Funktion `transform()`.

R

```
> master <- transform(master, sex = factor(sex.neu))
> head(master$sex)
```

```
[1] weiblich weiblich männlich weiblich weiblich männlich
Levels: männlich weiblich
```

Man kann gleich zwei (oder mehrere) Variablen modifizieren, zum Beispiel

R

```
> master <- transform(master, entsch = factor(entsch),
+     proj = factor(proj))
```

Allgemein ist das erste Argument von `transform()` der Name des Data Frame, den man modifizieren will, hier also `master`. Das zweite (und alle weiteren) Argumente bestehen aus Variablennamen und der Zuweisung von neuen Werten. Sie können hier also alles angeben, was Sie sonst mit `<-` gemacht hätten, nur wird jetzt `<-` zu `=`. Wenn wir die Körpergröße in Metern als Dezimalzahl mit zwei Nachkommastellen wollen, schreiben wir

R

```
> master <- transform(master, gross = round(gross/100,
+     digits = 2))
> head(master$gross)
```

[1] 1.73 1.66 1.78 1.54 1.64 3.89

Wenn eine Variable schon im Data Frame definiert ist, wird sie durch die Spezifikation ersetzt, andernfalls wird sie hinzugefügt. Ein Beispiel hierzu ist die Variable `alter`, die wir in Abschnitt 4.3.5 erzeugt haben und die nicht im Data Frame `fragebogen` enthalten war.

R

```
> master <- transform(master, alter = alter)
> head(master$alter)
```

[1] 22 20 19 22 18 19

Diese auf den ersten Blick etwas eigenartige Spezifikation `alter = alter` bedeutet Folgendes: Das erste `alter` (links von `=`) ist der Name der Variable im Data Frame `master`, das zweite `alter` (rechts von `=`) ist der Name der Variable, die wir erzeugt haben, die aber (noch) nicht im Data Frame gespeichert war.

Würden wir jetzt den Data Frame mittels `attach(master)` der R-Sitzung zuordnen, dann bekämen wir eine Nachricht, dass die Variable `alter` aus dem Data Frame maskiert (d. h. versteckt) wird. Das bedeutet, dass weiterhin die vorher definierte Variable `alter` verwendet wird (nennen wir sie *aktiv*) und nicht (wie sonst bei `attach()`) die direkt verfügbare Variable `alter` aus dem Data Frame (siehe auch Abschnitt 4.3.1), die jetzt versteckt ist. Man muss also achtgeben, wenn man Änderungen an der aktiven Variable durchführt und diese in den Data Frame speichert, da dann die jetzt versteckte Variable (also jene aus dem Data Frame) überschrieben wird. Wenn an dieser z. B. schon vorher Änderungen durchgeführt wurden, die es bei der aktiven Variable nicht gibt, dann wären diese Änderungen nach einem Überschreiben (z. B. mittels `transform()`) verloren. Falls solche Maskierungen auftreten und man sich nicht sicher ist, vergleicht man am besten die Variable aus dem Data Frame mit der aktiven, z. B. mit einem logischen Vergleich `dataframe$var == var`. Einen globalen Vergleich kann man mittels `all(dataframe$var == var)` durchführen, wobei das Resultat `TRUE` ist, wenn alle Elemente gleich sind, und `FALSE`, wenn mindestens ein Element unterschiedlich ist.

Wir wollen nun auch noch die anderen kategorialen Variablen in unserem Data Frame zu Faktoren machen. Um zu sehen, welche Variablen noch geändert werden müssen, können wir den Befehl `str()` (*structure*) verwenden. Diese sehr nützliche Funktion gibt Auskunft über die interne Repräsentation beliebiger definierter (also mit einem Namen ansprechbarer) R-Objekte (z. B. Vektoren, Data Frames, Funktionen etc). Für `master` sieht die Struktur folgendermaßen aus:

R

```
> str(master)
```

```
'data.frame':       100 obs. of  14 variables:
$ id :num 11 16 17 18 ...
$ sex :Factor w/ 2 levels "männlich","weiblich": 2 2 1 2 ...
$ lalt :num 2 3 2 3 ...
$ gross :num 1.73 1.66 1.78 1.54 ...
$ mon :num 266 241 231 265 ...
$ date :num 4 5 3 3 ...
$ entsch:Factor w/ 5 levels "1","2","3","4",..: 3 4 4 5 ...
$ proj :Factor w/ 2 levels "1","2": 2 1 2 2 ...
$ i1 :num 2 4 2 5 ...
$ i2 :num 3 2 1 3 ...
$ i3 :num 3 3 3 2 ...
$ i4 :num 2 1 2 4 ...
$ i5 :num 2 1 4 1 ...
$ alter :num 22 20 19 22 ...
```

In der ersten Zeile kann man sehen, dass `master` ein `'data.frame'` ist und 14 Variablen von 100 Fällen (`obs.` für *observations*) enthält. In den folgenden Zeilen wird (nach dem `$`) jeweils der Variablenname angegeben, dann von welcher Art (in R-Terminologie Klasse, durch `class()`, z. B. `class(alter)`, abfragbar) die Variable ist. Wir sehen hier `num` für `numeric` und schließlich `Factor`, wobei die Anzahl der Kategorien bei `levels` angegeben wird (einige Kategorien werden hier aufgelistet). Ganz rechts findet man die ersten Werte jeder Variable.

Die Variablen `lalt` und `date` sind noch numerisch definiert und wir wollen diese jetzt zu Faktoren machen.

R

```
> master <- transform(master, lalt = factor(lalt),
+     date = factor(date))
```

Zuletzt wollen wir noch die Kategoriennamen ändern. Das geht prinzipiell alles auch mit dem `transform()`-Befehl, allerdings wird dieser sehr lang werden und es ist leicht möglich, dass man sich dabei irrt oder vertippt. In diesem Fall ist die Verwendung der Funktion `levels()` (siehe Abschnitt 4.3.2) einfacher. Die entsprechenden Befehle sind

R

```
> levels(master$lalt) <- c("älter", "egal", "gleich",
+     "gleich/älter", "gleich/jünger", "jünger")
> levels(master$date) <- c("Abendessen", "Couch",
+     "Disco", "Kino", "Spazieren", "spontan", "Video")
> levels(master$entsch) <- c("Freunde", "Intuition",
+     "Logik", "Moral", "Was?")
> levels(master$proj) <- c("frühzeitig", "Nacht",
+     "Hund")
```

Hier muss man darauf achten, die Bezeichnungen in der gleichen Reihenfolge wie im Fragebogen einzugeben.

Zum Abschluss speichern wir den adaptierten Datensatz `master`.

R

```
> save(master, file = "master.RData")
```

4.3.8 Datenkontrolle

Bevor man mit der statistischen Analyse von Daten beginnt, sollte man diese immer zuerst auf Korrektheit überprüfen. Bei kleinen Datensätzen, die man vielleicht schon auf Papier erfasst hat, geht das leicht, indem man einfach die eingegebenen Daten mit den Rohdaten vergleicht. Bei größeren Datensätzen kann man zu diesem Zweck Statistikprozeduren verwenden, die eine Übersicht der eingegebenen Daten liefern. Dies kann zum Beispiel bei kategorialen Daten über Häufigkeiten bzw. Kreuztabellen mittels der Funktion `table()` erfolgen. Bei metrischen Daten wird man neben zusammenfassenden Statistiken verschiedene grafische Methoden, etwa Histogramme mit der Funktion `hist()`, verwenden.

Die Verwendung dieser Methoden wird in Abschnitt 6.2.1 und Abschnitt 7.1, bzw. in Kapitel 8 noch genauer besprochen. Die Ergebnisse werden dann darauf überprüft, ob die aufgelisteten Werte sinnvoll und plausibel sind. Wichtig dabei ist es jedenfalls, ungewöhnliche Fälle, die vielleicht gar nicht vorkommen können, aufzuspüren.

Eine Funktion, die man verwendet, um schnell und überblicksmäßig Aufschluss über Daten zu gewinnen, ist `summary()`.

R

```
> summary(master)
```

```
      id                sex              lalt
Min.   :  1.0   männlich:43   älter        :14
1st Qu.: 25.8   weiblich:54   egal         :16
Median : 50.5   NA's    : 3   gleich       :22
Mean   : 50.5                 gleich/älter :12
```

```
3rd Qu.: 75.2                  gleich/jünger:19
Max.    :100.0                 jünger       :17

      gross            mon            date
Min.    :1.54    Min.    :219   Abendessen:15
1st Qu.:1.66     1st Qu.:236    Couch     :15
Median :1.72     Median :264    Disco     :15
Mean    :1.74    Mean    :266   Kino      :18
3rd Qu.:1.78     3rd Qu.:294    Spazieren :10
Max.    :3.89    Max.    :328   spontan   :16
                                Video     :11
       entsch          proj          i1              i2
Freunde  :17     frühzeitig:49   Min.    :1.00   Min.    :1
Intuition:18     Nacht      :51  1st Qu.:2.00    1st Qu.:2
Logik    :20     Hund       : 0  Median :4.00    Median :3
Moral    :20                     Mean    :3.59   Mean    :3
Was?     :25                     3rd Qu.:5.00    3rd Qu.:4
                                 Max.    :5.00   Max.    :5

       i3               i4             i5
Min.    :1.00    Min.    :1.00   Min.    :1.00
1st Qu.:3.00     1st Qu.:2.00    1st Qu.:2.00
Median :4.00     Median :2.00    Median :3.00
Mean    :3.86    Mean    :2.29   Mean    :2.91
3rd Qu.:5.00     3rd Qu.:3.00    3rd Qu.:4.00
Max.    :5.00    Max.    :5.00   Max.    :5.00

      alter
Min.    :18.0
1st Qu.:19.0
Median :21.5
Mean    :21.8
3rd Qu.:24.0
Max.    :27.0
```

Es wird für jede Variable im Data Frame eine kurze Zusammenfassung erzeugt, bei mehreren Variablen (wie bei einem Data Frame) in Blöcken, bei einzelnen zeilenweise. Dabei nimmt R Rücksicht darauf, welche Art von Variable (hier metrisch oder und kategorial als Faktor) beschrieben werden soll. Die metrischen, wie etwa mon, erkennt man daran, dass Minimum und Maximum, das arithmetische Mittel (Mean) und noch einige weitere Maßzahlen (auf die wir in Kapitel 8 eingehen) ausgegeben werden. Bei Faktoren werden die Kategorien und wie oft sie vorkommen dargestellt. Auch wird die Anzahl der NAs ausgegeben. Bei der Datenkontrolle werden wir vor allem darauf achten, ob bei metrischen Variablen die Minima und Maxima plausibel sind, bei den Faktoren prüfen wir, ob es Kategorien gibt, die gar nicht vorkommen können.

Wenn wir uns die Ausgabe von summary(master) ansehen, finden wir drei Auffälligkeiten. Bei sex als einziger Variable gibt es fehlende Werte: NA's : 3. Bei proj sehen wir, dass niemand die Kategorie Hund angekreuzt hat. Das sind möglicherweise keine Datenfehler.

Gravierender aber ist der Maximalwert bei gross. Wir finden Max. :3.89. Eine solche Körpergröße gibt es nicht, also müssen wir sie korrigieren. Falls die Originalfragebögen noch zur Verfügung stehen, können wir dort nachsehen und den richtigen Wert herausfinden. Falls das nicht geht, werden wir statt 3.89 besser ein NA verwenden und es mittels fix() im Data Frame eintragen. R bietet uns eine Möglichkeit, die richtige Stelle im Data Frame zu finden. Mit der Funktion which() erhält man die Positionen der gesuchten Werte. Wir prüfen, ob es Personen gibt, die größer als 2 Meter sind, und erhalten diese mit

R

```
> which(master$gross > 2)
```

[1] 6

Verbal könnte man diesen Befehl so formulieren: An welchen Stellen in der Variable gross (die im Data Frame fragebogen enthalten ist) befindet sich ein Wert, der größer ist als 2. Das Resultat ist 6, d. h., die Zahl 3.89 findet sich in der 6. Zeile, was man auch in ► Abbildung 4.5 sehen kann. Wenn wir dann mittels fix(fragebogen) den Fehler ausbessern wollen, wissen wir schon, wo wir suchen müssen. Die Fragebogennummer, id, können wir natürlich leicht in den Daten nachsehen, wir könnten sie aber auch direkt ausgeben mittels

R

```
> master[master$gross > 2, "id"]
```

[1] 20

Wir müssen also im Originalfragebogen mit der id-Nummer 20 nachsehen. Der Ausdruck master[, "gross"] > 2 liefert uns, wie oben, die Zeilennummer des gesuchten Elements von master (der erste Index) und "id" spezifiziert die Spalte (siehe auch Abschnitt 4.3.3). which() benötigen wir hier nicht, weil wir ja den Wert von id und nicht die Zeilennummer suchen.

Auf gleiche Weise können wir die Fragebogennummern der fehlenden Werte für die Variable sex eruieren. Der Befehl ist (siehe auch Abschnitt 4.3.3):

R

```
> master[is.na(master$sex), "id"]
```

[1] 42 33 29

Vergessen Sie nicht, den Data Frame nach Ausbesserungen abzuspeichern. Es gilt, besser zu oft zu sichern, als Arbeit zu verlieren.

4.4 R-Befehle im Überblick

`abs(x)` Absolutbetrag der Werte in x

`attach(what)` bewirkt eine Zugriffsmöglichkeit auf die Variablen in einem Data Frame`what`, so dass man dann direkt die Variablennamen verwenden kann, ohne den Data Frame angeben zu müssen (Beispiel: statt `fragebogen$sex` genügt `sex`).

`class(x)` gibt an, von welcher Art (in R-Terminologie Klasse) das Objekt x ist.

`cut(x, ...)` konvertiert den numerischen Vektor x in einen Faktor. Es werden dabei die Werte von x in Klassen eingeteilt, ... steht hier für Optionen, deren Spezifikation die Einteilung steuert.

`detach(what)` hebt die direkte Verfügbarkeit von Variablen in `what`, die mittels `attach(what)` bewirkt wurde, wieder auf (Beispiel: statt `sex` muss man wieder `fragebogen$sex` verwenden).

`dim(x)` gibt die Anzahl der Zeilen und Spalten eines Data Frame oder einer Matrix x an.

`edit(name)` öffnet einen Editor. Wenn `name` ein Data Frame (oder eine Matrix) ist, dann ist es der Dateneditor.

`factor(x)` erzeugt einen Faktor.

`fix(x)` ruft den Editor auf und speichert nach Beendigung das geänderte x. Wenn `name` ein Data Frame (oder eine Matrix) ist, dann ist es der Dateneditor.

`head(x)` zeigt die ersten Elemente von x.

`hist(x)` erzeugt ein Histogramm der Werte von x.

`ifelse(test, yes, no)` ergibt als Resultat ein Objekt (z. B. Vektor oder Matrix), wie es in `test`, einem logischen Ausdruck, verwendet wird. Die Werte des Resultats ergeben sich aus der Spezifikation von `yes` oder `no`, je nachdem, ob `test` `TRUE` oder `FALSE` ist. Beispiel: `ifelse((1:3)<2, 10,20)` ergibt 10, 20, 20.

`is.na(x)` prüft, ob Elemente von x fehlend (`NA`) sind.

`levels(x)` ermöglicht das Abfragen bzw. Setzen der Kategorien eines Faktors x.

`load(file)` lädt Datensätze, die mit `save(file)` gesichert wurden.

`min(...)` gibt den kleinsten Wert aus den unter ... angegebenen Objekten (z. B. einen oder mehrere Vektoren) an.

`na.omit(object)` entfernt bei einem Data Frame Zeilen mit fehlenden Werten.

`range(...)` ergibt als Resultat einen Vektor mit dem kleinsten und größten Wert der unter ... angegebenen Objekte (Vektoren, Matrizen, Data Frame etc.)

`recode(var, recodes)` rekodiert einen Vektor `var` (der numerisch, character oder Faktor sein kann) entsprechend den Spezifikationen, die in `recodes` angegeben werden (Package `car`).

`round(x, digits)` rundet die Werte in x auf `digits` Nachkommastellen. Ist `digits` = 0 (Voreinstellung), dann wird auf ganze Zahlen gerundet.

`save(file)` speichert Datensätze, die mit `load(file)` wieder eingelesen werden können.

`sqrt(x)` ergibt die Quadratwurzel.

`str(object)` zeigt die interne Repräsentation von `object`, das irgendein R-Objekt sein kann.

`subset(x, subset, select, ...)` ergibt als Resultat einen Ausschnitt von x (üblicherweise Data Frames) nach bestimmten Regeln. Unter `subset` wird ein logischer Ausdruck zur Auswahl der Zeilen (Fälle) angegeben, unter `select` werden die Spalten (Variablen), die ausgegeben werden sollen, spezifiziert.

`sum(...)` ergibt als Resultat die Summe der Werte aller Objekte, die unter ... angegeben werden.

`table(...)` dient im einfachsten Fall zur Erstellung einer Häufigkeitsauszählung, d. h., es wird gezählt, wie oft verschiedene Werte in einer Variable (die unter ... angegeben wird) vorkommen.

`tail(x)` gibt die letzten Elemente von x an.

`transform(dataframe, ...)` ermöglicht die Modifikation eines Data Frame. Unter ... werden einzelne Variablen im Data Frame in der Form `name = wert` angegeben. Es können damit auch neue Variablen im Data Frame erzeugt werden. Die Variablen müssen alle gleiche Länge haben.

`trunc(x)` schneidet Dezimalstellen ab und ergibt ganze Zahlen.

`which(x)` ergibt die Indizes für Werte von x, die `TRUE` sind. Beispiel: `which(c(3,1,2)==2)` ergibt 3.

4.5 Übungen

1. Erstellen Sie einen Data Frame namens `min.dat` und geben Sie Folgendes ein:

a	ges	gr	gew
21	m	181	69
35	w	173	58
829	m	171	75
2	e	166	69

2. Benennen Sie die Variablen in `Geschlecht`, `Alter`, `Grösse` und `Gewicht` um.

3. Erstellen Sie eine Tabelle der Variable `Geschlecht` und prüfen Sie, ob Eingabefehler vorliegen. Der Wert `e` entstand durch einen Tippfehler, wir nehmen an, dass im Fragebogen „weiblich" stand. Ändern Sie diesen Wert auf `w`.

4. Prüfen Sie die Anzahl der Levels von `Geschlecht` und entfernen Sie Levels, die nicht verwendet werden.

5. Benennen Sie die verbleibenden Levels von `Geschlecht` in „weiblich" für `w` und „männlich" für `m` um.

6. Kontrollieren Sie das Minimum und Maximum des Alters mit `range()`. Offensichtlich hat es grobe Eingabefehler gegeben, die Sie nun folgendermaßen ersetzen: Erstellen Sie eine Variable `auswahl`, die das Ergebnis der logischen Abfrage für „Alter geringer als 20 oder größer als 80" enthält. Wir kennen die wahren Werte nicht, also nutzen Sie die Variable `auswahl`, um die Beobachtungen, deren Altersangaben unter 20 oder über 80 liegen, `NA` zu setzen.

7. Berechnen Sie den Body-Mass-Index (BMI) aller Personen nach der Formel BMI $= m/l^2$ (wobei m für das Gewicht in Kilogramm und l für die Größe in Metern steht) und weisen Sie das Ergebnis der Variable `BMI` in Ihrem Data Frame zu. Geben Sie die Variable aus und runden Sie sie dabei auf eine Nachkommastelle.

8. Verwenden Sie die Funktion `attach()`, um alle Variablen direkt aufrufen zu können.

9. Erstellen Sie ein Balkendiagramm für die Variable `Geschlecht`.

10. Rekodieren Sie die Variable `Grösse` folgendermaßen: Alle Werte unter 170 nennen Sie `klein` und alle größer oder gleich 170 nennen Sie `gross`. Erstellen Sie hiermit eine neue Variable `Grösse_rec` in Ihrem Data Frame und tabulieren Sie sie.

Datenfiles sowie Lösungen finden Sie auf der Webseite des Verlags.

Mehr R

5

ÜBERBLICK

*Dieses Kapitel soll Ihnen verschiedene Aspekte von R näherbringen, die den prak-
tischen Umgang mit R betreffen. Zunächst wird die Arbeitsumgebung erläutert,
dies betrifft die Organisation der Programmoberfläche und die Verbindung zum
Windows-Betriebssystem. Ein eigener Abschnitt behandelt die wichtigsten Elemente
zur Erzeugung von Grafiken. Außerdem wird besprochen, wie man die Ausgabe für
Präsentationen, Berichte oder Publikationen in andere Anwendungen exportieren
kann. Der Austausch von Daten bzw. Dateien mit anderen Programmen, das Verwenden externer Quellen für R-Befehle sowie das Hilfesystem und Quellen für weitere
Informationssuche werden vorgestellt.*

LERNZIELE

Nach Durcharbeiten dieses Kapitels haben Sie Folgendes erreicht:

- Sie kennen die wesentlichen Elemente der R-Arbeitsumgebung.
- Sie kennen das R-Hauptfenster (Rgui) und die Unterfenster: die R-Konsole,
  Grafikfenster und den Daten- und Skript-Editor und können damit umgehen.
- Sie wissen, was ein Working Directory (Arbeitsverzeichnis) ist, und können
  es herausfinden und ändern.
- Sie kennen die wesentlichen Elemente von R-Grafiken. Sie können einfache
  Grafiken erstellen, weitere Grafikelemente zu ihnen hinzufügen und verschie-
  dene Darstellungsparameter ändern.
- Sie wissen, wie man Text- und Grafik-Output in andere Anwendungen expor-
  tiert.
- Sie können R-Befehle aus externen und internen Quellen einlesen und aus-
  führen.
- Sie können Daten aus externen Dateien einlesen und Datendateien erzeugen
  und exportieren.
- Sie kennen das R-Hilfesystem und verschiedene Suchmöglichkeiten. Sie wissen, wo man weitere Informationen finden kann.

5.1   Die R-Arbeitsumgebung

In diesem Abschnitt soll kurz die Umgebung, in der Sie mit R arbeiten, beschrie-
ben werden. Dazu gehört das R-Hauptfenster (RGui, Gui steht für *graphical user
interface* oder grafische Benutzeroberfläche), in dem Sie Befehle eingeben und den
Output erhalten. Außerdem geht es um den sogenannten WORKSPACE (dem Bereich
im Hauptspeicher des Computers, in dem alle Aktivitäten stattfinden und dessen
Inhalte bis zum Schließen von R vorhanden sind) und schließlich um das sogenannte
WORKING DIRECTORY (der Verzeichnispfad, der R zum Lesen und Schreiben externer
Dateien zugeordnet ist).

5.1.1   Die R-Benutzeroberfläche

Wenn Sie R aus Windows heraus über das Icon am Desktop oder über das Startmenü
aufrufen, öffnet sich ein Fenster wie in ▶ Abbildung 3.5 auf Seite 50. Dieses Fenster
(mit RGui in der Titelleiste) besteht im Wesentlichen aus zwei Elementen: (i) einem

Container oder Master-Fenster, in dem verschiedene weitere Fenster (Sub-Fenster) dargestellt werden (nach dem Start wird automatisch das wichtigste Sub-Fenster, die R-Konsole, geöffnet) und (ii) Menü- und Symbolleisten, die je nach aktivem Sub-Fenster unterschiedlich aussehen und verschiedene Funktionalität haben.

Die R-Konsole

Das zentrale Sub-Fenster ist die sogenannte R-Konsole (betitelt mit R Console). Sie ist die Schaltzentrale, in der Befehle eingegeben und deren Resultate ausgegeben werden. Wenn man dieses Fenster schließt, dann wird R beendet. Im Prinzip könnten Sie alles, was über die Menü- und Symbolleiste steuerbar ist, auch mit R-Befehlen, die Sie in der R-Konsole eingeben, erzielen. Diese Eigenschaft von R ermöglicht es, bestimmte Aufgaben vollautomatisiert ablaufen zu lassen, ohne das R-Hauptfenster aufrufen und mit R direkt interagieren zu müssen. Darauf werden wir in Abschnitt 5.4 eingehen.

Weitere Sub-Fenster, zwischen denen man durch Anklicken wechselt, sind im Folgenden beschrieben.

Das R-Grafikfenster

Nachdem man zum ersten Mal einen Grafik angefordert hat, öffnet sich ein Grafikfenster und stellt diese dar. Wenn man weitere Grafiken erzeugt, werden die alten überschrieben. Das Grafikfenster bleibt dabei so lange geöffnet, bis man es aktiv schließt oder R beendet. Zur Erstellung von Grafiken siehe Abschnitt 5.2.

Der R-Editor

Man kann in diesem Fenster (betitelt mit R Editor) R-Befehle von Hand eingeben oder einfügen, aus Dateien einlesen, modifizieren und an die R-Konsole zur Ausführung senden. Dies wird in Abschnitt 5.4 behandelt.

Der R-Dateneditor

Hier können Daten eingegeben und modifiziert werden. Der R-Dateneditor und seine Bedienung ist in Abschnitt 4.2.1 beschrieben.

Die Menü- und Symbolleisten

Wie wollen nicht im Detail auf die einzelnen Menüpunkte bzw. Schaltflächen eingehen. Die Wichtigen werden später in den jeweiligen Abschnitten beschrieben. Anzumerken ist, dass sich die Menüs und Symbolleisten je nach aktivem Fenster ändern.

Wie in vielen Windows-Anwendungen üblich, erhält man eine Beschreibung des jeweiligen Symbols, wenn man mit der Maus – ohne zu klicken – auf das Symbol zeigt und kurz wartet.

Über den Menüpunkt Bearbeiten ▷ GUI Einstellungen... lassen sich verschiedenste Einstellungen definieren, die das Erscheinungsbild des R-Hauptfensters bestimmen (wie z. B. Schrifttyp und Farbe der Ausgabe, Zeilenbreite und vieles mehr). Am besten Sie probieren ein wenig herum. Man kann diese Einstellungen speichern und wieder laden.

Informationen zur Tastensteuerung erhalten Sie über den Menüpunkt Hilfe ▷ Konsole.

5.1.2 Der Workspace

Bei der interaktiven Bedienung von R erzeugt man Vektoren (z. B. von Zahlen oder Zeichenketten), Matrizen, Data Frames und vieles mehr. Alle diese bezeichnet man in R als Objekte. Sie befinden sich im Arbeitsspeicher des Computers und solange R läuft, sind sie verfügbar. Wenn man sie nicht speichert (wie das geht, wird gleich weiter unten besprochen), werden sie gelöscht, wenn man R beendet. Die Sammlung dieser „flüchtigen" Objekte nennt man WORKSPACE. Mit dem Befehl `ls()` oder alternativ `objects()` erhält man die Namen der Objekte, die momentan im Workspace gespeichert sind. Wenn Sie z. B. Abschnitt 3.2 bis zum Ende nachvollzogen haben, dann würde `ls()` folgendes Ergebnis zeigen:

```
R
> ls()
```

```
 [1] "ALTER"          "Geschlecht"   "GEWICHT"
 [4] "gewichtsdaten"  "GRÖSSE"       "italyMapEnv"
 [7] "namen"          "SEX"          "u"
[10] "x"              "X"            "y"
[13] "z"              "Z"
```

Wenn man aufräumen möchte, dann kann man einzelne Objekte mittels `rm()` löschen, z. B.

```
R
> rm(x, Z, GEWICHT)
```

Will man alle momentan im Workspace befindlichen Objekte löschen, verwendet man am einfachsten die Menüpunkte Verschiedenes ▷ Entferne alle Objekte.

Den gesamten Workspace speichern kann man über die Menüpunkte Datei ▷ Sichere Workspace..., wobei man dann über einen Windows-File-Dialog eine Datei mit der Endung `.RData` bestimmen kann. Wenn man R beendet, wird man standardmäßig gefragt, ob man den Workspace sichern will (siehe auch Abschnitt 3.1.3). Antwortet man mit JA, dann wird im aktuellen Arbeitsverzeichnis (siehe Abschnitt 5.1.3) eine Datei, die nur aus der Endung `.RData` besteht (also ohne Namen vor dem Punkt), angelegt. Gleichzeitig wird noch eine Datei erzeugt, die nur aus der Endung `.Rhistory` besteht. In ihr sind alle in der R-Sitzung eingegebenen Befehle gespeichert. (Auf diese Datei werden wir noch in Abschnitt 5.4.2 näher eingehen.)

Startet man R erneut, dann wird der vorher gespeicherte Workspace automatisch geladen und man kann die R-Sitzung an der Stelle fortsetzen, an der man vorher aufgehört hat. Durch das gleichzeitig automatische Laden der Datei .Rhistory stehen auch die „alten" Befehle zur Verfügung, durch die man mit den Pfeiltasten [↑] und [↓] blättern kann.

Hat man in der vorherigen R-Sitzung das Arbeitsverzeichnis gewechselt, dann wird der dort gespeicherte Workspace nicht automatisch wiederhergestellt. Diesen kann man aber über die Menüpunkte Datei ▷ Lade Workspace… oder mit der Funktion load() laden.

Lädt man einen Workspace nicht zu Beginn einer R-Sitzung, sollte man darauf achten, nicht schon Objekte definiert zu haben, die sich auch im gespeicherten Workspace befinden, da sie sonst überschrieben werden. Hat man also z. B. eine Variable x erzeugt und lädt dann einen Workspace, in dem sich auch eine Variable x befindet, dann wird die erste überschrieben und x ist jetzt wie im geladenen Workspace definiert.

5.1.3 Working Directory – das Arbeitsverzeichnis

Wenn Sie R starten, dann wird gleichzeitig das ARBEITSVERZEICHNIS (oder *Working Directory*) definiert. Das ist das Standardverzeichnis (Ordner bzw. Pfad), in dem die sich die Dateien befinden, die Sie in R ohne weitere Pfadangabe lesen oder schreiben. Sie können das aktuelle Arbeitsverzeichnis mittels der Funktion getwd() abfragen. Ein Beispiel ist

R

```
> getwd()
```

```
[1] "C:/Users/Ruser/"
```

Beachten Sie bitte, dass in R nicht der in Windows definierte \ (oder Backslash) als Trennzeichen für Laufwerk-, Verzeichnis- und Datei-Bezeichnungen benutzt wird, sondern / (oder Slash bzw. Schrägstrich). Alternativ können Sie statt / auch einen doppelten Backslash \\ bei Pfadangaben benutzen.

Wenn Sie z. B. mit read.table("fragebogen.dat") einen Data Frame einlesen wollen, die Datei fragebogen.dat sich aber nicht im aktuellen Arbeitsverzeichnis befindet, erhalten Sie eine Fehlermeldung. Nehmen wir an, fragebogen.dat befindet sich im Verzeichnis D:\Data\Work, dann müsste der entsprechende Befehl read.table("D:/Data/Work/fragebogen.dat") lauten, um erfolgreich zu sein.

Der Befehl dir() listet Ihnen alle Dateien auf, die sich im aktuellen Arbeitsverzeichnis befinden.

Es empfiehlt sich aus vielerlei Gründen, für verschiedene Aufgabenstellungen auch unterschiedliche Arbeitsverzeichnisse zu verwenden. Sie können das aktuelle Arbeitsverzeichnis über die Menüpunkte Datei ▷ Verzeichnis wechseln… oder mit dem Befehl setwd() ändern. Ein Beispiel ist

```
R
> setwd("D:/Data/Work/")
```

Möchten Sie schon direkt beim Aufruf von R ein bestimmtes Arbeitsverzeichnis definiert haben, dann können Sie folgendermaßen vorgehen: In Windows ist das Arbeitsverzeichnis in der Verknüpfung definiert, mit der R durch Anklicken aufgerufen wird (z. B. das R-Icon am Desktop). Wenn Sie mit der rechten Maustaste auf das R-Icon klicken und dann Eigenschaften öffnen, dann können Sie den Pfad zum Arbeitsverzeichnis unter Verknüpfung und Ausführen in: eintragen. Beim Aufruf von R über das R-Icon wird dann automatisch dieses Verzeichnis als Arbeitsverzeichnis festgelegt sein.

5.2   R-Grafik

R ist besonders mächtig und flexibel in der Erzeugung von Grafiken. Dieser Abschnitt soll einige grundlegende Strukturen zeigen, die dem besseren Verständnis des Aufbaus von Grafiken und ihrer Handhabung dienen sollen. Bei einem ersten Lesen dieses Buchs können Sie diesen Abschnitt überblättern. Sie werden in den Statistikkapiteln auf eine Vielzahl von Grafikfunktionen stoßen, die an den entsprechenden Stellen auch erklärt werden. Vielleicht werden Sie aber dann hierher zurückkommen wollen, um einige Details besser verstehen zu können.

Im Wesentlichen gibt es in R eine Reihe vorgefertigter Grafikfunktionen, die individuell modifiziert werden können, es besteht aber auch die Möglichkeit, selbst solche Funktionen zu definieren oder auch Grafiken Schritt für Schritt selbst zu „zeichnen".

Die Grafikbefehle in R können in zwei Hauptgruppen unterteilt werden:

- HIGH-LEVEL PLOTTING FUNCTIONS (Funktionen für vollständige Grafiken): Mit ihnen erstellt man eine komplette Grafik, die meistens mit Achsen, Bezeichnungen, Titel etc. versehen ist. Ihre Auswahl hängt davon ab, welche Art von Daten man wie darstellen möchte.
- LOW-LEVEL PLOTTING FUNCTIONS (Funktionen für einzelne Grafikelemente): Sie dienen hauptsächlich dazu, zu bereits existierenden Grafiken Informationen hinzuzufügen, wie z. B. extra Punkte, Linien, Beschriftungen. Man kann sie aber auch dazu verwenden, eine neue, speziellen Anforderungen entsprechende Grafik Schritt für Schritt zu erstellen.

Zu diesen beiden Typen von Grafikfunktionen gibt es auch noch

- GRAFIKPARAMETER: Mit diesen kann man einzelne Aspekte einer Grafik steuern und modifizieren.

Wir werden auf diese drei wesentlichen Aspekte der Erzeugung von R-Grafiken im Folgenden überblicksmäßig eingehen. Eine komplettere Darstellung ginge weit über den Rahmen dieses Buchs hinaus. An dieser Stelle sei auf das hervorragende Buch von Paul Murrell, *R Graphics* (Murrell, 2005), verwiesen, das Grafiken in R eingehend behandelt. Viele Beispiele samt R-Befehlen findet man in der R Graph Gallery auf der schon erwähnten Webseite http://addictedtor.free.fr/graphiques/.

5.2.1 High-level Plotting Functions

Diese Funktionen erzeugen vollständige Grafiken, in denen je nach Datenstruktur bestimmte Grafikelemente wie Titel, Achsel, Beschriftungen automatisch erzeugt werden (außer Sie schalten diese bei Aufruf der Funktion ab). Die entsprechenden Befehle erzeugen im R-Grafikfenster immer eine neue Grafik, d. h., die alten Inhalte werden (wenn nötig) gelöscht.

Wir werden später viele High-level-Plotfunktionen kennenlernen, einige wichtige sind: `plot()`, `barplot()`, `dotchart()` und `hist()`.

Die Funktion `plot()`

Die Funktion `plot()` produziert verschiedene Arten von Grafiken, die davon abhängen, welchen Datentyp das erste Argument hat. Wir wollen das an einem Beispiel demonstrieren. Wir definieren zwei metrische Variablen x und y sowie einen Faktor f.

R

```
> x <- c(0.3, 0.3, 0.6, 0.9, 1.3, 2.1, 2.2, 2.6)
> y <- c(0.4, 2, 1.8, 2.3, 0.6, 3, 0.7, 2)
> f <- factor(c(1, 1, 1, 2, 2, 3, 3, 4))
```

Je nach Verwendung von x, y oder f als Argument in `plot()` entstehen verschiedene Grafiken. Sie sind in ▶ Abbildung 5.1 dargestellt.

`plot(x)` erzeugt eine Grafik (links oben), in der die Werte von x, dargestellt auf der y-Achse, gegen ihren Index (also an welcher Stelle der entsprechende Wert im Vektor steht), dargestellt auf der x-Achse, geplottet werden. Zum Beispiel: Der sechste (der Index ist also 6) Wert von x ist 2.1. Daher finden Sie den entsprechenden Punkt, wenn Sie auf der x-Achse bei 6 nach oben gehen.

`plot(x,y)` erzeugt ein Streudiagramm (rechts oben, siehe auch Kapitel 9.1.1). Es werden die Punkte von x gegen y aufgetragen. Dabei wird das erste Argument, hier also x, auf der x-Achse und das zweite, also y, auf der y-Achse dargestellt. Zum Beispiel: Der sechste Wert von x ist 2.1, der sechste Wert von y ist 3.0. Daher finden Sie den sechsten Punkt bei den Koordinaten 2.1 und 3.0.

`plot(f)` erzeugt ein Balkendiagramm (links unten). Es werden die Häufigkeiten der Kategorien des Faktors f dargestellt. Zum Beispiel: Die Kategorie 1 kommt dreimal vor, daher ist die Höhe des Balkens 3.

`plot(f,x)` erzeugt sogenannte Boxplots (rechts unten). Hier wird die Verteilung der Werte von x nach den Kategorien von f dargestellt (Boxplots werden in Kapitel 8 und 10 behandelt).

Die folgenden Befehle generieren die ▶ Abbildung 5.1. Wir haben hier alle vier Plots in einer Grafik dargestellt. Wie man das macht, wird in Abschnitt 5.2.3 beschrieben.

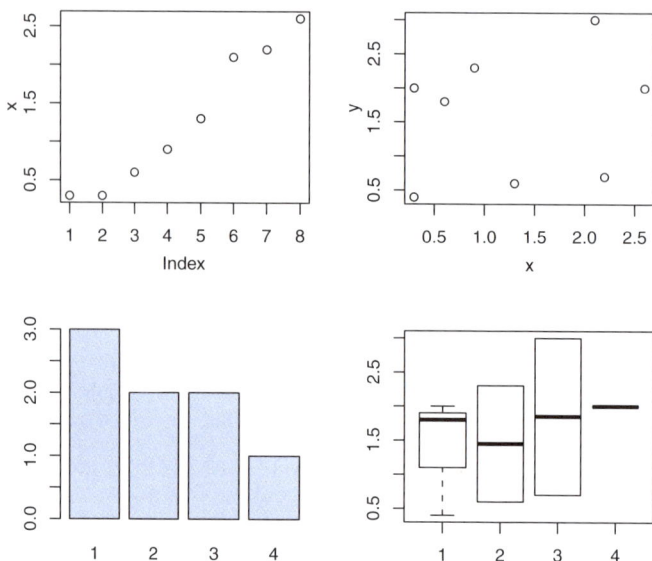

Abbildung 5.1: Verschiedene Anwendungen der plot()-Funktion je nach Datentyp

R

```
> oldpar <- par(mfrow = c(2, 2))
> plot(x)
> plot(x, y)
> plot(f)
> plot(f, y)
> par(oldpar)
```

Weitere Argumente bei High-level-Plotfunktionen

Daten sind immer das erste bzw. die ersten Argumente bei High-level-Plotfunktionen. Es gibt aber noch eine Reihe weiterer Argumente bzw. Optionen, deren Spezifikation das Aussehen der erzeugten Grafiken verändern.

Die wichtigsten sind:

axes = FALSE

> unterdrückt die Erzeugung von Achsen. Diese Option ist nützlich, wenn man (wie später beschrieben) das Aussehen der Achsen modifizieren möchte.

type =

> type = "l" verbindet die Punkte mit Linien, lässt die Punkte aber weg.
>
> type = "b" zeichnet sowohl Linien als auch Punkte.
>
> type = "n" es wird ein leerer Plot gezeichnet. Diese Option ist besonders dann nützlich, wenn man eine maßgeschneiderte Grafik durch Hinzufügen spezieller Elemente mittels Low-level-Plotfunktionen (Abschnitt 5.2.2) zeichnen möchte.

```
xlab = "Zeichenkette"
ylab = "Zeichenkette"
```
   Beschriftungen der horizontalen und vertikalen Achsen.

```
xlim = c(x1, x2)
ylim = c(y1, y2)
```
   Beschränkung des Bereichs, in dem geplottet wird. Wenn x1 > x2, dann wird
   die Achse „umgedreht".

```
main = "Zeichenkette"
sub = "Zeichenkette"
```
   Titel und Subtitel eines Plots.

Wir wollen als Beispiel für die Verwendung der Plotfunktion und einiger Optionen die Logarithmusfunktion für Werte zwischen 1 und 10, wie wir sie schon ganz einfach in Abschnitt 3.2 gezeichnet haben, darstellen. Wir erzeugen zunächst einen Vektor x mit den Zahlen 1 bis 10, wobei wir nicht 1-er-Schritte, sondern 0.1-Schritte festlegen wollen, damit die Kurve dann runder aussieht. Dies erreichen wir mit der Funktion seq(), die in einer einfachen Variante so definiert ist: seq(from, to, by). Der folgende Befehl erzeugt also Werte von 1 bis 10 in Schritten von 0.1.

R

```
> x <- seq(from = 1, to = 10, by = 0.1)
> head(x)
```

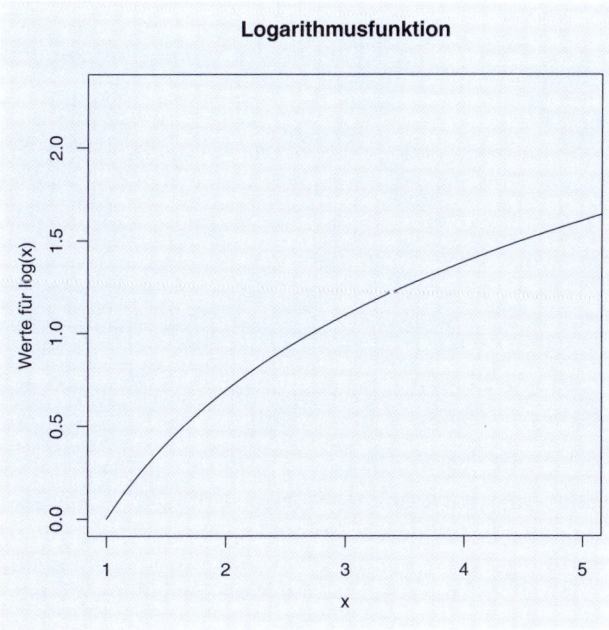

Abbildung 5.2: Mittels plot() erzeugte und durch entsprechende Optionen modifizierte Grafik

```
[1] 1.0 1.1 1.2 1.3 1.4 1.5
```

Nun wollen wir die Logarithmusfunktion für x zeichnen. Dabei spezifizieren wir, dass (i) die Funktion als Kurve gezeichnet wird (type = "l"), (ii) die y-Achse mit Werte für log(x) beschriftet wird (ylab = "Werte für log(x)"), (iii) nur Werte von 1 bis 5 dargestellt werden (xlab = c(1,5)) und (iv) die Grafik mit „Logarithmusfunktion" betitelt wird. Der entsprechende Befehl mit der Ausgabe in ▶ Abbildung 5.2 lautet

R

```
> plot(x, log(x), type = "l", ylab = "Werte für log(x)",
+      xlim = c(1, 5), main = "Logarithmusfunktion")
```

5.2.2 Hinzufügen von Grafikelementen (Low-level Plotting Functions)

Manchmal produzieren die High-level-Plotfunktionen nicht genau das, was man sich gewünscht hat. In diesem Fall greift man auf Low-level-Plotfunktionen zurück. Es gibt hierbei im Wesentlichen zwei Anwendungsbereiche: (i) Man fügt zu einer Grafik etwas hinzu oder (ii) man erzeugt eine Grafik von Grund auf.

Die wichtigsten Low-level-Plotfunktionen sind

points(x, y)
> zeichnet Punkte an den Koordinaten, die in den Vektoren x und y stehen. Dieser Befehl ist analog zu plot(x, y, type = "p").

lines(x, y)
> verbindet die Punkte, deren Koordinaten in den Vektoren x und y stehen. Dieser Befehl ist analog zu plot(x, y, type = "l").

text(x, y, labels)
> schreibt Text, der im Vektor labels steht, an den Koordinaten x und y. Wie points(), nur wird anstelle der Punkte Text geplottet.

abline()
> wird in Kapitel 8 und 9 beschrieben.

legend()
> wird in Abschnitt 9 beschrieben.

title(main, sub)
> erzeugt Titel und Untertitel.

axis(side, ...)
> wird gleich später beschrieben.

Als Beispiel wollen wir eine Grafik modifizieren, die wir in Abschnitt 3.2 erzeugt haben. In ▶ Abbildung 3.13 wird ein Streudiagramm dargestellt, in dem die Variablen Gewicht und Körpergröße von fünf Personen gegeneinander aufgetragen wurden. Auf den Seiten 60 und 62 hatten wir folgende Variablen definiert

R

```
> GEWICHT <- c(56, 63, 80, 49, 75)
> GRÖSSE <- c(1.64, 1.73, 1.85, 1.6, 1.81)
> namen <- c("Gerda", "Karin", "Hans", "Doris",
+     "Ludwig")
```

und mittels

R

```
> plot(GRÖSSE, GEWICHT)
```

die Grafik in ▶ Abbildung 3.13 erstellt.

Wie wollen diese nun etwas modifizieren, indem wir zu den Punkten zusätzlich die Namen hinzufügen. Man kann eine Grafik leicht mittels der Funktion text() beschriften, d. h. zu einer erstellten Grafik Text hinzufügen. Bei plot() geben die ersten beiden Variablen die Koordinaten der Punkte an, bei text() sind es die Koordinaten, wo ein Text stehen soll. Dieser Text wird mit der Option labels= spezifiziert. Da die Werte in GRÖSSE und GEWICHT die Koordinaten der Punkte im Plot beschreiben, würde die Beschriftung genau über den Punkten zu liegen kommen. Für solche Fälle gibt es in der Funktion text() die Option pos=, mit der man durch Angabe einer Zahl von 1 bis 4 angeben kann, ob der Text unterhalb (1), links (2), oberhalb (3) oder rechts (4) der jeweiligen Koordinaten geplottet wird. Wir wählen

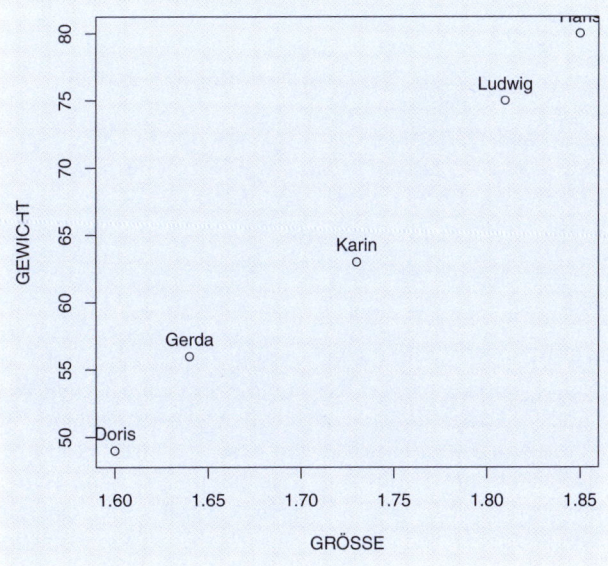

Abbildung 5.3: Mittels text() ergänzte Grafik

oberhalb, d. h., `pos` = 3. Durch folgenden Befehl erhalten wir die modifizierte Grafik in ▶ Abbildung 5.3.

```
> text(GRÖSSE, GEWICHT, labels = namen, pos = 3)
```

Die Grafik hat den kleinen Schönheitsfehler, dass die Punkte rechts oben und links unten sehr nah am Rand liegen und daher die Beschriftung nicht optimal ist. Da die Anwendung von `text()` aber erst nach `plot()` erfolgt und die Größe der Grafik dadurch schon festgelegt ist, müssen wir beide Befehle nochmals durchführen, um eine schönere Grafik zu erhalten. Wir würden dazu in `plot()` durch die Optionen `xlim=` und `ylim=` den Darstellungsbereich ändern. Versuchen Sie dies als Übung.

Als zweites Beispiel wollen wir eine Grafik quasi von Grund auf erzeugen. Es soll der gleiche Inhalt wie gerade eben dargestellt werden, allerdings wollen wir (i) statt der Punkte die Namen verwenden, (ii) unterhalb der Namen soll der Body-Mass-Index stehen, (iii) damit wir wissen, wie groß und schwer die Personen sind, sollen diese Werte an den Achsen stehen, (iv) die Achsen sollen oben und rechts gezeichnet werden. Das Resultat finden Sie in ▶ Abbildung 5.4. (Diese Grafik ist zugegebenermaßen etwas eigenartig, soll aber nur verschiedene Möglichkeiten demonstrieren.)

Die dazu notwendigen Befehle sind:

```
> plot(GRÖSSE, GEWICHT, type = "n", axes = FALSE,
+     xlab = "", ylab = "", xlim = c(1.5, 1.9),
+     ylim = c(45, 85))
> text(GRÖSSE, GEWICHT, labels = namen)
> axis(side = 2, at = GEWICHT, labels = GEWICHT)
> axis(side = 3, at = GRÖSSE, labels = GRÖSSE)
> bmi <- round(GEWICHT/(GRÖSSE^2), digits = 1)
> text(GRÖSSE, GEWICHT, labels = bmi, pos = 1, cex = 0.8)
> mtext("Gewicht", side = 2, line = 2)
> mtext("Grösse", side = 3, line = 2)
```

Im Einzelnen passiert Folgendes:

- Zunächst wird mit `plot()` die Grafik erzeugt. Durch `type = "n"` wird sie aber nicht gezeichnet, sondern es werden nur die Bereiche festgelegt, in die dann durch die darauffolgenden Befehle tatsächlich gezeichnet wird. Durch `axes = FALSE` werden die Achsen unterdrückt, mit `xlab = ""` und `ylab = ""` auch deren Beschriftung. Die Optionen `xlim=` und `ylim=` definieren den Zeichenbereich.
- Mit `text(GRÖSSE, GEWICHT, labels = namen)` werden die Namen der Personen an die Stellen (zentriert) geschrieben, die durch die Koordinaten `GRÖSSE` und `GEWICHT` definiert sind.

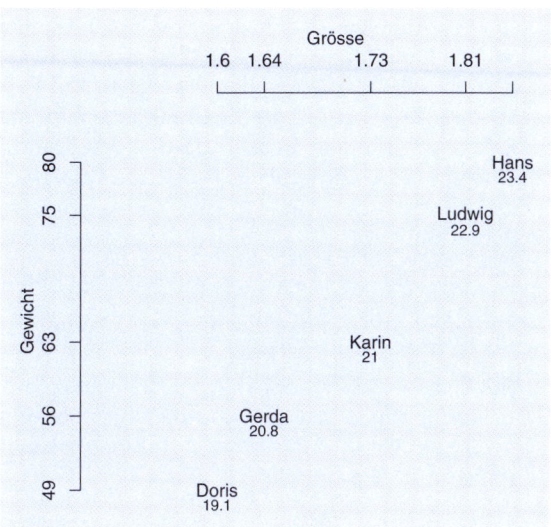

Abbildung 5.4: Mittels `text()` ergänzte Grafik

- Die nächsten beiden Befehle zeichnen die Achsen, bei `side` = 2 ist es eine Achse links, bei `side` = 3 eine oben (die Nummerierung ist analog zu `pos=` wie im vorigen Beispiel). Die Option `at=` zeichnet die Achsenstriche (engl. *ticks*) an den Stellen, deren Werte in den angegebenen Vektoren (also GRÖSSE und GEWICHT) stehen. Die Beschriftung wird (analog) durch `label=` definiert. (Die Vektoren für `at=` und `label=` sollten die gleiche Länge haben.)
- Als Nächstes rechnen wir den Body-Mass-Index `bmi` aus. Dieser ist definiert als Gewicht (in kg) dividiert durch die Körpergröße (in m) zum Quadrat und gibt ein Maß, ob jemand normal-, über- oder untergewichtig ist.
- Mittels des darauffolgenden `text()`-Befehls schreiben wir die BMI-Werte unterhalb der Namen (`pos` = 1). Das Argument `cex=` ist ein sogenannter Grafikparameter (Abschnitt 5.2.3), der die Größe der Beschriftung skaliert, `0.8` sind 80% der normalen Größe.
- Schließlich verwenden wir noch die Funktion `mtext()`, die es erlaubt, den Achsen ein Label zu geben. Das erste Argument ist der zu plottende Text, `side=` gibt wieder die Position an und `line=` spezifiziert, um wie viele „Zeilen" der Text von der Achse entfernt ist.

5.2.3 Spezielle Einstellungen (Graphical Parameters)

Mithilfe von Grafikparametern lässt sich nahezu jedes Element einer Grafik anpassen. R verwaltet eine große Anzahl solcher Parameter, die verschiedenste Aspekte wie Farben, Linienstärken, Anordnung einzelner Grafiken oder Textausrichtung kontrollieren. Jeder Grafikparameter hat einen Namen (wie z. B. `col` für Farbe) und einen oder mehrere Werte, man spricht auch von `name` = `value` Repräsentation.

Wenn sich beim Erzeugen einer Grafik zum ersten Mal ein Grafikfenster öffnet, werden die Standardeinstellungen der Grafikparameter wirksam (außer Sie haben diese beim Aufruf schon modifiziert). Grafikparameter können auf zwei Arten gesetzt werden: Erstens durch die Funktion `par()`, dann bleiben die Einstellungen so lange bestehen, wie Sie sie nicht durch einen weiteren `par()`-Befehl ändern oder bis Sie das Grafikfenster schließen. Zweitens, wenn Sie Grafikparameter im Aufruf von Grafikfunktionen (als Option, wie z. B. oben `cex=`) spezifizieren. Dann ist die Wirksamkeit nur temporär, also auf die Ausführung des jeweiligen Grafikbefehls beschränkt.

Einige wichtige Grafikparameter

Grob gesprochen kann man Grafikparameter in zwei Klassen einteilen:

- einfachste Charakteristika von Grafikelementen, wie Farbe, Linientyp, Linienstärke etc.
- Charakteristika, die übergeordnetere Aspekte der Erzeugung von Grafiken betreffen, wie die Generierung von Achsen (Algorithmen zur Bestimmung der Achsenstriche, Beschriftungen etc.), Größe und Anordnung bei multiplen Grafiken, Abstände vom Rand etc.

Es sollen hier nur die wichtigsten und am häufigsten verwendeten Grafikparameter beschrieben werden, eine komplette Auflistung finden Sie in der Hilfe zu `par()`, d. h. wenn Sie z. B. `?par` eintippen. (In Abschnitt 5.6 wird das **R**-Hilfesystem beschrieben.)
Im Folgenden sehen Sie eine Auswahl an Grafikparametern:

`pch=` definiert den *plotting character*, d. h. jenes Zeichen, das beim Plot von Punkten (z. B. mittels `plot()` oder `points()`) verwendet werden kann. Sie können eine Zahl zwischen 0 und 25 verwenden oder aber ein Zeichen wie z. B. einen Buchstaben (z. B. `pch ="A"`), eine Zahl (z. B. `pch = "3"`) oder `"*"`, `"+"` etc. eingeben. Wenn Sie den Befehl `plot(0:25, pch = 0:25)` eingeben, erhalten Sie alle Standardsymbole.

`lty=` spezifiziert den Linientyp (engl. *linetype*). Man kann eine Zahl zwischen 0 und 6 angeben (0 ist unsichtbar, 1 ist durchgezogen etc.) oder eine Spezifikation wie z. B. `"blank"` (unsichtbar), `"solid"` (durchgezogen), `"dashed"` (strichliert), `"dotted"` (punktiert).

`lwd=` spezifiziert die Linienstärke (engl. *linewidth*). Hier gibt man eine Zahl an, die das Vielfache der Standardstärke festlegt.

`cex=` definiert die Textgröße als Vielfaches der Standardgröße.

`col=` definiert die Farbe von Grafikelementen wie Linien, Punkte, Plotsymbole etc. Man kann die Zahlen von 1 bis 8 für Standardfarben oder einen Farbnamen wie z. B. `"red"` verwenden. Eine Liste aller 657 möglichen Standardfarbnamen erhalten Sie durch Eingabe von `colours()`.

`mfrow=` bzw. `mfcol=` für multiple Grafiken (siehe Seite 124).

Permanente Änderungen der Grafikparameter mit der Funktion `par()`

Die Funktion `par()` kann auf zwei Arten verwendet werden: Man kann Grafikparameter setzen und man kann sie abfragen. Wollen Sie z. B. wissen, welcher Linientyp eingestellt ist können Sie das so abfragen (der Grafikparameter muss dabei unter Anführungszeichen gesetzt werden):

```
> par("lty")
```

[1] "dashed"

Wenn Sie standardmäßig den Linientyp auf gestrichelt und die Linienstärke auf doppelt ändern wollen, geht das mittels

```
> par(lty = 2, lwd = 2)
```

Die Verwendung der par()-Funktion definiert quasi einen neuen Standardwert, d.h., alle nachfolgenden Linien werden auch gestrichelt gezeichnet. Das ist oft unerwünscht. Meistens wird man einige Parameter ändern, dann Grafiken oder Grafikelemente erstellen und schließlich zu den ursprünglichen Einstellungen zurückkehren wollen. Am einfachsten ist es, das Grafikfenster zu schließen, da die Änderungen mit der Funktion par() nur für das gerade geöffnete Grafikfenster oder für eine unmittelbar nach dem par()-Befehl in einem neuen Fenster erstellte Grafik wirksam sind.

Wenn man das Grafikfenster aber nicht schließen will, kann man folgendermaßen vorgehen. Die Funktion plot() liefert als Resultat die momentan eingestellten Werte. Man kann so gleichzeitig neue Werte setzen und dabei die alten abspeichern.

```
> oldpar <- par(lty = "dotted")
```

Die folgenden Linien werden gestrichelt gezeichnet, die alten Einstellungen sind in oldpar. Der ursprüngliche Wert (wenn wir den obigen Befehl eingegeben haben) war lty = 2 (also gestrichelt). Durch den Befehl

```
> par(oldpar)
```

bekommen wir diese Einstellung zurück.

Beabsichtigen Sie, während einer R-Sitzung öfter die Grafikparameter neu zu setzen, empfiehlt es sich, zu Beginn alle Standardwerte zu speichern. Dies kann man mit dem Befehl def.par<-par(no.readonly=TRUE) erreichen. Die Option no.readonly = TRUE gibt an, dass man alle veränderbaren Parameter ausgeben will. Mittels par(def.par) bekommt man dann die ursprünglichen Einstellungen zurück.

Temporäre Änderungen der Grafikparameter

Grafikparameter können bei (fast) jeder Grafikfunktion als Optionen spezifiziert werden. Das hat den gleichen Effekt wie die Verwendung von `par()` mit dem Unterschied, dass das Verhalten nur für den einen Funktionsaufruf geändert wird, ohne die Standardeinstellungen zu modifizieren. So zeichnet z. B. `lines(1:2, col = "red")` eine rote Linie. Beim nächsten Aufruf von `lines()` wird diese aber wieder schwarz sein.

Funktioniert diese Verwendung der Spezifikation von Grafikparametern einmal nicht, dann muss man auf `par()` zurückgreifen.

Multiple Grafiken

Manchmal möchte man mehrere Grafiken in einer Abbildung darstellen. Wir haben dies schon in ▶ Abbildung 5.1 gesehen. Die entsprechenden (permanenten) Grafikparameter sind `mfrow=` bzw. `mfrow=`.

Durch ihre Spezifikation definiert man eine „Grafikmatrix" und erlaubt multiple Plots innerhalb einer Grafik. Die Spezifikation erfolgt in der Form `c(nr, nc)`, wobei `nr` die Anzahl der Zeilen und `nc` die Anzahl der Spalten festlegt. Zum Beispiel erstellt die Spezifikation `par(mfrow=c(2,2))` einen Grafikbereich wie in ▶ Abbildung 5.1. Die Felder werden sukzessive mit einzelnen Plots aufgefüllt (bei `mfrow=` zeilenweise, bei `mfcol=` spaltenweise). Wenn alle Felder belegt sind, wird eine neue Matrix generiert und es beginnt alles von vorne (der nächste Plot ist dann wieder links oben).

Wie im Beispiel auf Seite 115 wird hierzu die `par()`-Funktion verwendet. Will man wieder einzelne Grafiken, kann man (wie dort) die Grafikparameter zurücksetzen oder man definiert `par(mfrow=c(1,1))`.

5.3 Weiterverwenden des R-Outputs

Oft wird man vor der Aufgabe stehen, den in R produzierten Output (Text- bzw. Zahlenmaterial oder Grafiken) in ein anderes Dokument zu übernehmen, z. B. um einen Bericht zu schreiben oder eine Präsentation vorzubereiten.

Bei Text- bzw. Zahlenmaterial, das in der R-Konsole dargestellt wird, kann man einfach die üblichen Bearbeitungsschritte durchführen: markieren, kopieren und dann in der Zielanwendung (also z. B. Word) einfügen. Meistens wird man dann noch bestimmte Formatierungen durchführen, diese hängen aber davon ab, welches Programm man verwendet und wie das kopierte Material aussehen soll, und werden hier nicht näher beschrieben. (Einige Prinzipien zur Erstellung guter Tabellen gibt der ▶ Exkurs 6.2 auf Seite 156.)

Bei Grafiken gibt es mehrere mögliche Vorgehensweisen, je nachdem, ob man (i) die Grafik direkt kopieren oder als Datei speichern möchte und (ii) welches Grafikformat verwendet werden soll.

Direkt kopieren bedeutet, dass man durch Anklicken der Grafik mit der rechten Maustaste und dann Kopieren die Grafik in die Zwischenablage kopiert. (Alternativ kann man auch die Menüs Datei ▷ Kopiere in Zwischenablage verwenden.) Zur Auswahl stehen jeweils Metafile oder Bitmap. Der Vorteil eines Metafile gegenüber Bitmaps ist, dass Sie im Textverarbeitungsprogramm noch die Größe der Grafik ohne

Qualitätsverlust ändern können. Aus der Zwischenablage können Sie dann die Grafik im Textverarbeitungsprogramm einfügen.

Will man die Grafik lieber als Datei speichern und als solche in das Textverarbeitungsprogramm einfügen, kann man wie vorher vorgehen, nur dass man jetzt, wenn man die Menüpunkte Datei ▷ Speichern als verwendet, mehr Grafikformate zur Auswahl hat als über den Rechtsklick auf die Grafik. Verwendet man Textverarbeitungsprogramme wie z. B. Word oder OpenOffice.org Writer sollte man auch hier Metafiles verwenden. R erzeugt bei der Angabe von Metafile ein sogenanntes *enhanced Metafile* mit der Dateiendung .emf.

Die einfachste Möglichkeit, wenn man eine R-Grafik in Word oder OpenOffice.org Writer haben möchte, ist also:

- Klicken Sie in R mit der rechten Maustaste auf die Grafik und wählen Sie Kopiere als Metafile.
- Im Textverarbeitungsprogramm fügen Sie die Grafik auch mittels der rechten Maustaste und Einfügen wieder ein.

Bevor Sie die Grafik kopieren bzw. abspeichern, sollten Sie die Größe des Grafikfensters in R so ändern, wie Sie es dann in der Zielanwendung haben wollen. Wenn z. B. die Beschriftung zu klein ist, empfiehlt es sich, das Grafikfenster in R zu verkleinern und nach dem Einfügen in die Zielanwendung wieder zu vergrößern. Da sich in R die Größe der Beschriftung durch Veränderung der Fenstergröße nicht ändert, kann man so die Beschriftungsgröße relativ zu den anderen Grafikelementen ändern.

5.4 Einlesen von R-Befehlen

Was manchmal als Nachteil von R angeführt wird, dass das Programm in der Standardversion über keine erweiterte grafische Benutzeroberfläche verfügt, sondern befehlsorientiert ist, erweist sich bei näherem Hinsehen als einer der großen Vorteile. In Programmen, wie z. B. Excel, mit kompletter und ausgefeilter grafischer Benutzeroberfläche, in denen Bearbeitungsschritte in Form von Klicken in Menüs bzw. über Symbole erfolgen, wird man, wenn man bestimmte Arbeitsschritte in leicht veränderter Form wiederholen will, immer wieder von vorne beginnen müssen. Das ist in R anders, weil man die Arbeitsschritte als Befehle in Textform verfügbar hat. Wir wollen hier kurz beschreiben, wie man sich diese Eigenschaft zunutze machen kann.

5.4.1 Der R-Editor

Anstatt Befehle direkt in der R-Konsole einzugeben, kann man dies auch über den R-Editor bewerkstelligen. Der Vorteil ist, dass man mehrere Befehle auf einmal ausführen kann und dass man diese Befehle auch modifizieren, kopieren und leicht zur späteren Verwendung auch abspeichern kann.

Wenn Sie im Menü Datei das Untermenü Neues Skript anklicken, öffnet sich der R Editor, ein Fenster, das zunächst leer ist. Wir geben probehalber den Befehl 1:10 ein, ohne die Eingabetaste zu betätigen. Das ist in ▶ Abbildung 5.5 dargestellt.

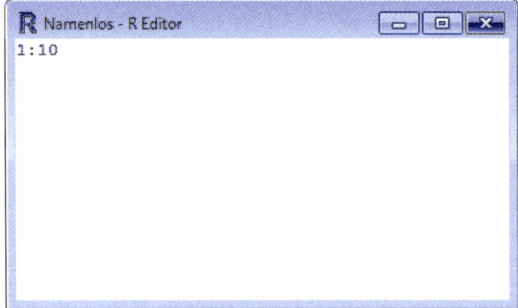

Abbildung 5.5: Der R-Editor

Wenn Sie jetzt, der Cursor muss noch in der gleichen Zeile stehen, ⌐Strg+R⌐ drücken (alternativ können Sie auch die Menüpunkte Bearbeiten ▷ Ausführung Zeile oder Auswahl verwenden), erhalten Sie in der R-Konsole folgendes Resultat (▶ Abbildung 5.6).

```
> 1:10
 [1]  1  2  3  4  5  6  7  8  9 10
>
```

Abbildung 5.6: Ausschnitt des nach R weitergeleiteten Befehls aus dem R-Editor

Damit wird die Funktionsweise des R-Editors klar. Sie können, genauso wie am Command Prompt > Befehle eingeben und diese dann an R zur Verarbeitung „schicken". Dies hat mehrere Vorteile:

- Sie können gleich mehrere Befehle auf einmal ausführen (hierzu müssen Sie im Editor die auszuführenden Befehle markieren).
- Sie können die Befehle bearbeiten (z. B. Fehler ausbessern oder zu wiederholende Befehlssequenzen kopieren).
- Sie können den Inhalt des R-Editors zur späteren Verwendung abspeichern. Dies geschieht über die Menüpunkte Datei ▷ Speichern bzw. Speichern unter…, wo Ihnen als Dateiendung .R angeboten wird.
- Sie können solcherart gespeicherte Dateien wiederverwenden, indem Sie diese über die Menüpunkte Datei ▷ Öffne Skript… R-Editor öffnen.
- Über die Menüpunkte Bearbeiten ▷ Alles ausführen können Sie den gesamten Inhalt des R-Editors zur Ausführung nach R weiterleiten.

Wenn Sie Befehlssequenzen erzeugt haben (man nennt das auch R-Code), die Sie zur späteren Verwendung aufheben möchten, empfiehlt es sich, diese ein wenig zu strukturieren. Damit ist gemeint, dass man Kommentare einfügt und durch Leerzeilen bestimmte Teilsequenzen zur besseren Lesbarkeit voneinander trennt.

Das Zeichen # ist in R das Kommentarzeichen, d. h., alles was in einer Zeile hinter # steht, wird von R ignoriert. Leerzeilen sind erlaubt.

Die Befehle, die wir zur Erzeugung der Grafik in ► Abbildung 5.3 verwendet haben, könnten beispielsweise als strukturierter und kommentierter Code so aussehen (► Abbildung 5.7).

```
R Namenlos - R Editor

### Beispiel für eine Grafik mit Hinzufügen von Text

# Definition der Variablen
GEWICHT<-c(56,63,80,49,75)                     # Gewicht in kg
GRÖSSE<-c(1.64, 1.73, 1.85, 1.60, 1.81)        # Körpergröße in m
namen<-c("Gerda","Karin","Hans","Doris","Ludwig")  # Vornamen

# Plot
plot(GRÖSSE, GEWICHT)

# Hinzufügen der Namen zu den Punkten
text(GRÖSSE, GEWICHT, namen)
```

Abbildung 5.7: Strukturierter R-Code im R-Editor

5.4.2 Einlesen von R-Skripts

Ganze BEFEHLSSEQUENZEN, die Sie in einer .R-Datei gespeichert haben, können Sie direkt aus dieser Datei in R einlesen. Dies geschieht bei aktiviertem R-Konsolen-Fenster über die Menüpunkte Datei ▷ Lese R Code ein... Sie können auch direkt den Befehl source("path/filename.R") bzw. source(file.choose())verwenden. Die in der entsprechenden Datei enthaltenen Befehle werden dann der Reihe nach abge-arbeitet und der Output wird in der R-Konsole bzw. im R-Grafikfenster dargestellt. Sollte in den Befehlen ein Fehler sein, bricht R den Einlesevorgang ab.

Wenn Sie in einem Skript mehrere Grafiken erstellen, überschreibt R das Grafikfens-ter jedes Mal, wenn eine neue Grafik erstellt wird, d. h., wenn das Skript abgearbeitet ist, sehen Sie nur die letzte Grafik. Sie können das vermeiden, indem Sie vor jeder neuen Grafik den Befehl dev.new() einfügen. Mit dev.new() öffnet R ein neues Gra-fikfenster, in dem dann die danach erzeugte Grafik dargestellt wird. Sie sollten aber nicht zu viele Grafikfenster öffnen, da das dann leicht unübersichtlich wird.

Sie können R-Code auch direkt aus dem Internet einlesen und ausführen. Versuchen Sie

R

```
> source("http://statmath.wu.ac.at/data/exmpl.R")
```

Das Resultat sollte so sein wie in ► Abbildung 5.8.

Das .Rhistory File

Ein Spezialfall ist die schon in Abschnitt 5.1.2 erwähnte .Rhistory-Datei, in der alle während einer R-Sitzung eingegebenen Befehle (bis zum Zeitpunkt der Speicherung)

enthalten sind. Diese Datei eignet sich natürlich sehr gut, um gewisse Befehlssequenzen in einem eigenen Skript zu speichern.

Üblicherweise wird man diese Datei nicht direkt einlesen, da man während einer R-Sitzung meist verschiedene Dinge ausprobiert (die man in einem fertigen Skript nicht haben will) und auch Eingaben macht, die zu Fehlern führen (die aber genauso in der .Rhistory-Datei gespeichert sind) und damit einen Abbruch des Einlesevorgangs verursacht. Man wird die .Rhistory-Datei also meistens überarbeiten.

Standardmäßig wird die .Rhistory-Datei gespeichert, wenn Sie R beenden und auf die Frage, ob man den Workspace sichern will, mit JA antworten (siehe auch Abschnitt 3.1.3). Bis dahin können sich aber viele Befehle angesammelt haben und die Datei wird sehr unübersichtlich. Besser ist es, sie zwischendurch zu speichern, was man über die Menüpunkte Datei ▷ Speichere History ... erreicht, und sie gleich zu überarbeiten. Zu beachten ist, dass in der .Rhistory-Datei alle Befehle einer R-Sitzung enthalten sind. Wenn man sie mehrmals hintereinander speichert, unterscheiden sie sich nur dadurch, dass neue Befehle enthalten sind, die alten bleiben immer erhalten. Die Speicherung erfolgt also kumulativ.

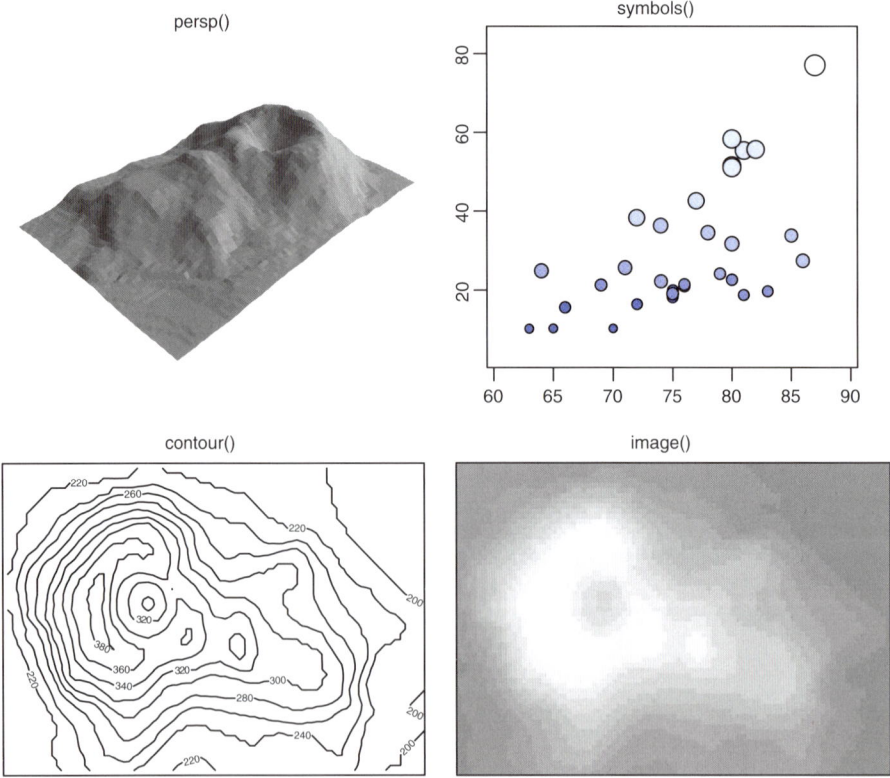

Abbildung 5.8: Grafik von P. Murrell, deren Code aus dem Internet gelesen wurde

5.4.3 Direktes Kopieren von R-Code – Einfügen über die Zwischenablage

Ein Vorteil der Verwendung des R-Editors ist, dass man einen oder mehrere Befehle mit `Strg+R` direkt nach R zur Ausführung weiterleiten kann. Sie können statt des R-Editors aber beliebige andere Texteditoren zum Schreiben von R-Code verwenden. Wollen Sie dann Befehle in R einfügen, ist dies auch mit Kopieren `Strg+C` und Einfügen `Strg+V` möglich.

Dies ist besonders bei der Verwendung der R-Hilfe nützlich (siehe Abschnitt 5.6). Am Ende (nahezu) jeder Hilfe-Seite sind Beispiele aufgelistet, die oft sehr zum Verständnis beitragen. Diese können Sie ganz einfach mit Kopieren und Einfügen ausprobieren. Beim Einfügen klicken Sie einfach irgendwo in die R-Konsole (diese muss aktiv sein) und verwenden dann eine der üblichen Möglichkeiten wie z. B. `Strg+V`.

Eine weitere nützliche Möglichkeit bietet der Menüpunkt Bearbeiten ▷ Füge nur Befehle ein, den Sie auch über einen rechten Mausklick erreichen. Sie können damit Befehle einfügen, die durch beliebigen Text vermischt sind. Wichtig dabei ist nur, dass die Befehle hinter dem Command Prompt > am Beginn einer Zeile stehen. Diese Möglichkeit wurde konzipiert, um größere Bereiche des R-Outputs, der in der Konsole steht, kopieren und wieder einfügen zu können. In solchem Output sind natürlich immer die dazugehörigen Befehle auch enthalten und werden dann quasi herausgefiltert. Oft findet man aber im Internet PDF-Dateien, in denen R-Code dargestellt ist. Wie auch in diesem Buch in den R-Kästen steht vor dem Befehl dann oft ein >. Die Funktionalität von Füge nur Befehle ein erlaubt es dann, solche Befehle auch aus externen Dokumenten direkt in R auszuführen.

5.5 Einlesen und Schreiben externer Dateien

In Abschnitt 4.2.1 haben wir besprochen, wie man Daten direkt in R eingeben kann. Bei einfachen und kleinen Datensätzen ist das ein praktikabler Weg. Oft aber sind Daten, die man eingeben möchte, umfangreicher und man möchte diese auch außerhalb von R verwalten. Oder aber Daten stehen überhaupt als File zur Verfügung, das man in R einlesen möchte. Dieser Abschnitt beschreibt, wie man Daten aus externen Quellen in R importieren kann, wobei wir uns auf einige gängige Dateiformate, nämlich Textdateien, CSV- (*Comma-Separated Values*) und SPSS-Dateien, beschränken.

5.5.1 Daten aus Excel bzw. OpenOffice.org Calc

Tabellenkalkulationsprogramme (wie z. B. Excel oder OpenOffice.org Calc) eignen sich gut zur Verwaltung kleinerer bis mittelgroßer Datensätze. (Bei sehr großen Datensätzen kommen eher Datenbanksysteme, wie z. B. SQL-Datenbanken, zum Einsatz.) Zur Illustration wollen wir kurz zeigen, wie der Datensatz (aus Abschnitt 4.1) in Excel repräsentiert wäre. In ▶ Abbildung 4.6 sind die im R-Dateneditor eingegebenen Daten dargestellt. Für Excel würde dies wie in ▶ Abbildung 5.9 aussehen.

Ein wesentlicher Unterschied der Repräsentation der Daten ist der, dass man in Excel keine Variablen definieren kann, sondern die Namen in der ersten Zeile einfügen muss, wenn man sie später in R direkt zur Verfügung haben möchte.

Ein zweiter Unterschied wird aus der Spalte für die Variable sex ersichtlich. Wir haben in Excel statt der Codes 1 (für weiblich) und 2 (für männlich) direkt die Buchstaben w und m eingegeben. Der Grund hierfür ist, dass später beim Einlesen in R jene Variablen, deren Werte aus Zeichenketten bestehen, direkt in Faktoren umgewandelt werden. Dies geschieht bei der Verwendung des R-Dateneditors nicht automatisch.

Achten Sie darauf, dass nur Daten eines bestimmten Typs (numerisch oder Zeichenketten) in einer Spalte vorkommen. Wenn eine Spalte in einer Datei Daten verschiedenen Typs enthält, werden die Datenwerte dieser Spalte später in R in Zeichenketten (und damit in Faktoren) umgewandelt.

Haben wir Daten einmal in Excel fertig eingegeben und abgespeichert, müssen wir die entsprechende Datei in R importieren. In R kann man zwar prinzipiell Daten direkt aus Excel-Dateien (mit der Dateiendung `.xls` bzw. `.xlsx`) lesen, einfacher aber ist es, einen Zwischenschritt über Text- oder CSV-Dateien einzulegen. Beiden Datenformaten ist gemeinsam, dass sie nicht in Binärform oder anderweitig kodiert, sondern als sogenannte Textdateien direkt lesbar sind (d. h., sie werden in einem beliebigen Texteditor, wie z. B. Editor bzw. Notepad, lesbar angezeigt).

Aus Excel heraus speichern Sie die Datentabelle durch Anklicken des Menüpunkts Speichern unter. Hier wählen Sie als Dateityp entweder Text (Tabstopp getrennt) (*.txt) oder CSV (Trennzeichen-getrennt) (*.csv).

Der Unterschied in den beiden Dateiformate ist folgender. Wenn man die Dateien im Windows-Programm Editor öffnet, sieht man die Formatierung für `.txt`-Dateien (▶ Abbildung 5.10) bzw. für `.csv`-Dateien (▶ Abbildung 5.11).

Bei `.txt`-Dateien werden die Spalten durch Tabulatoren (die in Editor nicht dargestellt werden) getrennt, bei `.csv`-Dateien (aus deutschen Excel-Versionen) erfolgt die Trennung mit einem Strichpunkt. Es ist für R egal, welches der beiden Formate man nimmt, man verwendet nur andere Befehle. Der Vorteil des `.csv`-Formats ist, dass man die Datei direkt im Windows-Explorer anklicken kann und sie dann in Excel geöffnet wird, während die Darstellung des `.txt`-Formats in Editor oder aber in Textverarbeitungsprogrammen (wie z. B. Word) besser ist.

	A	B	C	D	E	F	G	H	I	J	K	L	M
1	id	sex	lalt	gross	mon	date	entsch	proj	i1	i2	i3	i4	i5
2	11	w	2	173	266	4	3	2	2	3	3	2	2
3	16	w	3	166	241	5	4	1	4	2	3	1	1
4	17	m	2	178	231	3	4	2	2	1	3	2	4
5	18	w	3	154	265	3	5	2	5	3	2	4	1
6	19	w	1	164	225	2	3	2	1	4	2	2	3
7	20	m	1	389	229	4	1	1	5	2	2	1	4
8	23	m	2	181	222	3	2	2	4	2	4	4	1

Abbildung 5.9: Der Fragebogendatensatz aus Kapitel 4 in Excel (Ausschnitt)

```
fragebogen - Editor                                                    ☐ ☐ ✕
Datei  Bearbeiten  Format  Ansicht  ?
id      sex     lalt    gross   mon     date    entsch  proj    i1      i2      i3      i4      ▲
11      w       2       173     266     4       3       2       2       3       3       2
16      w       3       166     241     5       4       1       4       2       3       1
17      m       2       178     231     3       4       2       2       1       3       2
18      w       3       154     265     3       5       2       5       3       2       4
19      w       1       164     225     2       3       2       1       4       2       2
20      m       1       389     229     4       1       1       5       2       2       1
23      m       2       181     222     3       2       2       4       2       4       4       ▼
◄                                      III                                      ►
```

Abbildung 5.10: Der Fragebogendatensatz aus Kapitel 4 als `.txt`-Datei im Windows-Programm Editor (Ausschnitt)

Alles bisher Dargestellte gilt in analoger Weise für OpenOffice.org Calc.

Das Einlesen von Dateien im .csv-Format in R erfolgt mittels der Befehle read.csv2() oder read.csv(). Die erste Version ist für Dateien, die aus einer deutschen Excel-Version stammen, die zweite für die englische Version. Abgesehen davon, dass in der deutschen Excel-Version ein Komma als Dezimalzeichen und nicht der in R benötigte Punkt verwendet wird, unterscheiden sich die Versionen noch bezüglich einiger anderer Eigenschaften. Wir nehmen an, dass die Fragebogendaten in der Datei fragebogen.csv aus einer deutschen Version stammen, und lesen sie in R so ein:

R

```
> fragdat1 <- read.csv2("Rdata/fragebogen.csv",
+     header = TRUE)
> head(fragdat1)
```

	id	sex	lalt	gross	mon	date	entsch	proj	i1	i2	i3	i4	i5
1	11	w	2	173	266	4	3	2	2	3	3	2	2
2	16	w	3	166	241	5	4	1	4	2	3	1	1
3	17	m	2	178	231	3	4	2	2	1	3	2	4
4	18	w	3	154	265	3	5	2	5	3	2	4	1
5	19	w	1	164	225	2	3	2	1	4	2	2	3
6	20	m	1	389	229	4	1	1	5	2	2	1	4

Das erste Argument ist der File-Name, das zweite, header = TRUE, gibt an, ob in der ersten Zeile der Datei die Variablennamen angegeben sind (dies ist auch die Voreinstellung). Sollte das nicht der Fall sein, muss man header = FALSE angeben.

Für tabulatorengetrennte Dateien im .txt-Format verwendet man den Befehl read.table().

R

```
> fragdat2 <- read.table("Rdata/fragebogen.txt",
+     header = TRUE, sep = "\t", dec = ",")
> head(fragdat2)
```

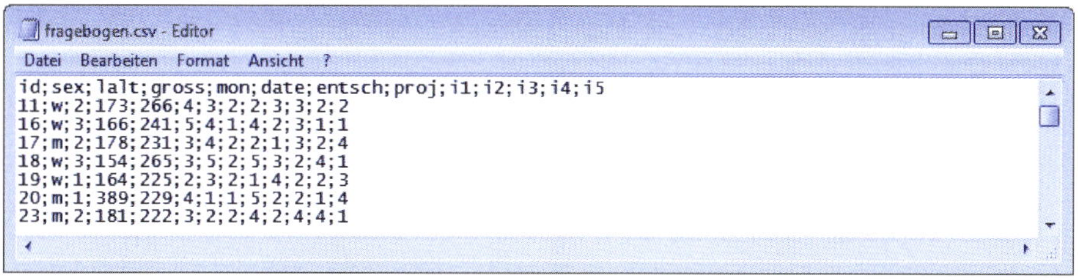

```
fragebogen.csv - Editor
Datei  Bearbeiten  Format  Ansicht  ?
id;sex;lalt;gross;mon;date;entsch;proj;i1;i2;i3;i4;i5
11;w;2;173;266;4;3;2;2;3;3;2;2
16;w;3;166;241;5;4;1;4;2;3;1;1
17;m;2;178;231;3;4;2;2;1;3;2;4
18;w;3;154;265;3;5;2;5;3;2;4;1
19;w;1;164;225;2;3;2;1;4;2;2;3
20;m;1;389;229;4;1;1;5;2;2;1;4
23;m;2;181;222;3;2;2;4;2;4;4;1
```

Abbildung 5.11: Der Fragebogendatensatz aus Kapitel 4 als .csv-Datei im Windows-Programm Editor (Ausschnitt)

```
   id sex lalt gross mon date entsch proj i1 i2 i3 i4 i5
1 11   w    2    173 266    4       3    2  2  3  3  2  2
2 16   w    3    166 241    5       4    1  4  2  3  1  1
3 17   m    2    178 231    3       4    2  2  1  3  2  4
4 18   w    3    154 265    3       5    2  5  3  2  4  1
5 19   w    1    164 225    2       3    2  1  4  2  2  3
6 20   m    1    389 229    4       1    1  5  2  2  1  4
```

Die beiden Optionen `sep=` und `dec=` bedeuten hierbei Folgendes: `sep=` gibt das Zeichen an, durch das die einzelnen Werte voneinander getrennt sind, `sep = "\t"` bedeutet Tabulator. `dec=` spezifiziert das Zeichen für die Dezimalstelle, bei deutschen Versionen ist dies das Komma bzw. `","`.

Bei beiden Varianten ist Folgendes zu beachten:

- Die Funktion `read.csv2()` (wie auch die englische Variante `read.csv()`) erzeugt einen Data Frame.
- Beim Einlesen werden `character`-Variablen standardmäßig automatisch in Faktoren umgewandelt.
- Je nachdem, ob die Variablennamen in der ersten Zeile stehen, sollte man `header = TRUE` oder `header = FALSE` spezifizieren. Gibt es keine Variablennamen, dann werden die Variablen im erzeugten Dataframe mit den Namen `V1`, `V2` etc. versehen.

Wenn Sie R unter Windows aufrufen, dann befinden Sie sich standardmäßig im Benutzerverzeichnis **Eigene Dateien**, d. h., wenn Sie eine Datei einlesen wollen, erwartet R, dass die Datei in diesem Verzeichnis gespeichert ist. Meistens verwendet man aber ein anderes Verzeichnis. Es gibt nun in R die Möglichkeit, statt des File-Namens die Funktion `file.choose()` anzugeben. Es öffnet sich dann ein Dialogfenster, in dem man wie in Windows gewohnt, die zu lesende Datei aussuchen kann. Alternative Möglichkeiten des Zugriffs auf Dateien in anderen Verzeichnispfaden zeigt Abschnitt 5.1.3.

Sie können auch Dateien aus dem Internet einlesen. Statt des File-Namens geben Sie dann einfach die Internetadresse an, z. B. können Sie einen kleinen Datensatz von der Statlib-Webseite so einlesen:

R

```
> read.table("http://lib.stat.cmu.edu/datasets/Andrews/T02.1",
+     header = FALSE)
```

5.5.2 Dateien aus anderen Statistikpaketen (z. B. SPSS)

Es gibt in R unter Verwendung des Package **foreign** (R-core members et al., 2010) die Möglichkeit, Systemdateien aus anderen Statistikpaketen (wie z. B. SPSS, Systat, SAS oder Stata) zu lesen. Wir wollen hier kurz auf SPSS eingehen. Die entsprechende Funktion ist `read.spss()`. Neben dem File-Namen der SPSS-Datei mit der Endung `.sav` sollte die Spezifikation folgender Optionen in Betracht gezogen werden.

- `to.data.frame = TRUE`: Dies ist die wichtigste Option. Wenn sie nicht angegeben wird, wird kein Data Frame erzeugt.

- `use.value.labels = TRUE`: Wenn diese Option mit `TRUE` spezifiziert wird, dann verwendet R die Werte-Labels, wie sie in SPSS definiert sind, und wandelt die entsprechenden Variablen in Faktoren um.

Ein Beispiel für das Lesen einer SPSS-Datei, nachdem man das Package foreign geladen hat (siehe auch Abschnitt 3.1.4), ist:

R

```
> library("foreign")
> frag3 <- read.spss("file.sav", to.data.frame = TRUE,
+     use.value.labels = TRUE)
```

Alternativ kann man auch wie oben für Excel (Abschnitt 5.5.1) vorgehen und zunächst ein `.csv`- oder ein tabulatorengetrenntes File erstellen und dieses dann entsprechend einlesen. Manchmal, besonders bei sehr komplexen SPSS-Dateien, erweist sich dieses Vorgehen als stabiler.

5.5.3 Direktes Kopieren – Einfügen über die Zwischenablage

Eine besonders einfache Möglichkeit, Dateien aus anderen Quellen nach R zu bringen, liefert die Verwendung der ZWISCHENABLAGE (engl. *clipboard*). Sie können hierbei in SPSS oder Excel, aber auch in anderen Programmen (wie etwa auf einer Webseite oder manchmal in einem PDF-File), in denen die Daten in Tabellenform dargestellt sind, so vorgehen:

- Zunächst markieren Sie den interessierenden Bereich mit der Maus und verwenden dann **Kopieren** aus einem Menü oder durch einen rechten Mausklick. Die Daten sind jetzt in der Zwischenablage.
- In R verwenden Sie die Funktion `read.table()` genauso wie oben beschrieben (also wenn nötig mit den Optionen `header=` bzw. `dec=`), Sie schreiben aber statt des File-Namens `"clipboard"`.

Als Beispiel wollen wir die Datei von der Statlib-Webseite, die wir vorher über die Internetadresse eingelesen haben, nun direkt kopieren. In einem Internetbrowser gehen wir zur Adresse http://lib.stat.cmu.edu/datasets/Andrews/T02.1, markieren dort die Daten und verwenden z. B. die Tastenkombination [Strg+C] zum Kopieren. In R schreiben wir:

R

```
> andrews <- read.table("clipboard", header = FALSE)
> head(andrews)
```

und haben die Daten dann im Data Frame `andrews` zur Verfügung.

```
> x <- scan()
1: 27 33 83 46
5: 31 7 62
8: 1
9: 2 44
11:
Read 10 items
> |
```

Abbildung 5.12: Ausschnitt aus der R-Konsole nach Eintippen einiger Zahlen, die mit `scan()` dem Vektor x zugewiesen werden.

Will man einen Vektor über die Zwischenablage einlesen, kann man den `scan()`-Befehl verwenden. Nach der Eingabe von

R

```
> x <- scan()
```

sieht man am Bildschirm `1:`. Das heißt, **R** ist bereit, den ersten Wert in die Variable x aufzunehmen. Man kann jetzt die vorher (z. B. mittels Strg+C) kopierten Werte in die R-Konsole einfügen (z. B. mit Strg+V). In der **R**-Konsole sieht man dann wieder eine Zahl mit Doppelpunkt. Nach Drücken der Eingabe-Taste ↵ sieht man wieder den Command Prompt und die eingefügten Werte sind in x enthalten.

Der Befehl `scan()` ist die Kurzform von `scan(file = "")`, da man diesen Befehl auch zum Lesen von Werten aus einer Datei verwenden kann. Darauf gehen wir hier aber nicht ein.

Man kann auch einen Vektor mit Zeichenketten mittels `scan()` einfügen. In diesem Fall lautet der Befehl

R

```
> x <- scan(what = "character")
```

Der `scan()`-Befehl eignet sich auch zur direkten Eingabe von Werten über die Tastatur. Anstatt wie oben beschrieben, Werte aus der Zwischenablage mit Strg+V einzufügen, können Sie einzelne Werte auch direkt eintippen. Wenn Sie mehrere Werte in einer Zeile eingeben, müssen diese standardmäßig durch mindestens ein Leerzeichen getrennt sein. Sie können aber auch nach jedem oder nach ein paar eingetippten Werten die Eingabe-Taste drücken. Wenn Sie fertig sind, müssen Sie nochmals die Eingabe-Taste betätigen. Ein Beispiel ist in ▶ Abbildung 5.12 zu sehen.

5.5.4   Schreiben von Dateien

In Abschnitt 4.2.2 haben wir schon den Befehl `save()` zum Speichern eines Data Frame in eine binäre Datei kennengelernt. Will man Daten in für Menschen lesbarer

Form in eine Datei schreiben, also in einer Form, wie man sie mit `read.table()` wieder einlesen kann, dann verwendet man den Befehl `write.table()`.

Im einfachsten Fall kann man einen Data Frame, z. B. den vorher eingelesenen Datensatz `andrews` mittels

```R
> write.table(andrews, file = "andrews.txt", row.names = FALSE)
```

abspeichern. Das heißt, man erzeugt hier eine Datei `andrews.txt`, die in Windows mit dem Programm **Editor** geöffnet werden kann. Die Option `row.names = FALSE` unterdrückt das Abspeichern der Zeilennamen, die in diesem Fall nur eine Nummerierung der Zeilen wären, da wir keine Zeilennamen spezifiziert haben. Hätten wir die Option `col.names = FALSE` gewählt, dann wären die Variablennamen unterdrückt worden.

Mit einer weiteren Option (analog zu `read.table()`), nämlich `sep = "\t"`, können wir die Ausgabedatei so gestalten, dass man sie in Excel als tabulatorengetrennte Datei einlesen kann.

Will man eine `.csv`-Datei (für deutsche Excel-Versionen) schreiben, dann muss man das Trennzeichen Strichpunkt mittels `sep = ";"` und das Dezimalzeichen Komma mittels `sep = ","` spezifizieren. Der entsprechende R-Befehl wäre also

```R
> write.table(andrews, file = "andrews.csv", row.names = FALSE,
+     sep = ";", dec = ",")
```

Die so erzeugte Datei `andrews.csv` können Sie durch Anklicken im Windows-Explorer direkt in Excel öffnen.

Eine etwas bequemere Variante bieten die Befehle `write.csv()` bzw. `write.csv2()`, bei denen man Trenn- und Dezimalzeichen nicht spezifizieren muss und die wie bei `read.csv()` bzw. `read.csv2()` für englische bzw. deutsche Programmvarianten von Excel funktionieren.

5.6 Das R-Hilfesystem und weiterführende Information

Hilfe zu R gibt es in unterschiedlichster Form: Einzelinformation zu Funktionen und Packages, ausführliches Dokumentationsmaterial wie Manuals und Tutorials, Suchmaschinen, Wikis und Hilfe-Foren, Webseiten mit Überblick über Methoden zu einzelnen wissenschaftlichen Fachbereichen und vieles mehr.

Wenn man beginnt, R zu benutzen und zu lernen, kann man sich leicht von dieser Vielfalt überwältigt fühlen. Wir wollen uns daher hier auf einige wichtige Aspekte beschränken, die Sie beim Lesen des Buchs benötigen könnten. Dies betrifft vor allem die Hilfe zu einzelnen Funktionen. Im Laufe der Zeit, wenn Sie ein wenig Erfahrung im Umgang mit **R** gewonnen haben, werden Sie auf komplexeres Informationsmaterial zurückgreifen wollen. Wo Sie dieses finden, beschreiben wir im späteren Teil dieses Abschnitts.

5.6.1 Hilfe zu einzelnen Funktionen und Packages

Die wichtigsten Unterpunkte im Hilfemenü finden Sie im mittleren Bereich (▶ Abbildung 5.13) Wir wollen diese nun etwas genauer besprechen.

Menüpunkt: R Funktionen (Text)...

Im Prinzip ist auch dieses Buch als eine Art Hilfe zu **R** konzipiert, es werden Funktionen im Text zu den einzelnen Kapiteln beschrieben und am Ende jedes Kapitels finden Sie eine Zusammenstellung der im jeweiligen Kapitel (neu) verwendeten Funktionen.

Sollten Sie einmal Genaueres zu einer Funktion wissen wollen, z.B. `subset()`, dann klicken Sie auf **R** Funktionen (Text)... und schreiben den Namen der Funktion, `subset` (ohne Klammern), in das sich öffnende Fenster. Wichtig ist, dass Sie den Namen der Funktion genau eingeben, also wissen müssen. Sie können alternativ in der **R**-Konsole auch einen der folgenden Befehle eingeben.

R

```
> ?subset        # oder
> help("subset")
```

Es öffnet sich (in allen drei beschriebenen Fällen) eine (lokale) HTML-Seite mit der Hilfe zu `subset()` (▶ Abbildung 5.14).

Wir wollen diese nun etwas genauer besprechen. Hilfeseiten zu Funktionen in **R** sind standardisiert und umfassen immer die gleichen Elemente. Die wichtigsten sind:

- Usage: Hier wird beschrieben, wie die Funktion verwendet wird. Es werden alle Optionen (Argumente) aufgelistet, die Sie verwenden können.
- Arguments: Hier werden die Optionen und ihre Spezifikation beschrieben.
- Value: Hier wird Output der Funktion beschrieben, also was und in welcher Form von der Funktion erzeugt wird.

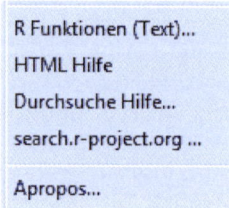

Abbildung 5.13: Ausschnitt des R-Hilfemenüs

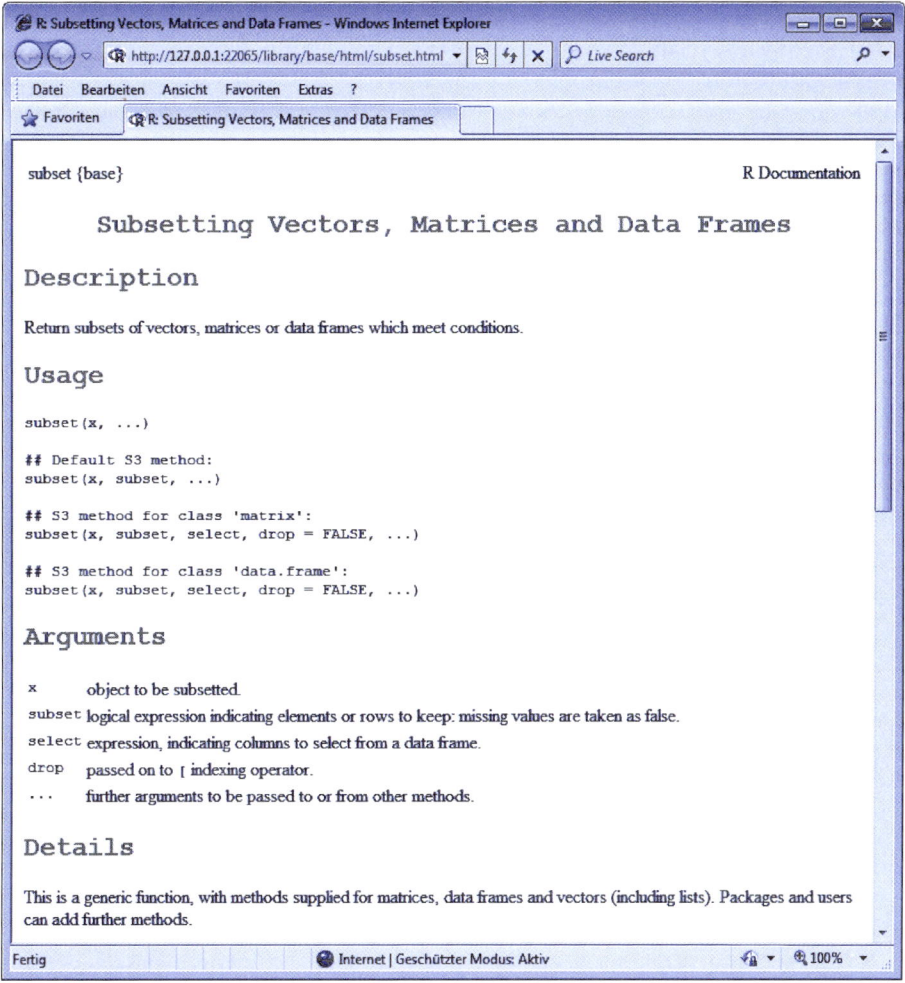

Abbildung 5.14: Ausschnitt eines R-Hilfemenüs

- Example: Dieser Abschnitt gibt Beispiele zur Verwendung der Funktion. Sie auszuprobieren, ist meist sehr hilfreich. Wie schon beschrieben (Abschnitt 5.4.3),
  kann man die leicht mit Kopieren und Einfügen in R laufen lassen. Alternativ
  können Sie mit der Funktion example(), für unser Beispiel also example(subset),
  alles, was unter Examples angeführt ist, auf einmal in R ausführen.

Daneben gibt es manchmal noch:

- Details: Hier erfolgt eine detailliertere Beschreibung der Funktion.
- See also: Hier gibt es manchmal Links zur Hilfe zu ähnlichen oder verknüpften
  Funktionen.

Die Hilfeseiten sind das Kernstück der Beschreibung einer Funktion. Oft sind sie sehr detailliert und beschreiben technische Details, die normalerweise nicht wichtig sind. Versuchen Sie nicht, alles zu verstehen, sondern beschränken Sie sich auf das, was Sie verstehen. Folgen Sie nicht blindlings den Links im Abschnitt See also in der Erwartung, woanders etwas besser erklärt zu bekommen. Meistens sind die Links dazu da, verwandte Funktionen anzugeben, und helfen eher den schon Versierteren. Besser ist es, die Beispiele in Examples auszuprobieren und mit ihnen herumzuspielen.

Menüpunkt: Durchsuche Hilfe

Dieser Menüpunkt hilft Ihnen, eine Funktion zu finden, deren Namen Sie nicht oder nur ungenau wissen, oder aber wenn Sie eine Funktion zu einem Begriff suchen. Nehmen wir an, Sie können sich nur an „sub" erinnern. Statt das Hilfemenü zu verwenden, können Sie in der R-Konsole für dieses Beispiel auch Folgendes eingeben.

R

```
> ??sub              # oder
> help.search("sub")
```

Das Resultat findet sich in ▶ Abbildung 5.15. Sie finden alle Vorkommen von sub in den Hilfeseiten aller am aktuellen Rechner installierten Packages. Die Namen dieser Packages stehen vor dem doppelten Doppelpunkt ::. Für unser Beispiel finden Sie den Eintrag:

```
     base::subset       Subsetting Vectors, Matrices and Data Frames
```

Hierbei bedeutet base::, dass die Funktion subset() im **base**-Package vorkommt. Das ist eines der Standard-Packages von R, die automatisch installiert werden.

Nachdem Sie jetzt den genauen Namen der gesuchten Funktion wissen, können Sie mit ?funktionsname (oder den anderen oben beschriebenen Suchmöglichkeiten) die Hilfeseite dieser Funktion aufrufen.

Falls Sie hier eine Fehlermeldung bekommen, dass es keine Dokumentation zu dieser Funktion gibt, dann bedeutet das, dass das Package nicht geladen ist. Sie müssen in diesem Fall das Package zuerst mit library() laden oder Sie verwenden den Befehl help("funktionsname", package = "packagename").

Sie können sich auch die sehr praktische Funktionsweise der Wortergänzung über die Tabulatortaste in R zunutze machen. Wenn Sie (für obiges Beispiel) am Command Prompt ?sub TAB TAB eingeben, erhalten Sie alles, was sich im Workspace befindet und beginnend mit sub abfragen lässt.

Menüpunkt: search.r-project.org

Eine erweiterte Suche, die nicht auf Ihre lokale Installation beschränkt ist, bietet der Menüpunkt search.r-project.org. Hier können Sie, wie in einer Suchmaschine, verschiedene Begriffe eingeben, die dann auf der R-Webseite verarbeitet werden.

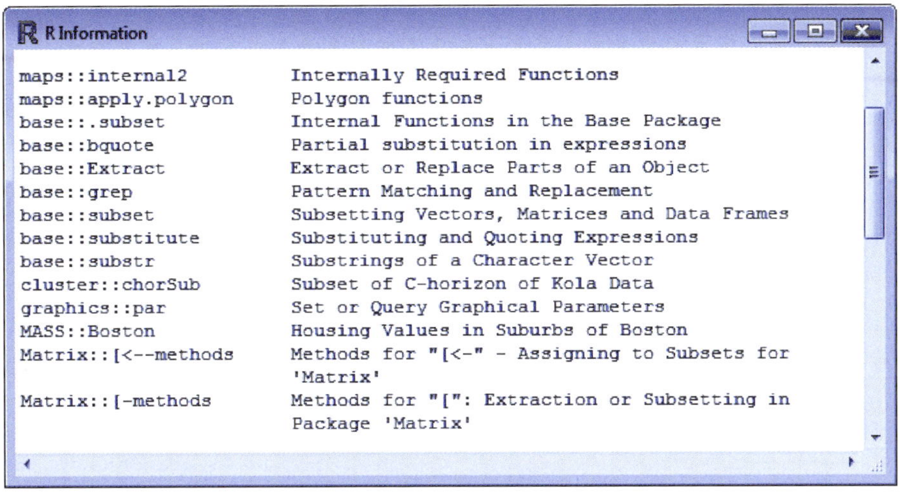

R Information

maps::internal2	Internally Required Functions
maps::apply.polygon	Polygon functions
base::.subset	Internal Functions in the Base Package
base::bquote	Partial substitution in expressions
base::Extract	Extract or Replace Parts of an Object
base::grep	Pattern Matching and Replacement
base::subset	Subsetting Vectors, Matrices and Data Frames
base::substitute	Substituting and Quoting Expressions
base::substr	Substrings of a Character Vector
cluster::chorSub	Subset of C-horizon of Kola Data
graphics::par	Set or Query Graphical Parameters
MASS::Boston	Housing Values in Suburbs of Boston
Matrix::[<--methods	Methods for "[<-" - Assigning to Subsets for 'Matrix'
Matrix::[-methods	Methods for "[": Extraction or Subsetting in Package 'Matrix'

Abbildung 5.15: Ausschnitt eines Resultats von `help.search("sub")`

Durchsucht werden können dort unter anderem alle auf CRAN verfügbaren Packages und dazugehörige Dokumentationen (Functions und Vignettes), Methodenübersichten (Task Views) sowie diverse Hilfe-Foren (R-help).

Nachdem Sie die zu suchenden Begriffe eingegeben haben, öffnet sich die „R Site Search"-Webseite mit ersten Ergebnissen. Durch Anklicken diverser Auswahlpunkte bzw. Auswahlen können Sie das Suchverhalten nach Ihren Vorstellungen gestalten.

Besonders die Archive der R-help-Foren mit Hunderttausenden Beiträgen erweisen sich als Informationsquelle, wo man (nahezu) jede nur vorstellbare Information zu R findet. Oft gibt es Lösungen für verzwickte Probleme oder Hinweise, wie man solche Lösungen finden kann. Auf der Webseite https://stat.ethz.ch/mailman/listinfo/r-help kann man diesem Forum beitreten.

Menüpunkt: HTML Hilfe

Das Anklicken dieses Menüpunkts öffnet eine (lokale) Informationsseite (▶ Abbildung 5.16).

Im Wesentlichen ist hier alles, was Sie sonst auch über das Hilfe-Menü finden, in durchblätterbarem HTML-Format verfügbar, wie z. B. die Manuals, die über das Menü Hilfe ▷ Handbücher (PDF) als PDF-Dokumente gelesen werden können, oder Search (entspricht dem Menüpunkt Durchsuche Hilfe bzw. dem Befehl `help.search()`) gibt aber dort zusätzlich eine Liste von Schlüsselwörtern. Zu den interessanten Links gehört auch Packages. Dort kann man detailliertere Information zu den lokal installierten Packages erhalten.

Menüpunkt: Apropos ...

Hier wird eine Suche angeboten, in der man wie beim Menüpunkt Durchsuche Hilfe bzw. bei Verwendung der Funktion `help.search()` auch nach Namensteilen suchen kann. Die Suche bezieht sich dabei auf alles, was momentan im Workspace definiert ist. Das sind neben Funktionen und Daten geladener Packages (dazu gehören

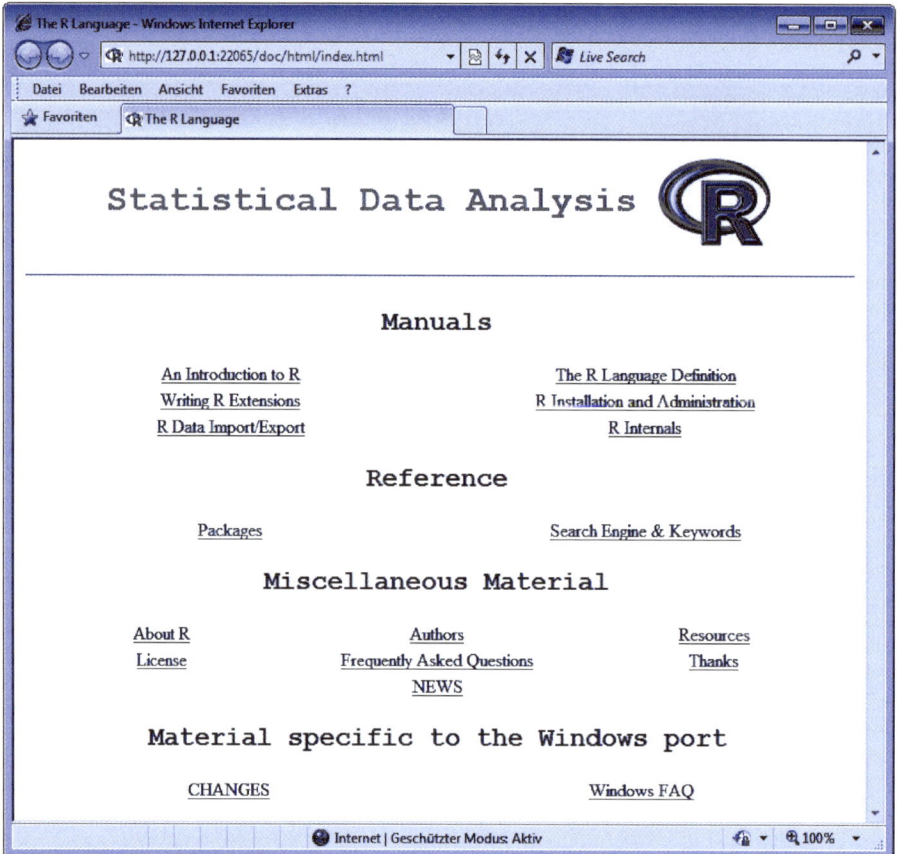

Abbildung 5.16: Die Webseite der R-HTML-Hilfe

auch die Funktionen und Datensätze aus den Standard-Packages, die automatisch geladen werden) auch definierte Variablen, Data Frames etc. Sie können eine solche Suche auch über die R-Konsole mit dem Befehl apropos(), also z. B. apropos("sub"), starten.

5.6.2   Dokumente, Webseiten und weiterführende Information

Frequently Asked Questions – FAQs

Im Hilfe-Menü gibt es zwei Links zu Frequently Asked Questions-Listen. Eine ist eher allgemein gehalten und behandelt Fragen zu verschiedenen Aspekten von R. Die zweite fokussiert eher die Windowsimplementation von R. Obwohl manche Themen sehr spezifische Aspekte behandeln, kann ein Durchsehen auch für Anfänger durchaus hilfreich sein.

Die R Manuals

Über Hilfe ▷ Handbücher (PDF) können Sie die R Manuals bekommen. Die wichtigsten sind An Introduction to R sowie R Data Import ▷ Export. Diese beschreiben die Funktionsweise von R tiefergehend als dieses Buch und eignen sich nur bedingt für Anfänger. Dennoch lohnt es sich, hin und wieder einen Blick hineinzuwerfen. Die anderen Manuals behandeln eher technische Details von R, z. B. wie man Packages programmiert und dokumentiert.

Online-Dokumente auf CRAN

Auf der CRAN-Webseite finden Sie in der Navigation links unten unter Documents den Link Contributed. Auf dieser Webseite finden Sie frei verfügbare Dokumente und Bücher (meist in PDF-Form) zu den unterschiedlichsten Themen, manche auch auf Deutsch. Obwohl sich auch da die meisten Texte an eher Fortgeschrittene richten, gibt es auch einiges für Anfänger.

Suche im WWW

Sucht man R-Material im Web über Standard-Suchmaschinen (wie Google, Yahoo oder Bing), dann bekommt man natürlich viele irrelevante Treffer, weil der Buchstabe R eine Vielzahl von Interpretionen zulässt. Besser ist es, spezialisierte Suchmaschinen zu verwenden. Gute Startpunkte sind

- http://search.r-project.org (auch über das R Hilfe-Menü erreichbar)
- http://www.rseek.org
- http://www.dangoldstein.com/search_r.html

Bücher

Wir wollen hier drei Bücher empfehlen, die als Ausgangspunkt für vertieftes Lernen bzw. als Nachschlagewerke dienen können. Eine sehr ausführliche Darstellung von R und der Verwendung auch fortgeschrittener statistischer Methoden gibt *The R Book* von Michael J. Crawley (Crawley, 2007). Schon erwähnt haben wir *das* Referenzbuch zu Grafiken von Paul Murrell, *R Graphics* (Murrell, 2005). Das (deutschsprachige) Buch *Programmieren mit R* von Uwe Ligges (Ligges, 2008) legen wir all jenen nahe, die mit R programmieren und/oder die wesentlichen Strukturen von R grundlegender verstehen möchten.

5.7 R-Befehle im Überblick

`?funktionsname` ruft eine Hilfeseite auf. Beispiel: `?subset`

`apropos(what)` sucht nach Objekten im Workspace. `what` kann Teil des Namens des gesuchten Objekts sein. Beispiel: `apropos("sub")`

`axis()` fügt einem Plot eine Achse hinzu.

`barplot()` erstellt ein Balkendiagramm mit horizontalen oder vertikalen Balken.

`colours()` erzeugt einen Vektor mit allen Farbnamen, die R standardmäßig kennt.

`dev.new()` erzeugt ein neues Grafikfenster.

`dir(path=".")` erzeugt einen Vektor mit allen Dateien, die im Verzeichnispfad `path` gefunden werden. `path = "."` definiert das aktuelle Working Directory.

`dotchart(x)` erzeugt einen Cleveland Dot Plot der Werte in `x`.

`example(topic)` führt den gesamten R-Code aus, der im Examples-Abschnitt auf einer Hilfeseite zu finden ist, außer der Code ist mit `dontrun` speziell „auskommentiert".

`file.choose()` öffnet einen File-Dialog, um eine Datei auswählen zu können.

`getwd()` gibt den gesamten Pfad des aktuellen Working Directory an.

`help(topic)` öffnet eine Hilfeseite zu `topic`.

`help.search(pattern)` durchsucht die Dokumentation (Hilfeseiten) nach `pattern` (einer Zeichenkette), wobei ungefähre Einträge gesucht werden.

`hist(x)` erzeugt ein Histogramm der Werte in `x`.

`library(package)` lädt ein Package.

`lines(x, y = NULL, ...)` fügt einem Plot Linien hinzu, `x` und `y` sind Vektoren, ... sind weitere Parameter. Wird nur `x` spezifiziert, dann werden die Werte von `x` auf der y-Achse aufgetragen, auf der x-Achse die Werte 1 bis Anzahl der Elemente in `x`. Sonst werden Punkte mit den Koordinaten in `x` und `y` der Reihe nach verbunden. Unter ... kann man Grafikparameter spezifizieren.

`ls()` ergibt einen Vektor, in dem alle während einer R-Sitzung erzeugten Daten und Funktionen aufgelistet sind.

`mtext(text, side = 3)` fügt Text auf einer Seite eines Plots hinzu. Die Seiten (side) sind: unterhalb (1), links (2), oberhalb (3) oder rechts (4).

`objects()` wie `ls()`

`par(...)` zum Setzen und Abfragen von Grafikparametern. Will man einen Grafikparameter abfragen, dann gibt man ihn an der Stelle ... unter Hochkommas an, z. B. `par("lty")`, um den aktuellen Linientyp abzufragen. Will man einen Grafikparameter setzen, dann ist ... von der Form `name = wert`. Wenn man z. B. den Linientyp in punktiert ändern will, schreibt man `par("lty" = "dotted")`. Eine Liste aller Grafikparameter und ihrer aktuellen Werte erhält man mit `par()` (ohne Argument).

`plot(x, y, ...)` ist die Standardfunktion, um R-Objekte zu plotten. Im einfachsten Fall werden Punkte an den Koordinaten x und y gezeichnet, weitere Parameter kann man unter ... spezifizieren. Wird nur x spezifiziert, dann werden die Werte von x auf der *y*-Achse aufgetragen, auf der *x*-Achse die Werte 1 bis Anzahl der Elemente in x.

`points(x, y = NULL, ...)` Fügt einem Plot Punkte hinzu. x und y sind Vektoren und spezifizieren die Koordinaten, ... sind weitere Parameter. Wird nur x spezifiziert, dann werden die Werte von x auf der *y*-Achse aufgetragen, auf der *x*-Achse die Werte 1 bis Anzahl der Elemente in x. Sonst werden Punkte mit den Koordinaten in x und y der Reihe nach gezeichnet. Unter ... kann man Grafikparameter spezifizieren. Siehe auch `lines()`.

`read.csv(file)` liest eine comma-separated Datei ein, die aus einer englischen Version von Excel oder OpenOffice.org Calc stammt, und erzeugt dabei einen Data Frame.

`read.csv2(file)` liest eine comma-separated Datei ein, die aus einer deutschen Version von Excel oder OpenOffice.org Calc stammt und erzeugt dabei einen Data Frame.

`read.spss()` liest eine SPSS-Datei ein und erzeugt dabei einen Data Frame (Package **foreign**).

`read.table(file)` liest eine Datei im Tabellenformat ein und erzeugt dabei einen Data Frame.

`rm(...)` löscht Objekte, die in einer R-Sitzung definiert wurden.

`seq(from, to, by)` erzeugt eine Sequenz der Zahlen `from` bis `to` in Schritten von `by`. Statt `by=` kann man auch `length.out=` spezifizieren. Dann hat der resultierende Vektor die unter `length.out` angegebene Länge, wobei die Schrittweite in diesem Fall automatisch bestimmt wird.

`scan()` liest Daten in einen Vektor aus der Zwischenablage oder von der Tastatur.

`setwd(dir)` setzt das Working Directory auf `dir`. Als Trennzeichen für Laufwerk-, Verzeichnis- und Dateibezeichnungen benutzt man / (oder in Windows alternativ einen doppelten Backslash). Beispiel: `setwd("D:/Data")`

`source(file)` liest R-Code aus einer Datei und führt ihn aus.

`text (x, y = NULL, labels, ... )` fügt Zeichenketten, die unter `labels=` spezifiziert werden, einem Plot hinzu. Siehe auch `points()`. `lines()`.

`title(main, sub, ...)` fügt einem Plot Titel und Untertitel hinzu. Unter ... kann man Grafikparameter spezifizieren.

`write.table(x, file)` dient zur Erzeugung von Dateien im Textformat, x ist hierbei (vorzugsweise) eine Matrix oder ein Data Frame, kann aber auch ein Vektor sein.

`write.csv(x, file)` schreibt eine comma-separated Datei zum Einlesen in einer englischen Version von Excel.

`write.csv2(x, file)` schreibt eine comma-separated Datei zum Einlesen in einer deutschen Version von Excel.

5.8 Übungen

1. Besuchen Sie die Companion Webseite zu diesem Buch und laden Sie die Dateien `bspdat.csv` und `bspcode.R` herunter.

2. Setzen Sie Ihr Working Directory auf das Verzeichnis, in dem Sie die Dateien gespeichert haben.

3. Lesen Sie den Datensatz aus der Datei `bspdat.csv` ein und speichern Sie ihn in einem Objekt namens `bspdat`.

4. Untersuchen Sie die Struktur des Datensatzes mit `head()` und `str()`.

5. Der Data Frame bspdat enthält eine Variable `female` mit den Werten 1 für „weiblich" und 0 für „männlich". Fügen Sie dem Datensatz eine neue Variable namens `Geschlecht` hinzu, wozu Sie `female` verwenden. `Geschlecht` soll ein Faktor sein mit den Werten `"männlich"` bzw. `"weiblich"`.

6. Stellen Sie mit `par()` ein, dass zwei Plots in einer Zeile erzeugt werden, und erstellen Sie links ein Streudiagramm mittels `plot()` für „Größe" und „Gewicht", wobei Sie mit `subset()` nur Frauen auswählen. Rechts machen Sie das Gleiche, wobei Sie hier nur Männer plotten.

7. Verwenden Sie `source()`, um die Datei `bspcode.R` auszuführen.

8. Woran liegt es, wenn der erzeugte Plot bei Ihnen nur die Hälfte des Fensters ausfüllt? Ist dies bei Ihnen der Fall, so schließen Sie das Grafikfenster und führen Sie `bspcode.R` nochmals aus.

9. Fügen Sie an den Koordinaten (190, 60) einen beliebigen Text ein.

10. Speichern Sie die Grafik als Metafile mit der Endung `.emf` ab.

Datenfiles sowie Lösungen finden Sie auf der Webseite des Verlags.

TEIL II

Kategoriale Daten

Eine kategoriale Variable

6

ÜBERBLICK

Kategoriale Daten entstehen durch die Klassifikation von Beobachtungen in Kategorien. Meistens wird die interessierende Information dadurch gewonnen, dass ausgezählt wird, wie oft bestimmte Kategorien vorkommen. Dadurch können Häufigkeitsverteilungen und Prozentsätze berechnet werden. Dieses Kapitel beschäftigt sich damit, wie man prüfen kann, ob beobachtete Häufigkeiten mit bestimmten Annahmen übereinstimmen. Es werden die Grundlagen statistischen Testens besprochen. Außerdem wird behandelt, wie man für einen Prozentsatz, den man aus einer Stichprobe gewonnen hat, Bereiche ermittelt, von denen man annehmen kann, dass sie mit einer bestimmten Sicherheit den wirklichen Prozentsatz, wie er in der Population vorkommt, enthalten. Dieses Kapitel legt die Basis zum Verständnis der Inferenz- oder schließenden Statistik.

LERNZIELE

Nach Durcharbeiten dieses Kapitels haben Sie Folgendes erreicht:

- Sie wissen, was absolute und relative sowie beobachtete und erwartete Häufigkeiten sind, und können diese in R berechnen, tabellieren und in Form von Balken- und Kreisdiagrammen grafisch darstellen.
- Sie wissen, was eine Null- und Alternativhypothese ist und was Testen von Hypothesen bedeutet. Sie können ein- und zweiseitige Hypothesen unterscheiden und formulieren.
- Sie sind in der Lage, ein Signifikanzniveau festzulegen und einen p-Wert beim Testen einer Hypothese zu beurteilen.
- Sie können in R einen Chi-Quadrat-Test sowie einen Binomial-Test bei verschiedenen Problemstellungen berechnen. Dabei sind Sie in der Lage, das Ergebnis technisch und inhaltlich zu interpretieren.
- Sie kennen die Bedeutung der Begriffe Schwankungsbreite und Konfidenzintervall und können solche in R erstellen und grafisch darstellen.

6.1   Einleitung

Kategoriale Information erhält man, wenn etwas (ein Merkmal oder Charakteristikum), das man an verschiedenen Personen, Unternehmen, Pflanzen etc. (also Beobachtungseinheiten) registriert, in eine von mehreren Kategorien fällt. Dieser Prozess kann unterschiedlich verlaufen. Die Kategorien können schon von vornherein feststehen und man braucht seine Beobachtungen nur mehr entsprechend zuzuordnen. Oder aber man sammelt die Information zunächst in freier Form (z. B. offene Fragen in einem Fragebogen), um anschließend nach einem Kategorisierungsschema (das man eventuell erst entwickeln muss) die Beobachtungen zuzuteilen. Diese beiden Vorgänge könnte man auch als KLASSIFIKATION bezeichnen.

Etwas anders verläuft der Prozess der AGGREGATION. Der Begriff kommt aus dem Lateinischen und bedeutet Anhäufung oder Vereinigung. Hier werden schon vorhandene Daten in einfachere, zusammenfassendere Strukturen transformiert. Zum Beispiel kann man die Körpergröße von Personen, die man in cm gemessen hat, zu drei Kategorien aggregieren, nämlich klein, mittel und groß. Oder, bei zugrunde liegender kategorialer Information, kann man z. B. die Berufe Tischler, Maurer etc. in die Berufskategorie Handwerker zusammenfassen. Das Resultat einer Aggregation ist also oft eine Reihe von Kategorien einer Variable. Im Extremfall, besonders bei metrischen Daten, kann aber auch eine einzelne Maßzahl das Ergebnis sein, wenn z. B. die durchschnittliche Geburtenrate für ein Land bestimmt wird. Der ▶ Exkurs 6.1 illustriert am Beispiel von Berufen in Deutschland solche Vorgänge.

Wenn man nun kategoriale Daten erhoben oder mittels Klassifikation bzw. Aggregation gewonnen hat, geht es darum, diese Information in geeigneter Weise aufzubereiten, um die enthaltene Information erfassen, untersuchen und weitervermitteln zu können.

Der Vorgang hierbei ist das Auszählen, d. h., man zählt ab, wie oft Kategorie 1, Kategorie 2 etc. insgesamt vorkommen. Das Resultat dieser Auszählung nennt man *Häufigkeit* oder *absolute Häufigkeit*.

> **(Absolute) Häufigkeit:**
> **die Zahl, die zustande kommt, wenn man abzählt, wie oft eine bestimmte Kategorie in Daten vorkommt**

Eng verbunden mit dem Begriff absolute Häufigkeit ist die

> **(Absolute) Häufigkeitsverteilung:**
> **eine Zusammenstellung (tabellarisch oder grafisch), wie oft einzelne Kategorien einer Variable in einer Stichprobe (oder auch in der Population) vorkommen**

Bezieht man die absolute Häufigkeit auf die Gesamtanzahl von Beobachtungen, dann erhält man *relative Häufigkeiten* oder *Anteile*.

> **Relative Häufigkeit** oder **Anteil:**
> $$relative\ H\ddot{a}ufigkeit\ einer\ Kategorie = \frac{absolute\ H\ddot{a}ufigkeit}{Gesamtanzahl\ von\ Beobachtungen}$$

Anteile werden oft als Prozentsätze (also als Anteile von 100) angegeben, d. h.

> **Prozent:**
> *Prozentsatz einer Kategorie = relative Häufigkeit × 100*

Während Angaben von Anteilen in Prozentsätzen leichter zu lesen sind und auch allgemein üblich verwendet werden, hat die Darstellung mittels relativer Häufigkeiten den Vorteil, dass dadurch deren enge Verwandtschaft mit Wahrscheinlichkeiten ausgedrückt wird. Relative Häufigkeiten liefern (wenn zusätzlich die Gesamtzahl von Beobachtungen angegeben wird) die bedeutsamste Information, die man aus Daten gewinnen kann. Dies gilt nicht nur für kategoriale Daten. Auf diese Punkte werden wir später noch eingehen.

Exkurs 6.1   # Wie kommt kategoriale Information zustande?

Beispiel: Berufe in Deutschland

Die simple Frage *Was arbeiten die Menschen eigentlich so?* ist gar nicht so einfach zu beantworten. Mögliche Quellen, wo man die entsprechende Information herbekommen könnte, sind die nationalen statistischen Behörden, für Deutschland das Statistische Bundesamt (www.destatis. de), für Österreich Statistik Austria (www.statistik.at), für die Schweiz das Bundesamt für Statistik (www.bfs.admin.ch) oder Eurostat als europäische Institution (ec.europa.eu/eurostat). Man könnte von einer dieser Quellen für Deutschland (2005) etwa folgende Grafik finden:

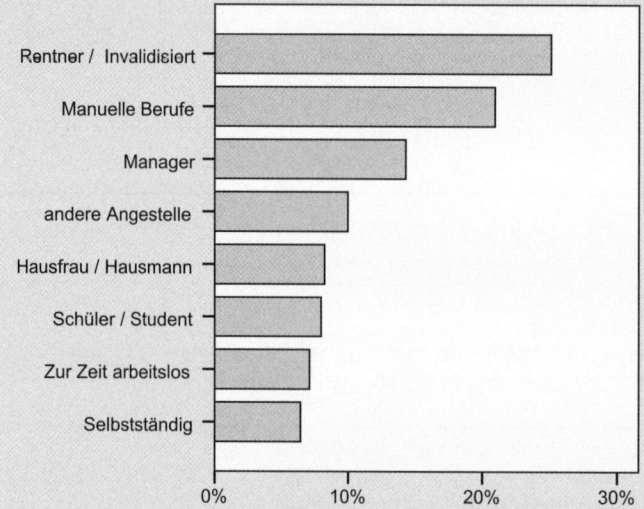

Die Grafik gibt einen guten Überblick, wie viel Prozent der Deutschen welcher Art von Tätigkeit nachgehen. Dieser Überblick ist allerdings aus zwei Gründen recht ungenau. Wenn wir wissen wollten, wie viele Personen tatsächlich selbstständig sind, müssten wir zunächst wissen, wie viele Personen insgesamt zur Erstellung der Grafik herangezogen worden waren (Kinder scheinen jedenfalls nicht dabei gewesen zu sein). Und zweitens kann man die angegebenen Prozentsätze nur ungefähr ablesen. Versuchen wir es dennoch. An anderer Stelle findet man auf der Webseite des deutschen statistischen Bundesamts, dass es im Jahr 2005 ca. 82 438 000 Einwohner in Deutschland gab, davon 11 649 800 Kinder und Jugendliche unter 16 Jahren. Für unsere Berechnung müssten wir als Gesamtzahl 70 788 200 verwenden. Laut Grafik sind etwa 7 % selbstständig, insgesamt gab es also 2005 knapp 5 Millionen Selbstständige.

Wir sehen hier zwei verschiedene Arten der Angabe von Zahlen im Zusammenhang mit kategorialer Information, nämlich (absolute) Häufigkeiten, d. h., wie oft ist insgesamt eine Kategorie vorgekommen, und Anteile (hier Prozentsätze), d. h., in welchem (relativen) Ausmaß kam eine bestimmte Kategorie im Verhältnis zu allen anderen Kategorien vor. Das eine Mal bezieht sich die

Information nur auf eine bestimmte Kategorie (ohne die anderen zu berücksichtigen), das andere Mal erhält man indirekt auch Information über weitere Kategorien. Auf diese Unterscheidung werden wir noch näher eingehen.

Der vorherigen Grafik kann man entnehmen, dass ca. 10 % als *andere Angestellte* bezeichnet werden. Was ist darunter zu verstehen? Aus den bisherigen Angaben ist dies nicht ohne Weiteres ersichtlich. Wir können annehmen, dass unter diesem Begriff eine größere Zahl von weniger häufig auftretenden Kategorien zusammengefasst wird. Solche Zusammenfassungen dienen der Übersichtlichkeit und der einfacheren Kommunizierbarkeit von wichtigen Informationsbestandteilen. Allerdings geht dabei natürlich ein Teil der ursprünglich vorhandenen Information verloren.

Tatsächlich wurde bei der Datenerhebung genauer gefragt.

1. Hausfrau/Hausmann und verantwortlich für den Haushaltseinkauf und den Haushalt (ohne anderweitige Beschäftigung)

2. Schüler/Student

3. zurzeit arbeitslos

4. Rentner/Pensionär/Frührentner/Invalidisiert

5. Landwirt

6. Fischer

7. Freie Berufe (Rechtsanwalt, Arzt, Steuerberater, Architekt usw.)

8. Ladenbesitzer, Handwerker usw.

9. Selbstständige Unternehmer, Fabrikbesitzer (Alleininhaber, Teilhaber)

10. Freie Berufe im Angestelltenverhältnis (angestellte Ärzte, Anwälte, Steuerberater, Architekten usw.)

11. Leitende Angestellte/Beamte, Direktor oder Vorstandsmitglied

12. Mittlere Angestellte/Beamte (Bereichsleiter, Abteilungsleiter, Gruppenleiter, Lehrer, Technischer Leiter)

13. Sonstige Büroangestellte/Beamte

14. Angestellte/Beamte ohne Bürotätigkeit mit Schwerpunkt Reisetätigkeit (Vertreter, Fahrer)

15. Angestellte/Beamte ohne Bürotätigkeit z. B. im Dienstleistungsbetrieb (Krankenschwester, Bedienung in Restaurant, Polizist, Feuerwehrmann)

16. Meister, Vorarbeiter, Aufsichtstätigkeit

17. Facharbeiter

18. Sonstige Arbeiter

In der Grafik auf Seite 150 wurden die Kategorien 13 und 14 unter andere Angestellte zusammengefasst. Die mit etwa 15 % relativ stark vertretene Gruppe der Manager umfasste die Kategorien 10 bis 12. Doch selbst diese feinere Gruppierung (wie sie in der Eurobarometerumfrage verwendet wird) kann in noch detailliertere Kategorien aufgeschlüsselt werden. So verwendet die deutsche Bundesagentur für Arbeit die vom deutschen statistischen Bundesamt entwickelte Berufssystematik, die auf der untersten Ebene 29 000 Berufsbezeichnungen definiert.

Anhand dieses Beispiels können wir einige Grundüberlegungen anstellen. Die Beobachtungseinheiten sind hier einzelne Personen. Die Variable, die beobachtet (bzw. aufgezeichnet) wurde, könnte man mit „berufliche Tätigkeit" bezeichnen. Die Ausprägung dieser Variable ist kategorial, d. h., es wurde jede einzelne Person gefragt, in welche der vorher festgelegten Kategorien sie fällt. Die Daten könnten folgendermaßen aussehen.

Person	Berufstätigkeit
1	Mittlere Angestellte/Beamte
2	Rentner/Invalidisiert
3	Hausfrau/Hausmann
4	Leitende Angestellte/Beamte
5	Mittlere Angestellte/Beamte
6	Sonstige Arbeiter
7	Rentner/Invalidisiert
⋮	⋮

Diese fiktive Liste enthält Einzelinformationen über die Art der Beschäftigung. Solch eine Liste nennt man Rohdatenliste und so ähnlich könnte auch eine Computerdatei aussehen, mittels derer die vorangegangene Grafik erstellt wurde. In dieser Art der Datendarstellung ist natürlich die meiste Information zu finden, zumal ja der Beruf jeder einzelnen Person verzeichnet ist. Allerdings kann man sich leicht vorstellen, wie lang diese Liste ist. Man muss daher die Daten reduzieren bzw. zusammenfassen, um die darin enthaltene Information untersuchen und weitervermitteln zu können.

6.2 Kommen alle Kategorien gleich häufig vor?

Fallbeispiel 1: Der „blaue Montag"

Datenfile: `kstand.dat`

In einer repräsentativen Studie (frei nach einem Bericht des österreichischen Wirtschaftsforschungsinstituts, 2008) wurde erhoben, an welchem Wochentag der letzte Krankenstand bei 300 Beschäftigten begann. Die folgende Häufigkeitstabelle zeigt, wie viele Personen an den einzelnen Wochentagen in Krankenstand gingen.

Mo	Di	Mi	Do	Fr	Sa	So
96	60	51	45	30	9	9

Man sieht, dass die meisten Krankenstände an einem Montag begannen, gefolgt von Dienstag und Mittwoch. Samstag und Sonntag sind die Häufigkeiten deutlich geringer. Es stellt sich die Frage, ob tatsächlich eine größere Gefahr besteht, am Wochenbeginn zu erkranken, oder ob diese Häufungen nur zufällig sind.

Gibt es Wochentage, an denen man eher erkrankt, oder ist es an allen Wochentagen gleich riskant zu erkranken?

Bevor wir uns überlegen, wie man diese Frage beantworten kann, wollen wir einige Prinzipien besprechen, die bei der Analyse von Daten bzw. Fragestellungen grundsätzlich beachtet werden sollten.

Im Beispiel des Krankenstandsbeginns an einzelnen Wochentagen ist die Grundstruktur der Daten relativ einfach, es gibt (nur) eine Variable, WOCHENTAG, die die Werte *Montag* bis *Sonntag* annehmen kann. Trotzdem sind die Rohdaten sehr unübersichtlich. Nach Einlesen der Datei kstand.dat in den Data Frame kstand ermöglichen wir den direkten Zugriff auf die Variablennamen in diesem Data Frame mittels attach() und sehen wir uns die ersten 100 Fälle (von 300) an.

R

```
> kstand <- read.table("kstand.dat", header = TRUE)
> attach(kstand)
> WOCHENTAG[1:100]
> kstand <- read.table("Rdata/kstand.dat", header = TRUE)
> attach(kstand)
> WOCHENTAG[1:100]
```

```
 [1] MO DO DO DO DI MO DI MO MO DI DO DI MO MO MO MI MO DI
[19] MO SO FR MI MI DI MO SO FR FR DO MI MI DO MO FR DI FR
[37] MO DO MI MO MO SO DO MO MI MO DI MO FR DI MO MI DI DI
[55] SA SA MO MO DI SA SO FR FR DI DO MO DO MO MO MI MO DO
[73] MO MO DO MI MI MO DO FR MI FR MO DI DI FR FR MI MI DI
[91] MO MO MO DI MO MO MI MO DO MI
Levels: DI DO FR MI MO SA SO
```

Hier haben wir zwar die maximal zur Verfügung stehende Information, allerdings ist diese so nicht kommunizierbar. Wir benötigen also Methoden, wie wir die Inhalte kompakt darstellen können, ohne zu viel Information zu verlieren. Dies kann anhand von Grafiken oder numerischen Zusammenfassungen (z. B. Tabellen) geschehen. Die entsprechenden Methoden werden unter dem Begriff Datenbeschreibung oder deskriptive Statistik zusammengefasst und bestehen, je nach Datentyp, aus spezifischen Verfahren. Numerische und grafische Beschreibung der Daten sollten immer der Ausgangspunkt bei der Analyse von Daten sein.

6.2.1 Numerische Beschreibung

Bei einfacher kategorialer Information zählen wir aus, wie häufig jede Kategorie auftritt, und erhalten absolute Häufigkeiten. Dividieren wir diese noch zusätzlich durch die Gesamtanzahl an Beobachtungen, ergibt das die relativen Häufigkeiten. Wir können beide in Tabellenform darstellen und erhalten eine übersichtliche numerische Beschreibung des Datenmaterials, aus der schon einige Aspekte zur Beantwortung der Fragestellung ablesbar sind.

In **R** würden wir folgendermaßen vorgehen:

Eine einfache Häufigkeitstabelle erhalten wir mittels

R

```
> table(WOCHENTAG)
```

```
WOCHENTAG
DI DO FR MI MO SA SO
60 45 30 51 96  9  9
```

Die relativen Häufigkeiten errechnet man, indem die Anzahl der Beobachtungen in jeder Kategorie durch die Gesamtanzahl der Beobachtungen dividiert wird (die Gesamtanzahl entspricht natürlich der Länge des Datenvektors):

R

```
> table(WOCHENTAG)/length(WOCHENTAG)
```

```
WOCHENTAG
  DI   DO   FR   MI   MO   SA   SO
0.20 0.15 0.10 0.17 0.32 0.03 0.03
```

Alternativ geht es auch mittels

R

```
> prop.table(table(WOCHENTAG))
```

```
WOCHENTAG
  DI   DO   FR   MI   MO   SA   SO
0.20 0.15 0.10 0.17 0.32 0.03 0.03
```

Prozentwerte erhalten wir, indem wir noch mit 100 multiplizieren.

R

```
> prop.table(table(WOCHENTAG)) * 100
```

```
WOCHENTAG
DI DO FR MI MO SA SO
20 15 10 17 32  3  3
```

Wenn wir alles in einer Tabelle darstellen wollen, dann würden wir noch ein wenig Kosmetik betreiben.

Zunächst wollen wir die Wochentage, die beim Einlesen standardmäßig alphabetisch nach ihren Namen sortiert sind, in der richtigen Reihenfolge darstellen. Dazu müssen wir die levels des Faktors WOCHENTAG in die richtige Reihenfolge bringen. Dies geschieht, indem wir mit factor() einen neuen Faktor Wochentag mit den entsprechenden Eigenschaften definieren (wir können den Variablennamen Wochentag verwenden, weil R ja Groß- und Kleinschreibung unterscheidet).

R

```
> Wochentag <- factor(WOCHENTAG, levels = c("MO",
+     "DI", "MI", "DO", "FR", "SA", "SO"))
```

Dann legen wir die Vektoren für die absoluten und relativen Häufigkeiten bzw. für die Prozentwerte (in absH, relH und proz) an.

R

```
> absH <- table(Wochentag)
> relH <- table(Wochentag)/length(Wochentag)
```

Schließlich wollen wir nicht alle Kommastellen anzeigen und runden daher relH auf zwei Kommastellen bzw. proz auf ganzzahlig. Für die tabellarische Darstellung hängen wir zuletzt die entsprechenden Vektoren mit cbind() zusammen.

R

```
> proz <- relH * 100
> relH <- round(relH, digits = 3)
> proz <- round(proz, digits = 0)
> cbind(absH, relH, proz)
```

```
   absH relH proz
MO   96 0.32   32
DI   60 0.20   20
MI   51 0.17   17
DO   45 0.15   15
FR   30 0.10   10
SA    9 0.03    3
SO    9 0.03    3
```

Die ersten beiden Spalten zeigen die absoluten und relativen Häufigkeiten, die dritte die Prozentwerte für die Anzahl begonnener Krankenstände an den einzelnen Wochentagen. Man sieht, dass an Montagen und Dienstagen eine Häufung auftritt, während sich die Zahlen im weiteren Wochenverlauf verringern.

Diese Tabelle ist sehr spartanisch gehalten und würde in dieser Form auch nicht in einer Publikation oder Präsentation verwendet werden (▶ Exkurs 6.2: Einige Prinzipien zur Erstellung guter Tabellen). Für eine erste Analyse reicht es aber und man kann ja den R-Output leicht in Textverarbeitungsprogramme (wie z. B. Word) exportieren, um dann das Aussehen einer Tabelle zu modifizieren. Dies wird in Abschnitt 5.3 beschrieben.

Exkurs 6.2   Einige Prinzipien zur Erstellung guter Tabellen

Will man kategoriale Information in Form von Zahlenmaterial geeignet präsentieren, so wird man den R-Output nicht direkt verwenden, sondern noch ein wenig überarbeiten. Folgende Punkte sollte man beachten:

- Eine Tabelle sollte für sich allein stehen können, d. h., alles Wichtige sollte ohne weitere Erklärung verständlich sein.
- Angabe eines geeigneten Titels und der Datenquelle
- Benennung der Kategorien
- Bei ungeordneten Kategorien: diese gegebenenfalls nach ihrer Häufigkeit ordnen
- Angabe der Gesamtanzahl von Beobachtungen
- Zahlen runden (besonders Nachkommastellen nur angeben, wenn sie für das Verständnis der Größenordnung wichtig sind)
- Sehr große Tabelle eventuell in Teiltabellen zerlegen
- Keine vertikalen Linien zeichnen

Die folgende Tabelle soll diese Prinzipien illustrieren (die Daten stammen aus einer Kriminalstatistik des Staates New Jersey, aus dem Jahr 2005).

Verteilung begangener Morde nach Wochentagen in New Jersey, 2005[a]

	Sonntag	Montag	Dienstag	Mittwoch	Donnerstag	Freitag	Samstag	Gesamt
Häufigkeit	53	42	51	45	36	37	65	329
Prozent	16	13	16	14	11	11	20	

a. Quelle: http://www.njsp.com

6.2.2   Grafische Beschreibung

Der Spruch *Ein Bild sagt mehr als tausend Worte* klingt sehr abgedroschen, trotzdem stimmt er. Gerade dann, wenn Information klar gemacht und vermittelt werden soll, ist eine gute grafische Darstellung besonders wichtig. Bei kategorialen Daten haben sich einige Methoden bewährt, die hier beschrieben werden sollen.

Balkendiagramm (Bar Chart)

Diese Darstellungsweise ist wohl die wichtigste grafische Methode bei kategorialen Daten. Bei einem Balkendiagramm werden die Kategorien auf der horizontalen Achse und die absoluten oder relativen Häufigkeiten auf der vertikalen Achse aufgetragen, wobei die Höhe der einzelnen Balken den Häufigkeiten in den einzelnen Kategorien entspricht. Um zu veranschaulichen, dass die darzustellende Variable kategorial ist, lässt man einen kleinen Leerraum zwischen den Balken (man macht dies im Gegensatz zu einem sogenannten Histogramm, das wir später besprechen werden). Manchmal findet man auch die beiden Achsen vertauscht vor (▶ Exkurs 6.1), an der Information, die man aus solch einer Grafik ablesen kann, ändert sich dadurch aber nichts.

Für unser Beispiel des Beginntags von Krankenständen erzeugt man ein Balkendiagramm in R folgendermaßen:

R

```
> barplot(absH)
```

Am Balkendiagramm in ▶ Abbildung 6.1 sieht man (vielleicht noch besser als in der Häufigkeitstabelle), dass Montag und Dienstag die meisten Krankenstände beginnen, am Samstag und Sonntag die wenigsten.

Kreisdiagramm (Pie Chart)

Häufig begegnet man auch einer zweiten Form der grafischen Beschreibung von einfacher kategorialer Information, den Kreisdiagrammen (manchmal auch Torten- oder Kuchendiagramme genannt). Hierbei werden die Daten in Kreisform dargestellt. Die Kategorien bilden Kreissegmente, wobei deren Fläche proportional zu den relativen Häufigkeiten bzw. Prozenten des Auftretens der Kategorien dargestellt werden.

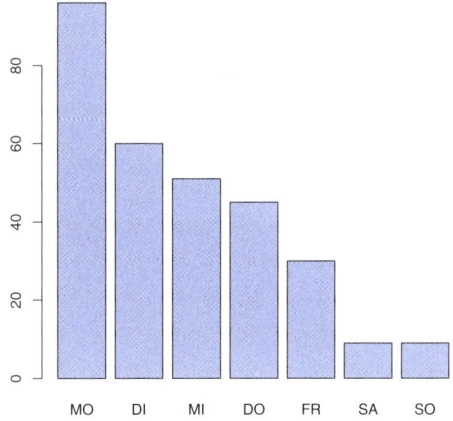

Abbildung 6.1: Balkendiagramm für Krankenstandsbeginn nach Wochentagen

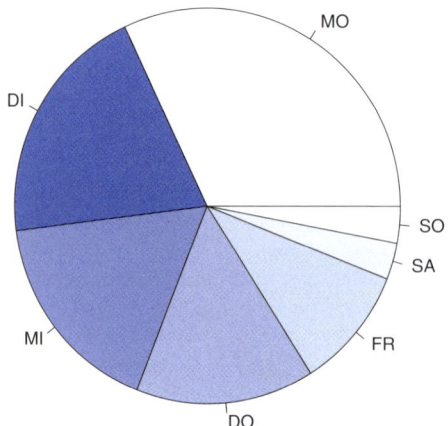

Abbildung 6.2: Kreisdiagramm für die Anzahl von begonnenen Krankenständen nach Wochentagen

Obwohl sie relativ beliebt sind, haben Kreisdiagramme doch eine Reihe von Nachteilen. Standardmäßig gibt R nur das Kreisdiagramm und die Werte für die Kategorien aus.

Für die Daten aus unserem Beispiel erzeugt man in R ein Kreisdiagramm (▶ Abbildung 6.2) mit

R

```
> pie(absH)
```

Man kann nicht (wie beim Balkendiagramm) die tatsächlichen Häufigkeiten ablesen und vergleichsweise sind Unterschiede nur schwer zu erkennen, außer sie sind sehr groß. Man sollte zumindest Häufigkeiten oder Prozente hinzufügen, um zu einer geeigneteren Darstellung (▶ Abbildung 6.3) zu kommen. Selbstdefinierte Beschriftungen werden im `pie()`-Befehl über die Option `labels=` spezifiziert. Hier haben wir die neuen Beschriftungen mittels der (sehr mächtigen) Funktion `paste()` (auf die wir hier nicht im Detail eingehen wollen) zusammengebastelt und das Resultat in `lab` gespeichert. (In der Zusammenfassung der R-Befehle am Ende des Kapitels gibt es ein paar Beispiele zu `paste()`, für eine ausführliche Beschreibung sei auf die Hilfeseite, erreichbar über `?paste`, verwiesen.) Außerdem fordern wir hier noch mittels der Option `clockwise = TRUE` an, dass die Kategorien im Uhrzeigersinn ausgegeben werden. Die adaptierte Grafik erhält man mit

R

```
> lab <- paste(names(absH), "\n(", proz, "%)\n", sep="")
> pie(absH, labels = lab, clockwise = TRUE)
```

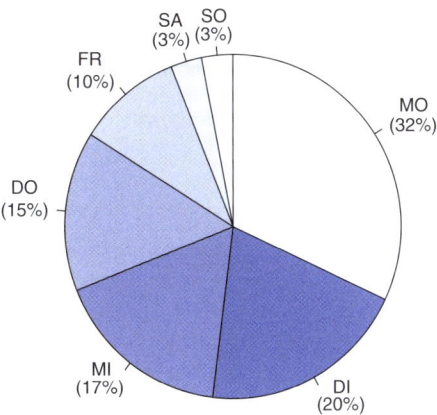

Abbildung 6.3: Kreisdiagramm mit Beschriftung

Im Vergleich zu Kreisdiagrammen sind Balkendiagramme (► Abbildung 6.1) lesbarer und informativer, weil Längen besser wahrgenommen werden können als Winkel. Zu erwähnen ist noch, dass die Beschriftungen, wie wir sie für das Kreisdiagramm in ► Abbildung 6.3 angebracht haben, in analoger Weise auch für Balkendiagramme möglich sind. Notwendig sind sie dort aber nicht, weil durch die Achsenbeschriftungen die relevante Information schon mitgeliefert wird.

6.2.3   Statistische Analyse der Problemstellung

Nachdem wir nun besprochen haben, wie die Information, die in den Daten steckt, numerisch und grafisch beschrieben werden kann, wollen wir uns der Beantwortung der eigentlichen Problemstellung zuwenden. Die Frage ist, ob es bestimmte Wochentage gibt, an denen Krankenstände häufiger beginnen als an anderen, oder ob sich der Beginn über die Wochentage gleich verteilt.

Um diese Frage mittels statistischer Methoden beantworten zu können, benötigen wir das Konzept der ERWARTETEN RELATIVEN HÄUFIGKEITEN und der ERWARTETEN (ABSOLUTEN) HÄUFIGKEITEN. *Beobachtete Häufigkeiten* (absolut oder relativ) entstehen durch Abzählen, *erwartete* Häufigkeiten sind solche, die man unter bestimmten Annahmen erwarten wurde. In ► Exkurs 6.3 wird dieses Konzept anhand der Idee des *fairen Würfels* erläutert.

Exkurs 6.3   Der faire Würfel

Ein Würfel wird dann als „fair" bezeichnet, wenn alle sechs Seiten gleich häufig auftreten, oder mit anderen Worten, wenn die Wahrscheinlichkeit für jede der möglichen Seiten 1 bis 6 gleich groß ist. Die Erfahrung zeigt uns, dass wir nicht damit rechnen können, dass bei sechsmaligem Würfeln als Resultat alle sechs Augenzahlen je einmal vorkommen. Allerdings, wenn wir nicht nur sechs Mal, sondern viel öfter würfeln, wie das auch bei Gesellschaftsspielen der Fall ist, dann erwarten wir schon, dass alle Seiten am Ende ungefähr gleich oft aufgetreten sind. Würden wir immer längere Serien würfeln, also 10 000 Mal, 100 000 Mal etc., dann sollten die Prozentsätze des Auftretens der einzelnen Augenzahlen immer ähnlicher werden und wir könnten sagen, dass der Würfel fair ist. Das setzt aber voraus, dass der Würfel verschiedene Voraussetzungen erfüllt, nämlich vollkommen gleichmäßige Beschaffenheit des Materials, aus dem er hergestellt ist, exakt gleiche Kantenlängen (nicht nur auf den hundertstel Millimeter genau) etc. Solch einen Würfel gibt es natürlich nicht, aber man kann einen herstellen, bei dem diese Abweichungen nur sehr klein und daher vernachlässigbar sind. Bei manchen Würfeln kann einem aber schon der Verdacht kommen, dass er nicht fair ist. Wie könnten wir das nun prüfen? Die Antwort ist Ausprobieren. Nehmen wir einmal an, wir hätten 30 Mal gewürfelt und uns die Häufigkeiten für die einzelnen Seiten wie folgt notiert:

gewürfelte Augenzahl	1	2	3	4	5	6
beobachtete Häufigkeit	3	8	4	5	6	4

Unter der Annahme, dass der Würfel fair ist, hätten wir eigentlich erwartet, dass jede Seite gleich häufig, nämlich zu 1/6 bzw. zu 16.7 % aufgetreten wäre. Diese erwarteten Anteile nennt man auch ERWARTETE RELATIVE HÄUFIGKEITEN. Multipliziert man sie mit der Gesamtanzahl der Würfe, hier mit 30, so erhält man die ERWARTETEN (ABSOLUTEN) HÄUFIGKEITEN. Demnach hätten wir je 5 Mal die Augenzahlen 1 bis 6 erwartet und nicht 3, 8, 4, . . . Diese Abweichungen schreiben wir dem Zufall zu. Stutzig hätte uns womöglich gemacht, wenn z. B. die Seite mit 6 dreißig Mal und die anderen Seiten kein einziges Mal vorgekommen wären. Aber ab wann sollte uns die Sache verdächtig vorkommen? Diese Frage wollen wir versuchen zu beantworten.

Für unsere Fragestellung wollen wir die Annahme prüfen, ob der Krankenstandsbeginn sich gleichmäßig über die Wochentage verteilt. Unter dieser Annahme müssten von den insgesamt 300 Beginntagen 300/7 = 43.9 an jedem Wochentag auftreten, wir würden also ca. 43 an jedem Tag *erwarten*.

In R können wir eine entsprechende Tabelle erzeugen.

R

```
> erwH <- rep(300/7, 7)
> residuum <- absH - erwH
> erwH <- round(erwH, digits = 1)
> residuum <- round(residuum, digits = 1)
> cbind(absH, erwH, residuum)
```

```
   absH erwH residuum
MO   96 42.9     53.1
DI   60 42.9     17.1
MI   51 42.9      8.1
DO   45 42.9      2.1
FR   30 42.9    -12.9
SA    9 42.9    -33.9
SO    9 42.9    -33.9
```

Die Tabelle hat drei Spalten. In der ersten (`absH`) finden wir die tatsächlich beobachteten Häufigkeiten für die einzelnen Wochentage, in der nächsten (`erwH`) die erwarteten Häufigkeiten und in der letzten (`residuum`) die Differenz der ersten beiden Spalten.

Wir sehen, dass die Differenzen zwischen -33 und 53 liegen. Wie beim fairen Würfel können wir uns nun fragen, ob diese Abweichungen zufällig zustande gekommen sind oder ob mehr dahinter steckt. Je größer die Abweichungen insgesamt sind, umso weniger werden wir an Zufall glauben. Sind sie groß genug, dann werden wir die Frage verneinen, dass die Beginntage der Krankenstände gleichmäßig verteilt sind. Aber wo ist die Grenze zwischen *rein zufällig* und nicht mehr *durch reinen Zufall* erklärbar? Hier kann uns die Statistik weiterhelfen.

Exkurs 6.4 — Statistische Tests – Hypothesen – p-Wert
Was ist noch Zufall und was nicht mehr?

Am Beginn steht immer eine Fragestellung, z. B. ob ein Würfel fair ist. Die Methode, die man verwendet, um solch eine Frage zu beantworten, nennt man STATISTISCHEN TEST. Es gibt zwei mögliche Ergebnisse: Wir glauben entweder

- der Würfel ist fair oder
- der Würfel ist nicht fair.

Diese beiden Statements nennt man STATISTISCHE HYPOTHESEN. Die sogenannte NULLHYPOTHESE (auch mit H_0 bezeichnet) lautet:

- der Würfel ist fair oder
  H_0: alle Augenzahlen beim Würfeln sind gleich wahrscheinlich

Das logische Gegenteil ist die ALTERNATIVHYPOTHESE (oder H_A), die uns helfen soll, solche Annahmen zu überprüfen. Sie lautet:

- der Würfel ist nicht fair oder
  H_A: zumindest eine Augenzahl ist wahrscheinlicher als die anderen

Ein STATISTISCHER TEST hilft uns, eine Entscheidung zugunsten der Null- oder der Alternativhypothese zu treffen. Man kann dabei eine Wahrscheinlichkeit angeben, ob beobachtete Daten für die Nullhypothese sprechen. Diese Wahrscheinlichkeit bezeichnet man als P-WERT. Die Entscheidungsregel lautet:

- Ist der p-Wert klein, glaubt man nicht an die Nullhypothese, man glaubt eher, dass die Alternativhypothese zutrifft – der Würfel ist nicht fair.
- Ist der p-Wert groß, glaubt man an die Nullhypothese – der Würfel ist fair.

Im ersten Fall sagt man, *die Nullhypothese wird* (zugunsten der Alternativhypothese) *verworfen*, im zweiten Fall sagt man, *die Nullhypothese wird beibehalten*.

Wann ist ein p-Wert groß bzw. klein?

Dies ist keine statistische Frage, sondern ein Frage der subjektiven Sicherheit. Üblicherweise verwendet man einen Vergleichswert von 0.05 oder 0.01. Diese Festlegung wird SIGNIFIKANZNIVEAU (auch α) genannt. Ein Wert von 0.05 besagt, dass man sich in einem von 20 Fällen irrt und dass man die Nullhypothese verwirft, obwohl sie eigentlich zutreffend ist. Das heißt, wenn man sehr viele Versuche mit einem fairen Würfel durchführen würde, dann käme man in 5 % zufällig zu dem Ergebnis, dass der Würfel nicht fair ist, obwohl das eigentlich nicht stimmt (Abschnitt 6.9).

Wir registrieren Differenzen zwischen den beobachteten Häufigkeiten und den Häufigkeiten, die wir erwarten würden, wenn die Nullhypothese gültig wäre. Aus diesen Differenzen können wir uns eine einzelne Maßzahl überlegen, die solche Abweichungen beschreibt. Sie soll groß sein, wenn die Abweichungen groß sind, und umgekehrt. Es gäbe natürlich verschiedene Möglichkeiten, solch eine Maßzahl zu konstruieren, die wichtigste stammt aber von Karl Pearson. Wir wollen sie einem allgemeinen Sprachgebrauch nach Pearson X^2 nennen.

Berechnung von X^2 bei eindimensionalen Häufigkeitsverteilungen

$$X^2 = \sum_{j=1}^{J} \frac{(o_j - e_j)^2}{e_j} \tag{6.1}$$

- o_j ... beobachtete Häufigkeit für die Kategorie j (o steht für *observed*)
- e_j ... erwartete Häufigkeit für die Kategorie j (e steht für *expected*)
- J ... Gesamtanzahl der Kategorien

Der X^2-Wert gibt uns Auskunft über die Größe der Abweichungen zwischen erwarteten und beobachteten Häufigkeiten. Anhand der Formel 6.1, in die ja die Differenz $o_j - e_j$ eingeht, sieht man, dass das X^2 mit der Größe der Abweichungen steigt. Für unser Beispiel (wie wir gleich sehen werden) ist dieser Wert $X^2 = 131.76$. Nun sollte uns dieser Wert einen Anhaltspunkt darüber geben, ob die Abweichungen zwischen den erwarteten und den beobachteten Häufigkeiten auffällig sind (man sagt auch *statistisch signifikant* bzw. *bedeutsam* in dem Sinn, dass man eher nicht daran glaubt, dass sich der Krankenstandsbeginn gleichmäßig über die Wochentage verteilt).

In R können wir die Berechnung folgendermaßen durchführen:

R

```
> chisq.test(table(Wochentag))
```

```
        Chi-squared test for given probabilities

data:  table(Wochentag)
X-squared = 132, df = 6, p-value < 2.2e-16
```

Im Output finden wir drei Zahlen. Die erste, `X-squared`, gibt uns den Wert 131.76. Das ist das vorher besprochene Pearson X^2 aus Formel 6.1. Der zweite Wert, `df`, bedeutet Freiheitsgrade (aus dem Englischen *degrees of freedom*) und ist die Anzahl der Kategorien minus 1 ($df = J - 1$). Die dritte Zahl, `p-value`, ist hier die wichtigste. Sie gibt eine Wahrscheinlichkeit an und liegt daher zwischen 0 und 1. Sie gibt uns (sehr vereinfacht gesagt) an, wie plausibel unsere Annahme ist, dass die Beginntage von

Krankenständen gleichmäßig auf alle Wochentage verteilt sind. Diese Zahl ist hier extrem klein[1], d. h., die Nullhypothese ist sehr unplausibel. Eine Interpretation des Ergebnisses könnte so aussehen.

Fallbeispiel 1: Der „blaue Montag": Interpretation

Die Nullhypothese, dass der Beginn von Krankenständen an allen Wochentagen gleich häufig vorkommt, musste auf Grund eines Chi-Quadrat-Tests verworfen werden ($X^2 = 131.76$, $df = 6$, $p < 0.001$). Die Daten weisen darauf hin, dass der Beginn eines Krankenstands an verschiedenen Wochentagen unterschiedlich häufig auftritt. Die meisten Krankenstände beginnen an Montagen, gefolgt von Dienstag und Mittwoch. Am Wochenende sind die Häufigkeiten sehr gering.

Die letzte Ausgabe und die Schlussfolgerungen, die wir daraus gezogen haben, bedürfen einiger zusätzlicher Erläuterungen. (In Abschnitt 6.9 am Ende dieses Kapitels werden die theoretischen Grundlagen ausführlicher beschrieben.)

Zunächst ist Ihnen vielleicht der Unterschied aufgefallen, dass wir die beiden Begriffe X^2 (X-Quadrat) und χ^2 (Chi-Quadrat) verwendet haben. Der Grund ist, dass man zwischen X^2, einer Zahl, die aus beobachteten Daten errechnet wurde, und Chi-Quadrat, einer theoretischen Größe, unterscheiden sollte (eine ausführlichere Erklärung gibt der erwähnte Abschnitt 6.9).

Der Begriff Freiheitsgrade wird uns noch öfter begegnen. Vereinfacht gesagt dienen Freiheitsgrade dazu, den p-Wert zu bestimmen. Freiheitsgrade werden auch im Abschnitt 6.9 näher erklärt.

Der dritte Begriff, `p-value` oder p-Wert, ist wie erwähnt der wichtigste Wert, wenn es darum geht, eine (statistische) Fragestellung zu beantworten bzw. die Gültigkeit einer Annahme zu evaluieren. Wir haben hier nicht den Wert `2.2e-16`, der in der Ausgabe stand, verwendet, sondern $p < 0.001$. Das ist eine Geschmacksfrage, aber der leichteren Lesbarkeit halber haben wir uns für die obige Variante entschieden. Der angegebene Wert heißt ja, dass in weniger als 1 von 1000 Fällen ein solches oder noch extremeres Ergebnis zufällig zu erwarten ist, und das deutet ja schon an, dass die Gültigkeit der Nullhypothese sehr unplausibel ist.

Exkurs 6.5   Wie interpretiert man ein Ergebnis?

Zweck einer Interpretation ist das Zusammenführen von technischen Ergebnissen eines statistischen Verfahrens mit den inhaltlichen Aspekten der Fragestellung, für die man die statistische Methode verwendet hat. Es gibt keine exakten, allgemeingültigen Regeln, wie man ein Ergebnis

---

1 R verwendet bei sehr kleinen oder sehr großen Zahlen (was sehr groß ist, hängt von den Programmvoreinstellungen ab) die Exponentialdarstellung. Dabei bedeutet z. B. `1.0e+3` = $1 \cdot 10^3 = 1000$ oder wie in unserem Beispiel `2.2e-16` = $2.2 \cdot 10^{-16}$ = 0.000000000000000221. Es „rutscht" also das Dezimalzeichen im ersten Beispiel um 3 Stellen nach rechts und im zweiten um 16 Stellen nach links.

interpretiert. Die genaue Länge und Form hängt davon ab, für welchen Zweck man eine Interpretation erstellt. Manche wissenschaftliche Zeitschriften oder Institutionen geben gewisse Formvorlagen oder Richtlinien. Im Allgemeinen sollte eine Interpretation aus zwei Teilen bestehen, aus einem technischen und einem inhaltlichen.

- TECHNISCHE INTERPRETATION: Hier wird oft die Nullhypothese (eventuell auch Alternativhypothese) formuliert, welches statistische Verfahren (eventuell auch warum) angewendet wurde. Ebenso gibt man Kennzahlen des speziellen statistischen Verfahrens und den p-Wert sowie das Signifikanzniveau, das man verwendet hat, an. Es sollte auch erwähnt werden, ob die Nullhypothese verworfen oder beibehalten wird.
- INHALTLICHE INTERPRETATION: Was bedeutet das technische Ergebnis. Die Fragestellung wird beantwortet und es werden wichtige beschreibende Fakten (wie z. B. Prozentsätze) angegeben.

Je nach Fragstellung und Methode wird eine Interpretation anders aussehen. Beispiele können Sie den Kästen Interpretation entnehmen, die immer am Ende der Analyseabschnitte in diesem Buch angeführt werden.

Das Ergebnis des Fallbeispiels 1, wie wir es bisher analysiert haben, deutet darauf hin, dass zu Wochenbeginn sich mehr Leute krank schreiben lassen als während des Rests der Woche. Ist das also ein Beleg für den „blauen Montag"? Ganz so einfach wird es wohl nicht sein. Es wurde bisher nicht in Betracht gezogen, dass man auch am Wochenende erkranken kann, die Krankenstandsmeldung aber erst zu Wochenbeginn erfolgt. Dies soll im Folgenden berücksichtigt werden.

Fallbeispiel 1: Der „blaue Montag" (Teil 2)

Wenn man am Wochende erkrankt, wird die Krankschreibung möglicherweise erst am Montag oder wegen eines Arztbesuchs erst am Dienstag erfolgen. Teilt man die Woche in zwei Hälften, von Samstag bis Dienstag und von Mittwoch bis Freitag, könnte man die These des „blauen Montags" besser überprüfen.

Gibt es Unterschiede in der Anzahl der Krankenstandsmeldungen zwischen der ersten und der zweiten Wochenhälfte?

Diese Frage lässt sich auf Grund der bisherigen Überlegungen leicht beantworten, wir müssen nur die Daten (die erhobenen Wochentage) in zwei Kategorien einteilen und dann den Test anstatt für die einzelnen Wochentage nun für die Wochenabschnitte durchführen. In R würden wir folgendermaßen vorgehen:

Zunächst erzeugen wir eine neue Variable `Wochenhaelfte` mittels der Funktion `ifelse()`. Diese Funktion erlaubt die Erstellung einer neuen Variable mit zwei Werten, je nachdem, ob eine Bedingung erfüllt ist oder nicht. In unserem Beispiel wird für jeden Wert von `Wochentag` geprüft, ob er in der Menge der Werte SA bis DI enthalten ist (Operator `%in%`). Wenn ja, dann hat die neue Variable `Wochenhaelfte` den Wert `"SA-DI"`, wenn nein, dann `"MI-FR"`.

R

```
> Wochenhaelfte <- ifelse(Wochentag %in% c("SA",
+     "SO", "MO", "DI"), "SA-DI", "MI-FR")
```

Eine Darstellung der Häufigkeiten sowie den Chi-Quadrat-Test erhalten wir mittels

R

```
> table(Wochenhaelfte)
> ct <- chisq.test(table(Wochenhaelfte))
```

```
Wochenhaelfte
MI-FR SA-DI
  126   174


        Chi-squared test for given probabilities

data:  table(Wochenhaelfte)
X-squared = 7.68, df = 1, p-value = 0.005584
```

Fallbeispiel 1: Der „blaue Montag": Interpretation (Teil 2)

Der Chi-Quadrat-Test ergab, dass die Nullhypothese, nach der Krankenstände in den beiden Wochenhälften gleich häufig beginnen, verworfen werden musste ($X^2 = 7.68$, $df = 1$, $p = 0.006$). Die Daten weisen darauf hin, dass der Beginn eines Krankenstands in den beiden Wochenhälften unterschiedlich häufig auftritt. In der Wochenhälfte von Samstag bis Dienstag gibt es mehr Krankschreibungen als von Mittwoch bis Freitag.

Nicht berücksichtigt wurde, dass die beiden Wochenhälften unterschiedlich viele Tage umfassen. Wie man so etwas in eine Analyse miteinbezieht, wird im nächsten Abschnitt behandelt.

Da wir die Variablen aus dem Data Frame kstand, auf die wir uns wir uns vorher mit attach(kstand) direkten Zugriff verschafft haben, nicht mehr benötigen, lösen wir diese Zugriffsmöglichkeit mit dem Befehl detach() wieder auf.

R

```
> detach(kstand)
```

Wenn man mittels `attach()` einen Data Frame einer R Session zuordnet, also dann direkt die Variablennamen verwenden kann, ohne den Data Frame angeben zu müssen, dann sollte man nicht vergessen, diese Zuordnung mittels `detach()` wieder aufzuheben. Der Grund dafür ist, dass eventuell zwei gleiche Variablennamen in zwei verschiedenen Data Frames verwendet werden und nur jener aus dem zuletzt zugeordneten Data Frame zur Verfügung steht. R gibt dann zwar eine Meldung aus, trotzdem kann das leicht zu Fehlern führen, die man besser vermeidet.

6.3 Entsprechen Häufigkeiten bestimmten Vorgaben?

Im Abschnitt 6.2 haben wir uns mit der Frage beschäftigt, ob beobachtete Häufigkeiten für Kategorien einer Variable mit der Hypothese in Einklang stehen, dass in Wirklichkeit alle Kategorien gleich wahrscheinlich sind. Wir wollen diese Problemstellung nun insofern erweitern, als die Anteile für Kategorien unterschiedlich spezifiziert sein können. Nehmen wir an, eine Variable hätte drei Kategorien. Wir könnten prüfen, ob alle Kategorien zu je 1/3 vorkommen. Nun wollen wir den Fall untersuchen, ob zum Beispiel in der ersten Kategorie 50 %, in der zweiten 35 % und in der dritten 15 % vorkommen. Die dabei gestellte statistische Frage ist, ob die Anteile von einzelnen Kategorien in einer Stichprobe den tatsächlichen Anteilen in der Population entsprechen. Wir wir sehen werden, ist die statistische Methode zur Beantwortung solcher Fragen sehr ähnlich zum ersten Abschnitt. Eine typische Anwendung, wie sie in der Praxis häufig vorkommt, wird in Fallbeispiel 2 dargestellt.

Fallbeispiel 2: Repräsentativität einer Stichprobe

Eine Meinungsforscherin hat eine Telefonumfrage an 200 zufällig ausgewählten Telefonteilnehmern in Österreich zum Thema einer erwünschten Gesetzesmaßnahme zur speziellen Förderung von Familien mit Kindern durchgeführt. Aus Angaben der Statistik Austria für 2007 weiß sie, dass die insgesamt etwa 2.31 Millionen Familien sich folgendermaßen aufteilten: 31.2 % Ehepaare ohne Kinder, 42.4 % Ehepaare mit Kindern, 7.3 % Lebensgemeinschaften ohne Kinder, 6.1 % Lebensgemeinschaften mit Kindern und 13 % alleinerziehende Elternteile. Die Meinungsforscherin interessierte, ob ihre Stichprobe repräsentativ bezüglich der Familienstruktur war, d. h., ob die Anteile der verschiedenen Arten von Familien in ihrer Telefonstichprobe mit den Anteilen aller österreichischen Familien übereinstimmen. In ihrer Stichprobe konnte sie folgende Häufigkeiten feststellen:

Familientyp	Häufigkeit	Prozent
Ehepaare ohne Kinder	42	21
Ehepaare mit Kindern	98	49
Lebensgemeinschaft ohne Kinder	6	3
Lebensgemeinschaft mit Kindern	20	10
Alleinerziehende Elternteile	34	17
Gesamt	200	

Ist die Stichprobe repräsentativ für die Population bezüglich der Familienstruktur?

Wie schon zuvor (Abschnitt 6.2) beginnen wir die Analyse mit einer Darstellung der Daten.

6.3.1 Numerische und grafische Beschreibung

Wir werden, wie im vorigen Abschnitt, wieder eine Häufigkeitstabelle erstellen. Da hierzu aber kein Datenfile zur Verfügung steht, müssen wir die Tabelle selbst erzeugen. Zunächst wollen wir die Variable für die beobachteten Häufigkeiten, FbeobH, generieren, wobei wir die Bezeichnungen für die einzelnen Kategorien gleich mitdefinieren können.

R

```
> FbeobH <- c("Ehepaare ohne Kinder" = 42,
+    "Ehepaare mit Kindern" = 98,
+    "Lebensgemeinschaft ohne Kinder" = 6,
+    "Lebensgemeinschaft mit Kindern" = 20,
+    "Alleinerziehende Elternteile" = 34)
```

Die Funktion c() (combine) haben wir schon kennengelernt. Sie dient dazu, einen Vektor zu erzeugen. Wir können aber auch gleichzeitig den einzelnen Elementen dieses Vektors Namen zuordnen. In unserem Beispiel sind die Namen unter Anführungszeichen gesetzt. Das ist im Allgemeinen nicht notwendig, allerdings enthalten unsere Namen Leerzeichen, die R in diesem Fall falsch interpretieren würde. Daher müssen wir diese Namen mit Anführungszeichen versehen.

Als Nächstes erzeugen wir noch einen Vektor mit den dazugehörigen Prozentwerten

R

```
> FbeobP <- FbeobH/sum(FbeobH) * 100
```

Wenn wir eine Tabelle aus diesen beiden Variablen erzeugen wollen, bietet es sich an, eine Matrix zu erstellen (wir wollen sie `Familientyp` nennen) und den beiden Spalten noch einen Namen zu geben.

R

```
> Familientyp <- cbind(FbeobH, FbeobP)
> colnames(Familientyp) <- c("Häufigkeit", "Sample %")
> Familientyp
```

	Häufigkeit	Sample %
Ehepaare ohne Kinder	42	21
Ehepaare mit Kindern	98	49
Lebensgemeinschaft ohne Kinder	6	3
Lebensgemeinschaft mit Kindern	20	10
Alleinerziehende Elternteile	34	17

Diese Tabelle entspricht jener aus Fallbeispiel 2. Sie enthält zwar die gesamte Information zur Stichprobe, aber hinsichtlich der Fragestellung wäre es günstiger, auch noch die Zahlen aus der gesamten österreichischen Bevölkerung hinzuzufügen. Man bekäme dann gleich einen Eindruck, wie ähnlich oder unähnlich die Prozente aus der Population und der Stichprobe sind.

Wir fügen also die Prozentwerte der Population zu der Tabelle hinzu. Dazu definieren wir eine Variable `FpopP` und tragen die Werte ein, wie sie im Fallbeispiel 2 angegeben sind, und fügen sie zu der Matrix `Familientyp` mittels `cbind()` hinzu.

R

```
> FpopP <- c(31.2, 42.4, 7.3, 6.1, 13.0)
> Familientyp <- cbind(Familientyp, "Pop. %" = FpopP)
```

	Häufigkeit	Sample %	Pop. %
Ehepaare ohne Kinder	42	21	31.2
Ehepaare mit Kindern	98	49	42.4
Lebensgemeinschaft ohne Kinder	6	3	7.3
Lebensgemeinschaft mit Kindern	20	10	6.1
Alleinerziehende Elternteile	34	17	13.0

Man erkennt, dass die Prozentsätze differieren. Es fällt auf, dass generell Familien mit Kindern stärker in der Stichprobe vertreten sind als jene ohne Kinder. Da die Umfrage zum Thema einer Gesetzesmaßnahme zur speziellen Förderung von Familien mit Kindern stattfand, könnte eventuell die Bereitschaft zur Beantwortung bei solchen Personen größer gewesen sein, die in einer Familie mit Kindern leben. Auch die Wahrscheinlichkeit, solche Personen eher zu Hause am Festnetz zu erreichen, könnte eine Rolle gespielt haben.

Darstellung verschiedener Variablen in einer Grafik

Zur grafischen Beschreibung der Daten aus Fallbeispiel 2 bieten sich GRUPPIERTE BALKENDIAGRAMME an. Sie sind eine Erweiterung der Balkendiagramme aus Abschnitt 6.2.2. Bei gruppierten Balkendiagrammen werden mehrere kategoriale Variablen gleichzeitig oder eine kategoriale Variable aufgeschlüsselt nach verschiedenen Gruppen dargestellt (im Detail gehen wir darauf in Kapitel 9 ein).

In R erhalten wir ein gruppiertes Balkendiagramm ganz einfach, indem wir zu dem vorher schon in Abschnitt 6.2.2 beschriebenen Befehl `barplot()` die Option `beside = TRUE` hinzufügen. Natürlich müssen wir auch die beiden Vektoren für Stichproben-Prozent und Populations-Prozent, die in der Matrix `Familientyp` in den Spalten 2 und 3 stehen, angeben. Schließlich erzeugen wir noch eine Legende mit der Option (legend) und skalieren die y-Achse mittels `ylim`, um Platz für die Legende zu schaffen.

R

```
> barplot(Familientyp[,2:3], beside = TRUE,
+     legend = rownames(Familientyp), ylim = c(0,70))
```

Das so hergestellte gruppierte Balkendiagramm findet sich in ▶ Abbildung 6.4. Für Publikationen, Berichte oder Präsentationen könnte man diese Grafik noch schöner machen, z. B. die Schriftgrößen ändern. Gerade was die Erzeugung hochwertiger Grafiken betrifft, ist R sehr mächtig. Eine detaillierte Darstellung aller Möglichkeiten würde den Rahmen sprengen (einige finden sich in Abschnitt 5.2).

▶ Abbildung 6.4 ist zum Vergleich der Prozentsätze aus der Stichprobe und der Population dennoch ganz gut geeignet. Man kann sehr schön die Unterschiede und

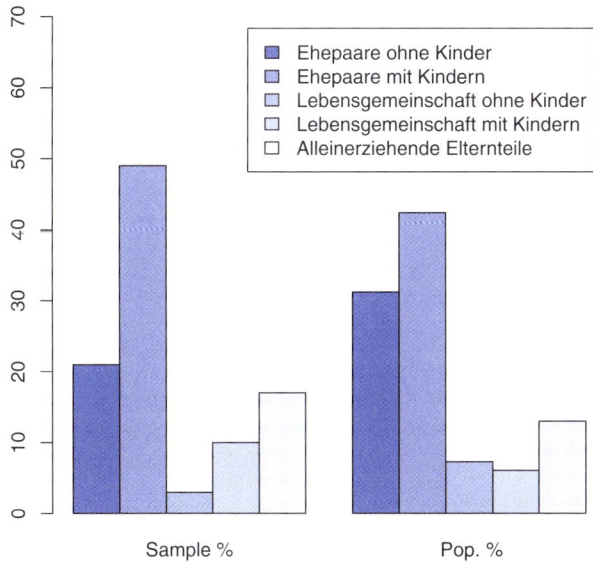

Abbildung 6.4: Gruppiertes Balkendiagramm für die Prozentwerte aus einer Stichprobe und der Population

deren Größenordnung erkennen. Es verstärkt sich der Eindruck, den wir schon aus der Tabelle auf Seite 168 gewonnen haben. In der Stichprobe sind jene Befragten überproportional vertreten, die in Familien mit Kindern leben. Gegenteiliges gilt für Ehepaare ohne Kinder, die in der Stichprobe unterrepräsentiert sind. Die Frage ist jetzt, sind diese Unterschiede bedeutsam oder nur auf Zufall zurückzuführen.

6.3.2 Statistische Analyse der Problemstellung

Ganz ähnliche Überlegungen, wie wir sie schon im Abschnitt 6.2.3 angestellt haben, treffen auch hier zu. Allerdings ist die Annahme jetzt nicht, dass alle Kategorien gleich häufig vorkommen (Nullhypothese), sondern dass sie in bestimmter Weise festgelegt sind. In unserem Beispiel, der Frage nach Repräsentativität der Stichprobe, sind die festgelegten Anteile jene der Familientypen in der Population. Wir können zwar die Formel (6.1) verwenden, aber wir müssen die erwarteten Häufigkeiten anders bestimmen.

Wir kennen die Anteile in der Population, nämlich 0.312 für Ehepaare ohne Kinder, 0.424 für Ehepaare mit Kindern etc. Wir können aus diesen jene Häufigkeiten bestimmen, die wir erwarten würden, wenn in der Stichprobe der 200 Personen die Stichprobenhäufigkeiten mit den Populationswerten übereinstimmen würden. Wir müssen dazu nur die Populationsanteile mit der Stichprobengröße 200 multiplizieren. Wenn wir eine bezüglich der Familienstruktur repräsentative Stichprobe hätten, dann müssten $200 \times 0.312 = 62.4$, also 62 Befragte, der Kategorie Ehepaar kinderlos angehören. Allgemein gilt

Berechnung von erwarteten Häufigkeiten

$$e_j = n\pi_j \qquad\qquad\qquad (6.2)$$

- e_j ... erwartete Häufigkeit für die Kategorie j
- n ... Stichprobengröße
- π_j ... relative Häufigkeit in der Population
  (Wahrscheinlichkeit für Kategorie j)

Die weiteren Schritte sind analog zu Abschnitt 6.2.3. Wenn die Abweichungen zwischen beobachteten und erwarteten Häufigkeiten zu groß werden, verwerfen wir die Nullhypothese, dass die beobachteten Werte mit den erwarteten übereinstimmen. Die Abweichungen werden dann nicht mehr dem Zufall zugeschrieben, sondern man glaubt an einen systematischen Unterschied.

Die Berechnung des Tests in **R** erfolgt über

R

```
> chisq.test(Familientyp[,1],
+     p = Familientyp[,3]/sum(Familientyp[,3]))
```

Der Unterschied zur Spezifikation auf Seite 162 besteht darin, dass i) die Variable `Familientyp[,1]` schon tabellierte Werte, also Häufigkeiten, enthält und daher der `table()`-Befehl nicht mehr benötigt wird, und ii) dass die erwarteten relativen Häufigkeiten über die Option p angegeben werden.

```
        Chi-squared test for given probabilities

data:  Familientyp[, 1]
X-squared = 21.2, df = 4, p-value = 0.0002840
```

Wie wir am p-Wert sehen, ist die Plausibilität der Nullhypothese sehr klein. Daher verwerfen wir die Annahme, dass die Stichprobenanteile der einzelnen Familientyp-Kategorien jenen in der Population entsprechen.

Fallbeispiel 2: Repräsentativität: Interpretation

Der Chi-Quadrat-Test zur Überprüfung der Nullhypothese, dass die Häufigkeiten für die Familienarten in der Stichprobe jenen in der Population entsprechen, zeigt ein signifikantes Ergebnis ($X^2 = 21.2$, $df = 4$, $p < 0.001$). Demnach ist nicht davon auszugehen, dass die Stichprobe bezüglich der Familienarten repräsentativ ist. Familien mit Kindern sind stärker in der Stichprobe vertreten als in der Population.

Am Ende des vorigen Abschnitts (Abschnitt 6.2), als wir die Beginntage von Krankenständen untersuchten, hatten wir gemutmaßt, dass das signifikante Ergebnis beim Vergleich der beiden Wochenhälften möglicherweise darauf zurückzuführen ist, das die beiden Wochenhälften einmal 3 und einmal 4 Tage umfassten. Basierend auf den Überlegungen dieses Kapitels, können wir das berücksichtigen. Anstatt anzunehmen, dass die erwarteten Häufigkeiten der Krankenstandsmeldungen in den beiden Wochenhälften gleich sind, spezifizieren wir die erwarteten Anteile proportional zur Anzahl der Tage in den beiden Wochenhälften, also 3/7 für "MI-FR" und 4/7 für "SA-DI". Wir erhalten den adaptierten Test mit

R

```
> chisq.test(table(Wochenhaelfte), p = c(3/7, 4/7))
```

```
        Chi-squared test for given probabilities

data:  table(Wochenhaelfte)
X-squared = 0.09, df = 1, p-value = 0.7642
```

Das Ergebnis hat sich dramatisch verändert. Der X^2-Wert ist nun sehr klein, was auf eine große Übereinstimmung von beobachteten und erwarteten Häufigkeiten hindeutet, und der p-Wert ist groß geworden. Insgesamt gibt es also wenig Evidenz dafür, dass Erkrankungen sich zu Wochenbeginn häufen (es spricht also nicht sehr viel für den berühmten „blauen Montag").

Die Interpretation dieses Ergebnisses könnte folgendermaßen lauten: Der Chi-Quadrat-Test ergab, dass die Nullhypothese, nach der die Häufigkeiten des Beginns von Krankenständen proportional zur Anzahl der Tage in den beiden Wochenhälften ("MI-FR" und "SA-DI") verteilt sind, beizubehalten ist ($X^2 = 0.09$, $df = 1$,

$p = 0.764$). Demnach gibt es in keiner der beiden Wochenhälften überproportional viele Krankschreibungen.

6.4   Hat ein Prozentsatz (Anteil) einen bestimmten Wert?

Bisher haben wir untersucht, wie man analysieren kann, ob Häufigkeiten bzw. Anteile mehrerer Kategorien bestimmten Vorgaben entsprechen. Jetzt wollen wir uns auf einzelne Kategorien konzentrieren.

Fallbeispiel 3: Glaube an paranormale Phänomene

Im Jahr 2005 führte das Gallup Institut eine telefonische Umfrage an 1008 repräsentativ ausgewählten Amerikanern zum Thema paranormale Phänomene durch. Zu insgesamt zehn solcher Phänomene sollten die Befragten angeben, ob sie an deren Existenz glaubten. Die folgende Tabelle gibt eine Übersicht über die Phänomene und die Prozentsätze derer, die an ihre Existenz glaubten.

Glaube an	Prozent
Außersinnliche Wahrnehmung	41
Häuser, in denen es spukt	37
Geister	32
Telepathie	31
Hellsehen	26
Astrologie	25
Totenbeschwörung	21
Hexen	21
Wiedergeburt	20
Spiritismus	9

Eine Analyse der Einzelergebnisse ergab, dass 73 % an zumindest eines dieser Phänomene glaubten. Aus einer ähnlichen Untersuchung aus dem Jahr 2001 war bekannt, dass damals 76 % an zumindest eines dieser Phänomene glaubten. Das Gallup Institut interpretiert dies als leichten Rückgang. (Quelle: http://www.gallup.com/poll/16915/three-four-americans-believe-paranormal.aspx)

War der Glaube an paranormale Phänomene bei Amerikanern zwischen 2001 und 2005 rückläufig?

Wenn man die Daten einer einzelnen Kategorie analysieren möchte, dann kann man im Wesentlichen die gleichen Methoden verwenden wie in den vorhergehenden Abschnitten 6.2.3 und 6.3.2. Man muss sich nur vor Augen halten, dass es für diese einzelne Kategorie eigentlich zwei Möglichkeiten gibt, nämlich *trifft zu* bzw. *trifft nicht zu*. Wenn man also eine einzelne Kategorie untersucht, dann verhält sich diese wie eine „neue" Variable mit zwei Kategorien. Auf das Fallbeispiel 3 übertragen bedeutet dies *„Glaube an zumindest ein paranormales Phänomen"* und *„Glaube an keines"*.

Numerische und grafische Beschreibung

Zur numerischen Beschreibung wird es wohl genügen, eine Häufigkeitstabelle wie in Abschnitt 6.2.1 zu erstellen oder die Zahlen einfach anzugeben.

Als grafische Darstellung bietet sich wieder ein Balkendiagramm an. In Analogie zu Abschnitt 6.2.2 kann es folgendermaßen erstellt werden. Das Resultat findet sich in ▶ Abbildung 6.5.

R

```
> para <- c(ja = 0.73, nein = 1 - 0.73)
> barplot(para)
```

Etwas schöner wird die Grafik, wenn man einige Plotparameter ändert: Mittels `ylim = c(0, 1)` skaliert man die y-Achse auf das Intervall 0 bis 1, durch `width = c(0.5, 0.5)` kann man die Balken etwas schmäler machen. Das geht aber nur in Kombination mit einer Änderung der Achsenskalierung der horizontalen Achse, die wir mit `xlim = c(0, 1.5)` spezifizieren.

Mit dem modifizierten R-Befehl

R

```
> barplot(para, ylim = c(0, 1), width = c(0.5, 0.5),
+       xlim = c(0, 1.5))
```

erhalten wir die modifizierte Grafik (▶ Abbildung 6.6).

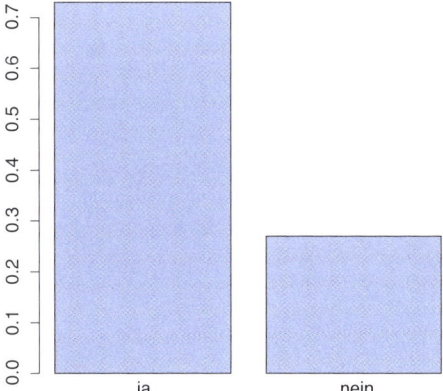

Abbildung 6.5: Balkendiagramm für Glaube an paranormale Phänomene

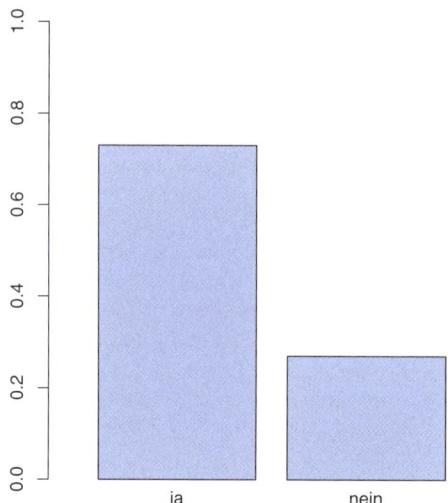

Abbildung 6.6: Modifiziertes Balkendiagramm für Glaube an paranormale Phänomene

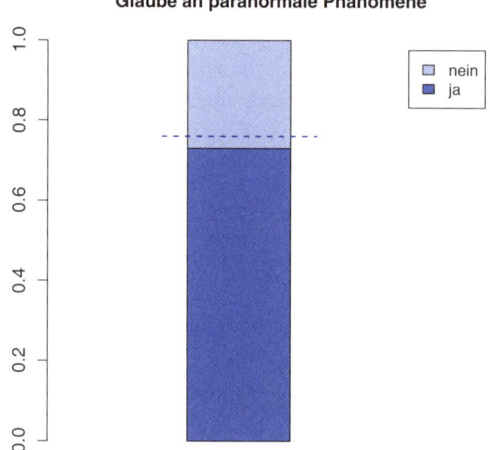

Abbildung 6.7: Gestapeltes Balkendiagramm mit Referenzlinie

Allerdings interessiert für die Fragestellung eigentlich nur die Kategorie ja. Dazu könnte man ein gestapeltes Balkendiagramm verwenden (diese werden in Abschnitt 7.1.2 genauer erklärt). Und man möchte vielleicht auch noch die 76 %-Rate aus dem Jahr 2001 miteinbeziehen. Das Resultat könnte so aussehen (▶ Abbildung 6.7): Die dazu notwendigen R-Befehle sind

R

```
> bb <- barplot(as.matrix(para), ylim = c(0, 1),
+     width = 0.2, xlim = c(-0.2, 0.6), legend = names(para),
+     main = "Glaube an paranormale Phänomene")
> lines(c(bb - 0.15, bb + 0.15), c(0.76, 0.76),
+     lty = "dashed", col = "blue", lwd = 1.5)
```

Neben den vorher schon beschriebenen Optionen ylim, width und xlim werden noch legend und main verwendet. Mit legend = names(para) kann man eine Legende für die Kategorien der gezeichneten Variable anfordern und mit main wird ein Titel ausgegeben. Die gestrichelte Linie zeichnen wir mit dem lines()-Befehl.

Die Grafik in ▸ Abbildung 6.7 ist keine Standard-R-Grafik und ihre Erstellung ist ein wenig komplizierter als das bisher Beschriebene. Wie wollen die Vorgehensweise dennoch beschreiben, um zu zeigen, wie man auch speziellere Grafiken herstellen kann. Das Folgende kann aber beim ersten Lesen übersprungen werden. Wenn man die Funktion barplot() und gleichzeitig eine Ausgabe anfordert (wie hier in bb), dann wird die Grafik (trotzdem) gezeichnet, aber in das Ausgabeobjekt (also hier bb) werden die x-Werte für die Mitte der Balken gespeichert. Das kann man sich zunutze machen, wenn man weitere Elemente zur Grafik hinzufügen möchte, aber die Koordinaten nicht weiß.

In unserem Beispiel benötigen wir das für die gestrichelte Linie, die den Wert der Nullhypothese beschreibt. Mit lines() können wir eine Linie zeichnen. Die ersten Werte Spezifikationen in lines() geben die x-Werte und die y-Werte jener Punkte an, die mit einer Linie verbunden werden sollen, also x_1, x_2 und y_1, y_2. Die y-Werte sind klar, sie beschreiben den Wert der Nullhypothese, nämlich 0.76. Sie werden mit dem Vektor c(0.76, 0.76) definiert. Die x-Werte erhalten wir so: bb ist der Mittelpunkt des Balkens, die Breite haben wir mit width = 0.2 festgelegt. Wenn wir von bb ausgehen und die halbe Balkenbreite (für einmal nach links und einmal nach rechts) dazu zählen, dann erhalten wir die x-Werte für eine Linie, die genau innerhalb des Balkens liegt. Wir geben noch einen kleinen Wert (0.05) dazu, damit die Linie über den Balken hinausragt. Der Vektor für die x-Werte wird also mit c(bb - 0.15, bb + 0.15) spezifiziert. Schließlich soll die Linie gestrichelt (lty = 'dashed', lty steht für *line type*) und blau (col = 'blue', col steht für *colour*) sein und außerdem möchten wir sie ein wenig dicker (lwd = 1.5, lwd steht für *line width*, 1.5 heißt 1.5 Mal so dick wie die Standarddicke).

Man sieht, dass die Zustimmungsrate zur Existenz paranormaler Phänomene sich nicht sehr verändert hat. Die entsprechende statistische Methode im nächsten Abschnitt wird uns darüber Aufschluss geben, ob diese Rate tatsächlich niedriger ist oder nicht.

6.4.1 Statistische Analyse der Problemstellung

Die Frage, die wir untersuchen wollen, lautet: War der Glaube an paranormale Phänomene bei Amerikanern zwischen 2001 und 2005 rückläufig? Übersetzt in eine statistische Fragestellung, könnte man das auch so formulieren: Ist die relative Häufigkeit des Glaubens an die Existenz mindestens eines Phänomens im Jahr 2005 (in Wirklichkeit) niedriger als die entsprechende relative Häufigkeit aus dem Jahr 2001.

Als statistische Hypothesen formuliert:

- Nullhypothese H_0: $\pi = 0.76$
  Die relative Häufigkeit der Zustimmung 2005, π, entspricht der relativen Häufigkeit der Zustimmung 2001 ($\pi_0 = 0.76$).
- Alternativhypothese H_A: $\pi < 0.76$
  Die relative Häufigkeit der Zustimmung 2005, π, ist kleiner als die relative Häufigkeit der Zustimmung 2001 ($\pi_0 = 0.76$).

Allgemein würde man schreiben:

Hypothesen beim Test eines Anteils

$$H_0: \pi = \pi_0 \text{ (Nullhypothese)}$$
$$H_A: \pi < \pi_0 \text{ (Alternativhypothese)}$$

- $\pi \ldots$ die unbekannte tatsächliche Häufigkeit der Zustimmung 2001. (Da wir sie nicht kennen, aber etwas über sie wissen wollen, verwenden wir für sie bei der Berechnung r, die beobachtete relative Häufigkeit aus der Stichprobe.)
- $\pi_0 \ldots$ der Wert, den wir kennen (oder den wir festlegen) und gegen den wir prüfen wollen. In unserem Beispiel ist er 0.76.

Die statistische Problemstellung ist von der Idee her gleich, wie wir sie schon in Abschnitt 6.2.3 kennengelernt haben:

- Wir gehen davon aus, dass in Wirklichkeit die relative Häufigkeit der Zustimmung 2005 jener aus dem Jahr 2001 entspricht, dass also tatsächlich H_0 gilt.
- Wir sammeln Daten aus einer Stichprobe (für das Jahr 2005), berechnen die relative Häufigkeit r (sie ist die beste Information, die wir für das unbekannte π haben) und vergleichen sie mit jener Zahl, die wir kennen, nämlich 0.76. Allgemein können wir π_0 statt 0.76 einsetzen.
- Da wir ja eine Zufallsstichprobe verwenden, wird r nicht genauso groß wie π sein, sondern ein wenig abweichen. Wenn die Abweichung aber zu groß wird, dann werden wir nicht glauben, dass H_0 gilt, sondern eher H_A.
- Die Prüfmethode zur Entscheidung, welche der beiden Hypothesen zutrifft, nennen wir statistischen Test.

Im Unterschied zum Chi-Quadrat-Test aus Abschnitt 6.2.3 und 6.3.2, wo wir absolute Häufigkeiten (beobachtete und erwartete) verglichen haben, beschäftigen wir uns jetzt mit Anteilen oder relativen Häufigkeiten (auch beobachtete, nämlich r, und erwartete, nämlich π_0). Der Test, den wir jetzt verwenden werden, heißt EIN-STICHPROBEN-TEST FÜR ANTEILE bzw. BINOMIAL-TEST. Beide Tests prüfen die gleiche Nullhypothese, unterscheiden sich aber in den Details ihrer Berechnung (und bezüglich ihrer mathematisch-statistischen Eigenschaften). Doch dazu noch später.

In R führen wir den Ein-Stichproben-Test für Anteile folgendermaßen durch: Die beobachtete Häufigkeit ist

R

```
> beobH <- round(0.73 * 1008)
> beobH
```

[1] 736

Aus den Angaben von Gallup (siehe Fallbeispiel 3) wissen wir nur, dass 73% von $n = 1008$ Befragten zumindest an ein paranormales Phänomen glauben. Wir multiplizieren also die relative Häufigkeit 0.73 mit 1 008, der Stichprobengröße, um die beobachtete Häufigkeit zu erhalten. Zusätzlich runden wir noch auf eine ganze Zahl, also `round(0.73*1008)`.

Für unsere Berechnung müssen wir in der Funktion `prop.test` folgende fünf Argumente spezifizieren:

R

```
> prop.test(beobH, 1008, p = 0.76, alternative = "less",
+     correct = FALSE)
```

- Das erste Argument muss die beobachtete Häufigkeit des Werts (der Kategorie) sein, die wir überprüfen wollen.
- Das zweite Argument ist die Stichprobengröße.
- Der dritte zu spezifizierende Wert ist der Wert, gegen den wir prüfen wollen, also jener der Nullhypothese bzw. π_0. Hier: p=0.76
- Dann geben wir an, ob es sich um einen zweiseitigen oder einseitigen Test handelt (die Begriffe *zweiseitig* bzw. *einseitig* werden in ▶ Exkurs 6.6 besprochen). Je nach Fragestellung spezifizieren wir für die Option `alternative` entweder `"less"` oder `"greater"` bzw. `"two.sided"` (die Voreinstellung, die verwendet wird, wenn man nichts angibt). Hier verwenden wir `"less"`, weil wir ja prüfen wollen, ob sich die Zustimmung verringert hat.
- Schließlich setzen wir noch `correct` = `FALSE`. Diese Option ist standardmäßig auf `TRUE` gesetzt und würde bei der Berechnung eine Kontinuitätskorrektur verwenden. Eine solche ist dann sinnvoll, wenn die zu prüfende Variable (hier Glaube an mindestens ein paranormales Phänomen) eigentlich metrisch ist und nur durch Gruppierung der Werte kategorial gemacht wurde. Das ist hier aber nicht der Fall.

Wir erhalten

```
        1-sample proportions test without continuity correction

data:  beobH out of 1008, null probability 0.76
X-squared = 4.92, df = 1, p-value = 0.01326
alternative hypothesis: true p is less than 0.76
95 percent confidence interval:
 0.000 0.753
sample estimates:
```

```
  p
0.73
```

Neben den Angaben, welche Variablen bzw. Werte wir in der Funktion angegeben haben, finden wir den Wert, den wir für die H_0 spezifiziert haben (`null probability 0.76`), sowie neben X^2 und df den p-Wert. Dieser ist 0.01457 und damit wesentlich kleiner als 0.05. Wir verwerfen daher die Nullhypothese. Zur weiteren Information gibt R auch noch die Spezifikation für die Alternativhypothese (`alternative hypothesis: true p is less than 0.76`) sowie die relative Häufigkeit aus der Stichprobe (`sample estimates`) aus. Die weitere Ausgabe (`95 percent confidence interval`) bezieht sich auf eine andere inferenzstatistische Methode, die wir im (nächsten) Abschnitt 6.5 behandeln werden.

Fallbeispiel 3: paranormale Phänomene: Interpretation

Der Ein-Stichproben-Test zur Überprüfung der Nullhypothese, dass der Anteil der Amerikaner, die an die Existenz von paranormalen Phänomenen glauben, kleiner als 76 % ist, erbrachte ein signifikantes Ergebnis ($p = 0.015$). Demnach besteht Evidenz dafür, dass sich der Anteil jener, die an übersinnliche Phänomene glauben, zwischen 2001 und 2005 (wenn auch nicht stark, aber dennoch nachweislich) verringert hat.

Es gibt, wie oben erwähnt, einen zweiten Test, den man zur Beantwortung der formulierten Nullhypothese verwenden kann, den Binomial-Test. Während die Funktion `prop.test()` die Berechnung über die χ^2-Verteilung durchführt, verwendet der Binomialtest die sogenannte Binomialverteilung zur Berechnung der Wahrscheinlichkeit für das Zutreffen von Null- bzw. Alternativhypothese. Dieser Test berechnet die „exakten" Wahrscheinlichkeiten und ist bei kleinen Stichproben zu bevorzugen. Allerdings kann bei großen Stichproben der Rechenaufwand erheblich werden und dann ist es einfacher, Methoden zu verwenden, die den p-Wert möglichst genau approximieren. Je größer die Stichprobe ist, umso besser ist die Approximation (eine Faustregel besagt, dass der Wert sowohl von $n \cdot \pi_0$ als auch $n \cdot (1 - \pi_0)$ größer als 10 sein soll). Die Approximationen beruhen auf der Grundidee, den p-Wert so zu berechnen, als ob man unendlich viele Stichproben gezogen hätte. Man nennt den p-Wert dann auch asymptotischen p-Wert. Die Grundideen hierfür werden im Abschnitt 6.9 erläutert.

In unserem Beispiel ist die Stichprobe relativ groß und daher ist das Ergebnis des (asymptotischen) Ein-Stichproben-Tests recht genau. Zur Illustration, wollen wir dennoch auch den (exakten) Binomial-Test anwenden. Die Spezifikation und auch der Output unterscheiden sich nicht wesentlich. Statt `prop.test()` verwendet man `binom.test()`.

R

```
> binom.test(beobH, 1008, p = 0.76, alternative = "less")
```

```
      Exact binomial test

data:  beobH and 1008
number of successes = 736, number of trials = 1008, p-value =
0.01542
alternative hypothesis: true probability of success is less than 0.76
95 percent confidence interval:
 0.000 0.753
sample estimates:
probability of success
               0.73
```

Exkurs 6.6 — Einseitige und zweiseitige Alternativhypothesen

Die Nullhypothese ist der Ausgangspunkt eines statistischen Tests. Sie legt die Annahme fest, gegen die wir erhobene Daten prüfen wollen. Meistens ist das Ziel einer Analyse das Verwerfen der Nullhypothese. Die eigentlich interessierende Fragestellung wird (meistens) als Alternativhypothese formuliert. Es werden zwei Arten von Alternativhypothesen unterschieden:

EINSEITIGE ALTERNATIVHYPOTHESEN

Bei einseitigen Alternativhypothesen geht die Frage immer in eine bestimmte Richtung:

- $H_A: \pi > \pi_0$
  Die Erfolgsrate (π) der neuen Methode ist größer als erwartet (π_0).

Diese Frage würde z. B. jemand stellen, der Argumente für die Überlegenheit der neuen Methode sucht.

- $H_A: \pi < \pi_0$
  Die Erfolgsrate der neuen Methode ist kleiner als erwartet.

Diese Festlegung könnte von einem Zweifler an der neuen Methode stammen. In beiden Fällen setzt die einseitige Formulierung der Alternativhypothese ein gewisses Vorwissen oder eine bestimmte Absicht voraus. Oft weiß man aber nicht, in welche Richtung die Sache läuft. Es ist dann besser, die Alternativhypothese zweiseitig zu formulieren:

ZWEISEITIGE ALTERNATIVHYPOTHESEN

- $H_A: \pi \neq \pi_0$
  Die Erfolgsrate der neuen Methode ist anders, als man erwarten würde, sie kann größer, aber auch kleiner sein.

Es hängt von der Fragestellung ab, welche der drei Möglichkeiten man wählt. Man muss sich aber für eine entscheiden. Keinesfalls sollte man alle drei prüfen.

6.5 In welchem Bereich kann man einen Prozentsatz (Anteil) erwarten?

Fallbeispiel 4: Die Sonntagsfrage

Auf der Webseite http://www.statista.org fand sich im Herbst 2008 das Ergebnis einer Meinungsumfrage, in der die Stimmungslage der deutschen Bevölkerung zu den politischen Parteien erhoben wurde.

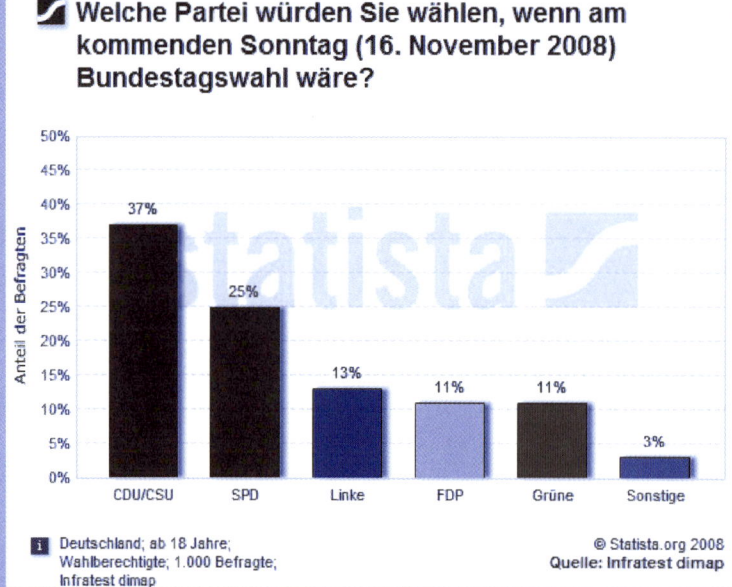

Welche Partei würden Sie wählen, wenn am kommenden Sonntag (16. November 2008) Bundestagswahl wäre?

Deutschland; ab 18 Jahre; Wahlberechtigte; 1.000 Befragte; Infratest dimap

© Statista.org 2008
Quelle: Infratest dimap

Wie wird die nächste Bundestagswahl ausgehen?

Oft findet man in den Medien Grafiken oder Angaben im Text, wo Prozentwerte zu irgendeinem Sachverhalt berichtet werden. Zum Beispiel: „Eine Studie der IASO (International Association for the Study of Obesity) für 2007 ergab, dass dreiviertel der Männer und 59 % der Frauen in Deutschland übergewichtig sind." Diese Zahlen werden so dargestellt, als handelte es sich um Fakten. Nicht berichtet wird aber, ob die Daten aus einer Stichprobe stammen und wie groß diese war. Es ist nicht anzunehmen, dass man das Gewicht aller Deutschen festgestellt hat. Aber wie verlässlich sind solche Zahlen? Wir wollen diese Problematik anhand eines prominenten Beispiels, der „Sonntagsfrage" im Fallbeispiel 4, diskutieren.

Das Ergebnis der Umfrage aus Fallbeispiel 4 ergab, dass CDU/CSU mit 37 % gegenüber der SPD mit 25 % vorne liegt und Linke mit 13 %, FDP und Grüne mit jeweils 11 % nahezu gleich viel Zustimmung erhielten. Alle anderen Gruppierungen kommen zusammen auf 3 %. Was bedeuten diese Zahlen? Es gibt einige Gründe, warum man diese Zahlen nicht für bare Münze nehmen sollte. Erstens sind sie nicht das Ergebnis einer Wahl, sondern einer Umfrage, die Monate vor der nächsten Wahl stattgefunden hat. Es kann sich also noch einiges ändern. Zweitens beinhalten Umfragen immer gewisse Unschärfen. Wichtige Ursachen für Ungenauigkeiten liegen unter anderem im Anteil an Unentschlossenen, Nicht- und Ungültig-Wählern und solchen, die nicht ehrlich antworten. Der wichtigste Grund aber, warum wir nicht erwarten dürfen, dass diese Zahlen genau stimmen, liegt darin, dass nur eine Stichprobe befragt wurde. Selbst unter der Annahme, dass die Stichprobe repräsentativ ist (dass sie also ein wirkliches Abbild der deutschen Wähler darstellt), alle ehrlich geantwortet haben und niemand mehr seine Meinung ändert, muss man mit gewissen Ungenauigkeiten rechnen, wenn man das Wahlergebnis vorhersagen wollte.

Der Grund hierfür sind Stichprobenschwankungen. Hätten die Meinungsforscher andere 1000 Personen ausgewählt und befragt, wäre das Ergebnis sicherlich ein anderes gewesen. Die gleichen Überlegungen haben wir schon angestellt, als wir uns fragten, ob alle Seiten eines Würfels gleich häufig auftreten. Bei wenigen Versuchen können wir nicht erwarten, dass alle Seiten gleich häufig gewürfelt werden, auch wenn der verwendete Würfel fair ist. Genauso verhält es sich mit Stichproben bei Meinungsumfragen. Es werden nicht alle Parteipräferenzen mit dem gleichen Prozentsatz wie in der Bevölkerung vorkommen. Allerdings, wie auch beim Würfeln, je mehr Personen man befragt, je größer also die Stichprobe ist, umso genauere Ergebnisse wird man bekommen. Wir benötigen also eine Methode, um bestimmen zu können, wie genau das Ergebnis einer Meinungsumfrage ist. Diese Methode nennt man Bestimmen von KONFIDENZINTERVALLEN oder VERTRAUENSBEREICHEN. In den Medien findet man auch oft den Begriff SCHWANKUNGSBREITE. Hinter dieser Methode stecken einige nicht ganz einfache mathematisch-statistische Überlegungen (ähnlich wie in Abschnitt 6.9), allerdings kann man Schwankungsbreiten relativ leicht ausrechnen.

Berechnung von Schwankungsbreiten für Anteile

$$c = s_\alpha \cdot \sqrt{\frac{r(1-r)}{n}} \qquad (6.3)$$

- c ... Schwankungsbreite
- r ... relative Häufigkeit
- n ... Stichprobengröße (Gesamtanzahl von Befragten)
- s_α ... Faktor zur Festlegung des Sicherheitsniveaus

Eigentlich müsste man in der obigen Formel c_j statt c und r_j statt r schreiben, da die Schwankungsbreite von der Größe der relativen Häufigkeit für die jeweilige Kategorie j (hier Partei) abhängt. Am größten ist die Schwankungsbreite, wenn eine Kategorie einen Anteil von 50 % hat. Ein Konfidenzintervall (Vertrauensbereich) besteht aus zwei Zahlen, die einen Bereich festlegen. Die obere Zahl (Grenze) erhält man, wenn man die Schwankungsbreite c zu der relativen Häufigkeit für die jeweilige Kategorie dazuzählt, die untere Zahl, wenn man sie abzieht.

Konfidenzintervall (Vertrauensbereich) für Anteile

$$\text{Konfidenzintervall: } [\, r_j - c_j \; ; \; r_j + c_j \,] \qquad (6.4)$$

Welche Bedeutung haben nun Schwankungsbreiten? Sie geben an, wie stark die aus einer Stichprobe errechneten Prozentsätze aufgrund von Zufallseinflüssen schwanken können. Und Konfidenzintervalle? Sie geben mit einer bestimmten Plausibilität (oder Sicherheit) an, zwischen welchen Grenzen der tatsächliche Anteil in der Population zu erwarten ist. Ein Wert von $s_\alpha = 1.96$ (der meistens verwendet wird) würde 95 %-ige Sicherheit bedeuten, würde man stattdessen $s_\alpha = 2.58$ verwenden, wäre die Sicherheit 99 %, das Intervall wäre dann aber auch größer.

Wie würden die Konfidenzintervalle für die Parteienzustimmung aussehen?

In R kann man die schon im vorigen Abschnitt behandelten Funktionen prop.test zur Berechnung asymptotischer und binom.test zur Berechnung exakter Konfidenzintervalle verwenden.

Für CDU/CSU (37 % Zustimmung) wäre das

R

```
> prop.test(370, 1000, conf.level = 0.95, correct = FALSE)
```

```
        1-sample proportions test without continuity correction

data:  370 out of 1000, null probability 0.5
X-squared = 67.6, df = 1, p-value < 2.2e-16
alternative hypothesis: true p is not equal to 0.5
95 percent confidence interval:
 0.341 0.400
sample estimates:
   p
0.37
```

In der Ausgabe findet man das Konfidenzintervall unter 95 % percent confidence interval: mit 0.34 und 0.4. Der Anteil der CDU/CSU (wie wir ihn ja spezifiziert haben) steht unter sample estimates.

Die Funktion binom.test() liefert ein sehr ähnliches Ergebnis.

Wenn wir für alle Parteien Konfidenzintervalle bestimmen (und eventuell auch in einer Tabelle bzw. einer Grafik darstellen) wollen, sind die beiden Funktionen prop.test() und binom.test() weniger geeignet. Wir können aber sehr einfach unter Benutzung von Formel 6.4 die Konfidenzintervalle selbst berechnen. Wir erstellen einen Vektor mit den Parteianteilen ProzP und berechnen die oberen und unteren Grenzen untP bzw. obP.

R

```
> relHP <- c(0.37, 0.25, 0.13, 0.11, 0.11, 0.03)
> cP <- 1.96 * sqrt(relHP * (1 - relHP)/1000)
> untP <- relHP - cP
> obP <- relHP + cP
```

Zur Darstellung in Tabellenform erstellen wir eine Matrix matCIP, die wir noch mit Beschriftungen versehen wollen.

R

```
> matCIP <- cbind(relHP, untP, obP)
> rownames(matCIP) <- c("CDU/CSU", "SPD", "LINKE", "GRÜNE",
+     "FDP", "sonstige")
> colnames(matCIP) <- c("Anteil", "untere Grenze", "obere Grenze")
> round(matCIP, digits = 3)
```

	Anteil	untere Grenze	obere Grenze
CDU/CSU	0.37	0.340	0.400
SPD	0.25	0.223	0.277
LINKE	0.13	0.109	0.151
GRÜNE	0.11	0.091	0.129
FDP	0.11	0.091	0.129
sonstige	0.03	0.019	0.041

Zur grafischen Darstellung können wir die Funktion plotCI() aus dem R-package plotrix (Lemon, 2010) verwenden. Die folgende Spezifikation ist sehr einfach, allerdings fehlt eine geeignete Beschriftung. Das erste Argument sind die x-Werte, das zweite die y-Werte, die hier die Parteienanteile relHP sind, und schließlich die obere bzw. untere Hälfte der Gesamtschwankungsbreite cP.

R

```
> library("plotrix")
> plotCI(1:6, relHP, cP)
```

Das Ergebnis dieser Spezifikation zeigt ▶ Abbildung 6.8.

Mit ein paar kleinen Modifikationen wird die Grafik viel lesbarer (▶ Abbildung 6.9). Zunächst plotten wir die Konfidenzintervalle mit einigen zusätzlichen Optionen:

- pch = NA, wir setzen das Plotsymbol pch auf fehlend, d. h., wir erstellen den Plot ohne Punkte, die die Parteienanteile repräsentieren.
- gap = 0.02, wir schaffen ein wenig Raum für eine spätere Bezeichnung, gap gibt an, um wie viel die vertikale Linie für die Schwankungsbreiten rund um den Punkt ausgelassen wird, damit die Linie nicht über den später einzufügenden Text gezeichnet wird.
- xlim = c(0.5, 6.5) dient zur Streckung der x-Achse, damit die Punkte nicht bis ganz an den Rand gehen.
- xaxt = "n", mit diesem grafischen Parameter wird das Zeichnen der x-Achse unterdrückt.
- xlab = "" unterdrückt die Beschriftung der x-Achse, die Standardbeschriftung der y-Achse wird mittels ylab = "Anteile der Parteienpräferenz" ersetzt.

In einem zweiten Schritt fügen wir mittels text() die Parteienbezeichnungen, die ja als Zeilennamen in der Matrix matCIP zur Verfügung stehen, an den Stellen ein, wo wir vorher die Punkte für die Parteienanteile ausgelassen haben. Wie bei allen

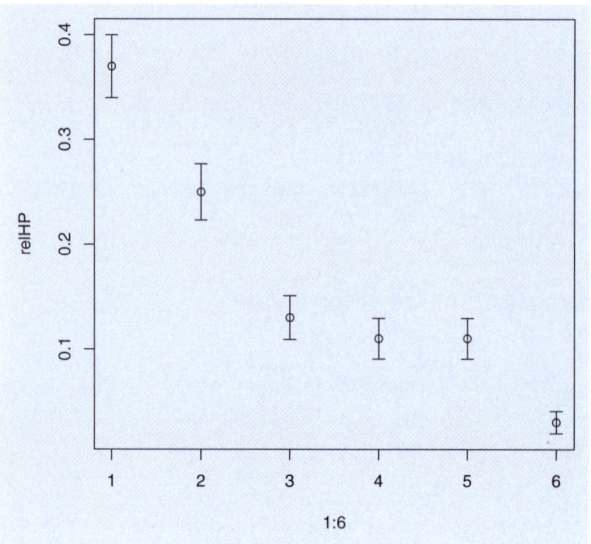

Abbildung 6.8: Parteienanteile und 95 %-Konfidenzintervalle

Plot-Funktionen, so auch bei `text()`, sind die ersten beiden Argumente die x und y Koordinaten. Das dritte Argument ist der darzustellende Text.

R

```
> plotCI(1:6, relHP, cP, pch = NA, gap = 0.02, xlim = c(0.5,
+      6.5), xaxt = "n", ylab = "Anteile der Parteienpräferenz",
+      xlab = "")
> text(1:6, relHP, rownames(matCIP))
```

Beim Betrachten der Konfidenzintervalle im Output auf Seite 183 und der Grafik in ▶ Abbildung 6.9 fallen einige Dinge auf. Die untere Grenze für die CDU/CSU liegt höher als die obere Grenze für die SPD. Das bedeutet, dass die CDU/CSU eindeutig vor der SPD liegt, die Intervalle überlappen sich nicht. Genauso eindeutig liegt die SPD vor den anderen Parteien. Für diese kann man aber nicht sagen, welche mehr bevorzugt wird. Die Linken liegen zwar um zwei Prozentpunkte vor den Grünen und der FPD, allerdings überlappen sich die Konfidenzintervalle hier und dieser scheinbare Vorzug in der Wählergunst kann sich auf Zufall (durch die spezifische Stichprobe bedingt) zurückführen lassen.

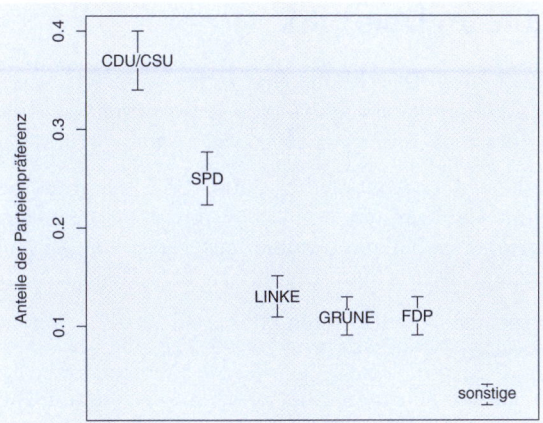

Abbildung 6.9: Modifizierte Grafik: Parteienanteile und 95 %-Konfidenzintervalle

Fallbeispiel 4: Sonntagsfrage: Interpretation

Die 95%-Konfidenzintervalle für die Parteienzustimmung ergaben, dass die CDU/CSU klar vorne liegt. An zweiter Stelle folgt die SPD, die wiederum klar vor den anderen Parteien positioniert ist. Zwischen Linken, Grünen und FDP gibt es keine Unterschiede.

6.6 R-Befehle im Überblick

`attach(what)` ordnet einen Data Frame `what` einer R-Session zu, so dass man dann direkt die Variablennamen verwenden kann, ohne den Data Frame angeben zu müssen (Beispiel: statt `kstand$WOCHENTAG` genügt `WOCHENTAG`).

`barplot(height)` erzeugt ein Balkendiagramm. Wie bei `prop.table()` sollten in `height` schon Häufigkeiten enthalten sein. Ist `height` eine Matrix, dann wird ein gestapeltes Balkendiagramm ausgegeben, außer man verwendet die Option `beside = FALSE`, dann werden die Balken nebeneinander dargestellt.

`binom.test(x)` berechnet einen exakten Binomialtest. Die Argumente sind gleich wie bei `prop.test()`.

`cbind()` Vektoren werden nebeneinander, spaltenweise zusammengefügt (von links nach rechts, c in `cbind()` steht für *columns*), es entsteht eine Matrix.

`chisq.test(x)` berechnet einen χ^2-Test für die Häufigkeiten in x.

`detach(what)` hebt die Zuordnung von `what` mittels `attach(what)` wieder auf (Beispiel: statt `WOCHENTAG` muss man wieder `kstand$WOCHENTAG` verwenden).

`factor(x)` definiert einen Faktor aus der Variable x. Die Reihenfolge der Kategorien kann durch die Option `levels` festgelegt werden. (Siehe auch Abschnitt 6.2.1.)

`lines(x, y, ...)` zeichnet Linien in eine schon erzeugte Grafik. Dabei sind x und y die Koordinaten der zu verbindenden Punkte. Es gibt eine Menge weiterer Optionen, wie z. B. col (Farbe), `lty` (Linientyp), hier mit ... bezeichnet.

`paste(..., text2, sep = " ")` konvertiert die unter ... angegebenen und durch Kommas getrennten Variablen zu Character-Strings und hängt sie zusammen. Dabei kann ... auch eine einzelne Variable sein. Das Resultat wird durch die Spezifikation von `sep` getrennt (default ist ein Leerzeichen). Zum Beispiel: `paste(1, "A", sep = "-")` ergibt `"1-A"`. Sind die Variablen Vektoren, dann werden sie elementweise zusammengehängt. Zum Beispiel: a <- 1:2 und b <- c("A","B") ergibt mit `paste(a, b, sep = "-")` einen Vektor mit Elementen `"1-A"` und `"2-B"`. Einen Zeilenumbruch erzeugt man mit `"\n"`.

`pie(x)` erzeugt ein Kreisdiagramm für die Häufigkeiten in x. Mit der Option labels = text, kann man für jede Kategorie eine Beschriftung festlegen (text ist ein Character-Vektor mit gleich vielen Elementen wie x), mittels `clockwise` = `TRUE` ordnet man die Kategorien im Uhrzeigersinn an.

`plotCI(x, y, uiw, ... )` dient zur Darstellung von Konfidenzintervallen (aus dem package **plotrix**). Dabei sind x und y die Koordinaten der Punkte und `uiw` die Werte der halben Länge des Konfidenzintervalls. Es gibt eine Menge weiterer Optionen, hier mit ... bezeichnet.

`prop.test(x, n, p)` berechnet einen approximativen Binomialtest. Dabei ist x die beobachtete (absolute) Häufigkeit der zu testenden Kategorie, n die Stichprobengröße und p der Wert für die Nullhypothese (default ist p = 0.5). Man kann auch noch mit `alternative =` die Alternativhypothese festlegen: Mögliche Optionen sind `"less"`, `"greater"` oder `"two.sided"` (default).

`prop.table(x)` errechnet relative Häufigkeiten. Zu beachten ist hierbei, dass x schon Häufigkeiten enthalten sollte. Man wird also üblicherweise den Befehl `x <- table(a)` vorher ausführen. Versuchen Sie probehalber `prop.table(c(1,1,1,2))` und `prop.table(table(c(1,1,1,2)))`.

`rbind()` Vektoren werden untereinander, zeilenweise zusammengefügt (von oben nach unten, *r* in `rbind()` steht für *rows*), es entsteht eine Matrix.

`read.table("filename")` ermöglicht das Lesen von Daten, die im Textformat gespeichert sind. Die Daten werden in einen Data Frame gelesen.

`rep(x, n)` erzeugt einen Vektor, in dem die Elemente von x n-Mal wiederholt werden (Beispiel: `rep(c(1, 3), 2)` ergibt 1, 3, 1, 3. Hingegen kann man statt n auch die Option `each` verwenden. `rep(c(1, 3), each = 2)` ergibt dann 1, 1, 3, 3).

`round(x, digits = n)` rundet x auf n Dezimalstellen, der Default-Wert ist 0.

`sqrt(x)` ergibt die Quadratwurzel der Werte von x.

`sum(x)` ergibt die Summe aller Elemente von x.

`table(a)` dient zur Erstellung einer Häufigkeitsauszählung, d. h., es wird gezählt, wie oft verschiedene Werte in a vorkommen. Meistens wird dieser Befehl nur für kategoriale Variablen sinnvoll sein.

`text(x, y, labels, ... )` dient zum Einfügen von Text in eine schon vorhandene Grafik. Dabei sind x und y die Koordinaten der Punkte, wo die Texte im Character-Vektor `labels` (zentriert) ausgegeben werden. Auch für die Funktion `text()` gibt es eine Menge weiterer Optionen, hier mit ... bezeichnet.

6.7 Zusammenfassung der Konzepte

Ein kategoriale Variable entsteht, indem man Beobachtungen nach bestimmten Kategorien klassifiziert.

- **Häufigkeiten** erhält man durch Auszählen, wie oft eine bestimmte Kategorie vorkommt. Daraus lassen sich relative Häufigkeiten oder Anteile bzw. Prozentsätze berechnen.
- Eine **Häufigkeitsverteilung** ist die tabellarische oder grafische Zusammenstellung der Häufigkeiten aller Kategorien einer Variable.
- **Balken- bzw. Kreisdiagramme** dienen zur grafischen Repräsentation der Häufigkeiten bzw. Prozentsätze, mit denen einzelne Kategorien vorkommen.
- **Null- und Alternativhypothese:** Annahmen, die man beim statischen Testen treffen muss. Das Resultat des Tests legt mit einer bestimmten Wahrscheinlichkeit (p-Wert) nahe, welche der beiden Hypothesen zutrifft.
- **Signifikanzniveau:** Wahrscheinlichkeit, mit der man eine Nullhypothese verwirft, obwohl sie in Wirklichkeit zutrifft.
- **Chi-Quadrat-Test auf Gleichverteilung:** prüft, ob alle Kategorien gleich wahrscheinlich sind.
- **Chi-Quadrat-Test auf spezifizierte (vorgegebene) Verteilung:** prüft, ob Häufigkeiten bzw. Prozentsätze bestimmten Vorgaben entsprechen.
- **Test eines Anteilswerts:** Damit kann ermittelt werden, ob ein Prozentsatz kleiner, größer oder anders als ein bestimmter angenommener Wert ist.
- **Konfidenzintervall für Anteile:** ist der Bereich, in dem der wirkliche Wert (der Wert in der Population) eines Prozentsatzes mit einer bestimmten Sicherheit erwartet werden kann.

6.8 Übungen

1. **Der gefährlichste Wochentag in New Jersey**

   Die Kriminalstatistik für den US-Bundesstaat New Jersey im Jahr 2003 gab unter anderem die Zahl begangener Morde an einzelnen Wochentagen an. Die folgende Häufigkeitstabelle zeigt, wie viele Morde an den einzelnen Wochentagen verübt wurden.

So	Mo	Di	Mi	Do	Fr	Sa
53	42	51	45	36	37	65

   Man sieht, dass die meisten Morde an Samstagen begangen wurden, gefolgt von Sonntag und Dienstag. Donnerstag und Freitag sind die Häufigkeiten geringer. Es stellt sich die Frage, ob tatsächlich eine größere Gefahr an Wochenenden bzw. am Dienstag besteht oder ob diese Häufungen nur zufällig sind.

   Gibt es gefährlichere Wochentage oder ist es an allen Wochentagen gleich gefährlich, ermordet zu werden?

2. **Lottozahlen in Österreich 2007 und 2008**

   In Österreich ist Lotto sehr beliebt. Sechs Zahlen plus Zusatzzahl werden von einer Maschine aus der Menge der Zahlen von 1 bis 45 gezogen. Natürlich erwartet man, dass jede Zahl die gleiche Wahrscheinlichkeit hat, gezogen zu werden.

Im Datenfile sind die Ziehungshäufigkeiten für alle 45 Lottozahlen des österreichischen Lottos für die Jahre 2007 und 2008 gegeben. Kann man aus den Daten schließen, dass der Mechanismus, mit dem die Lottozahlen ermittelt werden, fair ist, d. h., dass für alle Zahlen die Auswahlwahrscheinlichkeit gleich ist?

Daten: lotto0708.dat

Variablen: lottozahl, h2007, h2008

3. **Multiple-Choice-Prüfung**

Georg steht vor einer Prüfung, die als Multiple-Choice-Prüfung durchgeführt wird. Wie üblich hat Georg keine Ahnung vom Prüfungsstoff und er hofft, die Prüfung durch reines Raten zu bestehen. Allerdings hat Georg eine frühere Prüfung desselben Prüfers mit markierten richtigen Antworten erhalten. Diese richtigen Antworten sind im Datenfile enthalten. Verteilt der Prüfer die richtigen Antworten zufällig über alle fünf Auswahlmöglichkeiten?

Daten: mchoice.dat

Variable: richtig

4. **Notenverteilung**

Die Noten, die von einem BW-Professor vergeben werden, folgten bisher einer symmetrischen Verteilung: 5 % Sehr gut, 25 % Gut, 40 % Befriedigend, 25 % Genügend und 5 % Nicht genügend. Dieses Jahr wird eine Stichprobe von 150 Noten gezogen. Kann man daraus schließen (5 % Signifikanzniveau), dass sich die Notenverteilung dieses Jahr von der früherer Jahre unterscheidet?

Daten: noten.dat

Variable: note

5. **Autoklasse und Unfallhäufigkeit**

Zulassungsdaten aus einem Land zeigen, dass 15 % der Autos Kleinwagen, 25 % Kompaktmodelle, 40 % Mittelklassemodelle und der Rest größere oder Sondermodelle sind. Eine Zufallsstichprobe von Verkehrsunfällen mit Autos wird gezogen. Kann man schließen, dass bestimmte Größenklassen von Autos häufiger in Verkehrsunfälle verwickelt sind, als es die Zulassungszahlen vermuten lassen?

Daten: unfaelle.dat

Variable: auto

6. **Fehlerrate bei Lügendetektoren**

Nach wie vor gibt es in den USA Bemühungen, den perfekten Lügendetektor zu entwickeln. Neuere Ansätze stammen von Pavlidis et al. (2002) die versuchten, mit einer hochauflösenden, temperatursensiblen Kamera aus Gesichtsaufnahmen Lügen zu entdecken. Rosenfeld (2002) verwendete sogenannte ERPs (ereigniskorrelierte Potenziale), bestimmte Gehirnaktivitätssignale, die mittels an der Kopfhaut angebrachten Elektroden gemessen werden. Er untersuchte Studierende, die unter anderem Sätze, wie *Verwenden Sie einen gefälschten Ausweis?* vorlesen mussten. Es wurde erwartet, dass bei Studierenden, die tatsächlich einen gefälschten Ausweis verwenden, ein entsprechendes Hirnsignal auftritt. Von insgesamt $N = 17$ „Schuldigen" wurden 13 (77 %) richtig erkannt. Bei einer vergleichbaren Studie des amerikanischen Verteidigungsministeriums wurden 75 % der „Schuldigen" mithilfe eines traditionellen klassischen Lügendetektors (Polygraphen) richtig erkannt.

Liefert der neue Lügendetektor bessere Ergebnisse als der traditionelle?

7. **Konzentrationsleistung von Studierenden**

   Bei einem Konzentrationstest kann man 0 bis 50 Punkte erzielen. Es ist bekannt, dass 15 % der Personen mehr als 40 Punkte erzielen. Der Test wurde an 200 zufällig ausgewählten Studierenden durchgeführt. Kann man aus den Ergebnissen schließen, dass Studierende besser abschneiden als die Gesamtbevölkerung (1 % Signifikanzniveau)?

   Daten: `ktest.dat`
   Variable: `punkte`

Datenfiles sowie Lösungen finden Sie auf der Webseite des Verlags.

6.9   Vertiefung: Die Chi-Quadrat-Verteilung oder wie entsteht ein p-Wert?

Im ▶Exkurs 6.3 in Abschnitt 6.2.3 haben wir zwischen beobachteten und erwarteten Häufigkeiten unterschieden und einen Wert χ^2 berechnet, der die Größe der Abweichungen zwischen den beiden beschreibt. Auf Basis dieses χ^2 hat R dann eine Wahrscheinlichkeit, den p-Wert, ausgegeben, der besagt, wie sehr die Abweichung für oder gegen die Nullhypothese spricht.

Wie kommt nun so ein p-Wert zustande? Stellen wir uns Folgendes vor: Der „faire" Würfel aus ▶Exkurs 6.3 wird 30 Mal geworfen. Aufgrund der beobachteten Häufigkeiten berechnen wir einen χ^2-Wert und notieren ihn. Nun werfen wir den Würfel nochmals 30 Mal (Durchgang 2), berechnen wieder den χ^2-Wert und notieren auch ihn. Da der Zufall im Spiel ist, werden die beiden χ^2-Werte kaum gleich groß sein. Was uns aber bei diesem (zugegebenermaßen seltsamen) Spiel interessiert, ist, welche Werte χ^2 überhaupt annehmen kann. Wir setzen also das Spiel fort und würfeln ein drittes Mal 30 Mal und berechnen und notieren wieder den neu berechneten χ^2-Wert. Den ganzen Vorgang führen wir sehr lange fort, sagen wir 10 000 Mal. Nun bekommen wir natürlich einen ganz guten Eindruck davon, welche χ^2-Werte überhaupt vorkommen und wie oft sie vorkommen (die Tabelle zeigt einen kleinen Ausschnitt aus den 10 000 Versuchen). Wir erhalten eine Verteilung der χ^2-Werte (solch eine Verteilung nennt man in der Statistik *sampling distribution*).

Man kann jetzt bestimmte Aussagen machen, wie z. B. 75 % aller χ^2-Werte waren kleiner als sagen wir 6.6 oder 5 % waren größer als 11.1. Diese letzte Aussage ist der springende Punkt. Wir haben einen „fairen" Würfel geworfen und in 5 % der Fälle ergab das Resultat des Würfelns einen χ^2-Wert, der größer als 11.1 war. Wie könnte das Ergebnis so eines Würfeldurchgangs aussehen, für das der χ^2-Wert größer als 11.1 war. In ▶ Tabelle 6.1 finden wir ein solches bei Durchgang 343. Besonders auffällig ist, dass die Augenzahl 5 elfmal vorkam. Das ist doppelt so viel, wie man erwartet hätte. Ein so extremes Ergebnis ist also möglich, aber sehr unwahrscheinlich, es kommt in weniger als 5 % der Durchgänge vor.

Jeder Durchgang entspricht dem Ziehen einer Stichprobe vom Umfang $n = 30$. Wir haben also 10 000 Stichproben gezogen. In der Praxis haben wir (meistens) nur eine Stichprobe, mehr Information steht nicht zur Verfügung. Sie muss uns aber helfen, eine Fragestellung zu testen. Hätten wir ein Ergebnis wie in Durchgang 343 bekommen, hätten wir die Nullhypothese (der Würfel ist fair) verworfen, weil der χ^2-Wert in weniger als 5 % auftritt, also sehr unwahrscheinlich ist. Wäre hingegen ein Ergeb-

| Durchgang | χ^2 | \multicolumn{6}{c}{Augenzahl} |
		1	2	3	4	5	6
⋮							
342	6.0	3	7	1	6	7	6
343	12.4	2	3	2	5	11	7
344	2.8	7	5	3	7	4	4
345	6.4	4	6	9	3	6	2
346	7.6	1	9	3	5	6	6
⋮							

Tabelle 6.1: Ausschnitt aus 10 000 Durchgängen, in denen 30 Mal mit einem „fairen" Würfel gewürfelt wurde. Angegeben werden für jeden Durchgang der χ^2-Wert und die beobachteten Häufigkeiten für die einzelnen Augenzahlen

nis wie in Durchgang 344 eingetreten, dann hätten wir die Nullhypothese nicht verworfen und weiterhin an die „Fairness" des Würfels geglaubt.

Als Grenze haben wir 11.1 festgelegt, das war jener Wert, über dem nur mehr 5 % der gesammelten χ^2-Werte auftraten. Diese Grenze basierte auf 10 000 Durchgängen. Falls wir nur 20 Durchgänge gemacht hätten, dann wäre diese Grenze der größte aufgetretene χ^2-Wert gewesen. Es ist intuitiv klar, dass je mehr Durchgänge zur Bestimmung dieser Grenze gemacht werden, diese umso genauer wird. Am besten, es wären unendlich viele Durchgänge. Für 50, 10 000 und unendlich viele Durchgänge ist die Verteilung der χ^2-Werte in ▶ Abbildung 6.10 dargestellt.

Das ist natürlich in der Praxis nicht möglich, aber die mathematische Statistik kann dieses Problem lösen (die Idee dabei ist, den Grenzwert zu bestimmen, wenn die Anzahl der Durchgänge gegen unendlich und auch die Stichprobengröße, also aus wie viel Mal würfeln besteht ein Durchgang, gegen unendlich geht).

Das Resultat ist eine theoretische Verteilung, die sogenannte χ^2-Verteilung (χ ist der griechische Buchstabe *chi*, das „ch" wird wie in „Sprache" ausgesprochen). In ▶ Abbildung 6.10 rechts ist eine spezielle χ^2-Verteilung dargestellt, nämlich eine für 5 Freiheitsgrade. Für einen bestimmten χ^2-Wert kann man damit ausrechnen, wie

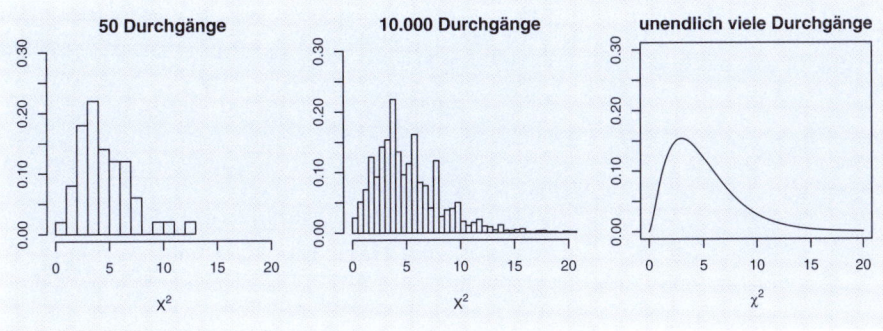

Abbildung 6.10: Sampling

groß die Wahrscheinlichkeit ist, einen solchen oder noch größeren zu bekommen. Diese Wahrscheinlichkeit ist der p-Wert oder Signifikanz. Sie entspricht der Fläche unter der χ^2-Kurve, die ab dem χ^2-Wert rechts noch übrig bleibt.

Je nach Anzahl der Kategorien, die man beobachtet, hat die χ^2-Verteilung unterschiedliche Form. Dies wird durch die Freiheitsgrade (*df*) ausgedrückt. Je höher die Anzahl der Freiheitsgrade, umso symmetrischer wird die χ^2-Verteilung und umso mehr rückt ihr Gipfel nach rechts. Die mathematisch-statistische Bedeutung von Freiheitsgraden ist nicht ganz einfach zu erklären, aber man kann sich Folgendes vorstellen: Man weiß z. B., dass die Summe aus drei Zahlen 10 ergibt, d. h. $x_1 + x_2 + x_3 = 10$. Wie viele der drei x-Werte kann man frei wählen? Man könnte z. B. für x_1 die Zahl 3 wählen. Dann blieben noch zwei weitere Zahlen, die in der Summe 7 ergeben müssen, damit sich die Gesamtsumme 10 ergibt. Wählen wir nun noch für x_2 die Zahl 5, dann haben wir damit auch automatisch $x_3 = 2$ festgelegt. Wir können also zwei Zahlen frei wählen, die dritte ist aufgrund der vorgegebenen Gesamtsumme festgelegt. Wir haben in diesem Beispiel zwei Freiheitsgrade oder $df = 2$. Bei einfachen kategorialen Daten ist die Anzahl der Freiheitsgrade immer die Anzahl der Kategorien minus 1. Beim Würfelbeispiel ist also $df = 5$.

Mehrere kategoriale Variablen

7

ÜBERBLICK

In diesem Kapitel besprechen wir Methoden zur Untersuchung von Datensätzen mit mehreren kategorialen Variablen. Dabei geht es nicht darum, jede Variable für sich zu untersuchen; das war schon Thema des vorigen Kapitels. Unser Interesse ist es, das gemeinsame Auftreten dieser Variablen, meist sind es nur zwei, zu beschreiben und zu analysieren.

Im ersten Abschnitt werden die bivariaten kategorialen Daten mit Kreuztabellen und daraus abgeleiteten Konzepten beschrieben. In den nächsten zwei Abschnitten untersuchen wir, ob es Unterschiede in der Verteilung einer Variablen in mehreren Gruppen gibt. Fragen nach dem Zusammenhang zwischen den zwei Variablen gehen wir in den folgenden zwei Abschnitten nach. Veränderungen von Anteilen schließen dieses Kapitel ab.

LERNZIELE

Nach Durcharbeiten dieses Kapitels haben Sie Folgendes erreicht:

- Sie wissen, wie die gemeinsame Information aus zwei kategorialen Variablen gewonnen wird und numerisch und grafisch präsentiert werden kann. Sie können in R Kreuztabellen und Tabellen mit relativen Häufigkeiten berechnen und dazu passende Balkengramme, Mosaikplots oder Spineplots erstellen.
- Sie verstehen den Vergleich von beobachteten und erwarteten Häufigkeiten beim Chi-Quadrat-Test und können die Folgen des Testergebnisses für Null- und Alternativhypothese ableiten.
- Sie sind in der Lage, verschiedene Anwendungsgebiete des Chi-Quadrat-Tests zu erkennen, den Test in R zu berechnen und das Ergebnis technisch und inhaltlich zu interpretieren.
- Sie verstehen die Idee der Assoziationsmessung mit Odds-Ratios und wenden sie mit R richtig an.
- Sie erkennen, wann abhängige Stichproben vorliegen, und können den passenden Test in R berechnen und sein Ergebnis interpretieren.

7.1 Beschreibung mehrerer kategorialer Variablen

Fallbeispiel 5: Interesse an Wellness

Datenfile: `wellness.csv`

Eine Befragung einer regionalen Tourismusgesellschaft unter etwas mehr als 500 Personen, die innerhalb der letzten fünf Jahre mindestens einmal Urlaub in dieser Region gemacht hatten, befasste sich auch mit dem Interesse an Wellness-Angeboten.

Eine Unterscheidung zwischen den Antworten von Frauen und Männern ergibt:

	Interesse an Wellness		
Geschlecht	kaum	etwas	stark
Frau	68	130	84
Mann	137	72	26

Wie kann die Stichprobe numerisch und grafisch beschrieben werden?

7.1.1 Numerische Beschreibung

Die zwei kategorialen Variablen *Interesse* (mit den drei Kategorien *kaum*, *etwas*, *stark*) und *Geschlecht* (mit den zwei Kategorien *Frau*, *Mann*) wurden an insgesamt 517 Befragten erhoben.

Allgemein sind zwei kategoriale Variablen A (mit I Kategorien a_1, a_2 bis a_I) und B (mit J Kategorien b_1 bis b_J) gegeben.

Absolute Häufigkeiten

> Die Auszählung der Häufigkeiten aller Kombinationen von Kategorien führt zu einer KREUZTABELLE (oder auch KONTINGENZTAFEL).
>
> Die Elemente einer Kreuztabelle nennt man ZELLEN, sie enthalten die beobachteten Häufigkeiten, wie oft a_i und b_j gemeinsam in der Stichprobe aufgetreten sind.

Diese beobachteten Häufigkeiten werden in einer Matrix (rechteckiges Zahlenschema) zusammengefasst. Diese Matrix hat so viele Zeilen, wie der Faktor A Kategorien hat; die Kategorienzahl von B entspricht der Spaltenzahl. Aus dem Doppelindex ij werden zuerst der Zeilenindex i, dann der Spaltenindex j abgeleitet (so bedeutet etwa o_{32} das Element in Zeile 3 und Spalte 2).

Ergänzt wird diese Matrix meist noch um die Zeilen- ($o_{i+} = o_{i1} + o_{i2} + \cdots + o_{iJ}$) und Spaltensummen ($o_{+j} = o_{1j} + o_{2j} + \cdots + o_{Ij}$), die die zwei RANDVERTEILUNGEN bestimmen.

	b_1	b_2	$\cdots$	b_J	Summe
a_1	o_{11}	o_{12}	$\cdots$	o_{1J}	o_{1+}
a_2	o_{21}	o_{22}	$\cdots$	o_{2J}	o_{2+}
$\vdots$	$\vdots$	$\vdots$	$\ddots$	$\vdots$	$\vdots$
a_I	o_{I1}	o_{I2}	$\cdots$	o_{IJ}	o_{I+}
Summe	o_{+1}	o_{+2}	$\cdots$	o_{+J}	$o_{++} = n$

Im Output für das Wellness-Beispiel geben die Zeilen die zwei Geschlechter, die Spalten die drei Interessenskategorien an. Die eigentliche Kreuztabelle ist also eine Matrix mit zwei Zeilen und drei Spalten (oder kurz eine 2×3-Matrix).

Eine einfache Auszählung für insgesamt alle sechs Kategorienkombinationen erhält man nach dem Einlesen der Daten und der Aufbereitung der beiden Variablen, die im Datenfile nur mit Zahlenwerten (also ohne Labels) gespeichert sind.

R

```
> wellness <- read.csv2("wellness.csv", header = TRUE)
> attach(wellness)
> geschlecht <- factor(geschlecht, labels = c("Frau", "Mann"))
> interesse <- factor(interesse, labels = c("kaum", "etwas",
+                "stark"))
> detach(wellness)
> table(geschlecht,interesse)
```

```
            interesse
geschlecht kaum etwas stark
      Frau   68   130    84
      Mann  157    52    26
```

Die erste Variable (hier `geschlecht`) bestimmt die Zeilen, die zweite (`interesse`) die Spalten. Die Eintragungen bedeuten etwa, dass 68 der Befragten Frauen waren, die kaum Interesse an Wellness-Angeboten zeigten.

Die Ergänzung um die Randsummen geschieht durch:

R

```
> addmargins(table(geschlecht, interesse))
```

```
            interesse
geschlecht kaum etwas stark Sum
      Frau   68   130    84 282
      Mann  157    52    26 235
       Sum  225   182   110 517
```

In dieser erweiterten Kreuztabelle geben die Spaltensummen an, wie die Aufteilung auf die drei Interessenskategorien ist. Die Zeilensummen geben an, wie viele Frauen und wie viele Männer befragt wurden.

Die Wahl, welche Variable zur Definition der Zeilen und welche für die Spalten herangezogen wird, ist im Prinzip frei. Lange Tabellen (also mit vielen Zeilen, aber mit wenig Spalten) machen sich in Berichten nicht gut, sind aber manchmal nur schwer vermeidbar. Hinweise zur Gestaltung von Tabellen sind im Abschnitt 6.2 zu finden (▶ Exkurs 6.2).

Relative Häufigkeiten

In einer Kreuztabelle sind absolute Häufigkeiten eingetragen. Anders als im vorigen Kapitel ist bei der Angabe und Interpretation relativer Häufigkeiten Sorgfalt angebracht. Je nachdem, was als Vergleichswert verwendet wird, unterscheidet man:

- GESAMTPROZENT

  Die beobachteten Häufigkeiten (o_{ij}) werden in Relation zur Gesamtzahl der Beobachtungen (n) gestellt. Die Gesamtsumme aller relativen Häufigkeiten ist 1 (= 100 %).

  $$r_{ij} = \frac{o_{ij}}{n}$$

  In R unterstützt der Befehl prop.table() die Berechnung relativer Häufigkeiten. Gibt man neben der Kreuztabelle kein weiteres Argument an, werden Gesamtprozent berechnet.

R

```
> tabwellness <- table(geschlecht, interesse)
> prop.table(tabwellness)
```

```
          interesse
geschlecht   kaum   etwas   stark
      Frau 0.1315  0.2515  0.1625
      Mann 0.3037  0.1006  0.0503
```

Somit waren ca. 13 Prozent der Befragten Frauen, die kaum Interesse an Wellness-Angeboten hatten.

- ZEILENPROZENT

  Vergleichswert für die beobachteten Häufigkeiten (o_{ij}) ist die jeweilige Zeilensumme (o_{i+}). Zeilensummen dieser relativen Häufigkeiten ergeben 1 (= 100 %).

  $$r_{j|i} = \frac{o_{ij}}{o_{i+}}$$

  Für Zeilenprozent muss im Befehl prop.table() als zweites Argument 1 festgelegt sein.

R

```
> prop.table(tabwellness, 1)
```

```
              interesse
geschlecht  kaum etwas stark
       Frau 0.241 0.461 0.298
       Mann 0.668 0.221 0.111
```

24 Prozent aller Frauen hatten kaum Interesse an Wellness-Angeboten.

■ SPALTENPROZENT

Vergleichswert für die beobachteten Häufigkeiten (o_{ij}) ist die jeweilige Spaltensumme (o_{+j}). Spaltenweise summiert ergeben diese relativen Häufigkeiten 1 ($= 100\,\%$).

$$r_{i|j} = \frac{o_{ij}}{o_{+j}}$$

Spaltenprozent erhält man mit dem Befehl `prop.table()`, wenn als zweites Argument der Wert 2 angegeben ist.

R

```
> prop.table(tabwellness, 2)
```

```
              interesse
geschlecht  kaum etwas stark
       Frau 0.302 0.714 0.764
       Mann 0.698 0.286 0.236
```

30 Prozent der Befragten, die kaum Interesse an Wellness-Angeboten hatten, waren Frauen.

Sowohl Zeilen- als auch Spaltenprozent sind BEDINGTE RELATIVE HÄUFIGKEITEN. Es wird nicht auf die gesamte Stichprobe Bezug genommen, sondern nur auf einen Teil, nämlich jenen, der eine bestimmte Bedingung erfüllt. Bei Zeilenprozent ($r_{j|i}$) ist das jener Teil der Stichprobe, der in derselben Zeilenkategorie (i) liegt. Für Spaltenprozent ($r_{i|j}$) erfolgt die Einschränkung auf eine bestimmte Spaltenkategorie (j).

7.1.2 Grafische Beschreibung

Sind schon bei einer kategorialen Variablen Kreis- und vor allem Balkendiagramme hilfreich, um einen Überblick über die Häufigkeitsverteilung zu gewinnen, so ist das bei bivariaten kategorialen Daten noch weit stärker der Fall. Zur grafischen Beschreibung des Datensatzes eignen sich BALKENDIAGRAMME. Um die Gruppen gut beschreiben zu können, werden die Balken entweder in Gruppen nebeneinander gestellt – GRUPPIERTE BALKENDIAGRAMME – oder die Balken einer Gruppe übereinandergestapelt – GESTAPELTE BALKENDIAGRAMME.

Balkendiagramme mit absoluten Häufigkeiten

Nimmt man als Balkenhöhen bzw. als Höhen der Balkenbestandteile die Werte der Kreuztabelle, entstehen Balkendiagramme mit absoluten Häufigkeiten. Dabei entsprechen die Balken den Spalten der Kreuztabelle. Will man die Zeilen als Balken darstellen, muss die Tabelle transponiert werden (`t()`).

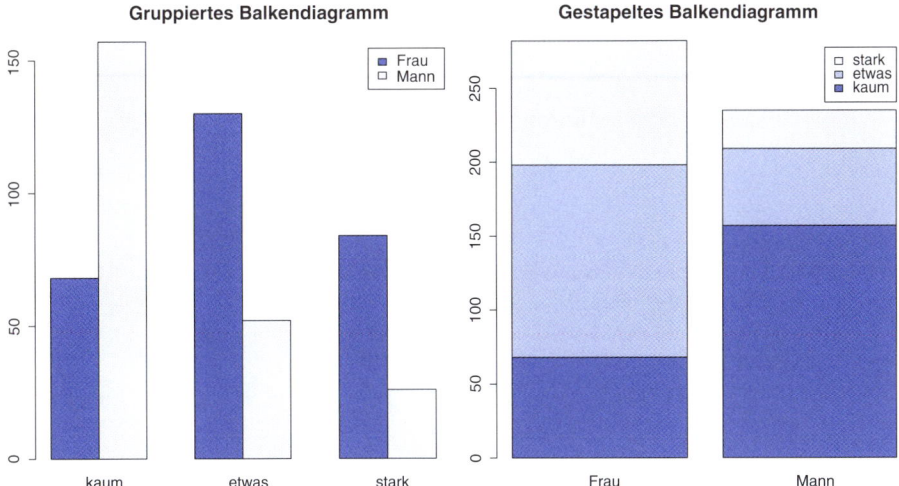

Abbildung 7.1: Balkendiagramme mit absoluten Häufigkeiten

Zuerst speichern wir die Kreuztabelle in `tabwellness`. Dann ändern wir mit dem Befehl `par()` die Grafikparameter so, dass zwei Abbildungen nebeneinander stehen können (`mfrow=c(1,2)` bedeutet, dass eine Matrix mit Abbildungen aus 1 Zeile und 2 Spalten entstehen soll). Mit dem ersten Aufruf von `barplot` wird ein gruppiertes Balkendiagramm (`besides=TRUE`) so erstellt, dass die drei Spalten der Kreuztabelle den drei Gruppen im Balkendiagramm entsprechen. Der zweite Aufruf von `barplot` mit der Option (`besides=FALSE`) führt zu einem gestapelten Balkendiagramm. Da wir die Tabelle transponiert haben (`t(tabwellness)`), werden für die einzelnen Zeilen der ursprünglichen Kreuztabelle gestapelte Balken angezeigt. Am Ende werden die Grafikparameter wieder zurückgesetzt.

R

```
> tabwellness <- table(geschlecht, interesse)
> par(mfrow = c(1, 2))
> barplot(tabwellness, main = "Gruppiertes Balkendiagramm",
+     beside = TRUE, legend = TRUE)
> barplot(t(tabwellness), main = "Gestapeltes Balkendiagramm",
+     beside = FALSE, legend = TRUE)
> par(mfrow = c(1, 1))
```

Im gruppierten Balkendiagramm (▶ Abbildung 7.1 links) bilden die drei Interessensabstufungen die drei Gruppen. Innerhalb jeder Gruppe wird die Aufteilung auf Frauen und Männer durch je einen Balken dargestellt. Im gestapelten Balkendiagramm (▶ Abbildung 7.1 rechts) ist je ein Balken für Frauen und Männer vorhanden, die drei Schichten jedes Balkens spiegeln die Interessensverteilung innerhalb der zwei Geschlechtergruppen wieder.

Balkendiagramme mit relativen Häufigkeiten

Kommen entweder die Zeilen- oder Spaltenprozentangaben als Höhen der einzelnen Balkenbestandteile vor, entstehen gestapelte Balkendiagramme mit gleich hohen Balken (die Balkenhöhe ist jeweils 100 %).

R

```
> par(mfrow = c(1, 2))
> barplot(t(prop.table(tabwellness, 1)), main = "Zeilenprozent",
+     legend = TRUE, xlim = c(0, 4))
> barplot(prop.table(tabwellness, 2), main = "Spaltenprozent",
+     legend = TRUE, xlim = c(0, 5))
> par(mfrow = c(1, 1))
```

Ohne Setzen der Option `legend=TRUE` wird keine Legende erstellt. Es kann leicht vorkommen, dass die Legende teilweise von einem Balken bedeckt wird. Will man das verhindern, kann mit der Option `xlim` = gespielt werden.

In beiden gestapelten Balkendiagrammen (▶ Abbildung 7.2) sind die Balken auf eine Höhe von 1.0 (= 100 %) hochgezogen. Die einzelnen Schichten der Balken zeigen entweder die Zeilen- oder Spaltenprozente an. Sollen in diesem Beispiel Männer und Frauen hinsichtlich ihres Interesses an Wellness-Angeboten verglichen werden, so ist dazu ein gestapeltes Balkendiagramm, das den Zeilenprozenten entspricht, am besten geeignet. Bei diesem stehen die zwei Balken für Frauen bzw. Männer, die Unterteilung der Balken erfolgt nach den relativen Häufigkeiten für die drei Interessenskategorien. Die Legende hilft bei der Interpretation der einzelnen Balkenteile.

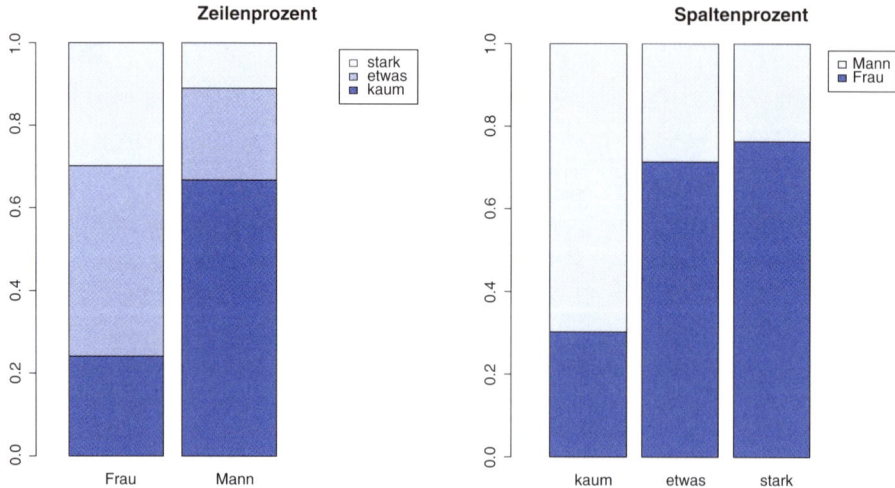

Abbildung 7.2: Balkendiagramme mit relativen Häufigkeiten

Spine- und Mosaikplot

Ähnlich einem gestapelten Balkendiagramm mit relativen Häufigkeiten sind SPINE-PLOT und MOSAIKPLOT.

R

```
> par(mfrow = c(1, 2))
> spineplot(tabwellness, main = "Spineplot")
> mosaicplot(tabwellness, main = "Mosaikplot")
> par(mfrow = c(1, 1))
```

Bei beiden Plots (▶ Abbildung 7.3) sind die Balken nicht gleich breit. Die unterschiedlichen Balkenbreiten sind proportional zu den Anzahlen befragter Frauen und befragter Männer. Beim Spineplot sind die Balkenteile ohne Zwischenraum übereinandergestapelt, die Skala auf der rechten Seite hilft bei der Interpretation. Mosaikplots können aber auf drei- und vierdimensionale Kreuztabellen erweitert werden.

Fallbeispiel 5: Wellness: Interpretation der Beschreibungen

Die Kreuztabelle gibt die Auszählung der insgesamt sechs Kategorienkombinationen wieder. Von den relativen Häufigkeitstabellen gestattet die mit Zeilenprozentangaben den besten Vergleich über das Interesse an Wellness-Angeboten bei Frauen und Männern. Nur ca. ein Viertel der Frauen hat kaum Interesse an Wellnessangeboten, bei Männern beträgt dieser Anteil ziemlich genau zwei Drittel.

Sowohl das Balkendiagramm mit Zeilenprozent (▶ Abbildung 7.2) als auch Spineplot beschreiben diesen Sachverhalt grafisch (▶ Abbildung 7.3).

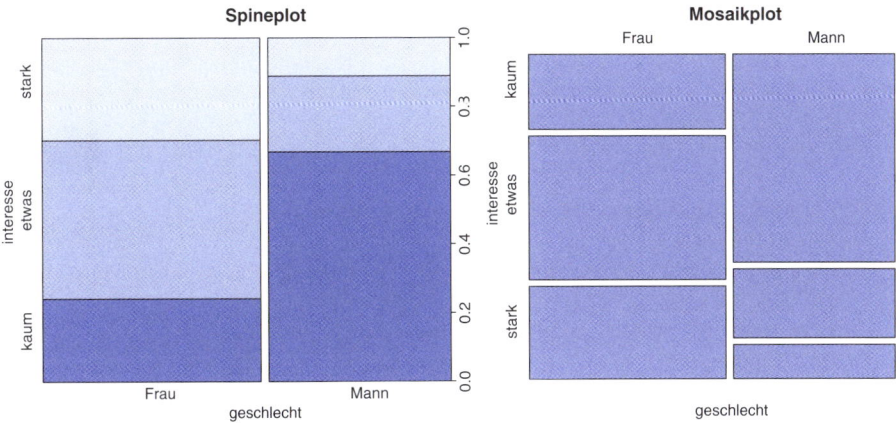

Abbildung 7.3: Spine- und Mosaikplot

Während bei der Definition der Kreuztabelle die Zuordnung der Variablen zu Zeilen und Spalten mehr oder weniger beliebig ist, soll bei der Angabe für die gestapelten Balkendiagramme jene Variable für die X-Achse angegeben werden, die die unterschiedlichen Gruppen definiert (im vorigen Beispiel ist das die Variable `geschlecht` mit den zwei Gruppen *Frau* und *Mann*).

7.2 Ist die Verteilung von Häufigkeiten in verschiedenen Gruppen gleich?

Fallbeispiel 6: Freizeit und Beziehung

Datenfile: `freizeit.csv`

In einer Arbeit an der WU Wien wurden Personen im Alter zwischen 25 und 39 Jahren zu ihrem Freizeitverhalten befragt. Die Hauptaktivitäten in der Freizeit wurden einer von vier Kategorien zugeordnet:

- Erlebnisorientiert: Reisen, Unterhaltung, Sport, Restaurantbesuche
- Engagement: Vereine, Politik, ehrenamtliche Tätigkeiten
- Kultur: künstlerische und musische Tätigkeiten, Besuch von Museen, Ausstellungen, Theatern und Opern
- Soziales: Besuch bei Freunden und Verwandten

Freizeitaktivitäten erfordern Zeit, Geld, interessierte und/oder verständnisvolle Partner. Daher wurde auch die Lebenssituation in der Form berücksichtigt, dass gefragt wurde, ob jemand ohne festen Partnerschaft lebt und wenn ja, ob es Kinder zu betreuen gibt oder nicht.

Gibt es Unterschiede in den Freizeitaktivitäten je nach Beziehungsstatus?

Für dieses Beispiel lesen wir zuerst die Daten ein, vergeben Labels für die Kategorien und erstellen eine Kreuztabelle mit den Randhäufigkeiten.

R

```
> freizeit <- read.csv2("freizeit.csv", header = TRUE)
> attach(freizeit)
> beziehung <- factor(beziehung, labels = c("Single",
+     "Paar_ohne_K", "Paar_mit_K"))
> aktivitaet <- factor(aktivitaet, labels = c("Erlebnis",
+     "Engagement", "Kultur", "Soziales"))
> detach(freizeit)
> tabfreizeit <- table(beziehung, aktivitaet)
> addmargins(tabfreizeit)
```

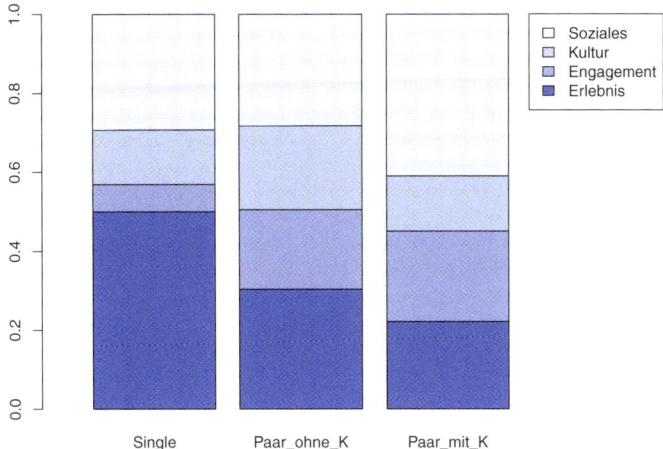

Abbildung 7.4: Balkendiagramm der Freizeitaktivitäten

beziehung	aktivitaet				
	Erlebnis	Engagement	Kultur	Soziales	Sum
Single	29	4	8	17	58
Paar_ohne_K	30	20	21	28	99
Paar_mit_K	27	28	17	50	122
Sum	86	52	46	95	279

Ein Bild der Stichprobe machen wir uns anhand eines Balkendiagramms. Da wir die drei Gruppen als Zeilen der Kreuztabelle definieren, berechnen wir für das Balkendiagramm Zeilenprozente prop.table(tabfreizeit,1) und lassen uns diese Zeilen als Balken darstellen.

R

```
> barplot( t(prop.table(tabfreizeit,1)), legend=TRUE,
+        xlim = c(0,5.5) )
```

Allgemein wird eine kategoriale Variable (es ist die abhängige oder Responsevariable) in zwei oder mehreren Gruppen beobachtet. Die Fragestellung lautet: Gibt es Unterschiede in der Verteilung dieser kategorialen Variablen in den Gruppen?

Im CHI-QUADRAT-HOMOGENITÄTSTEST (oder kurz HOMOGENITÄTSTEST) erfolgt die Aufteilung der Fragestellung in eine Null- und eine Alternativhypothese:

- H_0: Die Verteilung der abhängigen Variablen ist in allen Gruppen gleich.
- H_A: Zumindest zwei Gruppen unterscheiden sich in dieser Verteilung.

Als Maßzahl dient wie im vorigen Kapitel das Pearson-X^2 mit der Idee, beobachtete und erwartete Häufigkeiten zu vergleichen.

In der Kreuztabelle haben wir die Matrix der beobachteten Häufigkeiten o_{ij} gegeben (die Notation ist – bedingt durch den Doppelindex – etwas komplizierter). Dieser

Matrix wird die Matrix (mit gleich vielen Zeilen und Spalten) der erwarteten Häufigkeiten e_{ij} gegenübergestellt, deren Eintragungen unter der Annahme der Nullhypothese berechnet werden.

Exkurs 7.1 Berechnung erwarteter Häufigkeiten

Zur Berechnung der erwarteten Häufigkeiten unter der Annahme, dass die Nullhypothese zutrifft, sind nur die Randsummen der Kreuztabelle notwendig. Angenommen, eine abhängige Variable A mit den Kategorien $A1$, $A2$ und $A3$ sei in den zwei Gruppen $B1$ und $B2$ beobachtet worden und habe in einer Kreuztabelle folgende Randsummen ergeben:

Faktor A	Faktor B B1	B2	gesamt
A1			60
A2			150
A2			90
gesamt	100	200	300

In Gruppe $B1$ sind 100 ($= o_{+1}$), in $B2$ 200 ($= o_{+2}$) Beobachtungen.

Eine Schätzung für den Anteil von Kategorie $A1$ an allen Beobachtungen aus der Stichprobe wäre: $60/300 = 0.2$ ($= o_{1+}/n$).

Angenommen, die Anteile für $A1$ sind in beiden Gruppen gleich (H_0), wie viele der 100 Beobachtungen von $B1$ würden wir in Kategorie $A1$ erwarten?

$$100 \cdot 0.2 = 20 = 100 \cdot \frac{60}{300} = \frac{o_{+1} \cdot o_{1+}}{n}$$

Die analoge Berechnung für die 200 Beobachtungen von $B2$ ergibt:

$$200 \cdot 0.2 = 40 = 200 \cdot \frac{60}{300} = \frac{o_{+2} \cdot o_{1+}}{n}$$

Für die zwei restlichen Zeilen können die Werte ähnlich bestimmt werden und folgende Gesetzmäßigkeit lässt sich ableiten.

Die erwarteten Häufigkeiten sind das Produkt der zugehörigen Randsummen dividiert durch den Stichprobenumfang.

Faktor A	Faktor B B1	B2	gesamt
A1	20	40	60
A2	50	100	150
A2	30	60	90
gesamt	100	200	300

Die im Exkurs abgeleitete Berechnung lautet rein formal:

Berechnung erwarteter Häufigkeiten

$$e_{ij} = \frac{o_{i+} \cdot o_{+j}}{n} \qquad (7.1)$$

- o_{i+} i-te Zeilensumme
- o_{+j} j-te Spaltensumme
- n ... Stichprobenumfang

Die Berechnung der zu $o_{11} = 29$ entsprechenden erwarteten Häufigkeit ergibt $e_{11} = 58 \cdot 86/279 = 17.88$.

Analog könnten die anderen Eintragungen für die Matrix der erwarteten Werte bestimmt werden. Man gelangt zu folgender Matrix:

```
             aktivitaet
beziehung     Erlebnis Engagement Kultur Soziales
  Single         17.9       10.8    9.56     19.8
  Paar_ohne_K    30.5       18.4   16.32     33.7
  Paar_mit_K     37.6       22.7   20.11     41.5
```

Die Berechnung des Pearson-X^2 geschieht wie im vorigen Kapitel durch Vergleich der beobachteten und erwarteten Häufigkeiten, in der Formel treten wegen der zwei Indizes zwei Summenzeichen auf.

Berechnung von X^2 aus Kreuztabellen

$$X^2 = \sum_{i=1}^{I} \sum_{j=1}^{J} \frac{(o_{ij} - e_{ij})^2}{e_{ij}} \qquad (7.2)$$

- o_{ij} ... beobachtete Häufigkeit für die Kategorienkombination i und j
- e_{ij} ... erwartete Häufigkeit für die Kategorienkombination i und j
- I, J ... Gesamtanzahl der Kategorien der beiden Faktoren

Für das Beispiel der Freizeitaktivitäten bedeutet es rechnerisch:

$$X^2 = \frac{(29 - 17.88)^2}{17.88} + \frac{(4 - 10.81)^2}{10.81} + \cdots = 20.71$$

Stimmen – im Extremfall – beobachtete und erwartete Häufigkeiten überein, ist $X^2 = 0$. Sind die Unterschiede nur gering, ist auch der X^2-Wert (relativ) klein. Kleine Werte sprechen also für H_0, große Werte eher dagegen. Die Grenze, ab der ein X^2-Wert als so groß angesehen wird, dass H_0 verworfen wird, geben Werte einer χ^2-Verteilung mit $df = (I - 1) \cdot (J - 1)$ Freiheitsgraden an (siehe auch Appendix 6.9 zum vorigen Kapitel).

```
> chisq.test(tabfreizeit, correct = FALSE)
```

```
        Pearson's Chi-squared test

data:  tabfreizeit
X-squared = 20.7, df = 6, p-value = 0.002071
```

Der Testoutput enthält die wesentlichen Angaben zum Test.

- Der -Wert (`X-squared`) beträgt rund .
- Die Angabe zu den Freiheitsgraden (`df`) ($df = (3 - 1) \cdot (4 - 1) = 6$).
- Der p-Wert (`p-value`) ist mit 0.00207 relativ klein.

Fallbeispiel 6: Freizeit: Interpretation des Tests

Ein Homogenitätstest zur Überprüfung gleicher Verteilung der Hauptaktivitäten in der Freizeit zeigt ein signifikantes Ergebnis ($X^2 = 20.71$, $df = 6$, $p = 0.002$).
Die Nullhypothese gleicher Verteilung muss verworfen werden.
Das gestapelte Balkendiagramm (▶ Abbildung 7.4) zeigt, dass Aktivitäten, die in der Kategorie Erlebnis zusammengefasst sind, überproportional von Singles, Aktivitäten, die unter Soziales fallen, eher von Nichtsingles mit zu betreuenden Kindern verfolgt werden.

Mit der Option `correct=FALSE` wird das Pearson-X^2 wie oben beschrieben bestimmt. Die voreingestellte Stetigkeitskorrektur nach Yates wird dadurch unterdrückt. Bei dieser gehen nicht die Differenzen ($o_{ij} - e_{ij}$), sondern die korrigierten Differenzen ($|o_{ij} - e_{ij}| - 0.5$) in die Berechnung von X^2 ein.

7.3 Unterscheiden sich Anteile in zwei oder mehreren Gruppen?

In diesem Abschnitt vergleichen wir Anteile in zwei oder mehreren Gruppen. Das kann als Sonderfall des vorigen Abschnitts aufgefasst werden und mit dem Homogenitätstest überprüft werden.

Bei geringem Stichprobenumfang ist der Fisher-Test die bessere Wahl. Diesen stellen wir am Ende dieses Abschnitts vor.

Fallbeispiel 7: Rauchverhalten Jugendlicher

In der OECD-Studie „Society at a Glance, OECD Social Indicators." (OECD, 2009) wurde auch das Risikoverhalten (Konsum von Alkohol, Nikotin, illegaler Drogen etc.) Jugendlicher untersucht. Danach rauchen in Deutschland 25 % der 15-Jährigen regelmäßig, in Österreich 30 % und in der Schweiz 18 %.

Unterscheiden sich die Anteile der jugendlichen Raucher in den drei Ländern?

Die Fragestellung ist natürlich so zu verstehen, dass nach signifikanten Unterschieden gefragt wird. Zur Beantwortung fehlen noch Angaben zu der Anzahl Befragter in den drei Ländern. In der Veröffentlichung der Studie sind keine absoluten Zahlen zu den einzelnen Jahrgängen enthalten. Unter der Annahme, dass die Anzahl Befragter in allen Jahrgängen gleich ist, können wir die Anzahl Raucher und Nichtraucher in den drei Länderstichproben bestimmen (▶ Tabelle 7.1).

Die Fragestellung führt zu einer wichtigen Anwendung des Homogenitätstests, nämlich zum Vergleich von Anteilen in mehreren Gruppen, hier in den drei Ländern.

7.3.1 Eingabe einer Tabelle

Meist wird in der Statistik von Einzeldaten ausgegangen. Kommen nur eine oder zwei kategoriale Variablen vor, werden die Datensätze oft nur in Tabellen, in diesem Kapitel in Form von Kreuztabellen, präsentiert. Wie kann die Information aus der Tabelle mit den Raucherdaten (▶ Tabelle 7.1) schnell für R verfügbar gemacht werden?

Eine Möglichkeit ist, die Tabelle in Form einer Matrix einzugeben, die Beschriftung

	Raucher	Nichtraucher	Gesamt	% Raucher
Deutschland	75	225	300	25
Österreich	60	140	200	30
Schweiz	36	164	200	18

Tabelle 7.1: Rauchverhalten 15-Jähriger

von Zeilen und Spalten ersetzt die Labels der einzelnen Kategorien. Eingegeben wird nur die eigentliche Kreuztabelle, also nur die ersten zwei Spalten.

R

```
> tabrauchen <- matrix(c(75, 225, 60, 140, 36, 164),
+     byrow = TRUE, nr = 3)
> rownames(tabrauchen) <- c("D", "A", "CH")
> colnames(tabrauchen) <- c("Ja", "Nein")
> spineplot(tabrauchen, main = "Rauchverhalten Jugendlicher",
+     xlab = "Land", ylab = "Raucht")
```

7.3.2 Vergleich der Anteile

Der Homogenitätstest hilft bei der Beantwortung der Frage, ob die Unterschiede signifikant sind.

R

```
> chisq.test(tabrauchen, correct = FALSE)
```

```
        Pearson's Chi-squared test

data:  tabrauchen
X-squared = 7.9, df = 2, p-value = 0.01932
```

Fallbeispiel 7: Rauchen: Interpretation des Anteilstests

Um die Anteile jugendlicher Raucher in drei Ländern zu vergleichen, wurde ein Homogenitätstest angewendet.

Das Ergebnis ($X^2 = 7.89$, $df = 2$, $p = 0.019$) besagt, dass es signifikante Unterschiede in den Anteilen jugendlicher Raucher gibt.

In Österreich ist dieser Anteil am höchsten, in der Schweiz am geringsten (▶ Abbildung 7.5).

In diesem Beispiel wurden drei Gruppen (Länder) verglichen. Den Sonderfall, dass die Anteile von zwei Gruppen verglichen werden, nennt man ZWEI-STICHPROBEN-ANTEILSTEST.

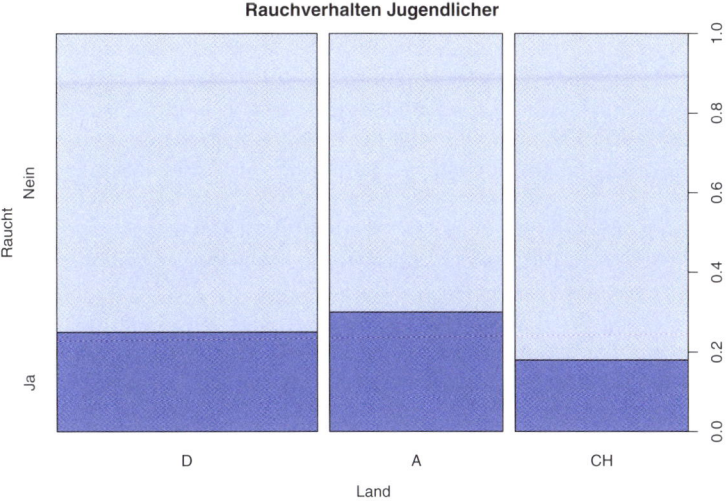

Abbildung 7.5: Rauchverhalten Jugendlicher: Spineplot

7.3.3 Exakter Test nach Fisher

Fallbeispiel 8: Doppelbesteuerungsabkommen vor dem VwGH

Doppelbesteuerungsabkommen (DBA) zwischen Staaten sollen verhindern, dass Personen (auch juristische Personen), die in mehreren Staaten Einkommen beziehen, diese mehrfach versteuern müssen. Trotz (oder wegen) solcher Abkommen kann es aber auch zu unklaren steuerrechtlichen Situationen kommen, die durch alle verwaltungsrechtlichen Instanzen gehen.

In diesem Beispiel sollen die Entscheidungen des Verwaltungsgerichtshofs (VwGH) der Republik Österreich aus den Jahren 2000 bis 2004 zum Thema DBA-Recht untersucht werden.

Vertretung	Entscheidung	
	Abweisung	Aufhebung
Rechtsanwalt	17	12
Wirtschaftsprüfer	3	4

Unterscheiden sich die Erfolgsaussichten von Beschwerden je nachdem, ob Rechtsanwälte oder Wirtschaftsprüfer die Beschwerde vertreten?

Die Zusammenfassung für beide Vertretungsformen ist eine Kreuztabelle mit nur zwei Zeilen und zwei Spalten. Solche minimalen Kreuztabellen werden auch VIER-FELDERTAFELN oder 2×2-TAFELN genannt.

Die Auswertung mit dem Homogenitätstest ist wegen niedriger erwarteter Häufigkeiten nicht zu empfehlen. Vor allem für die Eintragungen in der unteren Zeile wären die Werte recht niedrig (die Faustregel lautet: die erwarteten Häufigkeiten sollten über 5 liegen).

Einen Ausweg bietet der EXAKTE TEST NACH FISHER. Bei diesem werden alle denkbaren Kreuztabellen mit denselben Randsummen wie in der Stichprobe bestimmt, die mindestens so stark wie die der Stichprobe gegen die Nullhypothese sprechen.

Die Formulierung der Alternativhypothese in R verwendet den Begriff des Odds-Ratio, auf das wir erst in einem späteren Abschnitt (Abschnitt 7.5) genauer eingehen. Ein Odds-Ratio von 1 bedeutet gleiche Anteile in beiden Gruppen, ein Odds-Ratio größer (bzw. kleiner) 1 bedeutet, dass der Anteil für Abweisung in der ersten Gruppe (also RA) höher (bzw. geringer) ist als in der zweiten Gruppe.

R

```
> dba <- matrix(c(17, 12, 3, 4), nr = 2, byrow = TRUE)
> rownames(dba) <- c("RA", "WP")
> colnames <- c("Abweisung", "Aufhebung")
> fisher.test(dba)
```

```
        Fisher's Exact Test for Count Data

data:  dba
p-value = 0.675
alternative hypothesis: true odds ratio is not equal to 1
95 percent confidence interval:
  0.260 15.082
sample estimates:
odds ratio
      1.86
```

Fallbeispiel 8: DBA: Interpretation des Fisher-Tests

In der Stichprobe hat es bei vier von sieben Beschwerden, die durch Wirtschaftsprüfer vertreten wurden, eine Aufhebung des Steuerbescheids gegeben, also bei mehr als 50 %. Bei Rechtsanwälten liegt diese Quote eindeutig unter 50 %.

Dieser beobachtete Unterschied ist aber nach dem eingesetzten Fisher-Test nicht signifikant (p-Wert: 0.675).

Obwohl in der Stichprobe Wirtschaftsprüfer bei VwGH-Beschwerden in DBA-Angelegenheiten besser abschneiden, ist der Unterschied zu Rechtsanwälten nicht signifikant.

Der Fisher-Test ist nicht auf 2×2-Tabellen beschränkt, sondern kann auf Kreuztabellen mit mehr als zwei Zeilen und/oder Spalten erweitert werden.

7.4 Sind zwei kategoriale Variablen unabhängig?

In den zwei vorigen Abschnitten 7.2 und 7.3 wurden Unterschiede einer abhängigen Variablen zwischen Gruppen überprüft. In diesem Abschnitt sind keine Gruppen vorgegeben, die Aufteilung in eine abhängige und eine Gruppenvariable ist nicht gegeben. Ziel ist die Untersuchung, ob eine Beziehung zwischen den Variablen besteht.

Fallbeispiel 9: Gentechnik und Atomenergie

Datenfile: `technologie.csv`

In einer Projektarbeit an der WU Wien erhoben Studierende im Sommersemester 2005 die Einstellung zu mehreren technologischen Themen. Die Einstellung zu diesen Themen wurde bei ca. 200 Personen auf einer 5-teiligen Likertskala (*sehr negativ, eher negativ, neutral, eher positiv, sehr positiv*) erhoben.

Unter den Themen waren auch die in Österreich eher negativ vorbesetzten Technologien Atomenergie zur Energiegewinnung und Gentechnik. Gentechnik wurde weiter untergliedert in mehrere Anwendungen, hier beziehen wir uns auf die Frage nach Gentechnik in der Medizin.

| | Einstellung zur Atomenergie | | | | |
zur Gentechnik	sehr neg.	eher neg.	neutral	eher pos.	sehr pos.
sehr negativ	40	2	5	0	0
eher negativ	18	5	9	4	2
neutral	6	9	7	5	3
eher positiv	11	7	3	0	2
sehr positiv	7	4	10	7	2

Ist die Einstellung zum Einsatz der Gentechnik in der Medizin unabhängig von der Einstellung zur Atomenergie?

7.4.1 Datenaufbereitung

Likertskalen sind ordinale Skalen, folglich liegen hier zwei ordinale Variablen vor. Ordinale Variablen werden meist den kategorialen Variablen zugeordnet, obwohl es einige Methoden speziell für ordinale Variablen gibt.

Auch wir lassen die Ordnung innerhalb der Kategorien unberücksichtigt, umso mehr, als wegen des geringen Stichprobenumfangs eine Aggregation innerhalb beider Variablen notwendig ist. Es haben nämlich sowohl zur Atomenergie als auch zur

alte Labels	alte Werte		neue Werte	neue Labels
sehr negativ	1	→	1	contra
eher negativ	2	→	1	
neutral	3	→	2	neutral
eher positiv	4	→	3	pro
sehr positiv	5	→	3	

Tabelle 7.2: Umkodierung

Gentechnik wenig Personen eine eher oder sehr positive Einstellung gezeigt. Daher werden wir die 5-stufige Likertskala auf eine 3-stufige Skala reduzieren; die Kategorien *sehr positiv* und *eher positiv* wurden zur Kategorie *pro*, die Kategorien *sehr negativ* und *eher negativ* zur Kategorie *contra* zusammengefasst (▶ Tabelle 7.2).

Nach dem Einlesen der Daten stehen die 5-stufigen Likertitems atomenergie und gentechnik bereit. Diese werden mit der Funktion cut() in die Variablen atom und gent umkodiert (eine andere Möglichkeit bietet ifelse() Abschnitt 6.2). Mit cut(atomenergie, c(0,2,3,5)) wird für jede Beobachtung überprüft, ob die Einstellung zur Atomenergienutzung zahlenmäßig im Bereich $(0,2]$, $(2,3]$ oder $(3,5]$ liegt. Das passende Intervall wird der neuen Variablen atom zugewiesen. Analog wird gentechnik in gent umkodiert. Im Anschluss werden die neuen Variablen mit neuen Labels versehen. Kreuztabellen – hier erstellen wir nur die für Atomenergie – helfen bei der Überprüfung des Umkodierens.

R

```
> technologie <- read.csv2("technologie.csv", header = TRUE)
> attach(technologie)
> atom <- cut(atomenergie, c(0, 2, 3, 5))
> atom <- factor(atom, labels = c("contra", "neutral", "pro"))
> gent <- cut(gentechnik, c(0, 2, 3, 5))
> gent <- factor(gent, labels = c("contra", "neutral", "pro"))
> table(atom, atomenergie)
```

```
        atomenergie
atom       1  2  3  4  5
  contra  47 38  0  0  0
  neutral  0  0 30  0  0
  pro      0  0  0 23 30
```

7.4.2 Unabhängigkeitstest

Uns interessiert, ob es eine Beziehung zwischen der Einstellung zur Atomenergie und der zur Gentechnik gibt.

Von einer Beziehung zwischen zwei Variablen spricht man, wenn das Wissen über die Ausprägung einer Variable (z. B. jemand ist gegen Atomenergie) hilft, die Ausprägung der anderen Variablen vorherzusagen (z. B. jemand ist dann eher gegen Gentechnik). Existiert eine solche Beziehung nicht, spricht man in der Wahrscheinlichkeitstheorie von Unabhängigkeit.

Den zugehörigen Test nennt man CHI-QUADRAT-UNABHÄNGIGKEITSTEST oder kurz UNABHÄNGIGKEITSTEST. Er arbeitet mit dem Hypothesenpaar:

- H_0: Die beiden Variablen sind unabhängig.
- H_A: Die beiden Variablen sind nicht unabhängig.

Technisch ist er identisch mit dem Homogenitätstest. Den beobachteten werden die erwarteten Häufigkeiten gegenübergestellt, deren Berechnung geschieht nach Formel 7.1 (auf eine Begründung verzichten wir hier).

Der Vergleich dieser Häufigkeiten führt zu einem X^2-Wert, der anhand einer passenden χ^2-Verteilung beurteilt wird.

Wir erstellen einen Mosaikplot (mit der Option color=TRUE etwas farbiger) und rufen den Unabhängigkeitstest auf.

R

```
> tabtech <- table(atom, gent)
> mosaicplot(tabtech, main = "Technologien", color = TRUE)
> chisq.test(tabtech, correct = FALSE)
```

```
        Pearson's Chi-squared test

data:  tabtech
X-squared = 12.4, df = 4, p-value = 0.01479
```

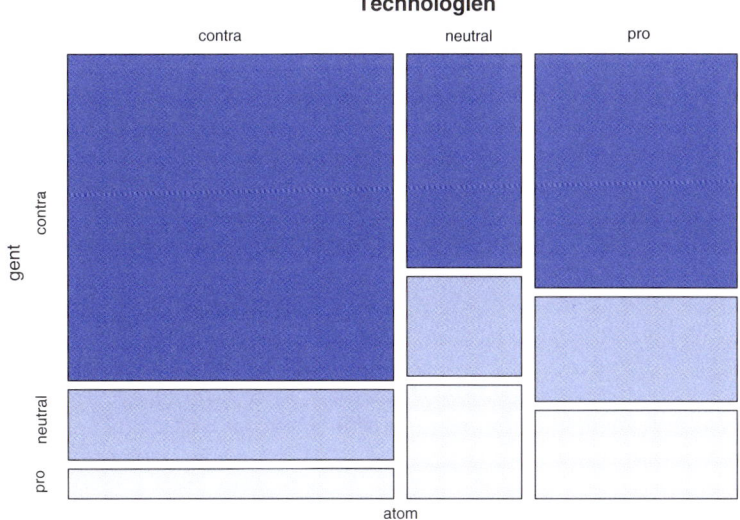

Abbildung 7.6: Einstellung zu Technologien: Mosaikplot

Fallbeispiel 9: Technologien: Erste Interpretation des Testergebnisses

Um die Unabhängigkeit der Einstellung zu Gentechnologie und der zu Atomkraft zu überprüfen, wurde ein Unabhängigkeitstest eingesetzt.

Das Ergebnis ist signifikant ($X^2 = 12.37$, $df = 4$, $p = 0.015$). Die Nullhypothese der Unabhängigkeit wird daher verworfen.

Die Einstellungen zu Gentechnologie und zu Atomkraft sind abhängig.

Eine Frage, die unmittelbar auf diese Interpretation folgen kann, ist: Wie sieht diese Abhängigkeit aus?

Zur Untersuchung der Abhängigkeit gibt es zwei einfache Zugänge, die in R leicht zu beschreiten sind. Es kann auf einzelne Teile von Funktionen zugegriffen werden, etwa beim Chi-Quadrat-Test auf beobachtete und erwartete Häufigkeiten, Residuen etc.

- Untersuchung der Differenzen zwischen beobachteten und erwarteten Häufigkeiten $o_{ij} - e_{ij}$

R

```
> test <- chisq.test(tabtech, correct = FALSE)
> diff <- test$observed - test$expected
> round(diff, digits = 3)
```

```
          gent
atom      contra  neutral      pro
  contra   9.851   -3.202   -6.649
  neutral -4.464    0.929    3.536
  pro     -5.387    2.274    3.113
```

Große Abweichungen von beobachteten zu erwarteten Häufigkeiten treten hauptsächlich in den Zeilen 1 und 3, dort jeweils in den Spalten 1 und 3 auf. Die gleiche Einstellung zu beiden Themen ist überrepräsentiert. Positive Einstellung zur einen Technologie bei negativer Einstellung zur anderen Technologie ist hingegen seltener, als man es bei Unabhängigkeit erwarten würde.

- Werden diese Differenzen auf die Größe der erwarteten Häufigkeiten bezogen, gelangen wir zu den Residuen:

$$r_{ij} = \frac{o_{ij} - e_{ij}}{\sqrt{e_{ij}}}$$

Die quadrierten und aufsummierten Residuen ergeben X^2.

R

```
> round(residuals(test), digits = 3)
```

```
         gent
atom     contra neutral    pro
  contra    1.327  -0.772 -1.869
  neutral  -1.012   0.377  1.673
  pro      -0.919   0.694  1.109
```

Die Residuen zeigen, dass die Abweichung in Zeile 1 und Spalte 3 (gegen Atomenergie, für Gentechnik) am stärksten bewertet wird. Das Vorzeichen gibt an, dass die beobachtete kleiner als die erwartete Häufigkeit ist. Da die erwartete Häufigkeit für diese Zelle klein ist, hat diese Differenz den stärksten Einfluss auf den X^2-Wert.

Fallbeispiel 9: Technologien: Interpretation (Teil 2)

Der Unabhängigkeitstest hat auf Abhägigkeiten in der Einstellung zu den beiden Technologien schließen lassen. Die genauere Untersuchung von beobachteten und erwarteten Häufigkeiten lässt den Schluss zu:

Zustimmung zu beiden – aber auch Ablehnung beider – Technologien ist überdurchschnittlich oft anzutreffen.

7.5 Unterscheidet sich das Risiko in zwei Gruppen?

In diesem Abschnitt stellen wir eine Maßzahl vor, mit der der Zusammenhang in einer 2×2-Tabelle angegeben werden kann. Der Signifikanztest für diese Maßzahl ist eine Alternative zum Anteilstest (Abschnitt 7.3).

Fallbeispiel 10: Aufklärungsrate bei Verbrechen

In den Veröffentlichungen des deutschen Bundeskriminalamts ist in der Kriminalstatistik unter anderem die Aufklärungsquote für verschiedene Delikte zu finden (www.bka.de). Aufgliederungen erfolgen für die einzelnen Länder und Städte mit mehr als 200 000 Einwohnern.

Wenn wir Hamburg als Vertreter einer Großstadt mit Mönchengladbach als Vertrotor einer mittelgroßen Stadt vergleichen wollen, gelangen wir auf Basis der Daten für 2008 zu:

	Raubdelikte	Aufklärungsquote
Hamburg	3005	41.5
Mönchengladbach	251	45.4

Unterscheidet sich die Aufklärungsquote bei Raub zwischen Hamburg und Mönchengladbach?

Eine Methode, die Fragestellung zu untersuchen, ist der Anteilstest (Abschnitt 7.3). Damit wird untersucht, ob in der Stichprobe die Unterschiede in den Anteilen so groß sind, dass die Nullhypothese mit der Annahme gleicher Anteile verworfen werden muss.

Oft geht das Interesse über die Frage nach Signifikanz hinaus, man möchte die Stärke des Zusammenhangs messen.

7.5.1 Odds-Ratio

Exkurs 7.2   Assoziation in 2 x 2-Tabellen

Nach Assoziation zwischen zwei Variablen wird gesucht, wenn eine Fragestellung der Art **je/desto** vorliegt. Sinnvoll ist Assoziation also bei ordinalen Variablen, etwa im Beispiel zum Thema Atomenergie/Gentechnik.

In 2 x 2-Tabellen soll Assoziation die Stärke des Zusammenhangs (bei Unabhängigkeitstests) oder den Grad des Unterschieds zwischen zwei Gruppen (bei Homogenitätstests) beschreiben.

X^2-Werte erfüllen diese Aufgabe nicht. Dies zeigt die folgende Tabelle mit drei hypothetischen Datensätzen. Jeweils ist der Prozentsatz in B1 52 % (26/50) für A1 und 48 % (24/50) für A2, in Gruppe B2 sind die beiden Prozentsätze vertauscht. Die Unterschiede zwischen den beiden Gruppen sind also eher gering.

	$n = 100$			$n = 1000$			$n = 10\,000$		
	B1	B2	$\sum$	B1	B2	$\sum$	B1	B2	$\sum$
A1	26	24	50	260	240	500	2600	2400	5000
A2	24	26	50	240	260	500	2400	2600	5000
$\sum$	50	50	100	500	500	1000	5000	5000	10000

$$X^2 = 0.16 \qquad X^2 = 1.6 \qquad X^2 = 16$$
$$p = 0.689 \qquad p = 0.206 \qquad p < 0.001$$

Je höher der Stichprobenumfang, desto höher der X^2-Wert. Für $n = 100$ und $n = 1000$ ist das Ergebnis nicht signifikant, bei $n = 10\,000$ ist es hoch signifikant.

Der X^2-Wert besagt nur, dass es einen möglicherweise signifikanten Zusammenhang zwischen zwei Variablen gibt. Es ist keine Aussage, dass der Zusammenhang stark ist oder sich die Anteile in zwei Gruppen stark unterscheiden. Als Assoziationsmaß ist der X^2-Wert also nicht geeignet.

Ein durchaus gangbarer Weg ist, die Differenz zwischen den Anteilen als Maß heranzuziehen. Im obigen Beispiel wäre der Unterschied jeweils 4 % (= 52 % − 48 %), unabhängig vom Stichprobenumfang.

Ebenso vernünftig und brauchbar ist der Ansatz, das Verhältnis der Anteile zu bilden, also $0.52/0.48 = 1.083$, wiederum unabhängig vom Stichprobenumfang.

Ein anderes und weit verbreitetes Maß wird im Folgenden vorgestellt. Es stammt aus dem englischsprachigen Raum, in dem Wetten üblicher sind und damit verbunden das Bewerten der zugehörigen Quoten bekannter ist.

	Aufklärungsquote	Raubdelikte	Delikt aufgeklärt? Ja	Nein
Hamburg	41.5	3005	1247	1758
Mönchengladbach	45.4	251	114	137

Tabelle 7.3: Aufklärungsquoten bei Raub

> Die ODDS für eine bestimmte Kategorie ist das Verhältnis der Häufigkeiten dieser Kategorie und der Häufigkeit für die andere Kategorie.
>
> Das ODDS-RATIO in einer 2 × 2-Tabelle ist das Verhältnis der Odds von Spalte 1 und Spalte 2.
>
> Statt Odds wird im Deutschen auch der Begriff CHANCE verwendet, statt Odds-Ratio CHANCENVERHÄLTNIS.

Für das Fallbeispiel 10 müssen aus den Angaben zur Anzahl von Delikten und der Aufklärungsquote die aufgeklärten und nicht aufgeklärten Fälle ermittelt werden (► Tabelle 7.3). Mit diesen Angaben können wir Odds und Odds-Ratio leicht berechnen.

- Die Odds für Hamburg sind $1247/1758 = 0.709$, für Mönchengladbach $114/137 = 0.832$.
- In beiden Städten sind die Odds unter 1, weil es jeweils weniger aufgeklärte als nicht aufgeklärte Raubdelikte gab.
- Das Odds-Ratio beträgt

$$OR = \frac{1247/1758}{114/137} = 0.852$$

- Da der Wert unter 1 liegt, ist in Hamburg die Aufklärungsquote bei Raub geringer als in Mönchengladbach.

Odds dürfen nicht mit Wahrscheinlichkeiten verwechselt werden. Die (aus der Stichprobe geschätzte) Wahrscheinlichkeit für die Aufklärung eines Raubs in Hamburg wäre $1247/(1247 + 1758) = 0.415$. Wahrscheinlichkeiten liegen immer zwischen 0 und 1, Odds können auch Werte größer 1 annehmen.

Die Aufklärungsquoten in der Kriminalstatistik des BKA sind die Anteile aufgeklärter Kriminalfälle.

Eigenschaften des Odds-Ratio

- Das Odds-Ratio ist auch das Verhältnis des Produkts der Diagonalelemente zum Produkt der Gegendiagonalelemente.

$$OR = \frac{1247/1758}{114/137} = \frac{1247 \cdot 137}{1758 \cdot 114} = 0.852$$

Aufgrund dieser Eigenschaft taucht das Odds-Ratio in der englischsprachigen Literatur auch als CROSS-PRODUCT-RATIO auf.

- Odds-Ratios können theoretisch alle nichtnegativen Werte annehmen.
- Ist das $OR = 1$, so ist das gleichbedeutend damit, dass die Odds in beiden Gruppen gleich sind. Der Wert von $OR = 1$ kann also als Vergleichswert für Unabhängigkeit (bzw. Homogenität der beiden Gruppen) herangezogen werden.
- Ist $OR > 1$, so sind die Odds für Gruppe 1 höher.
- Ist $OR < 1$, so sind die Odds für Gruppe 1 niedriger und für Gruppe 2 höher.
- Odds-Ratios weit entfernt von 1 bedeuten einen stärkeren Zusammenhang als ein Wert dazwischen. Ein OR von 4 steht für einen stärkeren Zusammenhang als ein OR von 2 (ebenso tut dies ein OR von 0.3 verglichen mit einem OR von 0.5).
- Werden entweder Zeilen oder Spalten vertauscht, so ändert sich das Odds-Ratio auf den Kehrwert.
  Hätte man im obigen Beispiel die Zeilen (Städte) vertauscht, wäre man zu einem $OR = 1/0.852 = 1.174$ gelangt. Die Folge in der Interpretation: Die Odds für Aufklärung eines Raubs sind in Mönchengladbach etwas größer als in Hamburg.
- Werden sowohl Zeilen als auch Spalten vertauscht, so ändert sich das Odds-Ratio nicht.

7.5.2 Odds-Ratio-Test

Durch Logarithmieren der Odds-Ratios (man spricht dann auch von LOG-ODDS-RATIOS) wird ein $OR < 1$ auf negative Werte, ein $OR > 1$ auf positive Werte transformiert. Ein $OR = 1$ entspricht einem Log-Odds-Ratio von 0.

Für logarithmierte Odds-Ratios gilt auch, dass diese asymptotisch (also für große Stichproben) normalverteilt (Abschnitt 8.1.2) sind. Diese Eigenschaft ist die Basis für den ODDS-RATIO-TEST, der mit dem Hypothesenpaar arbeitet:

- H_0: Das Odds-Ratio hat in der Grundgesamtheit den Wert 1 (entspricht gleichen Chancen in beiden Gruppen).
- H_A: Das Odds-Ratio ist ungleich 1.

Für den Odds-Ratio-Test benötigen wir das Package vcd (Meyer et al., 2010). Mit oddsratio() wird in der Voreinstellung das Log-Odds-Ratio berechnet.

R

```
> library("vcd")
> aufklaerung <- matrix(c(1247, 1758, 114, 137),
+     nr = 2, byrow = TRUE)
> lor <- oddsratio(aufklaerung)
> summary(lor)
```

```
      Log Odds Ratio Std. Error z value Pr(>|z|)
[1,]          -0.160      0.132   -1.21     0.11
```

Will man von der logarithmierten Skala auf das eigentliche Odds-Ratio umrechnen, muss man das Ergebnis exponenzieren oder im Aufruf von oddsratio() die Option log=FALSE einsetzen. Mit etwas Aufwand formatieren wir die Ausgabe des Log-Odds-Ratios (lor), des Odds-Ratios (or) und der Konfidenzintervalle dafür (lorKI und orKI).

```
> lorKI <- confint(lor)
> or <- oddsratio(aufklaerung, log = FALSE)
> orKI <- confint(or)
> orausgabe <- rbind(c(lor, lorKI), c(or, orKI))
> dimnames(orausgabe) <- list(c("log-Skala", "eigentliche Skala"),
+      c("OR", "KI-Untergrenze", "KI-Obergrenze"))
> orausgabe
```

```
                    OR KI-Untergrenze KI-Obergrenze
log-Skala         -0.160          -0.418         0.0987
eigentliche Skala  0.852           0.658         1.1037
```

Somit liegen folgende Informationen vor:

- Log-Odds-Ratio: -0.1597
- Odds-Ratio: $\exp(-0.1597) = 0.8524$
- Wert der Teststatistik: $z = -1.2111$
- p-Wert des Odds-Ratio-Tests: $p = 0.1129$
- Konfidenzintervall für das Log-Odds-Ratio, symmetrisch um das Log-Odds-Ratio, hier von -0.418 bis 0.0987
- Konfidenzintervall für das Odds-Ratio, es reicht von 0.6584 bis 1.1037. Es ist im Allgemeinen nicht symmetrisch um das beobachtete Odds-Ratio.

Fallbeispiel 10: Aufklärungsrate: Interpretation des Odds-Ratio-Tests

Der Odds-Ratio-Test zum Vergleich der Aufklärungsraten bei Raub zwischen Hamburg und Mönchengladbach zeigt mit einem p-Wert von 0.113 ein nicht signifikantes Ergebnis an.

Zwar ist in der Stichprobe die Aufklärungsrate bei Raub in Mönchengladbach (stellvertretend für eine mittelgroße Stadt gewählt) höher als in der Großstadt. Man kann daraus aber nicht schließen, dass generell die Aufklärungsquote höher ist.

Man hätte diesen Schluss auch aus dem Konfidenzintervall ziehen können, in dem 1 enthalten ist. Somit ist 1 (kein Unterschied) für das Odds-Ratio ein plausibler Wert; es ist somit auch plausibel, davon auszugehen, dass kein Unterschied in der Aufklärungsquote zwischen den beiden Städten besteht.

7.6 Wie kann man Veränderungen von Anteilen testen?

In diesem Abschnitt wollen wir untersuchen, wie und ob sich Anteile verändern. Bevor wir überstürzt einen Chi-Quadrat-Test aufrufen, werfen wir einen Blick auf die Datenlage.

7.6.1 Unabhängige und abhängige Stichproben

Fallbeispiel 11: Image von Fernsehsendern

Datenfile: `tvimage.csv`

In einer Umfrage im Mai 2008, knapp vor der Fußball-EM in Österreich und der Schweiz, wurden 229 Personen (mit Kabel-TV- oder Satelliten-TV-Empfang) im Raum Wien zu ihrem TV-Sehverhalten befragt.

Ein Teil dieser Umfrage zielte darauf ab, Eigenschaften (aktuell, kritisch, informativ, sensationslüstern etc.) von Fernsehsendern herauszufiltern. Wir beschränken uns hier auf eine Eigenschaft, nämlich Aktualität, bei den zwei privaten Sendern Pro7 und RTL.

Unterscheiden sich die zwei Sender in der Einschätzung der Seher bezüglich Aktualität?

R

```
> tvi <- read.csv2("tvimage.csv", header = TRUE)
> attach(tvi)
> aktualitaet <- c("nicht aktuell", "aktuell")
> aktuell_Pro7 <- factor(aktuell_Pro7, labels = aktualitaet)
> aktuell_RTL <- factor(aktuell_RTL, labels = aktualitaet)
> detach(tvi)
> table(aktuell_Pro7, aktuell_RTL)
```

```
                aktuell_RTL
aktuell_Pro7    nicht aktuell aktuell
  nicht aktuell            93      42
  aktuell                  36      58
```

Die Hauptdiagonale der Kreuztabelle gibt an, dass 93 Personen beide Sender als nicht aktuell und 58 Personen beide als aktuell eingestuft haben.

Die Gegendiagonale ist interessanter. 36 Personen haben Pro7 als aktuell und gleichzeitig RTL als nicht aktuell eingestuft. Die gerade gegenteilige Einstufung haben 42 Personen abgegeben.

Es liegen zwei kategoriale Variablen vor, beide mit denselben zwei Kategorien (in diesem Beispiel *nicht aktuell–aktuell*, fast immer in der Art *Ja–Nein*, *Richtig–Falsch*, *Trifft zu–Trifft nicht zu* etc.).

Die Fragestellung lautet: Ist der Anteil für eine bestimmte Kategorie (hier: *aktuell*) gleich in allen Variablen?

Wäre die Fragestellung, ob die Bewertung der Aktualität des einen Senders mit der Bewertung des anderen Senders zusammenhängt, könnte der Unabhängigkeitstest eingesetzt werden. Da die Frage aber auf Unterschiede in den Anteilen abzielt, ist dieser Test nicht die passende Methode. Die Methoden aus dem Abschnitt 7.3 kommen aber auch nicht in Frage, da dort unabhängige Stichproben vorausgesetzt werden (eine Beobachtung ist nur in einer von mehreren Gruppen, die verglichen werden).

Weil die Variablen an denselben Beobachtungseinheiten beobachtet wurden, liegen keine unabhängigen Stichproben vor. Man spricht auch von ABHÄNGIGEN STICHPROBEN, VERBUNDENEN STICHPROBEN oder GEPAARTEN STICHPROBEN.

Der häufigste Fall, bei dem Daten dieser Art auftreten, ist die mehrfache Messung einer Variablen, z. B. einmal **vor** und einmal **nach** einem bestimmten Ereignis. Etwa, ob sich die Präferenz für eine Partei nach einem TV-Duell der SpitzenkandidatInnen geändert hat. Die Fragestellung ist dann die nach einer Veränderung in den Anteilen.

7.6.2 McNemar-Test

Hätte man 229 Personen zum einen und weitere 229 Personen zum anderen Programm befragt, wäre die Fragestellung leicht mit dem Anteilstest aus diesem Kapitel (Abschnitt 7.3) zu beantworten.

Hier liegen aber keine unabhängigen Stichproben vor. Pro Person gibt es je eine Einstufung von Pro7 und eine von RTL.

Wenn ein Sender in Bezug auf Aktualität besser beurteilt wird als der andere, sollten deutlich mehr Personen diesen als gut und den anderen als nicht gut beurteilt haben. Personen, die beide Sender gleich beurteilt haben, tragen nichts zur Bewertung der Unterschiede zwischen den beiden Sendern bei.

Unter der Nullhypothese keiner Unterschiede zwischen den beiden Sendern wäre der Anteil der Personen, die Pro7 als aktuell, RTL aber als nicht aktuell beurteilen, unter all jenen mit unterschiedlicher Einstufung der beiden Sender 50 %.

Im sog. MCNEMAR-TEST wird mit den Gegendiagonalelementen aus der 2 × 2-Kreuztabelle ein Anteilstest auf die Vorgabe von 50 % (also $\pi_0 = 0.5$) gerechnet (Abschnitt 6.4). In der Voreinstellung wird eine Stetigkeitskorrektur bei der Berechnung der Teststatistik durchgeführt, die mit `correct=FALSE` abgestellt werden kann.

R

```
> mcnemar.test(table(aktuell_Pro7, aktuell_RTL), correct=FALSE)

        McNemar's Chi-squared test

data:  table(aktuell_Pro7, aktuell_RTL)
McNemar's chi-squared = 0.462, df = 1, p-value = 0.4969
```

Fallbeispiel 11: Image: Interpretation des McNemar-Tests

Zur Untersuchung, ob Personen eher RTL oder Pro7 aktuell einstufen, kam ein McNemar-Test zur Anwendung. Dieser zeigt ein nicht signifikantes Ergebnis an ($p = 0.497$).

Obwohl in der Stichprobe mehr Personen RTL in Bezug auf Aktualität besser eingeschätzt haben als Pro7, kann nicht auf signifikante Unterschiede geschlossen werden.

7.7 R-Befehle im Überblick

`addmargins(A)` Ergänzt eine Tabelle oder eine Matrix `A` um Randhäufigkeiten.

`barplot(height)` erzeugt ein Balkendiagramm mit Balkenhöhen aus der Tabelle `height`. Mit der Option `beside = TRUE` werden die Balken nebeneinander dargestellt. Mit der Option `legend = TRUE` wird eine Legende zur Identifikation der Balkenteile angefügt.

`chisq.test(x)` berechnet einen χ^2-Test für Kreuztabelle x. Mit der Option `correct=FALSE` wird die sog. Yates-Korrektur unterdrückt.

`colnames(x)` setzt oder fragt die Spaltennamen einer Matrix oder eines Data Frame x ab.

`confint(object)` berechnet Konfidenzintervalle für Parameter eines berechneten Modells `object`; in diesem Kapitel eingesetzt für das Odds-Ratio (wenn die Option `log=FALSE` verewendet wird) oder das Log-Odds-Ratio (in der Voreinstellung, bzw. bei `log=TRUE`). (vcd)

`cut(x, breaks)` teilt den Bereich von x in Intervalle, die durch `breaks` definiert werden, und vergibt Namen entsprechend den Intervallen, in die die Beobachtungen fallen. In diesem Abschnitt wurde dieser Befehl zur Umkodierung einer Variablen eingesetzt.

`dimnames(m)` setzt oder fragt die Namen der Dimensionen einer Matrix oder eines Data Frame x ab.

`fisher.test(x)` berechnet den exakten Test nach Fisher zur Unabhängigkeit von Zeilen und Spalten einer Kreuztabelle x.

`mcnemar.test(x)` berechnet den McNemar-Test für eine 2×2-Tabelle x.

`mosaicplot(x)` erstellt für eine Tabelle x einen Mosaikplot. Mit der Option `color=TRUE` werden mehrere Graustufen bei der Darstellung verwendet.

`oddsratio(x)` berechnet das Odds-Ratio bzw. das Log-Odds-Ratio und dessen asymptotische Standardfehler aus einer 2×2-Tabelle x. (vcd)

`options(digits = n)` kontrolliert die Anzahl Ziffern bei der Ausgabe von Ergebnissen. Der angegebene Wert wird nicht immer eingehalten; wenn man es genau will, kann man vorher die Werte mit `round()` runden.

`prop.table(x, margin)` errechnet relative Häufigkeiten für eine Tabelle x. Wird für `margin` nichts spezifiziert, werden Gesamtprozent berechnet. Wird 1 angegeben, sind es Zeilenprozent; für 2 Spaltenprozent.

`residuals(object)` gibt die Residuen eines Modells bzw. Tests `object` aus.

`spineplot(x)` gibt für eine Tabelle x einen Spineplot aus.

`t(x)` transponiert eine Matrix oder einen Data Frame x, es werden also Zeilen als Spalten angeschrieben.

`table(x, y)` dient zur Erstellung einer zweidimensionalen Häufigkeitsauszählung, d.h., es wird gezählt, wie oft die verschiedenen Kombinationen von Werten von x und Werten von y vorkommen.

7.8   Zusammenfassung der Konzepte

Die Beschreibung der gemeinsamen Verteilung von zwei kategorialen Variablen führt zu Kreuztabellen. Bei der Angabe relativer Häufigkeiten ist darauf zu achten, worauf sich die Angaben beziehen. Grafische Beschreibungen sind meist in Form von Balkendiagrammen realisiert.

Tests im Zusammenhang mit Kreuztabellen basieren meist auf dem Vergleich von beobachteten und erwarteten Häufigkeiten, die Teststatistik folgt (asymptotisch) einer Chi-Quadrat-Verteilung.

- Kreuztabelle: numerische Beschreibung der gemeinsamen Verteilung zweier kategorialer Variablen
- Balkendiagramme: grafische Beschreibung kategorialer Daten. Für Informationen aus Kreuztabellen werden gestapelte oder gruppierte Balkendiagramme eingesetzt.
- Homogenitätstest: Test zur Überprüfung, ob die Verteilung einer kategorialen Variablen in mehreren Gruppen gleich ist
- Unabhängigkeitstest: Test zur Überprüfung, ob zwei kategoriale Variablen unabhängig sind
- Zwei-Stichproben-Anteilstest: Test, ob sich Anteile in zwei Gruppen unterscheiden
- Odds-Ratio: Verhältnis von Chancen in zwei Gruppen
- McNemar-Test: Test, ob sich Anteile in zwei abhängigen Stichproben unterscheiden

7.9   Übungen

1. **Reisebegleitung im Haupturlaub**

    In einer Stichprobe ergab die Aufteilung in Männer und Frauen, die in Urlaub fahren, folgende Tabelle:

Reisebegleitung	Frau	Mann
PartnerIn	2273	2418
Familienurlaub	1212	1023
Gruppenurlaub	960	744
Allein	454	325
Anderes	151	93

    - Erstellen Sie ein Datenfile mit den Daten obiger Tabelle!
    - Ist die Reisebegleitung bei Frauen und Männern unterschiedlich?

2. **Spaß am Sex bei Ehepartnern**

    In einer amerikanischen Untersuchung, 1987 (Quelle: Agresti, 1990, adaptiert), wurde beiden Ehepartnern unter anderem die folgende Frage gestellt: „Sex macht mir und meinem Partner Spaß (1) nie oder selten (2) manchmal (3) sehr oft oder immer". Die folgenden Daten beschreiben die Häufigkeiten der Antworten, kreuzklassifiziert nach den Antworten der Ehefrauen und Ehemänner.

Ehemann	Ehefrau selten	manchmal	oft	gesamt
selten	7	7	5	19
manchmal	2	8	10	20
oft	3	13	36	52
gesamt	12	28	51	91

- Gibt es einen Zusammenhang zwischen den Antworten der Ehepartner?
- Wenn ja, wie ist der Zusammenhang?

3. **Waffenregistrierung und Einstellung zur Todesstrafe**

In den USA wurden im Rahmen des 1982 General Social Survey Einstellungen zu Waffenregistrierung und Todesstrafe erhoben (aus Agresti 1990, p. 29).

Waffenregistrierung	Todesstrafe dafür	dagegen
dafür	784	236
dagegen	311	66

- Gibt es einen Zusammenhang zwischen den Einstellungen zu diesen Themen?
- Wenn ja, wie ist der Zusammenhang?

4. **Lehrveranstaltungsbesuch**

Der Besuch von Lehrveranstaltungen kostet Zeit und wird von Studierenden gern auf das Notwendigste beschränkt. Allerdings wird durch aktive geistige Präsenz im Hörsaal ein Grundstein zur Erfassung und zum Verständnis der Lehrinhalte gelegt. Dieses Verständnis ist in gewissen Fächern durch Selbststudium allein nur schwer zu erlangen.

In einem Kurs mit 170 Teilnehmern soll untersucht werden, ob Unterschiede im Prüfungsergebnis zwischen jenen Studierenden, die regelmäßig die Kurse besucht haben, und jenen, die nur im Selbststudium gearbeitet haben, existieren. Ein Ergebnis, bei dem nur zwischen Bestehen und Nichtbestehen der Prüfung unterschieden wird, ist in folgender Tabelle zusammengefasst:

	Kurs + Vorbereitung	nur Selbststudium
bestanden	79	55
nicht bestanden	12	24

- Man bestimme das Odds-Ratio für das Bestehen der Prüfung bei Kursbesuch im Vergleich zu Selbststudium.
- Man bestimme ein Konfidenzintervall für dieses Odds-Ratio! Kann daraus geschlossen werden, dass die Chancen nicht gleich sind?

5. **Sonntagsfrage**

500 Personen wurden einmal zwei Monate vor einer Wahl über ihre Parteipräferenz befragt. Die 356 Anhänger der beiden größten Parteien wurden am Tag nach einer TV-Konfrontation (zehn Tage vor der Wahl) der beiden Spitzenkandidat(inn)en noch einmal befragt. In der folgenden Tabelle sind die Parteipräferenzen dieser 336 Personen zu den zwei Befragungszeitpunkten zusammengefasst:

	nach TV-Konfrontation	
2 Monate vor Wahl	Partei A	Partei B
Partei A	120	11
Partei B	23	182

- Hat es eine signifikante Änderung in den Anteilen gegeben und wenn ja, in welche Richtung?
- Hat es eine *wesentliche* Änderung in den Mehrheitsverhältnissen gegeben?

6. **TV-Sender und politische Unabhängigkeit**

Im Fallbeispiel 11 untersuchten wir Befragungsergebnisse von 229 Personen zur Einschätzung der Aktualität von TV-Sendern.

Im Datenfile `tvimage.csv` sind auch die Einschätzungen der Befragten zur politischen Unabhängigkeit der TV-Sender enthalten (`polunab_ORF1`, `polunab_Pro7` und `polunab_RTL`).

- Unterscheiden sich ORF1 und RTL in der Einschätzung zu politischer Unabhängigkeit?

Datenfiles sowie Lösungen finden Sie auf der Webseite des Verlags.

TEIL III

Metrische Daten

Eine metrische Variable

8

ÜBERBLICK

Wir sprechen von METRISCHEN *Variablen, wenn Beobachtungen nach Festlegen der Maßeinheit sinnvoll durch Zahlen repräsentiert und umgekehrt diese Zahlen klar interpretiert werden können. Differenzen von Variablenwerten haben eine Bedeutung (mindestens Intervallskala).*

DISKRETE *metrische Variablen liegen vor, wenn die Messung in nicht mehr weiter unterteilbaren Einheiten erfolgt. Meist sind es Zählvariablen mit ganzen Zahlen als Werten. Typische Beispiele sind etwa Anzahl Geschwister oder Dauer eines Krankenstands (in Tagen gemessen).*

STETIGE *metrische Variablen werden in beliebig teilbaren Einheiten gemessen und können zumindest in bestimmten Bereichen der reellen Zahlenachse im Prinzip jeden Wert annehmen. Viele Beispiele, bei denen die Messung mit physikalischen Messgeräten erfolgt, fallen darunter, etwa Körpergewicht und -größe, Wartezeit vor einem Bankschalter.*

Fast alle der hier vorgestellten Methoden und Verfahren benötigen keine genaue Unterscheidung zwischen diskret und stetig. Einzige Ausnahme sind diskrete Variablen, die nur wenig Werte annehmen können (etwa Geschwisterzahl, Alter in Jahren bei Volksschulkindern etc.).

LERNZIELE

Nach Durcharbeiten dieses Kapitels haben Sie Folgendes erreicht:

- Sie verstehen, was mit unterschiedlichen Maßzahlen beschrieben wird, und können diese Maßzahlen mit R berechnen. Sie kennen die wichtigsten Verteilungsformen.
- Sie können die Verteilung einer metrischen Variablen mit Tabellen, Histogrammen und Boxplots beschreiben.
- Sie können überprüfen, ob eine bestimmte Verteilung – speziell eine Normalverteilung – vorliegt.
- Sie sind in der Lage, den Mittelwert über ein Konfidenzintervall zu schätzen und gegen einen vorgegebenen Wert zu testen.

8.1 Wie kann man die Verteilung einer metrischen Variablen beschreiben?

Unter dem Begriff VERTEILUNG fassen wir mehrere Aspekte zusammen:

- In welchem Bereich liegen die Daten?
- Wo innerhalb dieses Bereichs sind die Daten stärker, wo schwächer vertreten?
- Gibt es ein Zentrum der Daten oder mehrere Zentren oder gar keines?
- Variieren die Daten stark oder nur wenig?
- Liegen die Daten symmetrisch um einen Wert?

Fallbeispiel 12: Verfahrensdauer am Verwaltungsgerichtshof

Datenfile: `vwgh.csv`

Gegen Abgabenbescheide von Behörden kann Berufung eingelegt werden. In Österreich ist die Berufungsbehörde 2. Instanz der Verwaltungsgerichtshof (VwGH). In einer Studie (Hornik et al., 2008) wurden alle Entscheidungen des VwGH zwischen 2000 und 2004 in Abgabensachen untersucht.

Ein Gegenstand der Untersuchung war die Zeit, die zwischen Einbringung der Beschwerde bis zur Entscheidung im VwGH vergeht. Insgesamt wurden 3827 Entscheidungen untersucht.

Wie kann die Verteilung der Verfahrensdauern in der Stichprobe beschrieben werden?

8.1.1 Klassifizieren, Tabellen und Histogramme

Histogramme und Klassifizieren

Im Datenfile sind die Verfahrensdauern vor dem VwGH in der Variablen `dauer3` enthalten. In einigen Fällen konnte das Datum der Einbringung der Beschwerde beim VwGH nicht erhoben werden. In diesen Fällen hat die Variable den Wert −9999.

Nach dem Einlesen der Daten schließen wir die Fälle aus, zu denen keine Dauer vor dem VwGH bekannt ist, und benennen die Variable neu mit `vwghdauer`. Anschließend lassen wir für diese Variable ein Histogramm erstellen.

R

```
> vwgh <- read.csv2("vwgh.csv", header = TRUE)
> attach(vwgh)
> vwghdauer <- dauer3[dauer3 != -9999]
> detach(vwgh)
> hist(vwghdauer)
```

Das Erscheinungsbild (▶Abbildung 8.1) ist auf den ersten Blick ähnlich dem von Balkendiagrammen (Abschnitt 6.2.2), die Höhe der Balken korrespondiert mit den Häufigkeiten für die jeweiligen Klassen.

Ein Unterschied ist, dass die Balken ohne Zwischenraum nebeneinander stehen. Grund dafür ist, dass eine metrische Variable zur Definition der x-Achse dient und nicht wie beim Balkendiagramm eine kategoriale. Die dem Histogramm zugrunde liegende Klassifizierung der Variablenwerte hat zu direkt benachbarten Klassen geführt.

Hier kommen auf 1000 Einheiten auf der x-Achse jeweils fünf Klassen, also umfasst jede 200 Tage. Somit steht die erste Klasse für Verfahrensdauern bis zu 200 Tagen, die zweite Klasse für Verfahrensdauern von mehr als 200, aber höchstens 400 Tagen usw.

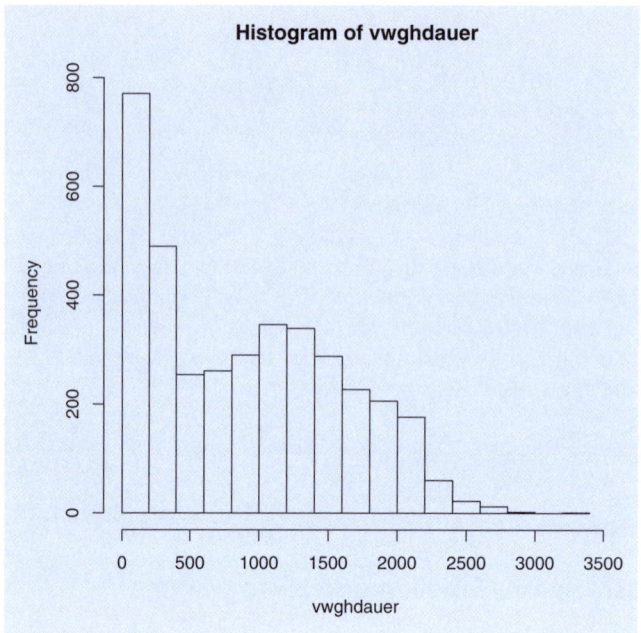

Abbildung 8.1: Histogramm mit konstanten Klassenbreiten

Die Beschriftung der y-Achse bedeutet, dass die Höhe der Balken absolute Häufigkeiten der einzelnen Klassen anzeigen. In die Klasse mit höchstens 200 Tagen Verfahrensdauer fallen also etwas weniger als 800 Beobachtungen.

Die Auswahl der Klassenanzahl sowie der Klassengrenzen kann man entweder R überlassen oder selbst treffen. So sind in diesem Beispiel in den ersten zwei Klassen sehr viele Beobachtungen, in den letzten nur sehr wenige. Dort wo viele Beobachtungen liegen, wäre eine feinere Klasseneinteilung wünschenswert. Für die langen Verfahrensdauern wäre eine gröbere Einteilung ausreichend.

In R kann dies durch einen Vektor, in dem die Klassengrenzen enthalten sind, erfolgen. Die Klassengrenzen werden hier im Vektor grenzen gespeichert und im Histogrammaufruf mit breaks=grenzen als Klassengrenzen festgelegt. Zusätzlich wird ein eigener Titel für das Histogramm angegeben und die x-Achse nicht mit dem Variablennamen beschriftet.

R

```
> grenzen <- c(0, 100, 200, 300, 400, 600, 800, 1000, 1200,
+     1400, 1600, 1800, 2000, 2200, 2500, 2800, 3300)
> hist(vwghdauer, breaks = grenzen, main = "VwGH-Verfahrensdauer",
+     xlab = "Dauer in Tagen")
```

Der Effekt der geänderten Klassengrenzen ist einerseits zu Beginn (bis 400 Tage) eine feinere und nach 2200 Tagen eine gröbere Einteilung der Klassen; andererseits ist die y-Achse jetzt anders beschriftet und die Skaleneinteilungen zeigen sehr kleine Werte an. Dieser Effekt tritt auf, sobald die Klassenbreiten nicht konstant sind. Anstatt absolute Klassenhäufigkeiten anzuzeigen, sind die Balkenhöhen jetzt so ausgelegt, dass die Fläche (und nicht die Höhe) des Balkens der relativen Häufigkeit einer Klasse entspricht. Die Gesamtfläche aller Klassen ergibt 1.

Gleich zu Beginn stehen vier hohe Balken, die für Entscheidungen stehen, die innerhalb der ersten 400 Tage (also ca. 13 Monate) erfolgt sind. Aus der Tabelle kann in der Spalte mit kumulierten Häufigkeiten abgelesen werden, dass ziemlich genau ein Drittel der Beschwerden innerhalb dieses Zeitraums bearbeitet wurde.

Danach gibt es noch einmal eine Häufung zwischen 1000 und 1400 Tagen (also ca. 3 und 4 Jahren). Anschließend nehmen die beobachteten Verfahrensdauern langsam ab. Über 2800 Tagen ist kein Balken erkennbar. Das bedeutet nicht, dass in diesen Bereich keine Beobachtungen fallen.

Bei der Wahl der Klassenanzahl ist mit Vorsicht vorzugehen. Faustregeln dafür, in wie viele Klassen die Einteilung erfolgen soll, gibt es zuhauf. Allen liegt die Idee zugrunde, einerseits wenig Klassen zu bilden, um eine kompakte Darstellung der Daten zu erhalten, und andererseits doch so viele Klassen, um möglichst wenig Informationsverlust zu erleiden. Einige Vorschläge für die Klassenanzahl k bei n Beobachtungen sind:

- $5 \leq k \leq 20$:
  Im VwGH-Beispiel ($n = 3745$ relativ groß) würde man eher in Richtung Obergrenze gehen.
- $k \approx \sqrt{n}$:
  Dieser Vorschlag würde zu mehr als 60 ($\sqrt{3745} = 61.2$) Klassen führen, das ist eindeutig zu viel. Diese Faustregel ist nur für einen moderaten Stichprobenumfang ($n \leq 200$) brauchbar.
- k so, dass $2^k \approx n$
  Also etwa 12 ($2^{12} = 4096$) Klassen.

Tabellen

Liegen nur wenig Beobachtungen vor oder kann die Variable, die beschrieben werden soll, nur wenige Werte annehmen, ist es denkbar, wie bei einer kategorialen Variablen eine einfache Auszählung (Abschnitt 6.2.1) durchzuführen.

Für dieses Beispiel ist es sinnlos, da mehrere Hundert unterschiedliche Werte vorliegen und uns die entstehende Auflistung kaum einen Überblick über die Verteilung bietet. Wir können aber die Werte in KLASSEN (Bereiche, Intervalle) zusammenfassen und die Auszählung für die Klassen erstellen lassen.

Dies kann mit dem Befehl cut() leicht durchgeführt werden. Wenn dieselben Klassengrenzen wie für das Histogramm gelten sollen, können wir den Vektor grenzen verwenden. Die neu gebildete Variable vwghdauerkat enthält anstatt der eigentlichen Verfahrensdauer die Kategorie, in die die jeweilige Verfahrensdauer fällt. Da automatisch auch Labels für Klasseneinteilung produziert werden und diese hier recht lang werden, weichen wir mit dig.lab=4 von der Voreinstellung ab. Die Häufigkeitstabelle für diese neue Variable hat wegen der vielen Kategorien keine sehr schöne Form.

R

```
> vwghdauerkat <- cut(vwghdauer, breaks = grenzen, dig.lab = 4)
> tdauer <- table(vwghdauerkat)
> tdauer
```

```
vwghdauerkat
      (0,100]     (100,200]     (200,300]     (300,400]     (400,600]
          349           422           270           220           254
    (600,800]    (800,1000]  (1000,1200]  (1200,1400]  (1400,1600]
          261           290           346           339           288
  (1600,1800]  (1800,2000]  (2000,2200]  (2200,2500]  (2500,2800]
          227           206           176            72            22
  (2800,3300]
            3
```

Eine umfangreichere, aber vor allem übersichtlichere Tabelle erhalten wir, indem die Häufigkeitstabelle als Spaltenvektor ausgegeben wird. Zusätzlich werden relative (Prozente) und kumulierte relative Häufigkeiten bestimmt. Der sinnlosen Ausgabe vieler Nachkommastellen wird mit der Option digits der Funktion options() ein Riegel vorgeschoben.

R

```
> options(digits = 2)
> n <- sum(tdauer)
> prozent <- tdauer * 100/n
> kumproz <- cumsum(prozent)
> cbind(absolut = tdauer, Prozent = prozent, kumuliert = kumproz)
```

	absolut	Prozent	kumuliert
(0,100]	349	9.32	9.3
(100,200]	422	11.27	20.6
(200,300]	270	7.21	27.8
(300,400]	220	5.87	33.7
(400,600]	254	6.78	40.5
(600,800]	261	6.97	47.4
(800,1000]	290	7.74	55.2
(1000,1200]	346	9.24	64.4
(1200,1400]	339	9.05	73.5
(1400,1600]	288	7.69	81.1
(1600,1800]	227	6.06	87.2
(1800,2000]	206	5.50	92.7
(2000,2200]	176	4.70	97.4
(2200,2500]	72	1.92	99.3
(2500,2800]	22	0.59	99.9
(2800,3300]	3	0.08	100.0

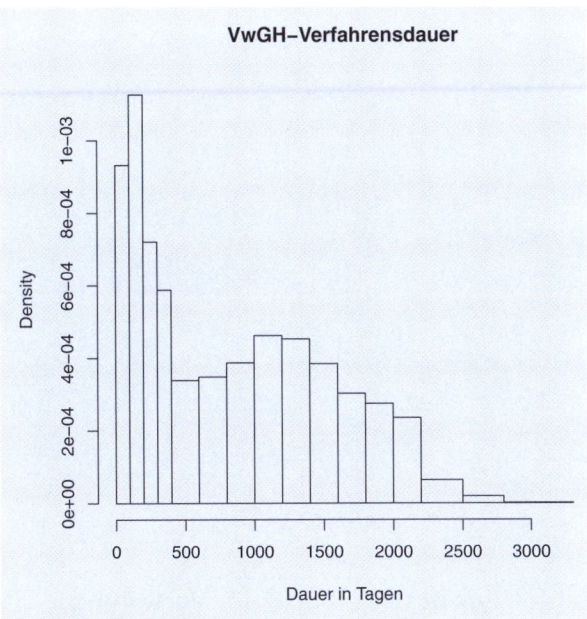

Abbildung 8.2: Histogramm mit variablen Klassenbreiten

Die Häufigkeitstabelle ist das zahlenmäßige Pendant zum Histogramm (▶ Abbildung 8.2). Die absoluten Häufigkeiten sind die Angaben, wieviel Beschwerden im jeweiligen Zeitraum erledigt wurden. Es sind also tatsächlich genau drei Beschwerden, bei denen es im VwGH mehr als 2800 Tage bis zu einer Entscheidung brauchte. Im Histogramm ist der entsprechende Balken kaum erkennbar.

Die kumulierten relativen Häufigkeiten sind die aufsummierten relativen Häufigkeiten. Der Wert für die Klasse von 300 bis 400 Tagen beträgt 33.7 Prozent. Also ist über ziemlich genau ein Drittel der Beschwerden innerhalb von 400 Tagen entschieden worden.

Fallbeispiel 12: VwGH: Interpretation von Histogramm und Tabelle

Es gibt viele Entscheidungen, die innerhalb eines Jahres erfolgen. Bei den länger dauernden Verfahren kommt es zu einer Häufung der Verfahrensdauern im Bereich zwischen 1000 und 1400 Tagen, also zwischen drei und vier Jahren.

Ein kleiner Prozentsatz (2.6 %) der Verfahren dauert länger als 2200 Tage (ca. sechs Jahre).

Von juristischer Seite werden die kurzen Verfahren hauptsächlich auf Formalerledigungen zurückgeführt (etwa Zurückweisung wegen Formalfehlern). Für die sehr langen Verfahrensdauern gibt es keine inhaltliche Erklärung.

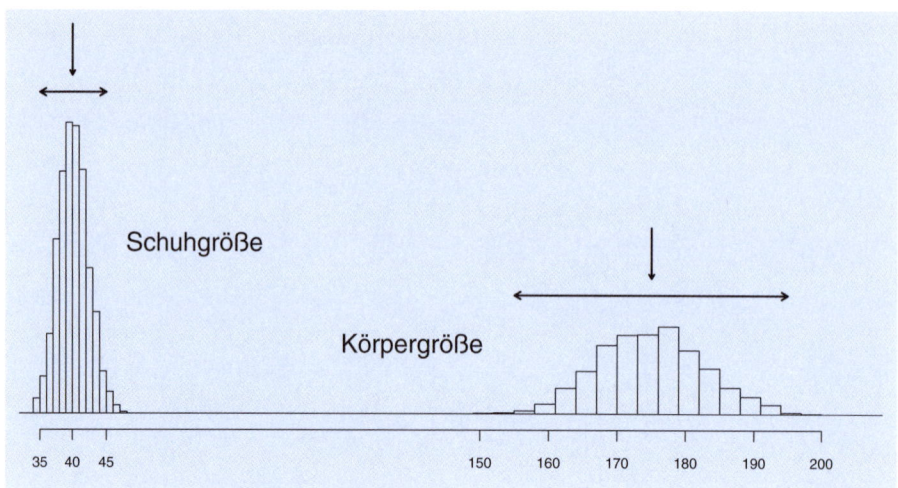

Abbildung 8.3: Verteilung von Schuhgröße und Körpergröße

8.1.2 Maßzahlen zur Beschreibung der Verteilung

Mit Histogrammen kann die Verteilung einer metrischen Variablen grafisch gut beschrieben werden. Oft besteht aber auch der Wunsch, mit wenigen Zahlen wesentliche Angaben über die Verteilung zu treffen.

In der ▶ Abbildung 8.3 sind zwei Histogramme, je eines für die Schuhgröße und die Körpergröße, auf einer gemeinsamen x-Achse aufgebaut. Maßzahlen, die beschreiben, wo das Zentrum der Daten ist, nennt man LAGEMASSE. Für die Schuhgröße sollen das Werte um 40, für die Körpergröße um 175 sein. Maßzahlen, die angeben, wie stark die Daten variieren, nennt man STREUUNGSMASSE. Die Schuhgrößen variieren weit weniger stark als die Körpergrößen, die Streuungsmaße sollen daher für die Schuhgröße kleinere Werte als für die Körpergröße ergeben.

Für die Erläuterung und die Berechnung der verschiedenen Lage- und Streuungsmaße soll der folgende kleine hypothetische Datensatz mit nur 10 Werten dienen:

$$7 \; 10 \; 16 \; 9 \; 12 \; 13 \; 9 \; 8 \; 10 \; 9$$

Lagemaße

Die drei wichtigsten Lagemaße sind:

- MITTELWERT $\bar{x}$

  Das wohl bekannteste Lagemaß, das durch Aufsummieren der Werte x_i und anschließendes Dividieren durch die Anzahl n der Werte gewonnen wird

  $$\bar{x} = \frac{1}{n} \sum_{i=1}^{n} x_i$$

  Für den kleinen Beispieldatensatz bedeutet es also:

  $$(7 + 10 + 16 + 9 + 12 + 13 + 9 + 8 + 10 + 9)/10 = 103/10 = 10.3$$

- MEDIAN $\tilde{x}$

  Nach dem Sortieren der Daten wird der Wert in der Mitte bestimmt. Bei einer ungeraden Anzahl von Werten ist der Wert eindeutig, bei einer geraden Anzahl von Werten mittelt man die beiden Werte, die der Mitte am nächsten sind. Sortieren führt zu:

  $$7\ 8\ 9\ 9\ 9\ 10\ 10\ 12\ 13\ 16$$

  Die Werte 9 und 10 sind der Mitte am nächsten, also ist:

  $$\tilde{x} = (9 + 10)/2 = 9.5$$

- MODUS (MODALWERT)

  Der am häufigsten auftretende Wert im Datensatz ist der Modus. Als einziges der vorgestellten Lagemaße ist er auch für kategoriale Variablen einsetzbar (und wird auch dort fast ausschließlich für diese eingesetzt).

  Im Beispieldatensatz ist der Modus 9 (kommt dreimal vor).

Eigenschaften der vorgestellten Lagemaße:

- Für die sinnvolle Anwendung des Medians genügen ordinal skalierte Variablen.
- Der Mittelwert erfordert metrische Daten.
- Der Mittelwert kann weit stärker als der Median durch einzelne extreme Werte (Ausreißer) beeinflusst werden als der Median (Abschnitt 8.1.4).
- Bei einer Version des Mittelwerts wird ein gewisser Prozentsatz (etwa 5 %) der kleinsten und größten Werte weggelassen und aus den Restdaten der Mittelwert berechnet. Man spricht vom GETRIMMTEN MITTEL. Damit reduziert man den Einfluss von Ausreißern wesentlich.

Exkurs 8.1   Quartile, Quantile und Perzentile

Zur Beschreibung von Verteilungen dient auch die Angabe von bestimmten Positionen in der Verteilung. So gibt etwa das Medianeinkommen jenes Einkommen an, das die Hälfte der Bevölkerung höchstens und die andere Hälfte der Bevölkerung mindestens erreicht.

Eine erste Verallgemeinerung führt zu QUARTILEN, wenn man von den zwei Hälften des Datensatzes zu den vier Vierteln übergeht. Das 1. QUARTIL (auch unteres Quartil genannt und mit Q_1 bezeichnet) ist jener Wert, der das Viertel der kleinen Werte von den oberen drei Vierteln trennt. Analog ist das 3. QUARTIL (oberes Quartil, Q_3) jener Wert, der das Viertel der großen Werte von den unteren drei Vierteln trennt. In diesem Sinn kann der Median auch als 2. Quartil aufgefasst werden.

Die Bestimmung der Quartile ist im Prinzip einfach: Q_1 (bzw. Q_3) ist der Median der unteren (bzw. oberen) Hälfte. So einfach die Idee, so uneinheitlich die Ausführungen (etwa bei ungeradem Stichprobenumfang, wenn nicht eindeutig klar ist, was untere bzw. obere Hälfte des Datensatzes ist).

Geht man von Vierteln zu beliebigen Aufteilungen über, spricht man von QUANTILEN. Das α-Quantil (α ist ein Wert zwischen 0 und 1) ist jener Wert so, dass der Anteil der Beobachtungen, die **höchstens** so groß sind, gleich α ist. Q_1 (bzw. Q_3) ist also das 0.25-Quantil (bzw. 0.75-Quantil) und der Median das 0.5-Quantil.

Verwendet man statt Anteilen zwischen 0 und 1 für α Prozentangaben zwischen 0 und 100, spricht man auch von PERZENTILEN. Q_1 ist also das 25-Perzentil.

Ist man also an der Grenze (nach unten) interessiert, ab der die 10 % der am schlechtesten Verdienenden beginnen, geht es um das 0.1-Quantil (10-Perzentil) des Einkommens. Geht es auf der anderen Seite um das 1 % der Topverdiener, kommt das 0.99-Quantil (99-Perzentil) ins Spiel, weil 99 % höchstens bis zu dieser Grenze kommen.

Die bis jetzt besprochenen Quartile, Quantile und Perzentile beziehen sich auf eine gegebene Stichprobe. Analoge Fragestellungen für theoretische Verteilungen treten oft in Zusammenhang mit statistischen Tests auf. Implizit sind sie uns schon in den vorigen zwei Kapiteln mit der χ^2-Verteilung begegnet. Es ging um die Bewertung, ob ein aus der Stichprobe berechneter X^2-Wert so groß ist, dass eine Nullhypothese verworfen werden muss. Anstelle eines Vergleichs des p-Werts mit dem Signifikanzniveau α, etwa $\alpha = 0.05$, wäre es auch möglich, den errechneten X^2-Wert mit einem passenden Quantil $1 - \alpha$, also meist 0.95, einer χ^2-Verteilung zu vergleichen (Abschnitt 6.9).

Streuungsmaße

An Streuungsmaßen besprechen wir:

- VARIANZ s^2

  Man berechnet die Abweichungen der Beobachtungen x_i vom Mittelwert $\bar{x}$, quadriert diese und berechnet davon den Mittelwert. Aus technischen Gründen ist es günstiger, den Mittelwert nicht durch Division durch n, sondern durch $n - 1$ zu bilden:

  $$s^2 = \frac{1}{n-1} \sum_{i=1}^{n} (x_i - \bar{x})^2$$

  $$s^2 = \left((7 - 10.3)^2 + (10 - 10.3)^2 + \cdots + (9 - 10.3)^2 \right) / (10 - 1)$$

  $$= 64.1/9 = 7.1222$$

- STANDARDABWEICHUNG s

  Dies ist die Wurzel der Varianz

  $$s = \sqrt{\frac{1}{n-1} \sum_{i=1}^{n} (x_i - \bar{x})^2}$$

  $$s = \sqrt{7.1222} = 2.6687$$

- SPANNWEITE

  Differenz zwischen größtem und kleinstem Wert

  $$16 - 7 = 9$$

- QUARTILSABSTAND (INTERQUARTILBEREICH, QD)

  Differenz zwischen drittem und erstem Quartil

  $$QD = Q_3 - Q_1$$

Berechnet man Q_1 (bzw. Q_3) als Median der unteren (bzw. oberen) Datenhälfte, erhält man:

$$QD = 12 - 9 = 3$$

R würde in der Standardeinstellung einen etwas anderen Wert für das 3. Quartil (nämlich 11.5) und in der Folge für den Quartilsabstand 2.5 ausgeben. Insgesamt stehen neun Methoden der Quantilsberechnung zur Auswahl, die über ein passendes Argument im Aufruf der `quantile()`-Funktion ausgewählt werden können. Genaueres kann über die Hilfefunktion `?quantile` in Erfahrung gebracht werden.

Eigenschaften der vorgestellten Streuungsmaße:

- Die Berechnung von Streuungsmaßen ist nur bei metrischen Daten sinnvoll.
- Streuungsmaße können nicht negativ werden.
- Varianz, Standardabweichung und Spannweite sind nur dann 0, wenn alle Werte identisch sind.
- Varianz, Standardabweichung und Spannweite können weit stärker von einzelnen Werten (Ausreißern) beeinflusst werden als der Quartilsabstand (Abschnitt 8.1.4).
- Im Allgemeinen werden die Werte nicht direkt interpretiert, sondern nur die entsprechenden Werte zwischen Gruppen verglichen (etwa: die Streuung in zwei Gruppen unterscheidet sich, weil ein bestimmtes Streuungsmaß deutlich unterschiedliche Werte in den Gruppen annimmt).

Natürlich sind die wichtigsten Maßzahlen in R leicht zu berechnen. Zunächst bestimmen wir Lagemaße und geben sie in einem Block aus:

R

```
> mittelwert <- mean(vwghdauer)
> median <- median(vwghdauer)
> getrimmter_mw <- mean(vwghdauer, trim = 0.05)
> rbind(mittelwert, median, getrimmter_mw)
```

```
                     [,1]
mittelwert       914.8529
median           868.0000
getrimmter_mw    887.6808
```

Der Mittelwert von ca. 915 Tagen bedeutet, dass es im Durchschnitt ziemlich genau 2.5 (= 915/365) Jahre gedauert hat, bis am VwGH über eine Beschwerde entschieden wurde. Dass das getrimmte Mittel und der Median kleiner sind, liegt daran, dass einige Verfahren sehr lange gedauert haben und diese den Mittelwert im Vergleich dazu nach oben ziehen.

Analog gehen wir mit Quantilen vor:

R

```
> minimum <- min(vwghdauer)
> quartil_1 <- quantile(vwghdauer, 0.25)
> quartil_3 <- quantile(vwghdauer, 0.75)
> maximum <- max(vwghdauer)
> rbind(minimum, quartil_1, quartil_3, maximum)
```

```
              25%
minimum         2
quartil_1     258
quartil_3    1443
maximum      3262
```

Die seltsame Beschriftung dieser Spalte (25 %) rührt daher, dass die quantile()-Funktion neben dem Wert auch eine Beschriftung mitgibt. Von den in dieser Spalte enthaltenen Werten haben die Quartile eine solche, die erste dieser Beschriftungen wird angezeigt.

Die kürzeste Verfahrensdauer beträgt zwei Tage, die längste 3263 Tage (also fast neun Jahre). Ein Viertel der Verfahren war nach 258 Tagen abgeschlossen, ein Viertel dauerte länger als 1443 Tage (fast vier Jahre).

Die Streuungsmaße sind ebenfalls leicht abrufbar:

R

```
> varianz <- var(vwghdauer)
> standardabweichung <- sd(vwghdauer)
> quartilsabstand <- IQR(vwghdauer)
> rbind(varianz, standardabweichung, quartilsabstand)
```

```
                         [,1]
varianz            462931.2030
standardabweichung    680.3905
quartilsabstand      1185.0000
```

Der Wert für die Varianz ist deshalb sehr hoch, weil die Verfahrensdauern nicht nur stark variieren, sondern auch einen großen Wertebereich abdecken (von 2 bis 3262). Hätte man die Verfahrensdauern nicht in Tagen, sondern in Wochen erhoben, wäre der Wert für die Varianz nur $462\,931.2/(7^2) = 9447.58$.

Einzig der Modus ist nicht direkt implementiert und muss als jene Stelle oder – wenn nicht eindeutig – als jene Stellen berechnet werden, an der oder denen die Häufigkeitstabelle ihr Maximum annimmt.

```
> tabdauer <- table(vwghdauer)
> modus <- which(tabdauer == max(tabdauer))
> modus
```

119
107

Die zwei Angaben im Output enthalten zuerst den Modus (119) und zusätzlich die Angabe, wo dieser Wert in einer Häufigkeitstabelle der eigentlichen Werte zu finden wäre. Von allen unterschiedlichen Verfahrensdauern ist 119 also der 107-kleinste Wert.

Die Werte für das Minimum, erstes Quartil, Median, drittes Quartil und Maximum werden auch als FÜNF-PUNKT-ZUSAMMENFASSUNG bezeichnet. In R stehen dafür im Prinzip zwei Funktionen bereit. Mit fivenum() werden die fünf Werte ermittelt:

```
> fivenum(vwghdauer)
```

[1]   2 258 868 1443 3262

Mit summary() wird zusätzlich der Mittelwert bestimmt:

```
> summary(vwghdauer)
```

Min.	1st Qu.	Median	Mean	3rd Qu.	Max.
2.0	258.0	868.0	914.9	1443.0	3262.0

Überdies kann es zu kleinen Unterschieden in den ausgegebenen Quartilen kommen, wenn durch die Voreinstellungen unterschiedliche Methoden für die Berechnung der Quartile festgelegt sind.

Weitere Kennzeichen einer Verteilung

Lage- und Streuungsmaße sind die wichtigsten Maßzahlen für die Verteilung einer Stichprobe. Es gibt noch weitere Aspekte, die in die Beschreibung der Verteilungsform einfließen können.

■ SCHIEFE
  Mit dem SCHIEFEKOEFFIZIENTEN wird versucht, die Abweichung der Häufigkeitsverteilung von einer symmetrischen Verteilung (im Idealfall auch in einem symmetrischen Histogramm ersichtlich) zu messen.
  Man unterscheidet RECHTSSCHIEFE und LINKSSCHIEFE Verteilungen. Bei rechtsschiefen Verteilungen ist der Median (deutlich) kleiner als der Mittelwert, bei

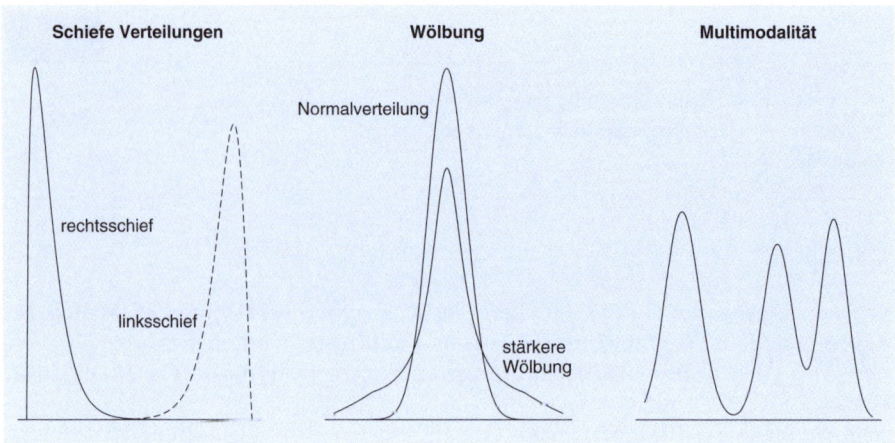

Abbildung 8.4: Verteilungsformen

linksschiefen Verteilungen sind die Verhältnisse gerade umgekehrt. In so gut wie jedem Land ist die Einkommensverteilung rechtsschief. Ebenso sind dies auch die Verfahrensdauern im VwGH-Beispiel (▶ Abbildung 8.5).

Eine Verteilung, die weder links- noch rechtsschief ist, nennt man SYMMETRISCH.

- WÖLBUNG (KURTOSIS, EXZESS)
  Im Vergleich zur Normalverteilung (▶ Exkurs 8.2) wird untersucht, ob mehr oder weniger Gewicht auf den Enden der Verteilung liegt. Sinnvoll sind sog. WÖLBUNGSKOEFFIZIENTEN nur bei (in etwa) symmetrischen Verteilungen interpretierbar.

- UNIMODALITÄT und MULTIMODALITÄT
  Haben die Daten ein Zentrum, um das herum die Daten verteilt liegen, spricht man von einer EINGIPFELIGEN (UNIMODALEN) Verteilung. Gibt es mehrere Zentren, so ist die Verteilung MEHRGIPFELIG (MULTIMODAL). Für Ein- bzw. Mehrgipfeligkeit gibt es keine Maßzahlen, sie wird am besten an einem Histogramm überprüft.

In ▶ Abbildung 8.4 sind mehrere Verteilungsformen dargestellt. In der linken Grafik sind schiefe Verteilungen abgebildet. Die mittlere Grafik enthält symmetrische Verteilungen, eine Normalverteilung und dazu eine Verteilung mit stärkerer Wölbung. Die Verteilung rechts ist nicht ein-, sondern mehrgipfelig (multimodal).

Exkurs 8.2   Normalverteilung

Die Normalverteilung ist eine theoretische Verteilung, deren Form durch die berühmte Glockenkurve bestimmt ist.

Normalverteilung steht nicht für eine einzelne Verteilung, sondern für eine Familie von Verteilungen, die durch zwei Parameter (Kenngrößen) bestimmt sind, die mit μ und σ^2 bezeichnet werden. μ ist dabei der Erwartungswert (Mittelwert), σ^2 die Varianz (somit σ die Standardabweichung) der theoretischen Verteilung. Die Kurzschreibweise ist: $N(\mu, \sigma^2)$.

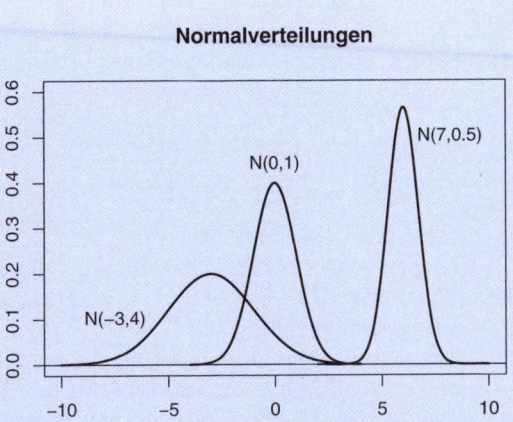

Normalverteilungen sind symmetrisch und eingipfelig. Im zentralen Bereich sind die Daten am stärksten konzentriert. Im Bereich $\mu \pm \sigma$ (also vom Mittelwert eine Standardabweichung nach links und nach rechts) liegen 68.3 % (also etwas mehr als zwei Drittel) und im Bereich $\mu \pm 2\sigma$ sind es 95.4 % der Daten.

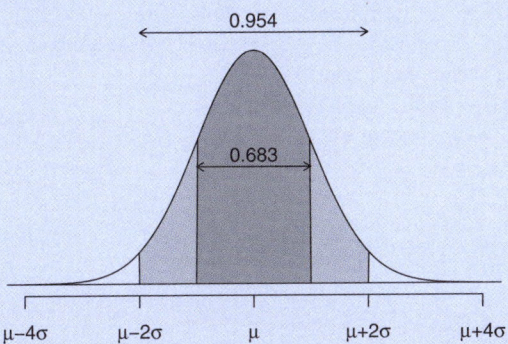

Mit der Wahl $\mu \pm 1.96\sigma$ überdeckt man genau 95 % der Daten. Dieser Wert von 1.96 ist schon bei Konfidenzintervallen für Anteile (Abschnitt 6.5) in der Formel 6.3 ohne große Erklärung aufgetaucht. Ersetzt man 1.96 durch 2.58, sind 99 % der Daten im zentralen Bereich.

Diese Anteile gelten für normalverteilte Variablen. Wenn die Verteilung symmetrisch und eingipfelig ist, sind die Abweichungen von diesen Werten aber nicht sehr groß, wenn keine Normalverteilung vorliegt.

8.1.3 Boxplot

Minimum, 1. Quartil, Median, 3. Quartil und Maximum werden oft als 5-Punkt-Zusammenfassung für eine Variable angegeben. Darin enthalten sind mit dem Median ein Lagemaß und implizit auch Spannweite und Quartilsabstand, also zwei Streuungsmaße.

Auf diesen fünf Punkten ist auch der BOXPLOT aufgebaut. Die Grenzen der Box sind durch die Quartile bestimmt, an der Stelle des Medians ist die Box unterteilt. Linien (Whiskers) zum Minimum und Maximum vervollständigen den Boxplot.

R

```
> boxplot(vwghdauer, ylab = "Dauer in Tagen")
```

Statistikpakete wie R hängen meist eine Ausreißersuche an, die das Erscheinungsbild leicht abändern kann. Ausreißer werden als einzelne Punkte markiert und die Linien werden nicht bis zu den Ausreißern gezogen.

Boxplots können platzsparend auch liegend dargestellt werden (▶ Abbildung 8.5). Beim folgenden liegenden Boxplot (horizontal=TRUE) für die Verfahrensdauern ist überdies die Ausreißersuche abgestellt (range=0), der Mittelwert markiert (abline()), die Skalenbeschriftung verfeinert (seq(0,3500,250)) und senkrecht zur Achse (las=2) angebracht.

R

```
> boxplot(vwghdauer, horizontal = TRUE, axes = FALSE,
+      range = 0, cex.main = 1.5, main = "VwGH-Verfahrensdauern",
+      xlab = "Dauer in Tagen")
> axis(1, seq(0, 3500, 250), las = 2)
> abline(v = mean(vwghdauer))
```

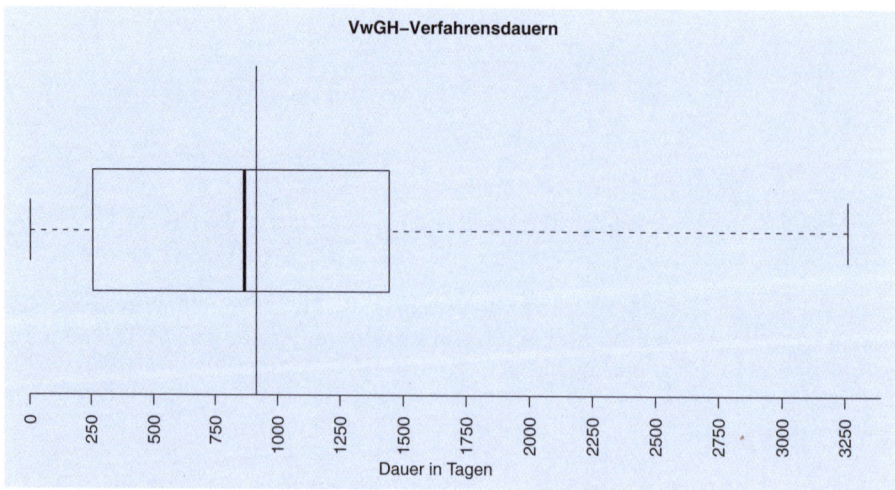

Abbildung 8.5: Boxplot der VwGH-Verfahrensdauern

Wenn wir zur Interpretation den zweiten Boxplot (▶ Abbildung 8.5) mit der genaueren Skalenbeschriftung heranziehen, können wir einiges über die Verfahrens-

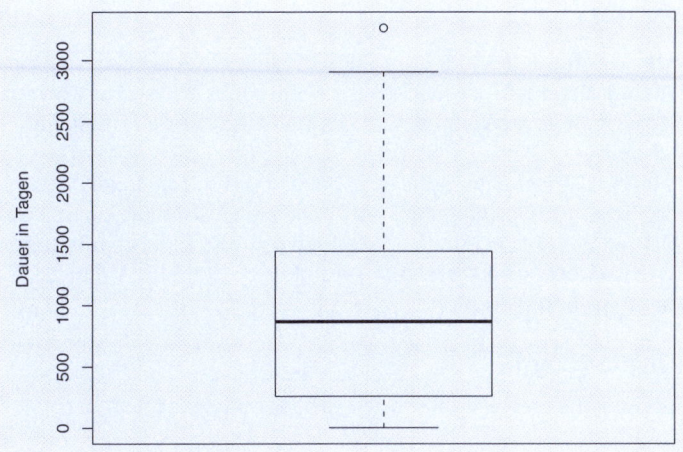

Abbildung 8.6: Boxplot der VwGH-Verfahrensdauern

dauern vor dem VwGH ableiten. Diese Skala erlaubt nämlich das ungefähre Ablesen wichtiger Werte.

- Q_1 als untere Begrenzung der Box ist etwas größer als 250, Q_3 als obere Begrenzung ist etwas kleiner als 1500.
- Der Median als Unterteilung der Box liegt zwischen 750 und 1000.
- Der Quartilsabstand als Differenz $Q_3 - Q_1$ ist etwas größer als 1000 und kann aus der Länge der Box abgeschätzt werden.
- Das Minimum ist ca. 0 und das Maximum liegt etwas über 3250.

Fallbeispiel 12: VwGH: Interpretation des Boxplots

Ein Viertel der Verfahren ist nach ca. 250 Tagen abgeschlossen. Das nächste Viertel der Verfahren dauert bis knapp 900 Tage, ist also breiter. Das dritte Viertel reicht nicht ganz bis 1500, ist also in etwa gleich breit wie das vorige Viertel. Das letzte Viertel ist allein mindestens so breit wie die vorigen drei Viertel.

Die Schiefe der Verteilung ist aus dem Boxplot durch die unterschiedlichen Breiten des ersten und vierten Viertels der Daten ersichtlich. Im zentralen Bereich (dem Bereich, der durch die Box abgedeckt ist) liegt ungefähre Symmetrie vor. Da die Daten zu Beginn stärker konzentriert sind, ist die Verteilung rechtsschief.

Zur Beschreibung der Verteilung sind Histogramme besser als Boxplots geeignet. So konnten wir aus dem Histogramm (▶ Abbildung 8.2) ersehen, dass eine zweigipfelige Verteilung vorliegt. Der Boxplot bietet diese Einsicht nicht.

Der Vorteil von Boxplots liegt im grafischen Vergleich von Verteilungen einer Variablen in mehreren Gruppen und wird uns im Kapitel 10 wieder begegnen.

8.1.4 Ausreißer

Im Boxplot (▶ Abbildung 8.6) ist eine Beobachtung als Ausreißer markiert worden. AUSREISSER sind allgemein Beobachtungen, die nicht zur selben Grundgesamtheit gehören oder zu gehören scheinen wie die (meisten) übrigen Elemente der untersuchten Stichprobe.

Liegt nur eine metrische Variable pro Beobachtung vor, fallen Ausreißer durch extreme Werte in dieser Variablen auf. Bei mehreren Variablen können Extremwerte in einer Variablen zur Entdeckung von Ausreißern führen, in komplizierteren Fällen sind sie besser versteckt und können nur durch die simultane Untersuchung mehrerer Variablen ausspioniert werden.

Ursachen von Ausreißern

Ausreißer können aus mehreren Gründen in Datensätzen auftauchen:

- Fehler bei der Datenaufnahme, etwa durch ein defektes Messgerät
- Codierfehler; unklare Maßeinheiten, etwa Körpergröße wird in Metern statt Zentimetern angegeben.
- Schreib- oder Tippfehler
- Ausreißer weicht zwar deutlich von den meisten anderen Werten ab, ist aber durchaus denkbar (reliable Ausreißer).

Umgang mit Ausreißern

Ausreißer können Ergebnisse statistischer Auswertungen stark beeinflussen, in schlechten Fällen verfälschen. Was macht man mit Beobachtungen, die man als Ausreißer entdeckt hat?

Natürlich wird man bei eindeutigen Datenfehlern versuchen, den Fehler zu korrigieren. Ist eine Korrektur nicht möglich, muss diese Beobachtung weggelassen werden bzw. der fehlerhafte Variablenwert auf fehlender Wert (missing) gesetzt werden.

Schwieriger ist der Umgang mit reliablen Ausreißern. Eine Möglichkeit ist, Analysen ohne diese Ausreißer durchzuführen, aber dieses Weglassen auch zu dokumentieren. Eine andere Möglichkeit ist, die Resultate der Analyse mit und ohne Ausreißer zu berichten.

Für manche Fragestellungen gibt es statistische Verfahren, die gegenüber vorhandenen Ausreißern wenig empfindlich sind. Solche Verfahren werden als ROBUST bezeichnet und sie stellen eine weitere Möglichkeit dar, möglichen Ausreißern in den Daten zu begegnen.

Median und auch das getrimmte Mittel sind robuste Lagemaße, der Quartilsabstand ist ein robustes Streuungsmaß.

Der Ausreißer im VwGH-Beispiel

Eine Überprüfung der Beobachtung mit dem Wert 3262 für die Verfahrensdauer konnte Schreib- und Tippfehler ausschließen, es ist also ein reliabler Ausreißer. Ursachenforschung für die Länge des Verfahrens ist nicht Aufgabe dieses Buchs. Was sind die Auswirkungen auf die Maßzahlen?

Der Ausreißer im Datensatz ist kein Grund zu großer Sorge. Einerseits ist er nur als moderat eingestuft worden, andererseits ist bei einer so großen Stichprobe ($n = 3745$)

eine etwas abweichende Beobachtung nicht sehr einflussreich. Das zeigt auch die folgende Auflistung einiger Maßzahlen:

	mit Ausreißer	ohne Ausreißer
$\bar{x}$	914.9	914.2
$\tilde{x}$	868.0	868.0
s	680.4	679.4
QD	1185.0	1184.5

Mittelwert und Standardabweichung haben eine geringe Änderung durch das Weglassen des Ausreißers erfahren, die robusten Maße haben überhaupt nicht ($\tilde{x}$) oder nur minimal (QD) reagiert.

8.1.5 Weitere grafische Beschreibungsmethoden

Histogramme und Boxplots sind nicht die einzigen grafischen Beschreibungsverfahren für metrische Variablen. Einige weitere Verfahren werden hier vorgestellt; ihr Einsatz ist aber weniger häufig und nur bei moderatem Stichprobenumfang sinnvoll. Wir wechseln zu einem Datensatz aus dem Golfsport. Kurze Beschreibungen der fast selbsterklärenden Ergebnisse ersetzen ausführliche Interpretationen.

Fallbeispiel 13: Golf: US-Masters in Augusta 2009

Datenfile: augusta2009.csv

Eines der traditionsreichsten Turniere im Golf ist das US-Masters in Augusta, das auf dem sehr berühmten Platz des Augusta National Golf Club gespielt wird.

Dieser 18-Loch-Platz hat Bahnen unterschiedlichen Schwierigkeitsgrads; für manche Bahnen werden von einem guten Spieler drei Schläge, für die meisten vier Schläge und für einige schwierig zu spielende Bahnen fünf Schläge bis zum Einlochen erwartet. Der Platz ist so angelegt, dass der Sollwert für eine Runde (also alle 18 Bahnen) bei 72 Schlägen liegt.

Nach zwei Spielrunden scheiden die schlechter platzierten Spieler aus, die anderen spielen weitere zwei Runden. Im Datenfile sind die Ergebnisse des Masters aus dem Jahr 2009 enthalten, nämlich für jede der vier Runden. Sieger wurde Angel Cabrera, der nach vier Runden mit 276 Schlägen wie Chad Campbell und Kenny Perry 12 unter Par war und das notwendige Playoff gewinnen konnte.

Gibt es weitere Verfahren zur grafischen Beschreibung?

Stem-and-Leaf-Plot

Stem-and-Leaf-Plots boten die Möglichkeit einer grafischen Darstellung einer Verteilung schon zu Zeiten, als für Drucker kaum mehr als der Zeichensatz einer Schreib-

```
The decimal point is 1 digit(s) to the right of the |

27 | 66689
28 | 0000111223344
28 | 5666666666777778889999
29 | 0133444
29 | 88
```

Abbildung 8.7: Stem-and-Leaf-Plot der Golfdaten

maschine verfügbar war. Bei kleinen Datensätzen bieten sie nicht nur – ähnlich wie Histogramme – eine Übersicht über die Verteilung, sondern zeigen sogar die einzelnen Werte – zumindest gerundet – an.

Am Beispiel der Golfdaten sei dies demonstriert. Wir beschränken uns auf die nach den ersten zwei Runden besten 50 Spieler, die den Cut geschafft haben. In Strokes sind die insgesamt benötigten Schläge für alle absolvierten Runden enthalten. Da in dieser Variablen allerdings auch die benötigten Schläge der Spieler enthalten sind, die den Cut nicht geschafft haben, müssen wir eine Auswahl auf jene Spieler treffen, die auch die dritte – und somit auch die vierte – Runde gespielt haben.

R

```
> golf <- read.csv2("augusta2009.csv", header = TRUE)
> attach(golf)
> Gesamt <- Strokes[!is.na(R3)]
> detach(golf)
> stem(Gesamt, scale = 0.5)
```

Welche Informationen sind im Plot (▶ Abbildung 8.7) enthalten?

- Die einzelnen Zahlen des Datensatzes werden in einen Stamm (Stem) und ein Blatt (Leaf) aufgeteilt. Die Angaben zum Stamm sind links, diejenigen zum Blatt einer Zahl sind rechts vom |-Zeichen zu finden. Die Angabe The decimal point is 1 digit(s) to the right of the | besagt, dass die Angaben zum Stamm mit zehn zu multiplizieren sind. Es liegen also Stämme mit den Größen 270, 280 und 290 vor. Die Stämme 280 und 290 treten zweimal auf. Je einmal für die niedrigen Werte 280–284 (bzw. 290–294) und einmal für die hohen Werte 285–289 (bzw. 295–299).
- Die einzelnen Werte des Datensatzes könnte man rekonstruieren, indem man Stamm und Blatt der einzelnen Beobachtungen zusammenführt. Wenn wir also mit der niedrigen 280er Klasse beginnen: Es gibt viermal eine 0, daher also insgesamt viermal den Wert 280. Analog interpretierend kann man ableiten, dass dreimal 281 und je zweimal 282, 283 und 284 auftreten.
- Die Werte liegen somit auch in sortierter Reihenfolge vor. Es ist leicht, etwa den viertkleinsten Wert (278) zu bestimmen.
- Der Stem-and-Leaf-Plot ist ein um 90 Grad gedrehtes Histogramm (mit konstanten Klassenbreiten).

Da die Stichprobenwerte mit wenigen Ziffern angezeigt werden müssen, ist oft eine Rundung notwendig. In diesem Fall ist eine exakte Rekonstruktion der ursprünglichen Daten nicht mehr möglich.

Punkt- und Stabdiagramme

Den Versuch, die Einzeldaten als Punkte anzuzeigen, unternehmen PUNKTDIA-GRAMME. In R steht dazu die Funktion stripchart() zur Verfügung. Den grafisch ansprechenderen Output kann man mit der Funktion DOTplot() aus dem UsingR-Package (Verzani, 2010) erstellen.

R

```
> library("UsingR")
> DOTplot(Gesamt, main = "US-Masters 2009")
```

Eine ähnliche Idee wie mit Punktdiagrammen verfolgt man mit STABDIAGRAMMEN. Statt Punkte werden Striche zur Markierung der Beobachtungen verwendet. In R muss man etwas tricksen, um zu einer guten Achsenbeschriftung zu gelangen.

R

```
> plot(table(Gesamt), main = "US-Masters 2009", xlab = "Gesamt",
+     ylab = "Anzahl", cex.main = 1.4, axes = FALSE)
> axis(1)
> axis(2)
```

Beide Diagramme (▶ Abbildung 8.8 und ▶ Abbildung 8.9) vermitteln denselben Eindruck über die Lage der Daten. Zuerst kommen die drei Spieler mit dem Minimum an Schlägen, die das Playoff bestritten. Dann folgt der Hauptteil der Spieler mit zwischen 280 und 290 Schlägen. Ein paar Spieler sind deutlich abgefallen (mindestens 293 Schläge).

Empirische Verteilungsfunktion

Die EMPIRISCHE VERTEILUNGSFUNKTION gibt für jeden Wert aus dem Wertebereich der Stichprobe den Anteil an Beobachtungen an, die diesen Wert nicht übersteigen. Inhaltlich entspricht sie kumulierten relativen Häufigkeiten und wird lieber grafisch als tabellarisch ausgegeben. Die notwendigen Berechnungen erledigt die Funktion ecdf(), die Grafikausgabe mit dem plot-Befehl kann direkt auf diesem Ergebnis aufsetzen.

R

```
> plot(ecdf(Gesamt), main = "US-Masters 2009", xlab = "Gesamt")
```

Das Ergebnis ist eine Treppenfunktion (▶ Abbildung 8.10). Die erste Stufe ist an der Stelle 276, dem Minimum der Daten, die letzte Stufe ist bei 298, dem Maximum der

Daten. Die Stufen sind unterschiedlich hoch, je nach Häufigkeit der einzelnen Werte; die höchste Stufe ist bei 286, dem häufigsten Wert in der Stichprobe. Hier macht die empirische Verteilungsfunktion einen Sprung von ungefähr 0.4 auf 0.6. Ungefähr 60 Prozent der Beobachtungen haben einen Wert von höchstens 286.

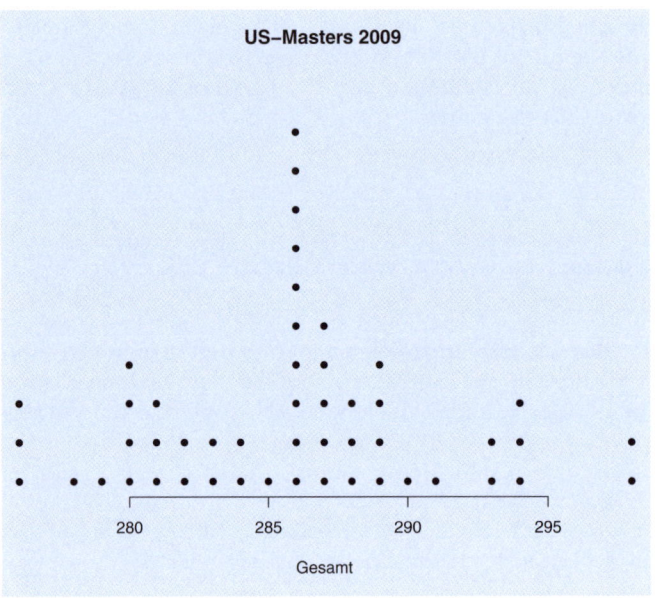

Abbildung 8.8: Punktdiagramm der Golfdaten

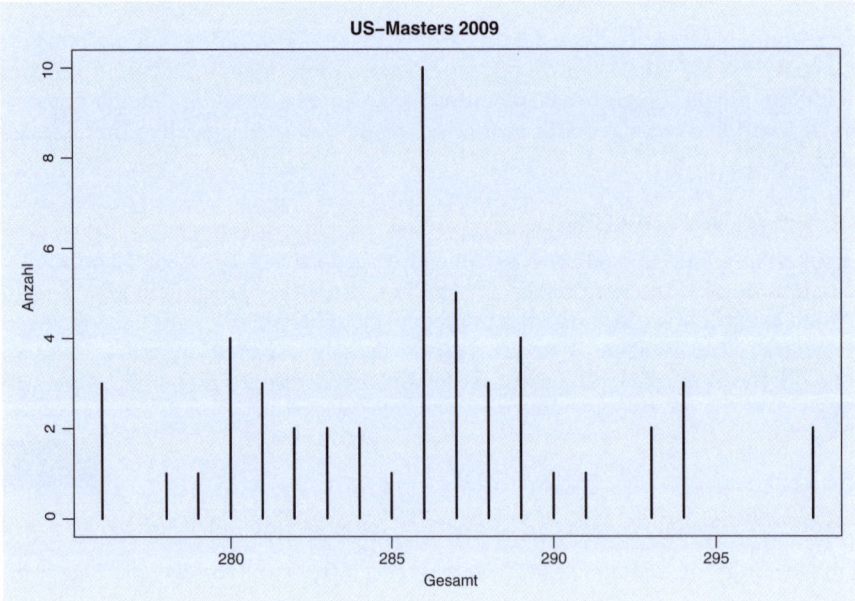

Abbildung 8.9: Stabdiagramm der Golfdaten

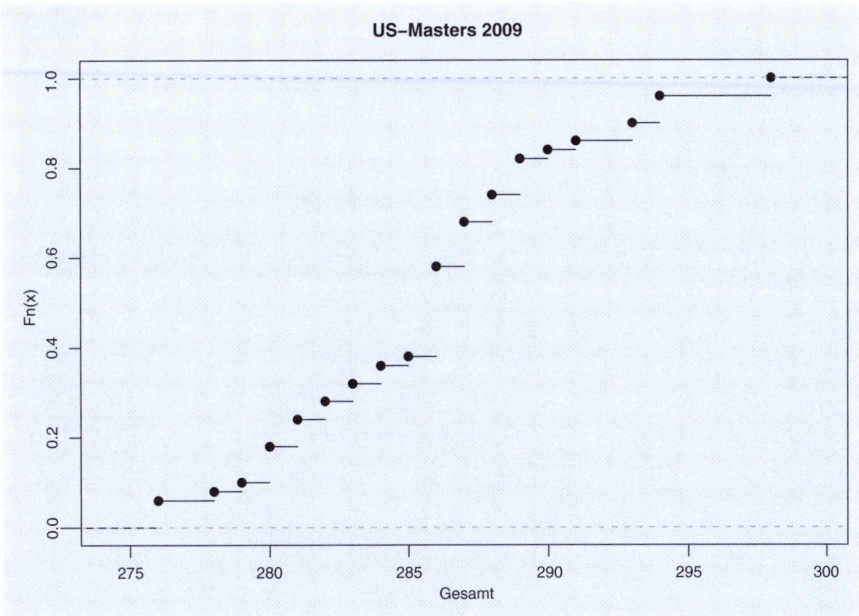

Abbildung 8.10: Empirische Verteilungsfunktion der Golfdaten

8.2 Ist der Mittelwert in der Grundgesamtheit anders als eine bestimmte Vorgabe?

Fallbeispiel 14: Dauern die Verfahren am VwGH länger?

Datenfile: vwgh.csv

Wir haben im vorigen Abschnitt die Verfahrensdauern in Abgabensachen am Verwaltungsgerichtshof untersucht. Eine frühere Untersuchung über die VwGH-Entscheidungen der Jahre 1979 bis 1985 hatte ergeben, dass in diesen Jahren die durchschnittliche Verfahrensdauer 1 Jahr und 3 Monate betragen hatte.

Dauern die Verfahren durchschnittlich länger als in den Jahren 1979 bis 1985?

In der Untersuchung der VwGH-Entscheidungen der Jahre 1979 bis 1985 wurden die Verfahrensdauern in Monaten, in unseren Daten über die Jahre 2000 bis 2004 in Tagen erhoben. Für den Vergleich mit unseren Daten müssen wir den Wert von einem Jahr und drei Monaten umrechnen, wir erhalten 456 (= 365 · 1.25) Tage.

R

```
> boxplot(vwghdauer, main = "VwGH-Verfahrensdauern",
+     cex.main = 1.5, xlab = "Dauer in Tagen", cex.lab = 1.3,
+     horizontal = TRUE)
> abline(v = 456)
```

In den Boxplot (▶ Abbildung 8.11) ist der Vergleichswert 456 als Referenzlinie ein-gezeichnet.

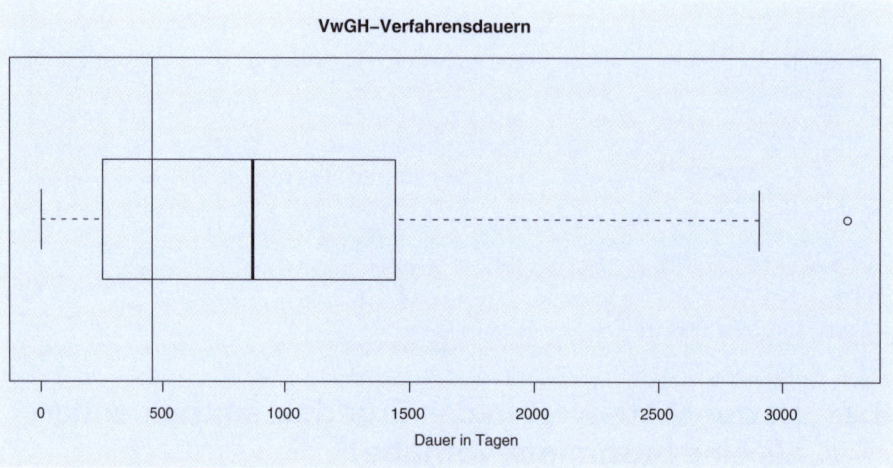

Abbildung 8.11: Boxplot der VwGH-Verfahrensdauern mit Vergleichswert

Exkurs 8.3   Zentraler Grenzwertsatz

In der Wahrscheinlichkeitsrechnung ist es eine einfache Übung nachzuweisen, dass Mittelwerte aus einer normalverteilten Grundgesamtheit ebenfalls normalverteilt sind. Gemeint ist dabei Fol-gendes (ähnlich Abschnitt 6.9):
- Man zieht wiederholt Stichproben eines festgelegten Stichprobenumfangs.
- In jeder Stichprobe wird der Mittelwert bestimmt.
- Wenn der Vorgang oft (etwa 10 000-mal) wiederholt wird, erhalten wir viele Mittelwerte.
- Die Verteilung dieser Werte kann z. B. in einem Histogramm dargestellt werden. Die Form des Histogramms wird sehr ähnlich der Glockenform der Normalverteilung sein.

In der grafischen Beschreibung der Verfahrensdauern haben wir aber eine schiefe und zwei-gipfelige Verteilung festgestellt. Zwar trifft das nur auf die Stichprobe zu, die Abweichungen von einer Normalverteilung sind aber so groß, dass wir auch für die Grundgesamtheit annehmen kön-nen, dass keine Normalverteilung vorliegt (für Tests Abschnitt 8.4). Was gilt für Mittelwerte aus solchen Grundgesamtheiten?

Hier hilft der ZENTRALE GRENZWERTSATZ:

> **Für große Zufallsstichproben sind die Mittelwerte approximativ normalverteilt.**

Was bedeutet das?

- Die Aussage gilt für großes n, in mathematischer Formulierung noch abschreckender für $n \rightarrow \infty$. Simulationen zeigen, dass schon für moderates n ($n \geq 30$) die Abweichungen von der Normalverteilung nur mehr gering sind.
- Die approximative Normalverteilung wird auch bei extremen Ausgangsverteilungen erreicht. Also auch schiefe, mehrgipfelige oder auch diskrete Verteilungen führen bei ausreichend großem n zu ungefährer Normalverteilung des Mittelwerts. In die Bestimmung des Konfidenz-intervalls für Anteile (Abschnitt 6.5) ist auch der zentrale Grenzwertsatz eingeflossen.
- Der Gipfel in der Mittelwertsverteilung ist beim Mittelwert der Ausgangsverteilung.
- Die Varianz der Mittelwerte fällt mit dem Stichprobenumfang gemäß $\sigma_{\bar{x}} = \sigma / \sqrt{n}$.

Mit dem folgenden Plot sollen die eben besprochenen Punkte an Ausgangsverteilungen, die klar von der Normalverteilung abweichen, veranschaulicht werden. Die Ausgangsverteilungen (obere Zeile) sind:

- Gleichverteilung: eine zwar symmetrische Verteilung, aber ohne klaren Gipfel
- U-förmige Verteilung: symmetrisch, aber zwei Gipfel, noch dazu an den Enden der Verteilung
- Schiefe Verteilung: nicht symmetrisch, Gipfel am linken Ende der Verteilung

Für die Simulation wurden jeweils 100 000 Mittelwerte berechnet und diese in Histogrammen zusammengefasst.

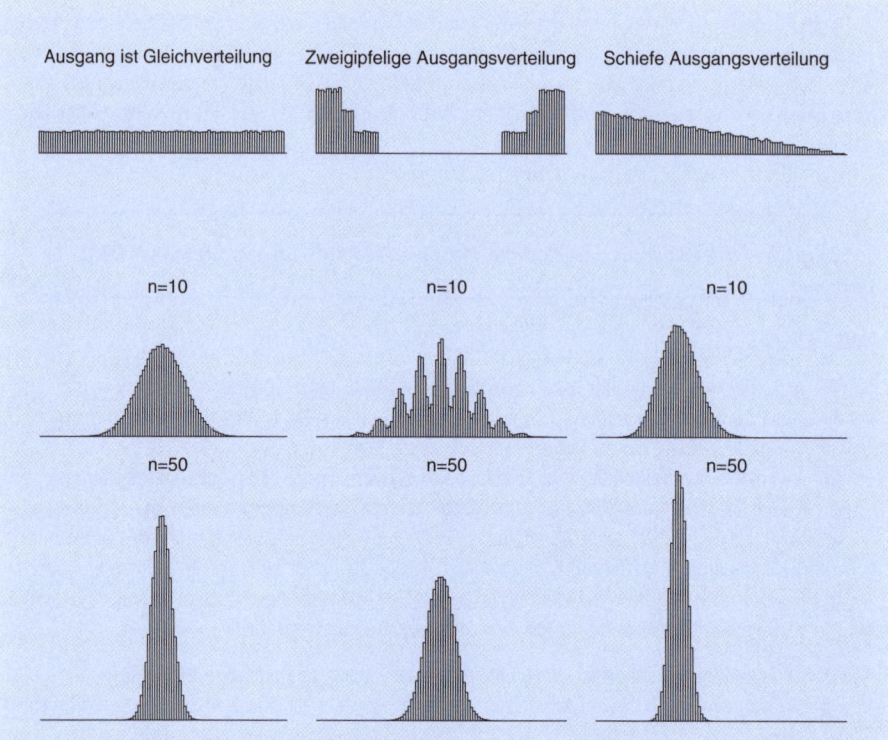

In der zweiten bzw. dritten Zeile sind die Verteilungen der Mittelwerte von jeweils 10 bzw. 50 Beobachtungen geplottet. Spätestens bei Mittelwerten aus 50 Beobachtungen liegt ungefähre Normalverteilung vor. Man erkennt auch, dass die Varianz der Mittelwerte mit zunehmendem Stichprobenumfang kleiner wird.

Das Histogramm (▶ Abbildung 8.2) der VwGH-Verfahrensdauern zeigt eine schiefe und mehrgipfelige Verteilung an, also eine starke Abweichung von der Normalverteilung. Aufgrund des sehr hohen Stichprobenumfangs kann man über den zentralen Grenzwertsatz argumentieren, dass für den Mittelwert dennoch eine Normalverteilung vorliegt.

Damit kann der EIN-STICHPROBEN-T-TEST zur Untersuchung der Fragestellung eingesetzt werden. Wie beim Anteilstest (Abschnitt 6.4) können zwei- oder einseitige Alternativhypothesen überprüft werden.

Ein-Stichproben-t-Test eines Mittelwerts

Nullhypothese H$_0$: $\mu = \mu_0$

Alternativhypothese H$_A$: $\mu \neq \mu_0$ oder $\mu > \mu_0$ oder $\mu < \mu_0$

$$t = \frac{\bar{x} - \mu_0}{s} \sqrt{n} \tag{8.1}$$

- μ ... der unbekannte Mittelwert der Grundgesamtheit (hier aller VwGH-Entscheidungen)
- μ_0 ... der Wert, den wir kennen (oder den wir festlegen) und gegen den wir prüfen wollen, in unserem Beispiel ist er 456.
- $\bar{x}$ ... Mittelwert der Stichprobe
- n ... Stichprobenumfang
- s ... Standardabweichung in der Stichprobe
- Die Teststatistik t folgt unter H$_0$ annähernd einer t-Verteilung mit $n-1$ Freiheitsgraden.
- Die Fragestellung, ob die Verfahren länger dauern, entspricht der Alternativhypothese H$_A : \mu > 456$.

R

```
> t.test(vwghdauer, mu = 456, alternative = "greater")


        One Sample t-test

data:  vwghdauer
t = 41.2706, df = 3744, p-value < 2.2e-16
alternative hypothesis: true mean is greater than 456
95 percent confidence interval:
 896.5606      Inf
sample estimates:
mean of x
 914.8529
```

Der Titel des Testergebnisses besagt, dass ein Ein-Stichproben-t-Test berechnet wurde. Nach der Angabe, für welche Daten der Test berechnet wurde, werden die eigentlichen Testergebnisse präsentiert:

- Der Wert der Teststatistik beträgt: 41.2706.
- Unter H$_0$ folgt die Teststatistik einer t-Verteilung mit 3744 Freiheitsgraden (es liegen $n = 3745$ Verfahrensdauern vor).
- Der p-Wert ist fast 0.
- Es wurde der Test mit der einseitigen Alternativhypothese H$_A : \mu > 456$ gerechnet.

Danach folgt noch die Ausgabe eines einseitigen Konfidenzintervalls (Abschnitt 8.3) und des aus der Stichprobe berechneten Mittelwerts für die Verfahrensdauern (914.8529).

Fallbeispiel 14: VwGH: Interpretation des Mittelwerttests

Ein Ein-Stichproben-t-Test für die Hypothese, dass die Verfahren länger als 456 Tage dauern, hat ein signifikantes Ergebnis erbracht ($t = 41.27$, $df = 3744$, $p < 0.001$).

Inhaltlich bestätigt das Testergebnis die Vermutung aus der Beschreibung der Stichprobe, die Verfahren dauern länger. In der Stichprobe ist der Mittelwert 914.85, also ziemlich genau das Doppelte des Werts Vergleichzeitraums (1979 bis 1985).

Juristen führen die längeren Verfahrensdauern zum Teil auf die größere Anzahl von Beschwerden, die vor den VwGH gebracht werden, und die dadurch verursachte Überlastung des VwGH zurück.

8.3 In welchem Bereich kann man den Mittelwert in einer Grundgesamtheit erwarten?

Fallbeispiel 15: Wie lange dauern die Verfahren am VwGH?

Datenfile: `vwgh.csv`

Wir haben die Verteilung der Verfahrensdauern durch Histogramme und Boxplots grafisch und durch Maßzahlen numerisch beschrieben.

Das hat die Stichprobe betroffen. Aber weitere Beobachtungen würden zu geänderten Grafiken und Maßzahlen führen.

Wie groß ist der Mittelwert aller Verfahrensdauern?

Wir haben eine sehr große Stichprobe als Basis unserer Maßzahlen, dennoch würden weitere Beobachtungen bewirken, dass sich die Werte – vermutlich nur leicht, aber dennoch – verändern. Eine völlig andere Stichprobe würde auch kaum genau die Werte unserer Stichprobe reproduzieren. Den Mittelwert der Stichprobe als Wahrheit, also als den Mittelwert der Grundgesamtheit auszugeben, wäre also entweder naiv oder überheblich.

Die Idee, die zur Anwendung kommt, ist analog der bei Konfidenzintervallen für Anteile (Abschnitt 6.5). Man ersetzt den einzelnen Wert (hier den Mittelwert) der Stichprobe durch ein Intervall, in dem vermutlich der unbekannte Mittelwert der Grundgesamtheit liegt. Das Resultat ist ein KONFIDENZINTERVALL FÜR DEN MITTELWERT, das durch die Angabe der Unter- und Obergrenze des Intervalls festgelegt ist.

Sind die Daten normalverteilt oder kann, weil der Stichprobenumfang ausreichend groß ist, aufgrund des zentralen Grenzwertsatzes auf eine Normalverteilung des Stichprobenmittels geschlossen werden, können Konfidenzintervalle über die Normalverteilung berechnet werden.

In R werden Konfidenzintervalle für den Mittelwert automatisch auch bei jedem Aufruf eines Einstichproben-t-Tests berechnet (Abschnitt 8.2). Allerdings werden bei einseitigen Alternativhypothesen nur die weniger üblichen einseitigen Konfidenzintervalle erstellt. Für die gewohnteren zweiseitigen Konfidenzintervalle genügt in R die Berechnung eines zweiseitigen t-Tests mit beliebigem Wert in der Nullhypothese. Ist man nur am Konfidenzintervall, aber nicht an den Ausgabewerten zum t-Test interessiert, genügt:

R

```
> t.test(vwghdauer)$conf.int
```

```
[1] 893.0547 936.6511
attr(,"conf.level")
[1] 0.95
```

Fallbeispiel 15: VwGH: Interpretation des Konfidenzintervalls

Ein Konfidenzintervall für den Mittelwert der Verfahrensdauern reicht von 893.05 bis 936.65.

In diesem Bereich liegt vermutlich der Mittelwert der Verfahrensdauern **aller** Beschwerden an den VwGH.

Will man das Konfidenzniveau (Sicherheitsniveau) von den standardmäßig eingestellten 95 % abändern (etwa auf 99 %), kann im Aufruf von t.test() das Argument conf.level=0.99 angegeben werden.

8.4 Folgt eine metrische Variable einer bestimmten Verteilung?

Fallbeispiel 16: Normalverteilung beim US-Masters 2009?

Datenfile: augusta2009.csv

Ein Rundenergebnis bei einem Golfturnier setzt sich aus 18 Teilergebnissen auf den einzelnen Bahnen zusammen. Solche Summen aus Einzelergebnissen lassen sich oft durch Normalverteilungen beschreiben. So auch die Ergebnisse früherer US-Masters.

Sind die benötigten Schläge für die vier Runden normalverteilt?

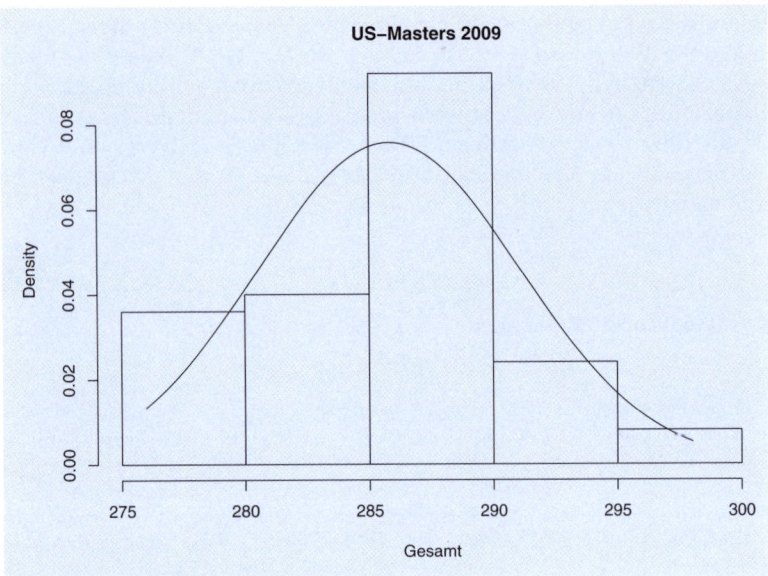

Abbildung 8.12: Histogramm der Golfdaten mit Normalverteilungskurve

Wir werden uns auf den Turnierendstand beschränken, ein Übungsbeispiel befasst sich mit dem Stand nach zwei Runden.

Eine Möglichkeit einer grafischen Überprüfung bietet ein Histogramm. Zwar sind nur ganze Zahlen denkbar (die Rundenergebnisse sind diskret), aber ein Histogramm gibt einen besseren Eindruck einer Verteilung einer metrischen Variablen als ein Balkendiagramm, das Platz zwischen den Balken lässt.

In dieses Histogramm (▶ Abbildung 8.12) zeichnen wir die Dichtefunktion (Glockenkurve) jener Normalverteilung ein, bei der Mittelwert und Varianz mit der Stichprobe übereinstimmen. Dazu wird an vielen Stellen xx die Dichtefunktion der Normalverteilung berechnet (`dnorm()`). Mit `lines()` werden die so berechneten Punkte durch Strecken verbunden.

R

```
> hist(Gesamt, freq = FALSE, main = "US-Masters 2009")
> xx <- seq(min(Gesamt), max(Gesamt), 0.01)
> lines(xx, dnorm(xx, mean = mean(Gesamt), sd = sd(Gesamt)))
```

Die Unterschiede zwischen Balkenhöhen und den Werten der Dichtefunktion (▶ Abbildung 8.12) sind nicht sehr groß. Das Histogramm ist nicht ganz symmetrisch, Abweichungen wie hier können in Stichproben auftreten und sprechen noch nicht gegen eine Normalverteilung in der Grundgesamtheit.

Methoden, die über den Vergleich eines Histogramms mit einer Normalverteilungskurve hinausgehen, haben mehrere Begründungen:

- Nicht immer ist die Stichprobe so groß, dass ein Histogramm sinnvoll erstellt werden kann.
- Man will sich nicht nur mit einem grafischen Überblick zufriedengeben, man will auch einen Test, der zu einer Entscheidung führt, anwenden.
- Am häufigsten wird die Frage nach einer Normalverteilung gestellt. Vergleiche gegen andere Verteilungen kommen aber auch vor.

8.4.1 Q-Q-Plot

Auch bei geringem Stichprobenumfang und für viele Verteilungen kann in R ein Q-Q-PLOT (Quantil-Quantil-Plot) erstellt werden.

Elemente des Q-Q-Plots

Testverteilung: Die zu testende Verteilung kann konkret mit allen Parameterwerten spezifiziert sein. Der häufigere Fall ist aber der, dass nicht alle Parameterwerte spezifiziert sind, sondern aus der Stichprobe geschätzt werden. Im Beispiel der Golfdaten kann etwa nur Normalverteilung überprüft werden, für μ und σ werden Mittelwert und Standardabweichung der Stichprobe verwendet.

Beobachtete Quantile: Die Stichprobenwerte (hier von 50 Teilnehmern die Anzahl der Schläge in den vier Runden) sind die beobachteten Quantile (hier die Quantile für 1 %, 3 %, 5 %, ..., 99 %).

Erwartete Quantile: Die erwarteten Quantile werden aus der zu testenden Verteilung berechnet.

Q-Q-Plot: Der Plot selbst ist ein Streudiagramm. Pro Beobachtung bestimmen erwartetes und beobachtetes Quantil einen Punkt im Diagramm.

Idealbild: Für die zu testende Verteilung spricht im Idealfall, wenn beobachtete und erwartete Quantile genau übereinstimmen. Natürlich ist das in einer konkreten Stichprobe nie anzutreffen, leichte Abweichungen davon werden kaum Argwohn erwecken. Systematische Abweichungen fallen auf und bieten Hinweise auf Abweichungen von der Testverteilung.

Die notwendigen Operationen stellen in R keine hohe Hürde dar. Mit der Funktion `qnorm()` können die Quantile einer Normalverteilung berechnet werden und die Funktion `sort()` erledigt das Sortieren der Werte.

R

```
> n <- length(Gesamt)
> xx <- (1:n - 0.5)/n
> quantil_beob <- sort(Gesamt)
> quantil_erw <- qnorm(xx, mean = mean(Gesamt),
+     sd = sd(Gesamt))
> plot(quantil_erw, quantil_beob, xlab = "Theoretische Quantile",
+     ylab = "Beobachtete Quantile")
> abline(0, 1)
```

Für einen Normalverteilungs-Q-Q-Plot kann eine eigene R-Funktion (qqnorm()) verwendet werden, eine kleine Änderung ist bei den angezeigten erwarteten Quantilen zu beobachten. Ein Plot wie soeben kann ebenfalls mit einer R-Funktion (qqplot()) erstellt werden, hier geben wir den Lageparameter mit 288 (vier Runden zu je 72 Schlägen) vor und schätzen ihn nicht aus der Stichprobe. Eine Referenzgerade kann auch mit qqline() eingezeichnet werden.

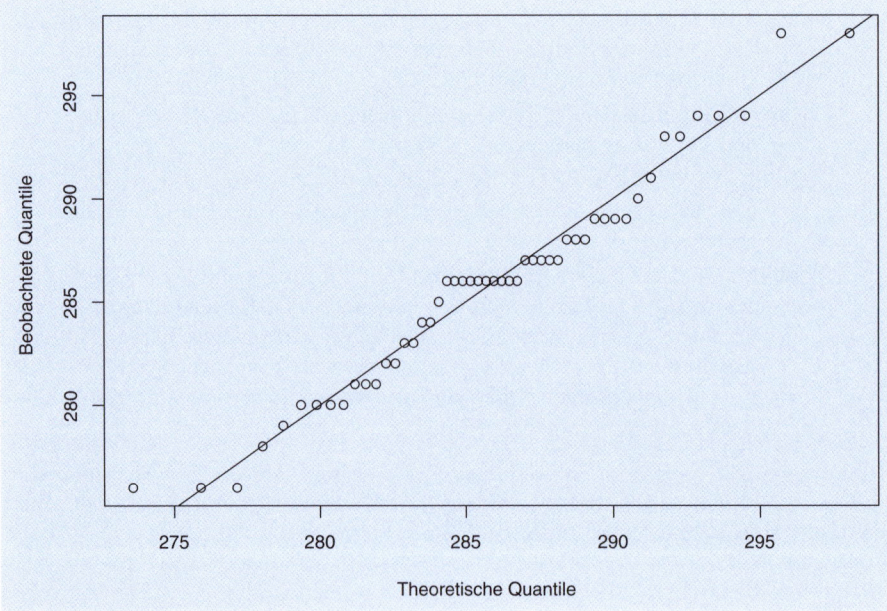

Abbildung 8.13: Q-Q-Plot der Golfdaten

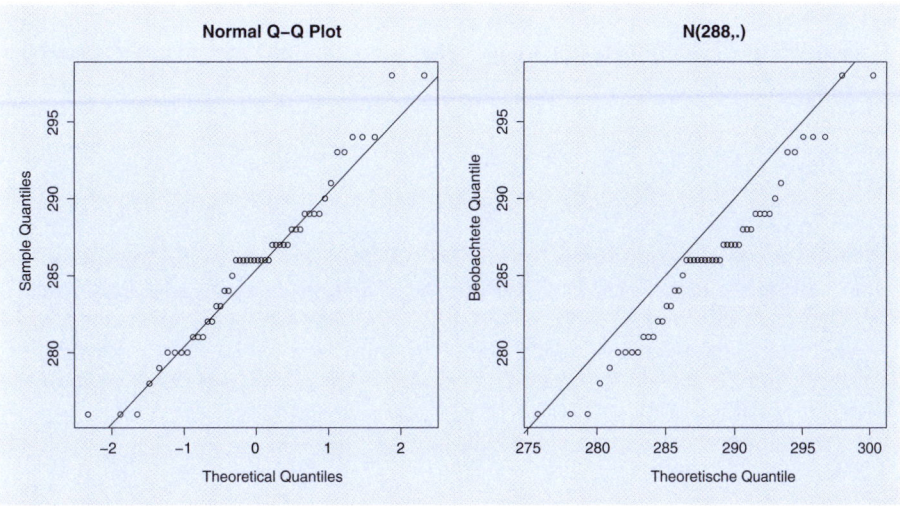

Abbildung 8.14: Weitere Q-Q-Plots der Golfdaten

R

```
> par(mfrow = c(1, 2))
> qqnorm(Gesamt, main = "N(.,.)")
> qqline(Gesamt)
> n <- length(Gesamt)
> xx <- (1:n - 0.5)/n
> quantil_erw <- qnorm(xx, mean = 288, sd = sd(Gesamt))
> qqplot(quantil_erw, Gesamt, main = "N(288,.)")
> abline(0, 1)
> par(mfrow = c(1, 1))
```

Anmerkungen zu Q-Q-Plots:

- Liegen Punkte genau auf der eingezeichneten 45°-Geraden im ersten Q-Q-Plot (▶ Abbildung 8.13), so sind erwartetes und beobachtetes Quantil identisch. Diese Gerade zeigt also das Idealbild, dass die Stichprobenverteilung exakt der unterstellten Verteilung entspricht.
- Im zweiten Q-Q-Plot (▶ Abbildung 8.14 links) sind auf der x-Achse nicht die Quantile der unterstellten Normalverteilung, sondern die der Standardnormalverteilung aufgetragen. Die eingezeichnete Gerade geht durch die Punkte der ersten bzw. dritten Quartile und stellt ebenfalls einen Anhaltspunkt für die Interpretation dar.
- Üblicherweise werden die Parameterwerte für die Verteilungen aus den Daten geschätzt. Man kann aber auch die Parameter der Verteilungen fixieren, wie im letzten Beispiel (▶ Abbildung 8.14 rechts), wo der Mittelwert mit 288 (mean=288) festgelegt wurde.

- Q-Q-Plots mit anderen Verteilungen werden durch die entsprechende Berechnung der erwarteten Quantile realisiert; also statt `qnorm()` durch `qunif()`, wenn statt der Normalverteilung eine Gleichverteilung zur Anwendung kommen soll.

Fallbeispiel 16: US-Masters: Interpretation der Q-Q-Plots

Der Q-Q-Plot (▶ Abbildung 8.13) hat als x-Achse die erwarteten Quantile aus der Normalverteilung, als y-Achse die beobachteten Quantile (die benötigten Schläge).

Die Unterschiede zwischen beobachteten und erwarteten Quantilen sind nicht systematisch. Es gibt keine großen Bereiche, wo Punkte nur unter oder nur über der 45°-Gerade liegen.

Über den zweiten Q-Q-Plot (▶ Abbildung 8.14 links) kommen wir zum selben Schluss.

Der dritte Q-Q-Plot (▶ Abbildung 8.14 rechts) unterstellt eine Normalverteilung mit Mittelwert 288 ($= 72 \cdot 4$, durchschnittlich Par 0 in den vier Runden). Der Großteil der Punkte liegt unter der Bezugsgeraden, die beobachteten Quantile sind also fast durchwegs kleiner als die erwarteten.

Es gibt also kaum Grund, an der Normalverteilung der benötigten Schläge für die vier Runden in Augusta 2009 zu zweifeln. Hingegen ist eine Normalverteilung mit Mittelwert 288 nicht passend.

8.4.2 Kolmogorov-Smirnov-Test und Shapiro-Wilk-Test

Mit Q-Q-Plots gewinnen wir grafisch einen Eindruck, ob die Stichprobe einer vermuteten Verteilung folgt. Möglicherweise kann aus dem Plot die Art der Abweichung interpretiert werden. Ausreißer fallen auf Q-Q-Plots ebenso auf wie größeres Gewicht auf den Enden einer Verteilung. Es besteht aber auch der Wunsch, Verteilungsannahmen mit dem Arsenal der Testtheorie zu überprüfen. Zwei Beispiele dafür werden hier vorgestellt.

Kolmogorov-Smirnov-Test

Mit dem KOLMOGOROV-SMIRNOV-TEST kann die Nullhypothese, dass eine bestimmte Verteilung oder eine bestimmte Verteilungsfamilie vorliegt, überprüft werden. Der Test basiert rechnerisch auf dem Vergleich der empirischen mit der theoretischen Verteilungsfunktion. Nach dem Aufruf von `ecdf()` steht mit `Fn` eine Funktion zur Berechnung der empirischen Verteilungsfunktion zur Verfügung. Mit der Plotfunktion wird sie im Diagramm als Treppenfunktion eingezeichnet. Zum Vergleich wird an vielen Stellen `xx` der Wert der Verteilungsfunktion der Normalverteilung berechnet (mit `pnorm()`) und diese mit `lines()` in das Diagramm eingezeichnet.

Die Differenzen (`diff`) zwischen den beiden werden berechnet und die Stelle bestimmt (`xmax`), wo diese Differenz am größten ist. Diese Differenz wird im Diagramm (▶ Abbildung 8.15) eingezeichnet (mit `lines()`), die x-Koordinaten sind jeweils `xmax`, die y-Koordinaten werden durch die empirische Verteilungsfunktion `Fn()` und die theoretische Verteilungsfunktion `pnorm()` gegeben. Zur Markierung wird diese Strecke etwas breiter gezeichnet (lwd=3). Die Beschriftung erfolgt mit text().

R

```
> Fn <- ecdf(Gesamt)
> plot(Fn, main = "Kolmogorov-Smirnov-Test")
> xx <- seq(min(Gesamt), max(Gesamt), 0.1)
> mg <- mean(Gesamt)
> sdg <- sd(Gesamt)
> lines(xx, pnorm(xx, mean = mg, sd = sdg))
> diff <- Fn(xx) - pnorm(xx, mean = mg, sd = sdg)
> maxdiff <- which(abs(diff) == max(abs(diff)))
> xmax <- xx[maxdiff]
> lines(c(xmax, xmax), c(Fn(xmax), pnorm(xmax, mean = mg,
+       sd = sdg)), lwd = 3)
> text(xmax, Fn(xmax) - diff[maxdiff]/2, "Kolmogorov-Smirnov-D",
+      pos = 4)
```

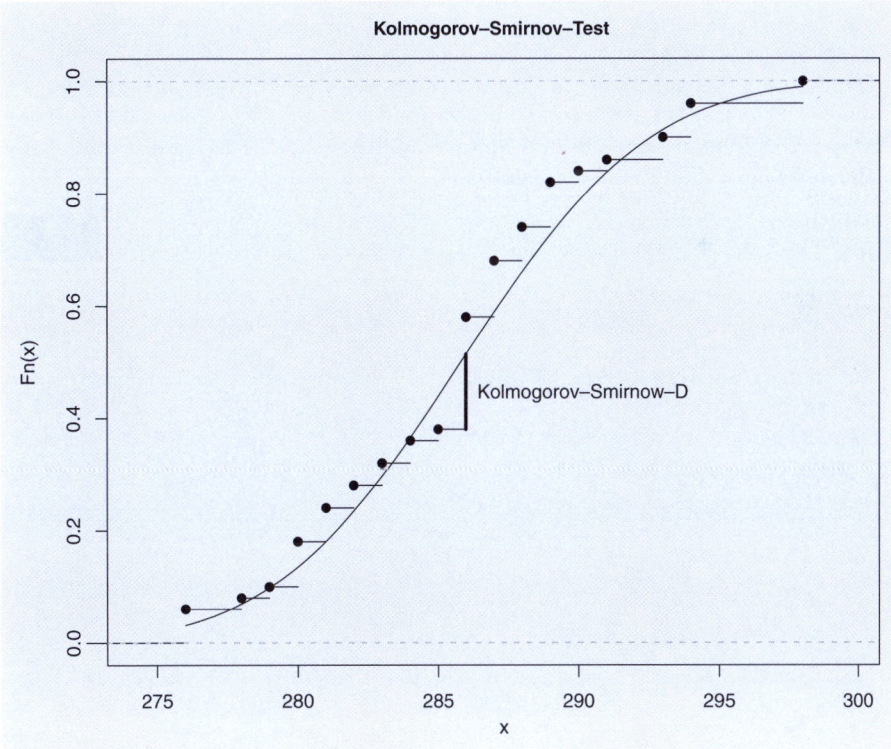

Abbildung 8.15: Kolmogorov-Smirnov-Teststatistik

R

```
> ks.test(Gesamt, "pnorm", mean = mean(Gesamt),
+     sd = sd(Gesamt))
```

```
        One-sample Kolmogorov-Smirnov test
```

```
data:  Gesamt
D = 0.1336, p-value = 0.3339
alternative hypothesis: two-sided
```

Wie bei Q-Q-Plots können die Parameter einer Verteilung aus den Daten geschätzt werden, es können aber auch spezielle Parameterwerte vorgegeben werden. In diesem Beispiel wurden mit `mean=mean(Gesamt)` und `sd=sd(Gesamt)` die Werte aus der Stichprobe ermittelt.

Andere Verteilungen können im Aufruf durch den jeweiligen Namen der Verteilungsfunktion (etwa `punif` für die Gleichverteilung) ausgewählt werden.

Shapiro-Wilk-Test auf Normalverteilung

Am häufigsten werden Verteilungstests auf Normalverteilung durchgeführt. Zwar ist der Kolmogorov-Smirnov-Test dafür einsetzbar, mächtiger ist in solchen Situationen allerdings der SHAPIRO-WILK-TEST. Bei diesem werden die Differenzen zwischen größtem und kleinstem Wert, zwischen zweitgrößtem und zweitkleinstem Wert der Stichprobe etc. mit Differenzen aus der Normalverteilung verglichen und bewertet. Die Spezifikation einer bestimmten Normalverteilung durch Angabe konkreter Parameterwerte für μ und σ ist nicht möglich.

R

```
> shapiro.test(Gesamt)
```

```
        Shapiro-Wilk normality test
```

```
data:  Gesamt
W = 0.9694, p-value = 0.2186
```

Fallbeispiel 16: US-Masters: Interpretation der beiden Verteilungstests

Für den Kolmogorov-Smirnov-Test wurden Stichprobenmittelwert und -varianz als Parameter der Normalverteilung gewählt.

Sowohl der Kolmogorov-Smirnov-Test ($p = 0.334$) als auch der Shapiro-Wilk-Test ($p = 0.218$) zeigen keine signifikanten Abweichungen von einer Normalverteilung.

Wie schon der Q-Q-Plot vermuten ließ, gibt es keinen ausreichenden Grund, die Normalverteilung als Verteilung für die benötigten Schläge beim US-Masters auszuschließen.

8.4.3 Anpassungstest mit der χ^2-Verteilung

Fallbeispiel 17: Überfälle auf Trafiken

Datenfile: `trafik.csv`

Trafiken sind eine speziell österreichische Institution: kleine Geschäfte, die hauptsächlich als Verkaufsstellen für Tabakwaren, Zeitungen und Magazine dienen und oft auch Schreibwaren, Fahrscheine für öffentliche Verkehrsmittel etc. anbieten.

Sie sind auch immer wieder Ziele von Überfällen, die in der Boulevardpresse je nach Saison Drogenabhängigen, ausländischen Banden (Kriminaltourismus) oder anderen Konzentraten medialen Zorns zugeschrieben werden.

Nun sind solche Überfälle zum Glück seltene Ereignisse und die Häufigkeiten seltener Ereignisse kann oft durch eine Poissonverteilung gut beschrieben werden. Im Datenfile sind für die 53 Kalenderwochen des Jahres 2009 die Anzahl der Überfälle auf Trafiken in dieser Woche angegeben.

Ist die Anzahl von Überfällen auf Trafiken pro Woche poissonverteilt?

Neben dem Kolmogorov-Smirnov-Test ist der χ^2-Test auf eine vorgegebene Verteilung (Abschnitt 6.3.2) eine weitere Möglichkeit, eine Stichprobe gegen eine bestimmte Verteilung oder Verteilungsform zu testen. Dieser Test ist eigentlich zur Anwendung auf eine kategoriale Variable bestimmt. Um eine metrische Variable zu testen, ist folgendes Schema zu bearbeiten:

1. Klassifizierung der metrischen Variablen in k Klassen
2. Berechnen der Wahrscheinlichkeiten für die einzelnen Klassen unter der Annahme, dass die zu testende Verteilung vorliegt

3. Durchführung des χ^2-Tests für vorgegebene Wahrscheinlichkeiten. Werden keine Parameter aus der Stichprobe geschätzt, gilt für die Freiheitsgrade die Beziehung $df = k - 1$. Werden jedoch aus der Stichprobe p Parameter geschätzt, muss eine Korrektur bei den Freiheitsgraden erfolgen: $df = k - 1 - p$.

Für das Beispiel und die Bearbeitung in R bedeutet es:

1. Einteilung der Anzahl Überfälle in Klassen. Die Klasseneinteilung muss aufgrund der unterstellten Verteilung, nicht der beobachteten Verteilung, erfolgen. Zu beachten ist dabei, dass die Klassen ausreichend hohe erwartete Häufigkeiten aufweisen. Dies kann üblicherweise nicht ohne Blick auf die Daten erfolgen.

R

```
> trafik <- read.csv2("trafik.csv", header = TRUE)
> attach(trafik)
> tabueberfall <- table(ueberfall)
> tabueberfall
```

```
ueberfall
 0  1  2  3  4  5  6
 6 10 13 14  4  5  1
```

Vermutlich ist es notwendig, die zwei letzten Klassen zusammenzulegen.

R

```
> wochen <- length(ueberfall)
> tab6 <- c(tabueberfall[1:5], wochen - sum(tabueberfall[1:5]))
> names(tab6)[6] <- "5+"
> tab6
```

```
 0  1  2  3  4 5+
 6 10 13 14  4  6
```

2. Berechnen der Wahrscheinlichkeiten für die einzelnen Klassen (pois6) unter der Annahme, dass eine Poissonverteilung vorliegt. Dazu wird der Parameter λ der Poissonverteilung aus den Daten als mittlere Anzahl pro Woche geschätzt (lambda) und mit diesem Wert werden die Wahrscheinlichkeiten für die sechs Klassen berechnet (pois6).

R

```
> total <- sum(ueberfall)
> lambda <- total/wochen
> relHpois <- dpois(0:4, lambda = lambda)
> pois6 <- c(relHpois[1:5], 1 - sum(relHpois))
> cbind(absolut = tab6, relativ = tab6/wochen, poisson = pois6,
+       erwartet = pois6 * wochen)
```

	absolut	relativ	poisson	erwartet
0	6	0.1132075	0.09456285	5.011831
1	10	0.1886792	0.22302559	11.820356
2	13	0.2452830	0.26300188	13.939100
3	14	0.2641509	0.20676248	10.958412
4	4	0.0754717	0.12191184	6.461328
5+	6	0.1132075	0.09073535	4.808973

Wir sehen, dass nur für die letzte Klasse die erwartete Häufigkeit etwas kleiner als 5 ist, somit der Anpassungstest mit dieser Klasseneinteilung gut durchführbar ist.

3. Durchführung des χ^2-Tests für die Variable mit den Klassenzugehörigkeiten (tab6) und den berechneten Wahrscheinlichkeiten pois6 als Vorgabe. Allerdings müssen wir berücksichtigen, dass wir λ aus den Daten bestimmt haben. Somit können wir die Funktion chisq.test() verwenden, um den X^2-Wert zu berechnen. Der dabei berechnete p-Wert ist aber über eine χ^2-Verteilung mit fünf Freiheitsgraden ermittelt worden, relevant sind aber vier Freiheitsgrade. Wir berechnen den p-Wert eigenständig unter Verwendung der Verteilungsfunktion der χ^2-Verteilungen pchisq().

R

```
> ct <- chisq.test(tab6, p = pois6)
> p.wert <- 1 - pchisq(ct$statistic, df = 4)
> rbind(ct$statistic, p.wert)
```

```
       X-squared
       2.6152343
p.wert 0.6241268
```

Fallbeispiel 17: Trafiküberfälle: Interpretation χ^2-Tests

Die Tabelle mit den Häufigkeiten zeigt für Wochen mit keinem, einem oder zwei Überfällen keine großen Unterschiede zu den Erwartungen aus einer Poissonverteilung. Die größten Unterschiede sind bei drei oder vier Überfällen pro Woche festzustellen. Wochen mit drei Überfällen sind über-, Wochen mit vier Überfällen unterrepräsentiert.

Dass diese Unterschiede nicht überbewertet werden dürfen, sagt das Ergebnis des Anpassungstests. Wegen des hohen p-Werts ($p = 0.624$) gibt es keinen Grund, an der Nullhypothese, dass die Überfallshäufigkeiten einer Poissonverteilung folgen, zu zweifeln.

Im Package vcd (Meyer et al., 2010) bietet die Funktion goodfit() die Möglichkeit, die Verteilung von Zählvariablen auf Poisson-, Binomial- oder Negativbinomialverteilung zu testen. Im obigen Beispiel ging es uns aber in erster Linie darum, die prinzipielle Vorgangsweise bei solchen Fragestellungen zu demonstrieren.

8.5   R-Befehle im Überblick

`abline(a,b,v,h)` erlaubt das Einzeichnen einer Geraden in einen Plot. Die Gerade kann durch die Angabe der Werte für Konstante `a` und Anstieg `b` oder durch die Angabe des Werts, der eine vertikale `v=` oder horizontale `h=` Gerade bestimmt, definiert werden.

`axis(side)` ermöglicht das Einzeichnen einer Achse in einen Plot. Für `side` kann der Wert 1 (Achse unten), 2 (Achse links), 3 (Achse oben) und 4 (Achse rechts) angegeben werden.

`boxplot(x)` erstellt einen Boxplot für x. Neben vielen Optionen kann mit `horizontal = TRUE` der Boxplot liegend und damit platzsparend dargestellt werden.

`cut(x, breaks)` teilt den Bereich von x in Intervalle, die durch `breaks` definiert werden, und vergibt Namen entsprechend den Intervallen, in die die Beobachtungen fallen. In diesem Abschnitt wurde dieser Befehl zur Umkodierung einer Variablen eingesetzt.

`dnorm(x, mean, sd)` berechnet an den Stellen x den Wert der Dichtefunktion einer Normalverteilung mit Mittelwert `mu` und Standardabweichung `sd`.

`DOTplot(x)` erzeugt ein Punktdiagramm (UsingR).

`dpois(x, lambda)` berechnet die Wahrscheinlichkeiten, dass eine poissonverteilte Zufallsvariable mit Parameter `lambda` die Werte von x annimmt.

`ecdf(x)` erzeugt eine Funktion, über die die empirische Verteilungsfunktion einer Variablen x berechnet und geplottet werden kann.

`fivenum(x)` gibt die Fünf-Punkt-Zusammenfassung der Variablen x aus.

`hist(x, breaks)` erstellt ein Histogramm für die Werte in der Variablen x. Selbst gewünschte Intervallgrenzen können mit `breaks=` angegeben werden.

`IQR(x)` berechnet den Quartilsabstand von x.

`ks.test(x, y)` berechnet einen Kolmogorov-Smirnov-Test für einen Datensatz x gegen eine Verteilung, deren Verteilungsname in y oder deren Verteilungsfunktion in y angegeben ist. Parameter der Verteilung können zusätzlich fixiert werden.

`max(x)` berechnet das Maximum von x.

`mean(x, trim)` berechnet den Mittelwert von x. Ist etwa `trim=0.05` gesetzt, werden 5 % der kleinsten und 5 % der größten Beobachtungen bei der Berechnung weggelassen.

`median(x)` berechnet den Median von x.

`min(x)` berechnet das Minimum von x.

`options(digits = n)` kontrolliert die Anzahl Ziffern bei der Ausgabe von Ergebnissen. Der angegebene Wert wird nicht immer eingehalten; wenn man es genau will, kann man vorher die Werte mit `round()` runden.

`pchisq(x, df)` berechnet an den Stellen x den Wert der Verteilungsfunktion einer χ^2-Verteilung mit df Freiheitsgraden.

`plot(x)` für ein Objekt x wird eine passende Grafik ausgegeben.

`plot(x,y)` für zwei gleich lange Vektoren x und y werden Punkte mit diesen x- und y-Koordinaten in ein x-y-Diagramm eingezeichnet.

`pnorm(x, mean, sd)` berechnet an den Stellen x den Wert der Verteilungsfunktion einer Normalverteilung mit Mittelwert mu und Standardabweichung sd.

`qnorm(p, mean, sd)` berechnet die Quantile für gewünschte Werte p einer Normalverteilung mit Mittelwert mu und Standardabweichung sd.

`qqline(y)` zeichnet in einen Q-Q-Plot eine Referenzgerade durch die Punkte der ersten und dritten Quartile ein.

`qqnorm(y)` erstellt für y einen Q-Q-Normalplot.

`qqplot(x,y)` berechnet Quantile für zwei Datensätze x und y und plottet sie gegeneinander auf.

`quantile(x, probs)` berechnet Quantile von x. Wird für `probs` nichts angegeben, werden alle Quartile (inklusive Minimum und Maximum) berechnet. Wird etwa probs=seq(0,1,0.1) spezifiziert, werden die Quantile für 0, 10, .., 90 und 100 Prozent berechnet.

`sd(x)` berechnet die Standardabweichung von x.

`shapiro.test(x)` berechnet einen Shapiro-Wilk-Test für einen Datensatz x.

`sort(x)` sortiert einen Vektor x in aufsteigender, mit der Option `decreasing=TRUE` in absteigender Reihenfolge.

`stem(x)` erstellt einen Stem-and-Leaf-Plot. Mit der Option `scale` kann die Länge des Plots kontrolliert werden.

`summary(x)` gibt eine Zusammenfassung eines Objekts x aus. Ist x ein numerischer Vektor, sind dies die Fünf-Punkt-Zusammenfassung und der Mittelwert.

`t.test(x, mu, alternative)` berechnet einen t-Test. In diesem Kapitel für die Berechnung des Ein-Stichproben-t-Tests eingesetzt. Mit mu kann der Wert der Nullhypothese angegeben, mit `alternative` die Alternativhypothese formuliert werden ("two.sided", "less", "greater").

`var(x)` führt zur Berechnung der Varianz von x.

8.6   Zusammenfassung der Konzepte

Um die Verteilung einer metrischen Variablen grafisch zu beschreiben, werden hauptsächlich Histogramme eingesetzt. Die numerische Beschreibung in Tabellen wird leicht unübersichtlich, eine Zusammenfassung auf einzelne Werte führt zu Lage- und Streuungsmaßen. Im Boxplot sind mehrere solcher Maße enthalten.

Schlüsse auf die Grundgesamtheit führen zu Konfidenzintervallen und Tests für den Mittelwert.

Eine grafische Überprüfung, ob eine bestimmte Verteilung vorliegt, stellen Q-Q-Plots dar. Tests auf allgemeine Verteilungen sind der Kolmogorov-Smirnov-Test und der χ^2-Anpassungstest, der Shapiro-Wilk-Test ist ein Test auf Normalverteilung.

- Verteilung: Angaben dazu, wie stark die Daten in verschiedenen Bereichen vertreten sind
- Histogramm: grafische Darstellung der Verteilung einer metrischen Variablen
- Boxplot: grafische Darstellung der größenmäßigen Einteilung in Viertel
- Lagemaße: Kennzahlen, die das Zentrum der Daten angeben sollen
- Streuungsmaße: Kennzahlen, die angeben sollen, wie stark die Daten variieren
- Ausreißer: Beobachtungen, die sich stark von den meisten anderen unterscheiden
- Konfidenzintervall für den Mittelwert: Angabe eines Intervalls, in dem der Mittelwert der Grundgesamtheit vermutlich liegt
- Ein-Stichproben t-Test: Test, ob der Mittelwert in einer Stichprobe sehr stark von einem vorgegebenen Wert abweicht
- Q-Q-Plot: grafische Überprüfung, ob eine Stichprobe einer bestimmten Verteilung folgt
- Kolmogorov-Smirnov-Test: Test auf eine bestimmte Verteilung
  Shapiro-Wilk-Test: Test auf eine Normalverteilung

8.7   Übungen

1. **Alter bei Amtsantritt der US-Präsidenten**

   Im Datenfile us-president.csv ist das Alter der US-Präsidenten bei Amtsantritt angegeben.

   - Beschreiben Sie den Datensatz mit Histogramm, Boxplot und Maßzahlen!

2. **VwGH-Daten: Verfahrensdauer in der ersten Instanz**

   Gegen Abgabenbescheide von Behörden kann Berufung eingelegt werden. In Österreich ist die Berufungsbehörde 2. Instanz der Verwaltungsgerichtshof (VwGH). In einer Studie wurden alle Entscheidungen des VwGH zwischen 2000 und 2004 in Abgabensachen untersucht. Ein Untersuchungsgegenstand waren die Verfahrensdauern.

   Im Datenfile vwgh.csv ist auch die Länge des Verfahrens in der zweiten Berufungsinstanz angegeben (dauer3).

   - Dauern die Verfahren in der 2. Instanz länger als vor 20 Jahren, als sie im Schnitt 1 Jahr und 3 Monate dauerten?
   - Ist das Ergebnis nur deshalb signifikant, weil nicht wenige Ausreißerwerte vorliegen?

3. **US-Masters 2009: Runden 1 und 2**

   - Beschreiben Sie die Verteilung der für zwei Runden im US-Masters in Augusta 2009 insgesamt benötigten Schläge (die Variablen R1 und R2 im Datenfile `augusta2009.csv` enthalten die zwei ersten Rundenergebnisse).
   - In welchem Intervall würde man aufgrund dieser Stichprobe die notwendigen Schläge für die zwei ersten Runden annehmen?
   - Ist die Anzahl Schläge für die ersten zwei Runden normalverteilt? Welche Ergebnisse zeigen der Shapiro-Wilk-Test und der Kolmogorov-Smirnov-Test? Weist der Q-Q-Plot Auffälligkeiten auf?

Datenfiles sowie Lösungen finden Sie auf der Webseite des Verlags.

Mehrere metrische Variablen

9

ÜBERBLICK

Zunächst wird im Rahmen der Korrelation die Stärke des Zusammenhangs zwischen zwei metrischen Variablen beschrieben. Im Rahmen der linearen Regression werden wir die konkrete Form eines linearen Zusammenhangs ermitteln und daraus Prognosen ableiten. Die Erweiterung auf mehrere erklärende Variablen führt zur multiplen linearen Regression und gestattet auch die Einbindung kategorialer erklärender Variablen. Unterschiede zwischen zwei Variablen, meist ist es eine Variable zu zwei Zeitpunkten erhoben, führen zu Tests für verbundene Stichproben. Grundlegende Verfahren zur Beschreibung und Analyse von Zeitreihen bilden den Abschluss des Kapitels.

LERNZIELE

Nach Durcharbeiten dieses Kapitels haben Sie Folgendes erreicht:

- Sie sind in der Lage, aus einem Streudiagramm die Stärke des Zusammenhangs von zwei metrischen Variablen ungefähr abzuschätzen und zu interpretieren. Mit R können Sie überdies testen, ob ein eindeutiger Zusammenhang zwischen den Variablen besteht.
- Sie können den Zusammenhang einer Variablen mit einer oder mehreren anderen Variablen überprüfen und die Form des Zusammenhangs ableiten.
- Aus der Form des Zusammenhangs können Sie Prognosen für die erklärte Variable erstellen.
- Sie kennen die Voraussetzungen für die Anwendung der besprochenen Methoden. Sie wissen, wie Sie diese Voraussetzungen überprüfen können.
- Sie erkennen, wann abhängige Stichproben vorliegen, und können den passenden Test auf Unterschiede in den Mittelwerten in R berechnen und sein Ergebnis interpretieren.
- Für die Beschreibung und Untersuchung der zeitlichen Entwicklung einer Variablen gibt es eine Reihe von Verfahren. Sie können die passende Auswahl aus diesen treffen und die Resultate richtig interpretieren.

9.1 Wie stark ist der Zusammenhang zwischen zwei metrischen Variablen?

Fallbeispiel 18: Schießt Geld Tore?

Datenfile: bl2009.csv

Gewinnt im Fußball ein Außenseiter gegen einen Favoriten, der meist viele sehr gut bezahlte Spieler auf dem Platz und auch auf der Reservebank hat, hört man oft den Ausspruch, dass Geld keine Tore schießt. Über längere Perioden hinweg ist es aber meist so, dass die Vereine mit den großen Budgets die vorderen Tabellenplätze belegen.

Die folgende Tabelle enthält für die 18 Vereine der deutschen Fußballbundesliga 2009/10 den durchschnittlichen Marktwert der Spieler (Stand 1. September 2009), die erzielten Tore und die erreichten Punkte bis zur Winterpause, also nach 17 Runden.

Verein	Marktwert	Tore	Punkte
Bayern München	10.40	34	33
VfL Wolfsburg	5.34	32	24
Hamburger SV	4.38	34	31
Bayer Leverkusen	4.11	35	35
Werder Bremen	4.05	32	28
VfB Stuttgart	4.01	16	16
FC Schalke 04	3.58	26	34
1899 Hoffenheim	3.29	23	30
Borussia Dortmund	3.21	23	30
Hertha BSC	2.45	13	6
1.FC Köln	1.98	10	18
Eintracht Frankfurt	1.87	22	24
Hannover 96	1.86	21	17
VfL Bochum	1.58	18	16
Borussia M'gladbach	1.54	24	21
1.FSV Mainz 05	1.16	21	24
1. FC Nürnberg	1.16	12	12
SC Freiburg	1.12	19	18

Gibt es einen Zusammenhang zwischen dem Marktwert der Spieler und den erzielten Toren der Mannschaften?

9.1.1 Grafische Beschreibung

Zur grafischen Beschreibung der Daten werden STREUDIAGRAMME erstellt. Bei diesen bestimmen die Werte einer Variablen die *x*-Koordinaten, die Werte der anderen Variablen die *y*-Koordinaten der Punkte. In ▶ Abbildung 9.1 wurde der Marktwert der Spieler für die *x*-Achse und die erzielten Tore für die *y*-Achse gewählt.

R

```
> bl2009 <- read.csv2("bl2009.csv", header = TRUE)
> attach(bl2009)
> plot(Marktwert, Tore, main = "Bundesliga 2009/10",
+      xlab = "Spielermarktwert", ylab = "Tore nach 17 Runden",
+      xlim = c(1, 11), pch = 16)
> textposition <- rep(4, 18)
> textposition[1] <- 2
> textposition[5] <- 1
> textposition[16] <- 3
> text(Marktwert, Tore, Verein, pos = textposition, cex = 0.8)
```

Zusätzlich wurden die Punkte mit den Vereinsnamen beschriftet. Punktbeschriftungen bei allen Datenpunkten sind aber nur bei kleinen Datensätzen sinnvoll. Schon in diesem Beispiel ist einiger Aufwand notwendig, um die Punktbeschriftungen so zu platzieren, dass keine Überlappungen auftreten. Der Vektor `textposition` gibt für jeden Verein an, wo die Beschriftung relativ zum eingezeichneten Punktsymbol platziert sein soll (1 = unter, 2 = links, 3 = über, 4 = rechts, bei keiner Angabe erfolgt die Beschriftung über den angegebenen Koordinaten).

Das Streudiagramm vermittelt den Eindruck, dass Vereine mit relativ teuren Spielern eher viele Tore erzielen. Diese Beziehung gilt zwar nicht für jeden Vergleich von Vereinen; Bayer Leverkusen hat am meisten Tore geschossen, aber beim durchschnittlichen Marktwert der Spieler nur den vierthöchsten Wert, während der VfB Stuttgart bezogen auf den Marktwert der Spieler nicht sehr torgefährlich war. Für den Großteil solcher Vergleiche trifft jedoch diese *je größer, desto größer*-Beziehung zu.

Die meisten Analysemethoden dieses Kapitels sind nicht robust gegen Ausreißer. Einzelne oder einige wenige Beobachtungen, die deutlich vom Muster der anderen Beobachtungen abweichen, können Ergebnisse stark beeinflussen. Ein Blick auf ein Streudiagramm kann dazu beitragen, Ausreißer zu identifizieren, und sollte immer vor dem Aufruf von Analyseverfahren erfolgen.

9.1.2 Korrelationskoeffizient nach Pearson

Ein Streudiagramm vermittelt einen guten Eindruck von der Art und der Stärke des Zusammenhangs zweier Variablen. Dem Wunsch, diesen Zusammenhang auch numerisch zu beschreiben, kommen KORRELATIONSKOEFFIZIENTEN nach. Ist der Zusammenhang ungefähr linear, kann der meist verwendete dieser Koeffizienten Verwendung finden, der KORRELATIONSKOEFFIZIENT NACH K. PEARSON.

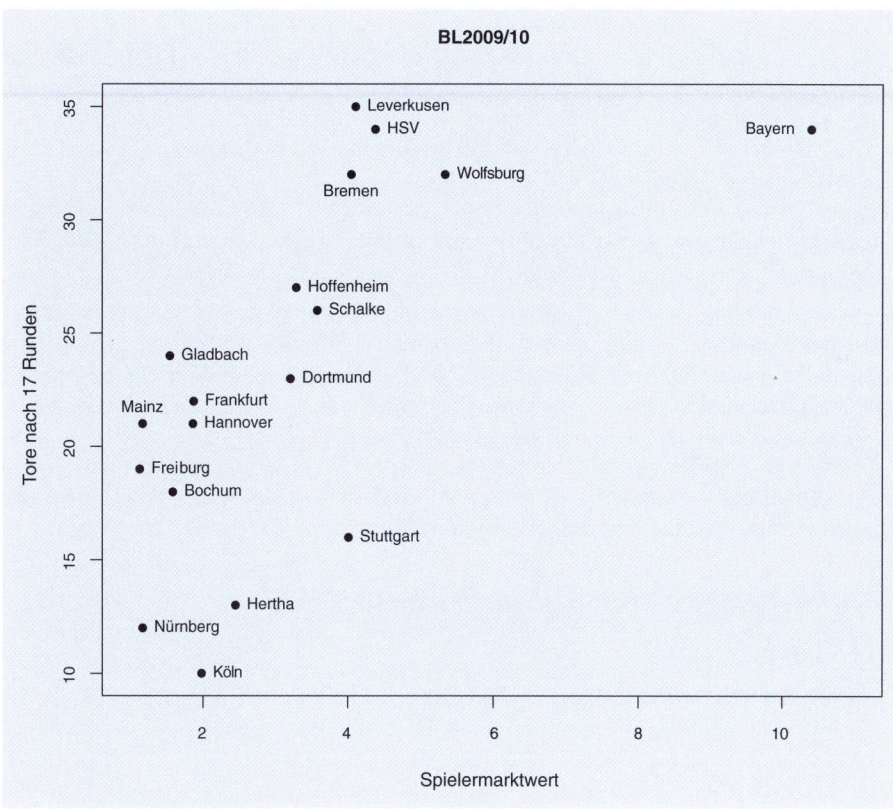

Abbildung 9.1: Streudiagramm: Spielermarktwert und erzielte Tore

Korrelationskoeffizient nach K. Pearson

$$r_{x,y} = \frac{\sum (x_i - \bar{x})(y_i - \bar{y})}{\sqrt{\sum (x_i - \bar{x})^2}\sqrt{\sum (y_i - \bar{y})^2}} \qquad (9.1)$$

- x_i, y_i ... Werte der zwei Variablen in Beobachtung i
- $\bar{x}, \bar{y}$ ... Mittelwerte der zwei Variablen

In der Literatur findet man dafür auch den Begriff Produkt-Moment-Korrelation. Die händische Berechnung ist schon bei kleinen Datensätzen mühselig und fehleranfällig. Wichtig ist aber, die Eigenschaften des Korrelationskoeffizienten zu kennen:

- Der Korrelationskoeffizient ist symmetrisch; es ist nicht von Bedeutung, welche Variable als erste, welche als zweite gewählt wird. $r_{x,y} = r_{y,x}$. Meist schreibt man kurz: $r = r_{x,y}$.
- Der Wert ist unabhängig vom Maßstab. Für den Korrelationskoeffizienten ist es nicht von Bedeutung, ob etwa die Körpergröße in Metern oder Zentimetern gemessen wird oder die Ausgaben für Mobiltelefonie in Euro oder Cent angegeben werden.
- Der Korrelationskoeffizient ist normiert, $-1 \leq r \leq 1$.

- Das Vorzeichen gibt die Richtung des Zusammenhangs an. Negativer Zusammenhang bedeutet: Je höher die x-Werte, desto niedriger sind durchschnittlich die y-Werte. Bei einem positivem Zusammenhang entsprechen höhere x-Werte durchschnittlich auch höheren y-Werten.
- Die Extremwerte -1 und 1 werden nur angenommen, wenn die Punkte exakt auf einer Geraden liegen.
- Je größer der Absolutbetrag von r, desto stärker ist der Zusammenhang zwischen den Variablen und desto konzentrierter liegen die Punkte um eine (gedachte) Gerade.

Sechs Streudiagramme mit zugehörigen Korrelationskoeffizienten sind in ▶ Abbildung 9.2 enthalten. In den zwei letzten Beispielen ist der Korrelationskoeffizient schlecht eingesetzt. Einmal ($r = 0.02$) gibt es Teilbereiche mit einem klar negativen, aber auch Teilbereiche mit einem klar positiven Zusammenhang. Im letzten Beispiel ($r = 0.87$) ist der Zusammenhang klar positiv, aber nicht linear.

In R wird mit der Funktion `cor.test()` neben der Berechnung des Korrelationskoeffizienten auch ein Test für den Korrelationskoeffizienten ausgeführt (Voraussetzung ist die bivariate Normalverteilung der Beobachtungen).

t-Test für den Pearson-Korrelationskoeffizienten ρ

Nullhypothese H$_0$: $\rho = 0$

Alternativhypothese H$_A$: $\rho \neq 0$ oder $\rho > 0$ oder $\rho < 0$

$$t = \frac{r\sqrt{n-2}}{\sqrt{1-r^2}} \tag{9.2}$$

- ρ ... Korrelationskoeffizient der Grundgesamtheit
- H$_0$ bedeutet, dass es keinen (linearen) Zusammenhang zwischen den beiden Variablen gibt. H$_A$ bedeutet einen Zusammenhang, das Vorzeichen von ρ gibt die Richtung des Zusammenhangs an.
- r ... Korrelationskoeffizient der Stichprobe
- n ... Stichprobenumfang
- t folgt unter der Nullhypothese einer t-Verteilung.

Im Aufruf genügt die Angabe der beiden Variablen, für die der Korrelationskoeffizient bestimmt werden soll. Soll ein einseitiger Test gerechnet werden, muss mit `alternative="less"` oder `alternative="greater"` die passende Alternativhypothese ausgewählt werden. Liegt das Interesse nur im Wert des Korrelationskoeffizienten, kann mit `cor()` der erwähnte Test und die damit verbundene Aufblähung des Outputs unterdrückt werden.

R

```
> cor.test(Marktwert, Tore)
```

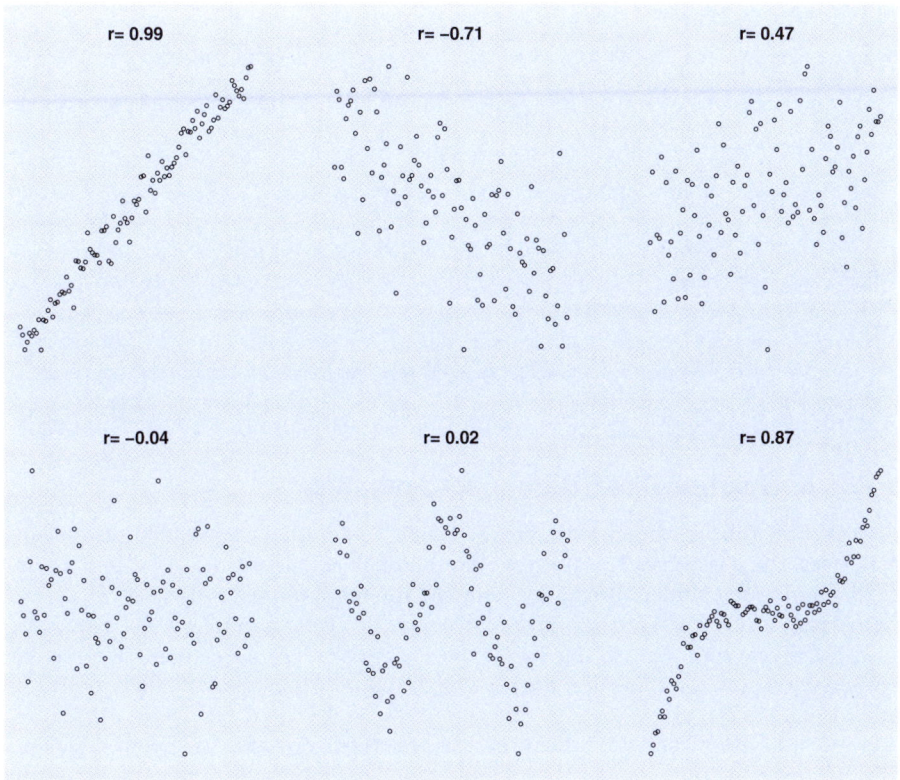

Abbildung 9.2: Streudiagramme und Korrelationskoeffizienten

```
        Pearson's product-moment correlation

data:  Marktwert and Tore
t = 3.44, df = 16, p-value = 0.003332
alternative hypothesis: true correlation is not equal to 0
95 percent confidence interval:
 0.267 0.858
sample estimates:
  cor
0.653
```

Der Output enthält mehrere Angaben:

- Name des Verfahrens und Name der Daten, aus denen die Berechnungen erfolgten
- Wert der Teststatistik (`t =`), Freiheitsgrade (`df =`) und p-Wert des Tests (`p-value =`)
- Alternativhypothese des Tests (`alternative hypothesis:`)
- Konfidenzintervall für den Korrelationskoeffizienten
- Berechneter Korrelationskoeffizient aus der Stichprobe (`sample estimates:`)

Fallbeispiel 18: Marktwert und Tore: Interpretation der Korrelationsrechnung

Das Streudiagramm (▶ Abbildung 9.1) zeigt einen positiven Zusammenhang zwischen Marktwert der Spieler und Anzahl erzielter Tore.

Der berechnete Korrelationskoeffizient ist mit 0.653 – wie erwartet – positiv, aber nicht im Bereich, der einen sehr starken Zusammenhang zwischen den beiden Variablen andeutet.

Der p-Wert des zweiseitigen Tests für den Korrelationskoeffizienten spricht mit 0.003 jedoch für ein signifikantes Ergebnis.

Es gibt einen signifikanten Zusammenhang zwischen dem Marktwert von Mannschaften und erzielten Toren.

9.1.3 Korrelationskoeffizient nach Spearman

Unter Korrelation wird meist die von K. Pearson vorgeschlagene Methode verstanden. Der dazu gehörende Test für den Korrelationskoeffizienten ist allerdings an die Normalverteilung beider Variablen gebunden, die nicht immer vorliegt.

Die Frage nach der Stärke des Zusammenhangs zwischen zwei Variablen kann aber auch in Fällen von Interesse sein, in denen die Daten nicht normalverteilt sind, der Zusammenhang keiner linearen Beziehung folgt oder wenn die Variablen vielleicht nur ordinal skaliert sind.

In solchen Fällen kann die RANGKORRELATION NACH SPEARMAN angewendet werden. Bei dieser werden die Ursprungsdaten durch die Ränge der einzelnen Variablen ersetzt. Den Korrelationskoeffizienten nach Spearman erhält man, indem man aus den Rangdaten den Korrelationskoeffizienten nach Pearson berechnet.

Im Streudiagramm der Bundesligadaten (▶ Abbildung 9.1) könnte man etwa einwenden, dass einerseits Bayern München vom Marktwert der Spieler deutlich von allen anderen Mannschaften abweicht, andererseits die vier Mannschaften mit den wenigsten Toren auch nicht ganz in das Muster der anderen passen.

R

```
> cor.test(Marktwert, Tore, method = "spearman")
```

```
        Spearman's rank correlation rho

data:  Marktwert and Tore
S = 294, p-value = 0.001322
alternative hypothesis: true rho is not equal to 0
sample estimates:
  rho
0.696
```

Der Spearman-Korrelationskoeffizient ist mit 0.69648 etwas höher als der nach Pearson (0.65254). Der p-Wert ist klein (0.00132) und zeigt wie im Fall der Pearson-Korrelation ein signifikantes Ergebnis an.

9.2 Welche Form hat der Zusammenhang zwischen zwei Variablen?

Fallbeispiel 19: Gewichtsangaben

Datenfile: `gewicht.csv`

Im Rahmen einer sozialmedizinischen Untersuchung sollen Personen über ihre Ess- und Trinkgewohnheiten befragt werden. Natürlich will man auch Gewicht und Größe der Personen erheben. Die gewohnten Methoden zu deren Erhebung sind etwas umständlich und zeitaufwändig. Auf der anderen Seite werden bei Befragungen nicht unbedingt die wahren Werte (falls überhaupt bekannt) genannt, sondern – speziell beim Gewicht – nicht selten ein paar Kilos vergessen.

In einer kleinen Vorstudie wurden 50 Personen über Gewicht und Größe befragt, anschließend wurden die tatsächlichen Werte gemessen. Im Datenfile sind in den beiden Variablen angabe und waage das angegebene und das tatsächliche Gewicht enthalten.

Kann aus den Angaben zum Gewicht auf das tatsächliche Gewicht geschlossen werden?

Wir interessieren uns jetzt nicht für die Stärke des Zusammenhangs; natürlich werden schwerere Personen eher höhere Gewichtsangaben machen. Vielmehr richtet sich unsere Aufmerksamkeit auf die konkrete Form des Zusammenhangs. Indem wir eine funktionale Form zwischen den beiden Variablen ableiten, können wir später aus den Angaben zum Gewicht auf das tatsächliche Gewicht schließen.

9.2.1 Lineares Regressionsmodell

Allgemein soll eine RESPONSEVARIABLE (oder ABHÄNGIGE VARIABLE) durch eine ERKLÄRENDE VARIABLE (oder UNABHÄNGIGE VARIABLE) beschrieben werden. In diesem Beispiel ist angabe die erklärende und waage die Responsevariable.

Ein Streudiagramm ist ein passendess Mittel, um sich ein Bild vom Zusammenhang der beiden Variablen zu machen. In diesen Streudiagrammen soll die Responsevariable die y-Achse und die erklärende Variable die x-Achse bilden.

281

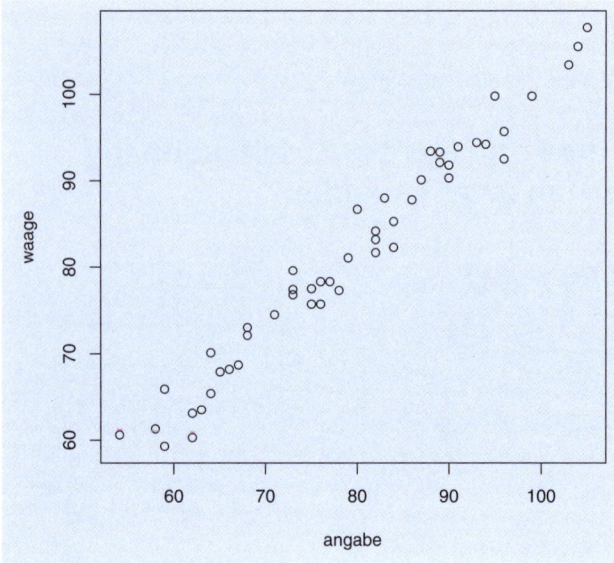

Abbildung 9.3: Streudiagramm der Gewichtsdaten

R

```
> gewichtsbsp <- read.csv2("gewicht.csv", header = TRUE)
> attach(gewichtsbsp)
> plot(angabe, waage)
```

Das Streudiagramm der Gewichtsdaten (▶Abbildung 9.3) zeigt den erwarteten positiven Zusammenhang zwischen den zwei Variablen: Je höher das tatsächliche Gewicht, desto höher auch im Schnitt das angegebene.

Wenn wir vom konkreten Beispiel abstrahieren, kommen wir zum Modell der EIN-FACHEN LINEAREN REGRESSION:

Einfache lineare Regression

$$Y = \alpha + \beta X + \varepsilon \tag{9.3}$$

- Y ... Responsevariable
- X ... erklärende Variable
- α, β sind die REGRESSIONSKOEFFIZIENTEN und stehen für Konstante und Anstieg der Regressionsgeraden.
- ε ... normalverteilter FEHLERTERM mit Mittelwert 0 und konstanter Varianz

Für die erwarteten Werte von Y gilt die REGRESSIONSGLEICHUNG:

$$\hat{Y} = \alpha + \beta X \tag{9.4}$$

Im Beispiel der Gewichtsdaten ist eine Gerade gesucht, die die Beziehung zwischen angegebenem und tatsächlichem Gewicht zwar vereinfacht, aber recht gut zusammenfasst. Eine einfache Annäherung an die „Realität" nennt man auch MODELL und eine Gerade ist die grafische Repräsentation des Modells:

$$\widehat{\text{waage}} = \alpha + \beta \cdot \text{angabe}$$

Mit Stichprobendaten kann man die Werte a und b für die Parameter α und β in 9.3 schätzen. Dieses Schätzverfahren soll im folgenden ▶ Exkurs 9.1 ohne explizites Rechnen verdeutlicht werden.

Exkurs 9.1 Quadratsummen und Kleinst-Quadrat-Schätzung

Zur Erläuterung des Schätzverfahrens nehmen wir den folgenden Minidatensatz mit nur fünf Punkten:

x	3	5	6	8	9
y	9	10	13	12	15

Gesucht ist die zu diesen Daten am „besten passende" Gerade $y = a + bx$. Am „besten passend" bedeutet, dass es jene Gerade ist, bei der die Summe der quadrierten vertikalen Abstände der Punkte von der Geraden minimal ist. Man nennt diesen Wert auch RESIDUENQUADRATSUMME oder kurz RSS (aus dem Englischen für Residual Sum of Squares). Bezeichnen wir mit e_i den vertikalen Abstand eines Punkts von der Geraden, so bedeutet die obige Optimalitätsbedingung, dass wir Zahlen a und b suchen, für die gilt:

$$\text{RSS} = \sum_{i=1}^{n} e_i^2 = \sum_{i=1}^{n}(y_i - a - bx_i)^2 \to \min$$

Von den waagrechten Geraden, also solchen, bei denen der Anstieg 0 ist, geht die beste durch den Mittelwert der y-Werte, also $\bar{y}$ (also $a = 11.8$, $b = 0$). In der folgenden Abbildung ist diese Gerade im linken Diagramm eingezeichnet. Die quadrierten vertikalen Abstände entsprechen den Flächeninhalten der eingezeichneten Quadrate, aufsummiert ergeben sie RSS = 22.8. Die Residuenquadratsumme für die waagrechte Gerade durch $\bar{y}$ heißt GESAMTQUADRATSUMME oder kurz TSS (für Total Sum of Squares).

283

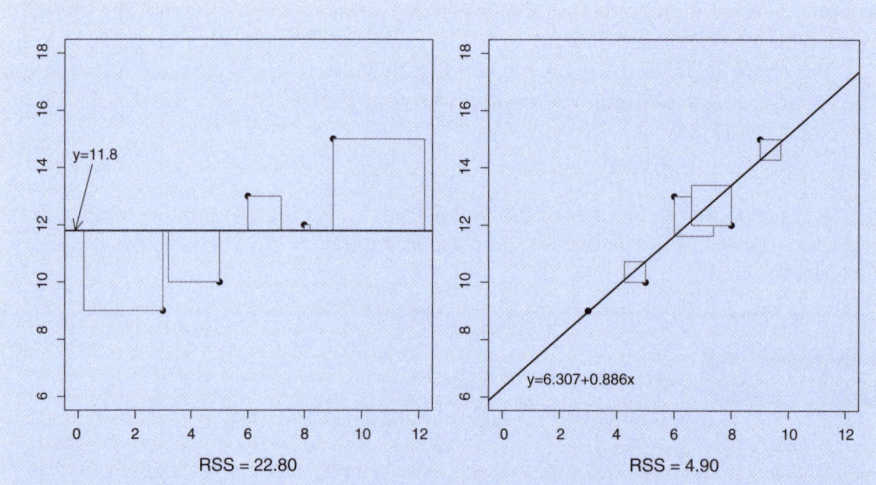

Die beste Gerade insgesamt ($a = 6.307$, $b = 0.886$) ist im Diagramm rechts eingezeichnet. Für die meisten Punkte ist diese Gerade weit besser, RSS geht auf 4.9 zurück.

Die Berechnung von a und b ist schon bei geringem Datenumfang aufwändig. Hier gehen wir nur auf die Beziehung zum Korrelationskoeffizienten r ein:

$$b = r\frac{s_x}{s_y} \quad \text{und} \quad a = \bar{y} - b\bar{x}$$

(s_x und s_y sind die Standardabweichungen der x- bzw. y-Werte).

Nach dem Prinzip, die Gerade so zu bestimmen, dass die RSS minimal wird, nennt man die Schätzmethode KLEINST-QUADRAT-SCHÄTZUNG oder kurz OLS-SCHÄTZUNG (für Ordinary Least Squares).

9.2.2 Rechenergebnisse

Wie kommen wir in R zu den passenden Ergebnissen? Es muss angegeben werden, wovon die Responsevariable (waage) abhängig sein soll, hier von angabe. Das führt zur Modellformel: (waage ~ angabe), die Konstante der Regressionsgleichung muss nicht eigens angegeben werden. Mit der Funktion lm() erfolgt die Schätzung des Modells, wir speichern die Ergebnisse in gewicht und geben die wichtigsten Teile davon mit summary() aus.

R

```
> gewicht <- lm(waage ~ angabe)
> summary(gewicht)
```

```
Call:
lm(formula = waage ~ angabe)

Residuals:
   Min     1Q Median     3Q    Max
-4.984 -1.514 -0.113  1.336  4.491

Coefficients:
            Estimate Std. Error t value Pr(>|t|)
(Intercept)   5.8301     1.9512    2.99   0.0044
angabe        0.9547     0.0244   39.11   <2e-16

Residual standard error: 2.28 on 48 degrees of freedom
Multiple R-squared: 0.97,        Adjusted R-squared: 0.969
F-statistic: 1.53e+03 on 1 and 48 DF,  p-value: <2e-16
```

Abbildung 9.4: Gewichtsdaten: Regressionsoutput

Der R-Output zur Regression (▶ Abbildung 9.4) zeigt zuerst (nach `Call:`) die Modellformel für das lineare Modell. In einem zweiten Block (`Residuals:`) wird eine Fünf-Punkt-Zusammenfassung der Residuen geboten.

Der für diesen Abschnitt wichtigste Teil enthält die Regressionskoeffizienten und ist mit `Coefficients:` beschriftet. Die Zeile mit `(Intercept)` enthält Ergebnisse zur Konstanten, die zweite zur erklärenden Variablen `angabe`. In der ersten Spalte mit Zahlen (beschriftet mit `Estimate`) können die Schätzungen für diese Koeffizienten abgelesen werden. Für unser Beispiel lautet die Regressionsgleichung:

$$\widehat{\text{waage}} = 5.83014 + 0.95473 \cdot \text{angabe}$$

Ebenfalls in diesem Block sind Testergebnisse für die Koeffizienten enthalten, der p-Wert steht in der Spalte `Pr(>|t|)`. Die Konstante wird üblicherweise unabhängig von der Signifikanz mit in die Regressionsgleichung aufgenommen. Daher können wir aus der zweiten Zeile das Ergebnis für den T-TEST DES REGRESSIONSKOEFFIZIENTEN ablesen:

t-Test für den Regressionskoeffizienten β

Nullhypothese H$_0$: $\beta = 0$

Alternativhypothese H$_A$: $\beta \neq 0$ oder $\beta > 0$ oder $\beta < 0$

$$t = \frac{b}{se_b} \tag{9.5}$$

- H$_0$ bedeutet, dass es keinen (linearen) Zusammenhang zwischen den beiden Variablen gibt. H$_A$ bedeutet Zusammenhang, das Vorzeichen von β gibt die Richtung des Zusammenhangs an.
- b ... Regressionskoeffizient der Stichprobe (in Spalte: `Estimate`)
- se_b ... Standardabweichung von b (in Spalte: `Std. Error`)

285

- t folgt unter der Nullhypothese einer t-Verteilung (in Spalte: `t`).
- Der angezeigte p-Wert (in Spalte: `Pr(>|t|)`) gilt für den zweiseitigen Test ($\beta \neq 0$).

Vom letzten Teil des Regressionsergebnisses gehen wir hier nur auf den Wert ein, der bei `Multiple R-squared:` mit 0.9696 ausgewiesen wird. Diese Maßzahl für die Güte der Approximation der Daten durch eine Gerade heißt BESTIMMTHEITSMASS oder R^2.

Bestimmtheitsmaß R^2

$$R^2 = \frac{\text{TSS-RSS}}{\text{TSS}} \qquad\qquad (9.6)$$

- TSS ... Gesamtquadratsumme
- RSS ... Residuenquadratsumme

Eigenschaften des Bestimmtheitsmaßes:

- Die Differenz $TSS - RSS$ gibt den Rückgang in der Quadratsumme an, wenn man eine waagrechte Gerade in der Höhe von $\bar{y}$ durch die Regressionsgerade ersetzt.
- R^2 gibt somit den Anteil dieses Rückgangs an TSS an und kann je nach Beispiel Werte zwischen 0 (die Regressionsgerade ist waagrecht) und 1 (alle Punkte liegen exakt auf einer Geraden) annehmen. Man spricht von R^2 auch als dem Anteil der erklärten Varianz an der Gesamtvarianz von Y.
- Im Fall der Einfachregression ist R^2 identisch mit dem quadrierten Korrelationskoeffizienten.

Die weiteren Angaben betrachten wir genauer bei der Mehrfachregression (Abschnitt 9.4).

Fallbeispiel 19: Gewicht: Interpretation des Regressionsergebnisses

Für die Erklärung des tatsächlichen durch das angegebene Gewicht wurde ein einfaches lineares Regressionsmodell berechnet.

Die Schätzung für die Regressionsgleichung (▶ Abbildung 9.4) ergibt einen Anstieg der Regressionsgeraden von 0.9547. Der t-Test für diesen Regressionskoeffizienten ist hoch signifikant ($p < 0.001$).

Das Bestimmtheitsmaß hat den Wert 0.9696.

Zwischen angegebenem und tatsächlichem Gewicht besteht ein signifikanter und positiver Zusammenhang, der durch die Regressionsgleichung gut beschrieben wird.

Der p-Wert für den Test des Regressionskoeffizienten wird für die zweiseitige Alternativhypothese ausgegeben. Soll einseitig getestet werden (etwa $H_A : \beta > 0$), muss zuerst überprüft werden, ob der Schätzwert aus der Stichprobe das passende Vorzeichen hat ($0.95473 > 0$). Wenn ja, ist der einseitige p-Wert die Hälfte des zweiseitigen

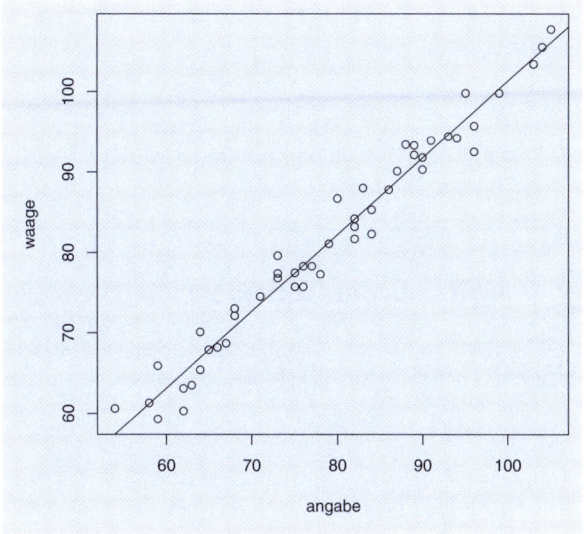

Abbildung 9.5: Streudiagramm der Gewichtsdaten mit Regressionsgeraden

(also erst recht fast 0). Wenn nicht, sprechen die Daten überhaupt nicht für die Alternativhypothese; die Nullhypothese wird beibehalten.

In ein Streudiagramm kann die Regressionsgerade mit `abline()` eingezeichnet werden. Konstante und Anstieg der Geraden müssen nicht umständlich aus den Ergebnissen für das lineare Modell extrahiert werden, es genügt die Angabe des linearen Modells.

R

```
> gewicht <- lm(waage ~ angabe)
> plot(angabe, waage)
> abline(gewicht)
```

9.3 Lässt sich der Wert einer Variablen anhand des Werts einer zweiten vorhersagen?

Wir haben aus den Gewichtsdaten eine Geradengleichung abgeleitet, die den Zusammenhang zwischen angegebenem und tatsächlichem Gewicht gut beschreibt. Wir wenden uns jetzt der Frage zu, wie aus den Angaben zum Gewicht das tatsächliche Gewicht prognostiziert werden kann?

9.3.1 Punktprognosen

Mit $\widehat{waage} = 5.83 + 0.95473 \cdot angabe$ haben wir aus den Gewichtsdaten die Regressionsgerade abgeleitet. Diese Gleichung ist das Hilfsmittel, um für eine Person mit zum Beispiel einem angegebenen Gewicht von 70 Kilo das erwartete tatsächliche Gewicht zu berechnen. Nach Einsetzen des Werts 70 für `angabe` in der Gleichung ist alles nur mehr Anwendung der Grundrechenarten:

$$\widehat{\text{waage}} = 5.83 + 0.95473 \cdot 70 = 72.66$$

Analog kann man natürlich für andere Angaben das erwartete tatsächliche Gewicht berechnen.

Exkurs 9.2   Prognose und Residuen

Die PROGNOSEWERTE $\hat{y}$ erhält man durch Einsetzen in die Regressionsgleichung. Das bedeutet, dass sie im Streudiagramm auf der eingezeichneten Geraden liegen.

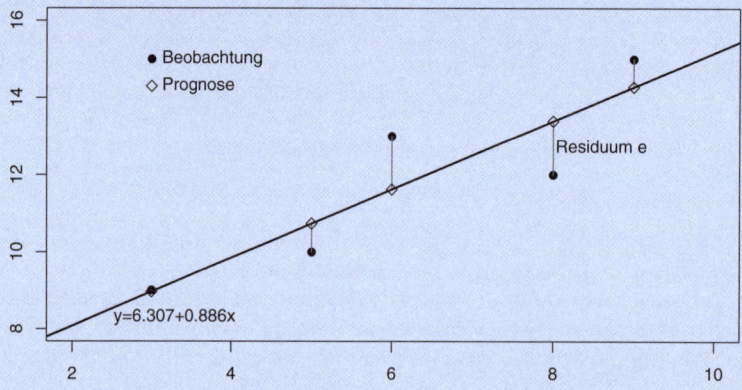

Für das 5-Punktebeispiel aus dem ▶ Exkurs 9.1 sind Beobachtungen und Prognosen speziell markiert. Man kommt zu den Prognosewerten für die Beobachtungen, indem man vertikal (nicht orthogonal!) zur Geraden geht.

Die Differenzen $e = y - \hat{y}$ nennt man RESIDUEN. Ein positives Residuum bedeutet, dass der beobachtete Wert größer als der prognostizierte ist und somit die Beobachtung über der Regressionsgeraden liegt. Für die Residuen gelten:

$$\sum_{i=1}^{n} e_i = 0 \quad \text{und} \quad \sum_{i=1}^{n} e_i^2 = \text{RSS}$$

Für die später folgende Besprechung von Methoden zur Überprüfung der Modellvoraussetzungen (Abschnitt 9.4.4) sind Residuen und Prognosewerte wichtige Eingangsdaten.

In R erhält man die Punktprognosen für die Beobachtungen mit dem Befehl `predict()`. Aus Platzgründen zeigen wir diese nur für die ersten fünf Beobachtungen.

```
R

> gewicht <- lm(waage ~ angabe)
> predict(gewicht)[1:5]
```

```
   1    2    3    4    5
85.1 66.9 95.6 75.5 81.3
```

Prognosen können aber auch für Werte erwünscht sein, die nicht unbedingt im Datensatz auftreten. Im Beispiel werden wir für Gewichtsangaben von 70 Kilo in Fünferschritten bis 100 Kilo alle prognostizierten tatsächlichen Gewichte berechnen. Dazu muss ein Data Frame (`prognose.dfr`) erzeugt werden, in dem auch Variablen vorkommen, die in der Modellspezifikation für das Regressionsmodell aufgetreten sind. Für das Gewichtsbeispiel sind das also die beiden Variablen `angabe` und `waage`. In der Variablen `angabe` sollen die Werte enthalten sein, für die Prognosen erstellt werden sollen (eine Variable `waage` muss im Data Frame enthalten sein, ihre Werte sind nicht von Bedeutung). Mit dem Argument `newdata` kann der Data Frame mit den Angaben zur Prognose genannt werden.

```
R

> gewicht <- lm(waage ~ angabe)
> angabe <- seq(70, 100, 5)
> waage <- rep(0, length(angabe))
> prognose.dfr <- data.frame(angabe, waage)
> gewicht.prognose <- predict(gewicht, newdata = prognose.dfr)
> cbind(angabe, gewicht.prognose)
```

```
  angabe gewicht.prognose
1     70             72.7
2     75             77.4
3     80             82.2
4     85             87.0
5     90             91.8
6     95             96.5
7    100            101.3
```

9.3.2 Intervallprognosen

Die Berechnung eines Prognosewerts, etwa für ein angegebenes Gewicht von 70 Kilo, ist einleuchtend und bei gegebenen Koeffizienten mit einem Taschenrechner rasch erledigt. Soll statt dieser Punktschätzung ein Intervall ermitteln werden, werden die auszuwertenden Formeln kompliziert und der Rechenaufwand wird unverhältnismäßig groß. In R können aber mit einer kleinen Adaption im Aufruf statt Punktprognosen Intervallprognosen berechnet werden.

Bei den Intervallprognosen muss zwischen dem eigentlichen Prognoseintervall (passend zur Frage: in welchem Intervall liegt vermutlich das tatsächliche Gewicht einer Person, die 75 Kilo als Gewicht angibt?) und dem Intervall für den Mittelwert (passend zur Frage: in welchem Intervall liegt vermutlich das mittlere Gewicht von Personen, die 75 Kilo als Gewicht genannt haben?) unterschieden werden.

Im kommenden Beispiel werden wir für jede Gewichtsangabe zwischen 50 und 110 Kilo (`angabe`) individuelle Prognoseintervalle (`gewicht.prognind`) und Prognoseintervalle für den Mittelwert (`gewicht.prognmw`) erstellen. In beiden Fällen umfasst das Ergebnis jeweils drei Spalten, in einer die Punktprognosen, in einer zweiten die Unter- und in einer dritten Spalte die Obergrenze des jeweiligen Intervalls. Die Punktprognosen werden als Punkte (mit `plot()`), die Intervallgrenzen als Linienzug (mit `lines()`) eingezeichnet. Eine Legende (`legend()`) hilft bei der Interpretation der Linien. Es muss angegeben werden, wo sie aufscheinen soll (bei den Koordinaten 70 und 80), welcher Text darin vorkommen soll und zu welchen Linientypen die Texte passen (`lty=`).

R

```
> angabe <- 50:110
> waage <- rep(0, length(angabe))
> prognose.dfr <- data.frame(angabe, waage)
> gewicht.prognind <- predict(gewicht, newdata = prognose.dfr,
+      int = "pred")
> gewicht.prognmw <- predict(gewicht, newdata = prognose.dfr,
+      int = "conf")
> plot(angabe, gewicht.prognind[, 1], xlab = "Gewichtsangabe",
+      ylab = "Gewichtsprognose", pch = ".")
> lines(angabe, gewicht.prognind[, 2], lty = 1)
> lines(angabe, gewicht.prognind[, 3], lty = 1)
> lines(angabe, gewicht.prognmw[, 2], lty = 2)
> lines(angabe, gewicht.prognmw[, 3], lty = 2)
> legend(80, 70, c("Punktprognose", "Mittelwertprognose",
+      "Individuelle Prognose"), lty = c(3, 2, 1))
```

Die Punktprognosen für Gewichtsangaben zwischen 50 und 110 Kilo liegen auf der Regressionsgeraden (▶ Abbildung 9.6). Die jeweiligen Unter- bzw. Obergrenzen von 95 %-Konfidenzintervallen für individuelle Prognosen und Prognosen für den Mittelwert sind durch Linien miteinander verbunden.

Die Konfidenzintervalle für individuelle Prognosen sind breiter als jene für Mittelwertsprognosen. Beide Arten von Intervallen sind bei sehr niedrigen oder sehr hohen Gewichtsangaben breiter als bei Gewichtsangaben um 80 kg.

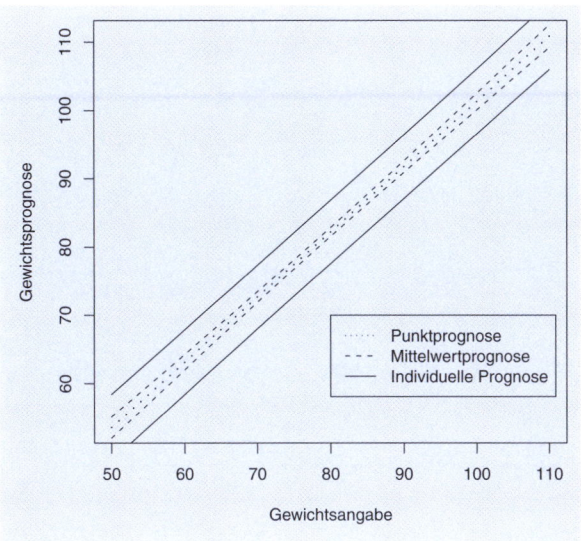

Abbildung 9.6: Prognoseintervalle

9.4 Kann der Zusammenhang einer mit mehreren Variablen beschrieben werden?

Fallbeispiel 20: Gebrauchtwagenpreise

Datenfile: `gebrauchtwagen.csv`

In den meisten europäischen Ländern bietet die Eurotax-Liste eine Orientierungshilfe beim Kauf oder Verkauf von Gebrauchtwagen. In dieser sind Preise der häufigsten Automodelle mit einigen zusätzlichen Informationen veröffentlicht. In den USA erfüllt das „Red Book" eine analoge Aufgabe.

Mit weiteren Informationen lassen sich vielleicht noch bessere Angaben machen. Für 100 Autos der Marke Ford Taurus liegen Daten über den Verkaufspreis (in USD) nach drei Jahren (`Preis`), die Anzahl an gefahrenen Meilen (`Meilen`), die Farbe (`Farbe`), die Anzahl an Services (`Service`) und eine Angabe vor, ob sie meist in einer Garage oder im Freien abgestellt waren (`Garage`).

Welche Form hat der Zusammenhang zwischen dem Verkaufspreis und den anderen Angaben zu den Gebrauchtwagen?

In einem ersten Schritt beschäftigen wir uns mit der Aufnahme zweier erklärender Variablen, `Meilen` und `Service`, in das Regressionsmodell; beide sind metrisch skaliert. Später ergänzen wir das Modell um die binäre kategoriale Variable `Garage`, dann um die kategoriale Variable `Farbe` (Abschnitt 9.4.2).

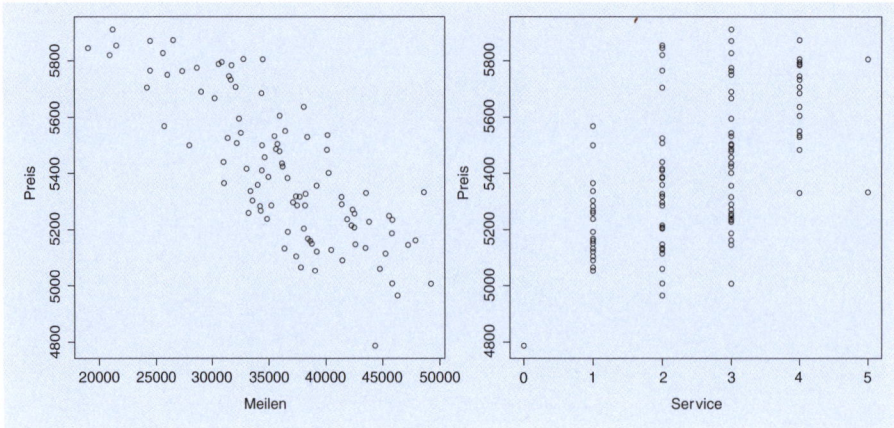

Abbildung 9.7: Streudiagramme Preis-Meilen, Preis-Service

R

```
> auto <- read.csv2("gebrauchtwagen.csv", header = TRUE)
> attach(auto)
> par(mfrow = c(1, 2))
> plot(Preis ~ Meilen)
> plot(Preis ~ Service)
> par(mfrow = c(1, 1))
```

Ein Blick auf die Daten soll immer vor dem Einsatz komplexer Rechenmethoden erfolgen. Die Streudiagramme werden hier durch Angabe der Responsevariablen Preis in Abhängigkeit von einerseits Meilen und andererseits Service erzeugt (auch die Befehle plot(Meilen, Preis) und plot(Meilen, Preis) würden zu den gewünschten Streudiagrammen führen). Das Streudiagramm von Meilen gegen Preis (▶ Abbildung 9.7 links) weist den erwarteten negativen Zusammenhang auf, der überdies ungefähr linear ist. Im Streudiagramm von Service gegen Preis (▶ Abbildung 9.7 rechts) taucht ein ungewohntes Muster auf. Der Grund dafür ist, dass die Variable Service nur einige wenige ganzzahlige Werte annimmt. Der Eindruck ist aber, dass im Durchschnitt die Preise höher sind, je öfter die Wagen zum Service gebracht wurden.

9.4.1 Multiple lineare Regression

Die Erweiterung von einer auf mehrere erklärende Variablen wird durch die Erweiterung der Regressionsgleichung bewirkt und führt zum Modell der MULTIPLEN LINEAREN REGRESSION.

Multiple lineare Regression

$$Y = \alpha + \beta_1 X_1 + \cdots + \beta_k X_k + \varepsilon \qquad (9.7)$$

- Y ... Responsevariable
- $X_1, \ldots, X_k$ erklärende Variablen
- $\alpha, \beta_1, \ldots, \beta_k$ ... REGRESSIONSKOEFFIZIENTEN
- ε ... normalverteilter FEHLERTERM mit Mittelwert 0 und konstanter Varianz

Für die erwarteten Werte von Y gilt die REGRESSIONSGLEICHUNG:

$$\hat{Y} = \alpha + \beta_1 X_1 + \cdots + \beta_k X_k \tag{9.8}$$

Wie in der einfachen linearen Regression verwendet man die Kleinst-Quadrat-Schätzung zur Bestimmung der Regressionsparameter aus einer Stichprobe. Statt vertikaler Abstände zu einer Regressionsgeraden gehen Differenzen zu Werten der Regressionsgleichung in die Berechnung der Residuenquadratsumme ein.

Für die Berechnung in R sind in der Modellformel Response- und erklärende Variablen anzugeben. In diesem Kapitel beschränken wir uns auf die additive Wirkung der erklärenden Variablen auf die Responsevariable (Preis ~ Meilen + Service), Erweiterungen dazu erfolgen im folgenden Kapitel (Abschnitt 10.5). Mit der Funktion lm() erfolgt die Berechnung des Modells, bei der weit mehr als nur die Schätzwerte für die Regressionsparameter ermittelt werden. Es sollten daher die Ergebnisse in einer Variablen gespeichert werden (im Folgenden in auto2). Aus dieser können Details mit eigenen Funktionen extrahiert werden, eine Zusammenfassung der wichtigsten Angaben erhält man mit summary().

R

```
> auto2 <- lm(Preis ~ Meilen + Service)
> summary(auto2)
```

```
Call:
lm(formula = Preis ~ Meilen + Service)

Residuals:
   Min     1Q Median     3Q    Max
-86.08 -28.92   1.48  29.01  86.74

Coefficients:
             Estimate Std. Error t value Pr(>|t|)
(Intercept)  6.21e+03   2.50e+01   248.6   <2e-16
Meilen      -3.15e-02   6.32e-04   -49.8   <2e-16
Service      1.36e+02   3.90e+00    34.8   <2e-16

Residual standard error: 41.5 on 97 degrees of freedom
Multiple R-squared: 0.974,       Adjusted R-squared: 0.974
F-statistic: 1.82e+03 on 2 and 97 DF,  p-value: <2e-16
```

Abbildung 9.8: Gebrauchtwagen: Regressionsmodell mit zwei erklärenden Variablen

Der Output (▶ Abbildung 9.8) ist gleich strukturiert wie bei der Einfachregression. Nach der Angabe der Modellformel für den Aufruf von `lm()` und einiger Maßzahlen für die Residuen folgen die zwei wichtigsten Outputteile. Beide werden etwas genauer besprochen.

Koeffizienten der Regressionsgleichung

Die Schätzergebnisse für die Koeffizienten der Regressionsgleichung können wir dem mit `Coefficients:` beschrifteten Block entnehmen. Die Zeile `(Intercept)` enthält Ergebnisse zur Konstanten, die weiteren (also die mit `Meilen` und `Service` beschrifteten) geben Ergebnisse zu den erklärenden Variablen wieder.

Aus der ersten Spalte (beschriftet mit `Estimate`) können die Schätzungen abgelesen werden.

In den weiteren Spalten sind Ergebnisse der t-Tests für die Regressionskoeffizienten β_i enthalten, die analog zur Einfachregression (Abschnitt 9.2.2) den Einfluss jeder einzelnen erklärenden auf die Responsevariable abtesten. Die p-Werte dieser Tests stehen in der Spalte `Pr(>|t|)`.

Somit lautet die Regressionsgleichung:

$$\widehat{\text{Preis}} = 6206.1 - 0.0315 \cdot \text{Meilen} + 135.8 \cdot \text{Service}$$

Sowohl `Meilen` als auch `Service` haben signifikanten Einfluss auf `Preis`.

Bestimmtheitsmaß und F-Test

Nach dem Koeffiziententeil folgen Angaben zur Standardabweichung der Residuen, zum Bestimmtheitsmaß und einem damit verbundenen F-Test.

Mit $R^2 = 0.9741$ hat das Bestimmtheitsmaß einen sehr hohen Wert. Das beeinflusst auch das Ergebnis des F-Tests der Regression.

F-Test der multiplen Regression

Nullhypothese H$_0$: $\beta_1 = \beta_2 = \cdots = \beta_k = 0$

Alternativhypothese H$_A$: mindestens ein $\beta_j \neq 0$

$$F = \frac{R^2 \cdot (n - k - 1)}{(1 - R^2) \cdot k} \tag{9.9}$$

- $R^2 \ldots$ Bestimmtheitsmaß
- $n \ldots$ Stichprobenumfang
- $k \ldots$ Anzahl erklärender Variablen
- Die Teststatistik F folgt unter H_0 einer F-Verteilung.

> **Fallbeispiel 20: Gebrauchtwagenpreise: Interpretation der multiplen Regression**
>
> Um den Verkaufspreis von Gebrauchtwagen zu untersuchen, wurde ein multiples lineares Regressionsmodell mit der Responsevariablen Preis und den erklärenden Variablen Meilen und Service berechnet (▶ Abbildung 9.8).
>
> Das Bestimmtheitsmaß ist mit $R^2 = 0.974$ sehr hoch und erreicht schon fast die Obergrenze ($0 \leq R^2 \leq 1$). Mit den zwei Angaben zu Meilen und Service können über 97 % der Varianz erklärt werden.
>
> Der F-Test zeigt ein hoch signifikantes Ergebnis an ($p < 0.001$), mindestens eine der erklärenden Variablen trägt signifikant etwas zur Erklärung der Responsevariablen bei.
>
> Die Regressionskoeffizienten zeigen die nach den Streudiagrammen (▶ Abbildung 9.7) erwarteten Vorzeichen und sind signifikant von 0 verschieden (jeweils $p < 0.001$).
>
> Pro gefahrener Meile geht der erwartete Verkaufspreis um ca. 3 Cent zurück, pro Service am Auto steigt dieser Verkaufspreis um nicht ganz 136 Dollar.

9.4.2 Kategoriale als erklärende Variablen

Dummyvariablen

Bis jetzt sind zwei erklärende Variablen im Modell, beide sind metrisch. Jetzt wenden wir uns mit der Angabe, ob das Auto hauptsächlich in einer Garage geparkt war, einem anderen Variablentyp zu. Es ist eine kategoriale Variable mit nur zwei Ausprägungen, wir können sie uns als Ja-Nein-Variable vorstellen (in der Garage geparkt Ja-Nein). Auch die Codierung mit 0 für Nein und 1 für Ja ist allgemein üblich und somit liegt mit Garage eine DUMMYVARIABLE vor.

Zur Untersuchung des Zusammenhangs mit der Responsevariablen ist ein Streudiagramm kaum geeignet, wir verwenden parallele Boxplots (▶ Abbildung 9.9). Die durchschnittlichen Preise für Autos, die in Garagen abgestellt waren, sind etwas höher.

R

```
> Garage <- factor(Garage)
> levels(Garage) <- c("Im Freien", "In Garage")
> boxplot(Preis ~ Garage, ylab = "Preis")
```

Dummyvariablen können in der Regression wie metrische Variablen eingesetzt werden. Vorsicht – vor allem bei der Interpretation – ist allerdings geboten, wenn diese nicht mit 0 und 1, sondern anders, etwa mit 1 und 2, kodiert ist.

Diesem Problem kann leicht ausgewichen werden, wenn, wie hier, die Dummyvariable als Faktor deklariert worden ist. Die Dummyvariable wird als weitere erklärende Variable in der Modellformel angegeben.

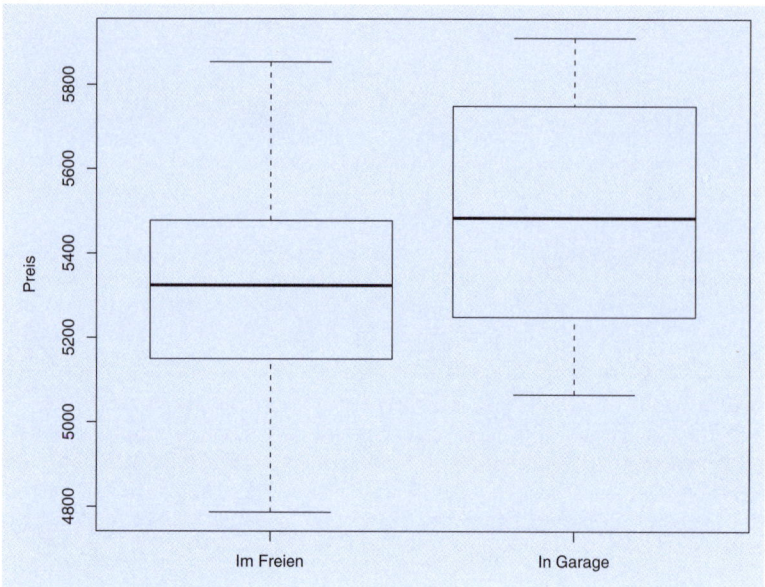

Abbildung 9.9: Gebrauchtwagen: Boxplot Preis – Garage

Vom Output interessieren wir uns jetzt nur auf den Koeffiziententeil. Mit dem Befehl `coefficients()` (oder in Kurzform `coef()`) werden allgemein die Koeffizienten eines Modells angezeigt, allerdings nicht die zugehörigen t-Tests. Diese Ergebnisse werden mit `coefficients(summary())` ausgegeben.

R

```
> auto3 <- lm(Preis ~ Meilen + Service + Garage)
> round(coefficients(summary(auto3)), digits = 4)
```

	Estimate	Std. Error	t value	Pr(>|t|)
(Intercept)	6187.3659	25.8476	239.38	0.000
Meilen	-0.0311	0.0006	-48.97	0.000
Service	134.5412	3.8669	34.79	0.000
GarageIn Garage	19.0074	8.4608	2.25	0.027

Die Koeffizienten der Regressionsgleichung können aus dem Koeffiziententeil des Outputs abgelesen werden und ergeben die Regressionsgleichung:

$$\widehat{\text{Preis}} = 6187.4 - 0.0311 \cdot \text{Meilen} + 134.54 \cdot \text{Service} + 19.007 \cdot \text{GarageIn Garage}$$

Was bedeutet der letzte Term $19.007 \cdot$ GarageIn Garage in der Gleichung? Da wir `Garage` als Faktor definiert haben, wird eine der Kategorien als Referenzkategorie gewählt – üblicherweise jene, die dem kleinsten numerischen Wert entspricht. Hier jene, die dem Wert 0 zugeordnet ist, also die Kategorie `Im Freien`. Im Vergleich dazu kommt für einen Wagen, der hauptsächlich in Garagen geparkt war, bei der Schätzung der Wert 19.007 dazu. Der Eindruck des Boxplots (▶ Abbildung 9.9) wird bestätigt, diese Autos haben einen durchschnittlich höheren Verkaufspreis. Der p-Wert für die Variable besagt, dass die Variable `Garage` signifikanten Einfluss auf den `Preis` hat.

Kategoriale Variablen

Als erklärende Variablen sind bis jetzt `Meilen` und `Service` als metrische Variablen und `Garage` als Dummyvariable in das Regressionsmodell integriert worden. Jetzt wenden wir uns der Autofarbe und damit der Variablen `Farbe` zu. In dieser ist die Farbe nicht genau enthalten, sondern nur zu einer der drei Kategorien zugeteilt (in Klammern der Zahlenwert von `Farbe`): farbig (1), hell (2) oder dunkel (3).

Die direkte Eingabe als erklärende Variable wäre ein Fehler, da die Zuordnung von Zahlenwerten zu Kategorien willkürlich ist. Ein Ausweg ist die Generierung von Dummyvariablen:

- Eine Variable nimmt nur dann den Wert 1 an, wenn der Wagen farbig ist (sonst 0),
- die nächste Variable nur dann den Wert 1, wenn der Wagen hell ist, und
- die letzte Variable nur dann den Wert 1, wenn der Wagen dunkel ist.

Diese drei Dummyvariablen könnten statt der ursprünglichen Variable `Farbe` als erklärende Variablen angegeben und das Regressionsmodell geschätzt werden. Aus technischen Gründen reichen schon zwei dieser drei Dummyvariablen aus.

Bei drei Kategorien wie bei `Farbe` ist der Aufwand noch überschaubar, bei vielen Kategorien wird es jedoch zusehends mühsamer. Bei einer kategorialen Variablen mit k Kategorien müssen $k-1$ Dummyvariablen berechnet und im Modell angegeben werden.

Ein bequemerer Weg ist die Aufnahme von `Farbe` in die Modellformel erst, nachdem `Farbe` als Faktor definiert wurde. Die Generierung von passender Dummyvariablen kann damit R überlassen werden. In der Ausgabe beschränken wir uns wieder auf den Koeffizententeil:

R

```
> Farbe <- factor(Farbe)
> levels(Farbe) <- c("farbig", "hell", "dunkel")
> auto4 <- lm(Preis ~ Meilen + Service + Garage + Farbe)
> round(coefficients(summary(auto4)), digits = 4)
```

	Estimate	Std. Error	t value	Pr(>|t|)
(Intercept)	6197.3246	28.0271	221.119	0.0000
Meilen	-0.0313	0.0007	-44.874	0.0000
Service	135.1858	4.1970	32.210	0.0000
GarageIn Garage	20.4550	8.6387	2.368	0.0199
Farbehell	-10.4383	11.4978	-0.908	0.3663
Farbedunkel	-6.7031	9.9242	-0.675	0.5011

In der Regressionsgleichung sind zwei neue Terme aufgetaucht.

$$\widehat{\text{Preis}} = 6197.3 - 0.031 \cdot \text{Meilen} + 135.19 \cdot \text{Service} + 20.45 \cdot \text{GarageIn Garage}$$
$$- 10.44 \cdot \text{Farbehell} - 6.7 \cdot \text{Farbedunkel}$$

Die Variable `Farbe` hat drei Kategorien, als Referenzkategorie wurde die Kategorie *farbig* gewählt, für die zwei anderen Kategorien wurden Dummyvariablen kreiert.

Die Koeffizienten für `Farbehell` und `Farbedunkel` sind negativ. Das bedeutet, dass für vergleichbare – im Sinn gleicher Werte für `Meilen`, `Service` und `Garage` – Gebrauchtwagen, die farbig sind, höhere Preise erwartet werden als für helle oder dunkle.

Die ausgewiesenen Koeffizienten sind aber nicht signifikant, das bedeutet, dass sich die Farbkategorien farbig (1) und hell (2) von dunkel (3) nicht signifikant unterscheiden.

Im Sinn eines einfachen Modells sollte `Farbe` nicht in das Regressionsmodell aufgenommen werden.

Die zusammengefasste Wirkung beider Dummyvariablen kann man auch recht einfach anhand der ANOVA-TABELLE bewerten.

R

```
> anova(auto4)
```

```
Analysis of Variance Table

Response: Preis
          Df  Sum Sq Mean Sq F value Pr(>F)
Meilen     1 4183528 4183528 2505.19 <2e-16
Service    1 2084471 2084471 1248.23 <2e-16
Garage     1    8336    8336    4.99  0.028
Farbe      2    1581     791    0.47  0.624
Residuals 94  156975    1670
```

Dabei werden die durch die jeweiligen Effekte erklärten Anteile an der Gesamtquadratsumme berechnet und über einen F-Test bewertet. Da die Varianz der Responsevariablen Y direkt mit der Gesamtquadratsumme zusammenhängt, wird diese Aufteilung der Gesamtquadratsumme auch VARIANZANALYSE oder abgekürzt ANOVA (für Analysis of Variance) genannt. In diesem Beispiel ist nur die letzte Variable (`Farbe`) nicht signifikant.

9.4.3 Modellselektion

Gibt es mehrere mögliche Regressionsmodelle zur Beschreibung der Beziehung zwischen der Response- und den erklärenden Variablen, taucht automatisch der Wunsch nach Unterstützung bei der Auswahl des Modells auf. Die allgemeine Devise ist: so einfach wie möglich – so komplex wie notwendig. Dabei bedeuten:

- Einfachheit: möglichst wenig Parameter
- Komplexität: guter Erklärungswert des Modells für die Daten

Die verbreitetste Vorgangsweise, um diesem Prinzip gerecht zu werden, ist die Rückwärtsselektion (backward selection). Man startet mit dem komplexesten Modell (alle erklärenden Variablen im Modell) und scheidet so lange Variablen aus, als der Verlust im Erklärungswert vertretbar ist. Zur Bewertung, welcher Verlust im Erklärungswert noch vertretbar ist, wird der PARTIELLE F-TEST herangezogen.

Partieller F-Test

H_0:   einfacheres Modell (mit $\alpha, \beta_1 \ldots \beta_k$)

H_A: komplexeres Modell (mit $\alpha, \beta_1 \ldots \beta_k$ und zusätzlich $\beta_{k+1}, \ldots \beta_{k+p}$)

$$F = \frac{(\text{RSS}_0 - \text{RSS}_1)/(df_0 - df_1)}{\text{RSS}_1/df_1} \tag{9.10}$$

- RSS$_0$ Residuenquadratsumme des einfacheren Modells (mit $df_0 = n - k - 1$ Freiheitsgraden)
- RSS$_1$ Residuenquadratsumme des komplexeren Modells (mit $df_1 = n - k - p - 1$ Freiheitsgraden)
- $df_0 - df_1 = p$ entspricht der Zahl zusätzlicher Parameter im komplexeren Modell.
- Die Teststatistik F folgt unter H_0 einer F-Verteilung.

Sind mehrere Variablen Kandidaten, um aus dem Modell entfernt zu werden, wird jene Variable gewählt, die bei diesem Test den größten p-Wert hat.

Wenn wir im Beispiel der Gebrauchtwagen das Modell mit allen vier erklärenden Variablen mit dem Modell ohne die Variable `Farbe` vergleichen, führt in **R** der Befehl `anova()` diesen partiellen F-Test aus. Dann werden zuerst das einfachere Modell (`auto3`) und das komplexere Modell (`auto4`) angegeben. Bei der Definition von `auto4` wird ein weiterer Befehl (`update()`) demonstriert, mit dem die Modifikation von Modellformeln erleichtert wird.

R

```
> auto3 <- lm(Preis ~ Meilen + Service + Garage)
> auto4 <- update(auto3, . ~ . + Farbe)
> anova(auto3, auto4)
```

```
Analysis of Variance Table

Model 1: Preis ~ Meilen + Service + Garage
Model 2: Preis ~ Meilen + Service + Garage + Farbe
  Res.Df    RSS Df Sum of Sq    F Pr(>F)
1     96 158556
2     94 156975  2      1581 0.47   0.62
```

Der Übergang vom Modell `auto4` auf das einfachere, weil ohne `Farbe` auskommende Modell `auto3` ist vertretbar, `auto4` ist nicht signifikant besser als `auto3`. Die Residuenquadratsumme des komplexeren Modell ist mit 156975 nicht wesentlich niedriger als jene des einfacheren Modells (158556). Allerdings benötigt das komplexere

Modell zwei Parameter mehr, da der Faktor `Farbe` mit seinen drei Stufen zwei Dummyvariablen in der Parameterschätzung verlangt.

Auf die Präsentation aller Schritte der Rückwärtsselektion wird aus Platzgründen verzichtet.

Mit dem partiellen F-Test ist nur der Vergleich hierarchisch geschachtelter Modelle möglich. Mit anderen Maßen (AIC, korrigiertes R^2 etc.) wird der Versuch unternommen, beliebige Modelle zu vergleichen. Allerdings steigt die Anzahl möglicher Modelle recht rasch mit der Anzahl erklärender Variablen. Bei k erklärenden Variablen sind theoretisch 2^k Modelle mit nur additiven Effekten dieser Variablen denkbar. Nur bei völliger Automatisierung sind alle Modellvergleiche sinnvoll.

9.4.4 Modelldiagnostik

Für den Preis von Gebrauchtwagen ist ein Regressionsmodell mit drei erklärenden Variablen gefunden worden, das die Daten gut zu beschreiben scheint. Die Variable `Farbe` trägt kaum zu einer Verbesserung des Modells bei und wird daher nicht in dieses Modell aufgenommen.

Wie kann man überprüfen, ob die Voraussetzungen für die Anwendung des Regressionsmodells erfüllt sind?

Das Regressionsmodell ist durch 9.7 beschrieben:

$$Y = \alpha + \beta_1 X_1 + \cdots + \beta_k X_k + \varepsilon$$

Die Annahmen dafür sind:

- Die Beziehung zwischen der Responsevariablen und den erklärenden Variablen ist so, wie in der Regressionsgleichung formuliert.
- Der Fehlerterm ist normalverteilt.
- Die Varianz des Fehlerterms ist konstant im gesamten Bereich der erklärenden Variablen. Diese Eigenschaft nennt man HOMOSKEDASZIDITÄT.

Die Fehlerterme werden durch die Residuen geschätzt, also durch $e = y - \hat{y}$. Sie stellen neben den prognostizierten Werten $\hat{y}$ das wesentliche Hilfsmittel bei der Überprüfung der Modellvoraussetzungen dar. Beide müssen nicht umständlich selbst berechnet werden, sondern können nach der Modellschätzung leicht mit `residuals()` (oder kurz mit `resid()`) bzw. mit `fitted.values()` (oder kurz mit `fitted()`) abgerufen werden.

Normalverteilung der Residuen Zur Überprüfung der Normalverteilung der Residuen stehen allgemein Methoden des Abschnitts 8.4 zur Verfügung. Zuerst gehen wir auf die grafische Überprüfung über den Q-Q-Plot (▶ Abbildung 9.10) ein. Das Bild zeigt keine starken Abweichungen von der eingezeichneten Referenzgeraden.

R

```
> auto3 <- lm(Preis ~ Meilen + Service + Garage)
> qqnorm(residuals(auto3))
> qqline(residuals(auto3))
```

Mit dem Shapiro-Wilk-Test) (► Abbildung 9.11) kann ein testtheoretisches Verfahren für den Verteilungstest angewendet werden.

```
> shapiro.test(residuals(auto3))
```

Das Ergebnis hier bestätigt die Einschätzung vom Q-Q-Plot, dass die Abweichungen von der Normalverteilung nur minimal sind (p-Wert = 0.7624). Natürlich hätte man auch einen Kolmogorov-Smirnov-Test anwenden können.

Regressionsgleichung und Homoskedaszidität   Eine wichtige Grafik für die Überprüfung mehrerer Voraussetzungen ist der RESIDUENPLOT, bei dem die vorhergesagten Werte (x-Achse) gegen die Residuen (y-Achse) in einem Streudiagramm aufgetragen werden. Wenn in diesem Plot kein Muster erkennbar ist, sind keine Zweifel an der Erfüllung der Voraussetzungen angebracht.

```
> plot(fitted.values(auto3), residuals(auto3))
```

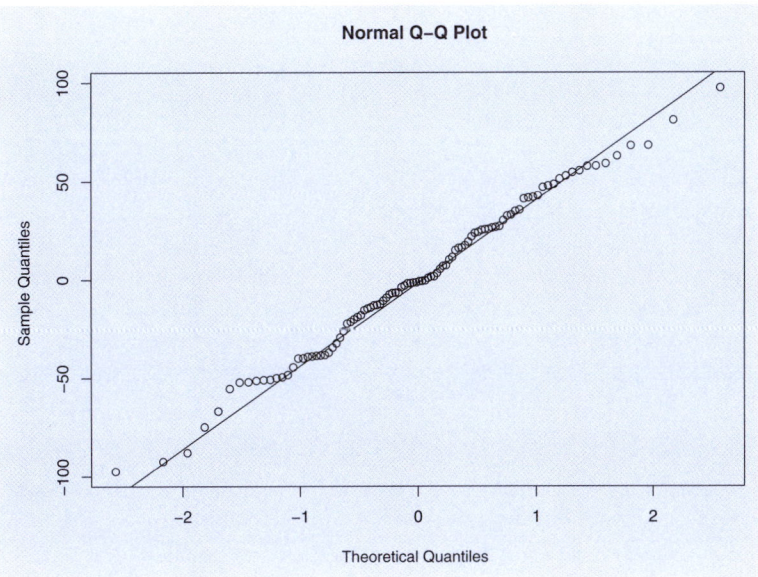

Abbildung 9.10: Q-Q-Plot der Residuen

```
      Shapiro-Wilk normality test

data:  residuals(auto3)
W = 0.991, p-value = 0.7624
```

Abbildung 9.11: Shapiro-Wilk-Test

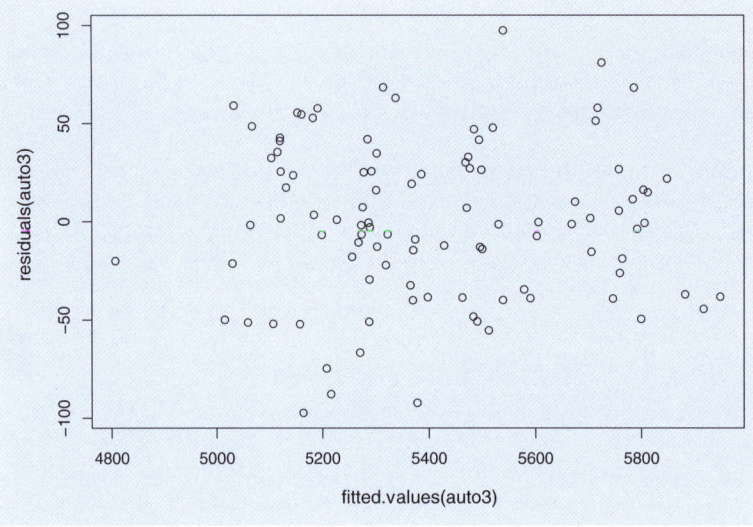

Abbildung 9.12: Residuenplot

Fallbeispiel 20: Gebrauchtwagen: Interpretation der Modellwahl

Von den vier Kandidaten als erklärende Variablen hat nur die Farbe keinen signifikanten Einfluss auf den Preis. Zur Erklärung des Preises ist die Beschränken auf die gefahrenen Meilen, die Anzahl, wie oft das Auto beim Service war, und auf die Angabe, ob das Auto meist in einer Garage oder im Freien abgestellt war, möglich.

Die Überprüfung der Residuen sowohl durch den Q-Q-Plot (▶ Abbildung 9.10) als auch durch den Shapiro-Wilk-Test (▶ Abbildung 9.11) lassen keine Zweifel an der Normalverteilung der Residuen aufkommen.

Aus dem Residuenplot (▶ Abbildung 9.12) ist kein Muster ableitbar.

Die Voraussetzungen für die Regression sind offenbar erfüllt. Das Modell mit den drei Variablen erklärt den Preis der Gebrauchtwagen gut.

In R sind der Residuen-Q-Q-Plot, der Residuenplot und zwei weitere Diagnostikplots mit einem Befehl abrufbar, für das jetzige Beispiel mit dem Aufruf plot(auto3).

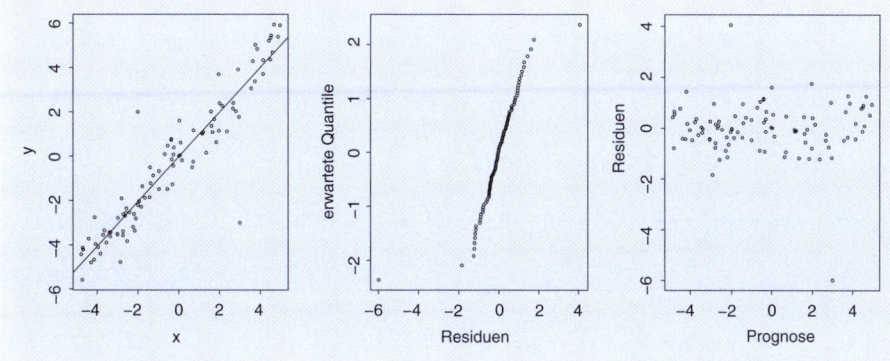

Abbildung 9.13: Ausreißer

Q-Q-Plot der Residuen und Plot der Modellwerte gegen die Residuen sind die zwei wichtigsten, auf die Diskussion der zwei anderen verzichten wir hier.

Typische Verletzungen von Modellannahmen

In der Mehrfachregression können die Gründe für Verletzungen von Modellvoraussetzungen sehr versteckt liegen. Im Folgenden werden anhand klarer Beispiele der Einfachregression, bei denen schon im Streudiagramm von erklärender und Responsevariablen die Modellverletzung ersichtlich ist, die wichtigsten Fälle von Modellverletzungen besprochen und ihre Diagnose anhand von Q-Q-Plot und Residuenplot demonstriert.

Ausreißer Ein Datensatz ($n = 100$) mit zwei Ausreißern (▶ Abbildung 9.13) ist im Streudiagramm links dargestellt, in das auch die Regressionsgerade eingezeichnet ist. Ein Ausreißer ist unterhalb, einer oberhalb der Geraden.

Sowohl im Q-Q-Plot (mittleres Diagramm) als auch im Residuenplot sollte man erkennen, dass es zwei Beobachtungen mit vom Absolutbetrag her sehr großen Residuen gibt.

In diesem Beispiel heben sich die beiden Ausreißer in ihrer Wirkung auf die Regressionsgerade fast auf. Man kann sich aber leicht gravierendere Auswirkungen vorstellen, etwa dann, wenn die Ausreißer auf derselben Seite der Regressionsgerade liegen.

Nichtlinearer Zusammenhang ▶ Abbildung 9.14 zeigt ein Beispiel mit einem S-förmigen Zusammenhang zwischen erklärender und Responsevariablen. Die Regressionsgerade kann diesem Verlauf natürlich nicht gerecht werden. Im Q-Q-Plot (mittleres Diagramm) kommt dies allerdings nicht ans Licht. Offenbar sind die Residuen normalverteilt.

Der Residuenplot deckt das Manko allerdings klar auf; ein eindeutig erkennbares Muster zeigt einen nichtlinearen Zusammenhang an.

Die Daten für dieses Beispiel wurden nicht über eine Geradengleichung, sondern über ein Polynom dritter Ordnung, nämlich $y = 1 + 2 \cdot x + 0.6 \cdot x^3$, erzeugt. In Fällen wie diesen liegt eine Chance in folgender Vorgangsweise: Man berechnet aus den erklärenden Variablen neue Variablen, die dem funktionalen Zusammenhang besser gerecht werden, etwa die zweiten und dritten Potenzen oder den Logarithmus der erklärenden Variablen. Diese neuen Variablen werden zusätzlich als erklärende Variablen in das Modell aufgenommen. Eine andere Methode ist, die höheren Potenzen nicht explizit zu berechnen, sondern nur in der Modellgleichung anzugeben. Eine Hilfe dabei ist in R die Funktion I().

Heterogene Varianzen   Im letzten Beispiel (▶ Abbildung 9.15) ist der Zusammenhang hinreichend gut durch eine Gerade beschrieben. Jedoch werden die Abweichungen von dieser Geraden größer, je weiter wir nach rechts gehen. Der Q-Q-Plot (mittleres Diagramm) zeigt ein unverdächtiges Bild, im Residuenplot (rechtes Diagramm) sticht die größer werdende Varianz ins Auge.

Das widerspricht der Annahme konstanter Varianz der Fehlerterme, man spricht von HETEROSKEDASZIDITÄT, im Unterschied zu HOMOSKEDASZIDITÄT.

Allgemein gültige Rezepte für solche Fälle können nur schwer abgegeben werden; in der Literatur werden varianzstabilisierende Transformationen empfohlen Kockelkorn (2000).

9.4.5 Prognose

Die Prognose erfolgt über die Regressionsgleichung (9.8).

In R ist die Prognose für Beobachtungen wie bei der Einfachregression (Abschnitt 9.3) leicht mit predict() durchführbar. Nehmen wir als Grundlage das lineare Regressionsmodell mit den drei erklärenden Variablen Meilen, Service und Garage, so kann etwa für die Beobachtungen der Prognosewert folgendermaßen bestimmt werden (aus Platzgründen geben wir nur die ersten fünf Werte aus):

R

```
> auto3 <- lm(Preis ~ Meilen + Service + Garage)
> auto3pr <- predict(auto3)
> auto3pr[1:5]
```

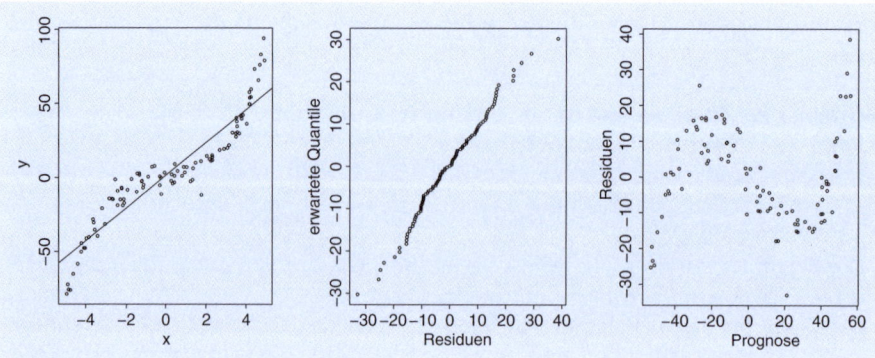

Abbildung 9.14: Nichtlinearer Zusammenhang

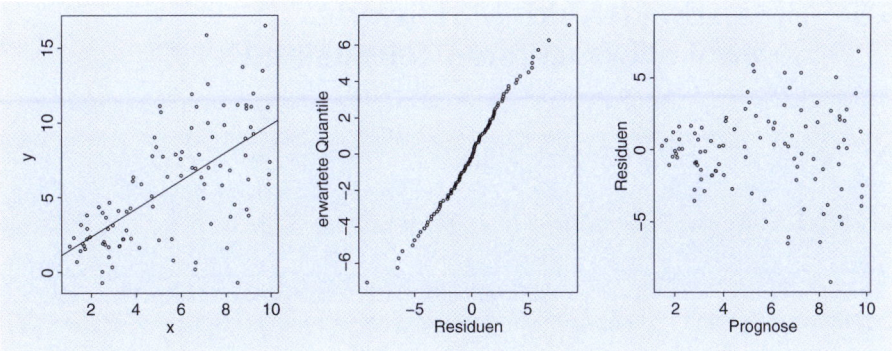

Abbildung 9.15: Heterogene Varianzen

```
  1     2     3     4     5
5292  5063  5029  5784  5757
```

Die Berechnung von Prognosen für beliebige Angaben der erklärenden Variablen ist etwas mühsamer. Die Werte der erklärenden Variablen, die in die Prognose eingehen, müssen in einem Data Frame vorliegen. Die Variablennamen dieses Data Frame müssen mit denen der Modellspezifikation übereinstimmen und es muss eine Variable mit dem Namen der Responsevariablen geben. Für die Prognose des erwarteten Preises für einen Wagen mit gefahrenen 30 000 Meilen, der zweimal beim Service und hauptsächlich in einer Garage geparkt war, kann man folgende Vorgangsweise wählen:

R

```
> predict(auto3, newdata = data.frame(Meilen = 30000,
+     Service = 2, Garage = "In Garage", Preis = 0))
```

```
  1
5541
```

Wie bei der Einfachregression können für prognostizierte Werte auch Konfidenzintervalle über die Option interval angefordert werden, auf ein eigenes Beispiel wird aus Platzgründen verzichtet.

9.5   Unterscheiden sich Mittelwerte zu zwei oder mehreren Zeitpunkten?

Fallbeispiel 21: Bundesliga 2007/08: Halbzeiten

Datenfile: `bl200708.csv`

Die folgende Tabelle zeigt den Endstand der 1. Fußball-Bundesliga der Saison 2007/08. Neben den üblichen Angaben enthalten die zwei letzten Spalten die erzielten Tore in den einzelnen Halbzeiten.

Verein	S	U	N	Tore	Punkte	Tore in Halbzeit 1	2
Bayern München	22	10	2	68:21	76	30	38
Werder Bremen	20	6	8	75:45	66	31	44
FC Schalke 04	18	10	6	55:32	64	29	26
Hamburger SV	14	12	8	47:26	54	20	27
VfL Wolfsburg	15	9	10	58:46	54	25	33
VfB Stuttgart	16	4	14	57:57	52	26	31
Bayer Leverkusen	15	6	13	57:40	51	21	36
Hannover 96	13	10	11	54:56	49	27	27
Eintracht Frankfurt	12	10	12	43:50	46	18	25
Hertha BSC	12	8	14	39:44	44	16	23
Karlsruher SC	11	10	13	38:53	43	7	31
VfL Bochum	10	11	13	48:54	41	27	21
Borussia Dortmund	10	10	14	50:62	40	21	29
Energie Cottbus	9	9	16	35:56	36	14	21
Arminia Bielefeld	8	10	16	35:60	34	11	24
1.FC Nürnberg	7	10	17	35:51	31	17	18
Hansa Rostock	8	6	20	30:52	30	12	18
MSV Duisburg	8	5	21	36:55	29	16	20

Werden in den Halbzeiten unterschiedlich viel Tore erzielt?

Das Interesse liegt nicht in der Frage, ob es einen Zusammenhang zwischen den erzielten Toren in den jeweiligen Halbzeiten gibt (Abschnitt 9.1). In dieser Fragestellung müssen wir auf den Unterschied zwischen den beiden Hälften eingehen.

Wie schon bei der analogen Fragestellung für kategoriale Daten (Abschnitt 7.6) liegen abhängige Stichproben vor.

9.5.1   Grafische Beschreibung

Für die grafische Beschreibung der Daten wird ein Streudiagramm verwendet, in das zusätzlich eine 45°-Gerade eingezeichnet ist. Diese Gerade mit Konstante 0 und Anstieg 1 wird mit `abline(c(0,1))` in das Streudiagramm eingezeichnet und gibt jene Punkte an, bei denen der x- und y-Wert gleich sind. In diesem Beispiel also jene Mannschaften, die in der ersten Hälfte gleich viel Tore wie in der zweiten erzielt haben. Mit `text()` erfolgt eine Punktbeschriftung, für alle Punkte ist die Textposition mit 4 festgelegt; das bedeutet, dass die Beschriftung rechts vom Punkt im Streudiagramm positioniert ist.

R

```
> bl2007 <- read.csv2("bl200708.csv", header = TRUE)
> attach(bl2007)
> plot(Tore1H, Tore2H, main = "Bundesliga 2007/08",
+      xlab = "Tore in Halbzeit 1", ylab = "Tore in Halbzeit 2",
+      xlim = c(5, 35), pch = 16)
> abline(c(0, 1))
> textposition=rep(4, length(Tore1H))
> text(Tore1H, Tore2H, Verein, pos = textposition, cex = 0.8)
```

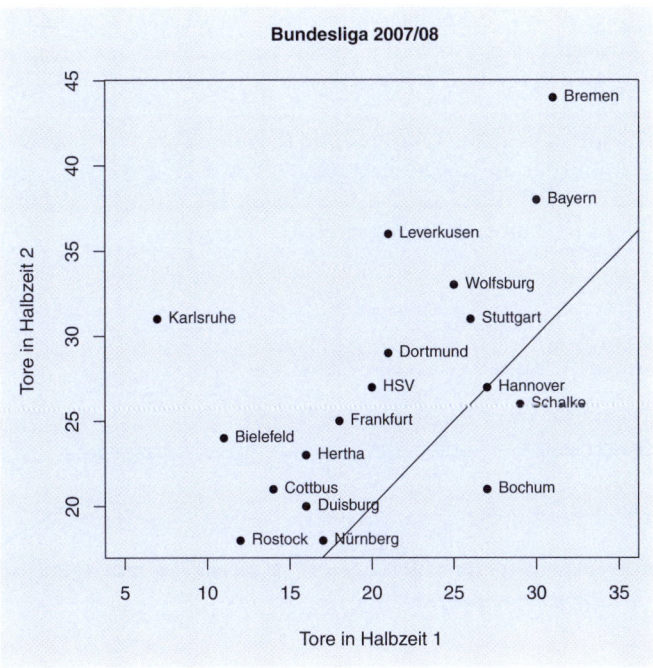

Abbildung 9.16: Streudiagramm für Bundesligatore

Das Streudiagramm (▶ Abbildung 9.16) bietet Einblick in die Daten:

■ Die meisten Mannschaften liegen über der eingezeichneten Geraden, nur zwei Mannschaften darunter.

■ Hannover 96 ist die einzige Mannschaft genau auf der Geraden, es wurden gleich viel Tore in den beiden Halbzeiten erzielt.

■ Schalke und Bochum liegen unter der Geraden, weil das jene Mannschaften waren, die in der ersten Hälfte insgesamt mehr Tore erzielten als in der zweiten.

■ Alle anderen Mannschaften (insgesamt 15) haben in der zweiten Hälfte insgesamt mehr Tore erzielt, daher liegen sie über der eingezeichneten Referenzgeraden.

9.5.2 Analyse der Fragestellung

Wir haben Daten einer Saison zur Verfügung, die die Vermutung aufkommen lassen, dass in der Bundesliga unterschiedlich viele Tore in den zwei Halbzeiten fallen.

Da abhängige Stichproben (oder auch verbundene Stichproben) vorliegen, kann mit dem T-TEST FÜR ABHÄNGIGE STICHPROBEN vielleicht unsere Frage beantwortet werden.

---

t-Test für abhängige Stichproben

Nullhypothese H$_0$: $\mu_1 = \mu_2$

Alternativhypothese H$_A$: $\mu_1 \neq \mu_2$ oder $\mu_1 > \mu_2$ oder $\mu_1 < \mu_2$

■ $\mu_1, \mu_2 \ldots$ die unbekannten Mittelwerte der Grundgesamtheit zu den Zeitpunkten 1 und 2

■ Voraussetzung für den Einsatz dieser Methode ist, dass die Differenzen normalverteilt sind.

■ Für H$_0$ findet man auch die gleichbedeutende Formulierung $H_0 : \mu_1 - \mu_2 = 0$ und für die die Alternativhypothesen $H_A : \mu_1 - \mu_2 \neq 0$ (statt $H_A : \mu_1 \neq \mu_2$), $H_A : \mu_1 - \mu_2 < 0$ (statt $H_A : \mu_1 < \mu_2$) oder $H_A : \mu_1 - \mu_2 > 0$ (statt $H_A : \mu_1 > \mu_2$).

R

```
> t.test(Tore1H, Tore2H, paired = TRUE)


        Paired t-test

data:  Tore1H and Tore2H
t = -4.27, df = 17, p-value = 0.0005153
alternative hypothesis: true difference in means is not equal to 0
95 percent confidence interval:
 -10.29  -3.49
sample estimates:
mean of the differences
                  -6.89
```

Im Testergebnis wird zunächst angegeben, dass ein t-Test für abhängige Stichproben (`Paired t-test`) mit den Variablen `Tore1H` und `Tore2H` berechnet wurde.

Von den Kennzahlen des Tests sind der p-Wert (0.00052) und die Alternativhypothese des Tests am wichtigsten. Hier wurde ein zweiseitiger Test (`true difference in means is not equal to 0`) gerechnet.

Es folgen ein Konfidenzintervall für den Mittelwert der Differenzen der Tore in der ersten und zweiten Halbzeit und die in der Stichprobe beobachtete Differenz im Mittelwert der Tore (−6.88889).

Fallbeispiel 21: Halbzeittore: Interpretation des Tests

Es wurde ein t-Test für abhängige Stichproben gerechnet. Der Unterschied zwischen Toren in der ersten und zweiten Halbzeit ist bei Mannschaften der deutschen Bundesliga ist signifikant ($p = 0.00052$).

Sowohl das Streudiagramm (▶ Abbildung 9.16) als auch die in der Stichprobe beobachtete Differenz im Mittelwert der Tore (speziell das Vorzeichen dieser Differenz) deuten an, dass mehr Tore in der zweiten Halbzeit geschossen werden.

Eine andere Möglichkeit zur Untersuchung der Fragestellung ist, die Differenzen der Beobachtungspaare zu bilden und diese Differenzen auf den Wert 0 zu testen (Abschnitt 8.2).

9.6 Wie kann man den zeitlichen Verlauf einer Variablen beschreiben und untersuchen?

Fallbeispiel 22: Umsatz einer Buchhandlung

Datenfile: `buchhandel.csv`

Die monatlichen Umsatzzahlen (in 1000 Euro) einer Wiener Innenstadtbuchhandlung sind im Datenfile angeführt. Die Datenreihe startet im Jahr 2001 und geht bis Mitte 2009.

Wie kann man den zeitlichen Verlauf des Umsatzes beschreiben?

9.6.1 Zeitreihen

Warum taucht die Beschreibung der monatlichen Umsatzzahlen in einem Kapitel auf, das sich Fragestellungen zu mehreren metrischen Variablen widmet? Der Grund ist die im Hintergrund stehende Variable Zeit. Zu jeder Umsatzzahl gehört eine nicht explizit vorkommende Angabe, auf welchen Monat und welches Jahr sich dieser Wert bezieht.

Serien solcher Beobachtungen, bei denen in regelmäßigen zeitlichen Abständen Beobachtungen vorliegen, nennt man ZEITREIHEN.

Definition von Zeitreihen

Die Angabe, auf welche Zeitpunkte sich die Umsatzzahlen (Variable `verkauf`) beziehen, kann dadurch geschehen, dass die Umsatzzahlen als Zeitreihe definiert (`ts()`) werden. Es bedarf der Angabe, in welcher Frequenz pro Zeiteinheit Werte vorkommen (bei Monatsdaten also zwölf Werte je Jahr, `freq=12`) und zu welchem Datum der erste Wert der Reihe vorliegt (mit `start=2001` wird der erste Monat des Jahres 2001 gewählt).

R

```
> buchhandel <- read.csv2("buchhandel.csv", header = TRUE)
> attach(buchhandel)
> umsatz <- ts(verkauf, freq = 12, start = 2001)
> detach(buchhandel)
> umsatz
```

	Jan	Feb	Mar	Apr	May	Jun	Jul	Aug	Sep	Oct	Nov	Dec
2001	44	48	45	51	53	61	45	43	48	52	57	93
2002	40	42	34	41	45	46	31	43	43	39	50	88
2003	30	36	29	34	34	36	26	51	40	40	49	84
2004	26	42	26	30	37	34	27	55	38	33	39	85
2005	22	41	22	30	47	37	31	65	37	27	43	83
2006	26	46	28	38	51	45	35	62	32	39	42	91
2007	38	56	36	42	54	57	36	75	34	42	54	95
2008	41	58	41	43	59	67	44	72	31	50	60	104
2009	34	64	45	45	68	63						

In der Ausgabe der Werte ist die Zeitstruktur durch die Gliederung in Jahre und Monate gut erkennbar. Wäre die Reihe mit Daten aus dem Juli 2001 gestartet, hätte das Startdatum etwas genauer mit `start=c(2001,7)` angegeben werden müssen.

Zeitreihenplot

Die beste Darstellung von Zeitreihendaten ist ein Plot dieser Werte gegen die Zeit. Im Unterschied zu Streudiagrammen werden dabei üblicherweise zeitlich aufeinanderfolgende Daten mit einer Linie verbunden.

R

```
> plot(umsatz, main = "Umsatz", xlab = "Zeit")
```

Die Zeit muss nicht eigens im Plotbefehl eingegeben werden, die passenden Angaben (Startdatum, Frequenz etc.) werden aus der Definition der Zeitreihe (hier `umsatz`) entnommen.

9.6.2 Zeitreihenzerlegung

Obwohl der Zeitreihenplot (▶ Abbildung 9.17) einen unruhigen Charakter aufweist, sind doch zwei Elemente erkennbar:

- In den ersten Jahren (bis etwa 2004) gehen die Umsätze zurück, danach steigen sie wieder.
- Jeweils zum Jahresende tauchen markante Umsatzspitzen auf (Bücher als Weihnachtsgeschenk).

Klassische Zeitreihenzerlegung

Damit haben wir auch zwei wichtige Teile der KLASSISCHEN ZEITREIHENZERLEGUNG angesprochen.

Klassische Zeitreihenzerlegung

$$Y_t = T_t + S_t + E_t \qquad (9.11)$$

- T_t Trend: mittel- bis langfristige Entwicklung der Reihe
- S_t Saison: regelmäßig wiederkehrendes Muster im Rhythmus der Frequenz der Reihe
- E_t irreguläre oder Zufallskomponente, Fehler

Wir verzichten auf eine eigene Zyklus-Komponente, die in ökonomischen Anwendungen mehrjährigen Konjukturzyklen entsprechen soll.

In diesem additiven Modell wirken Trend und Saison unabhängig voneinander, d. h., sie beeinflussen einander nicht.

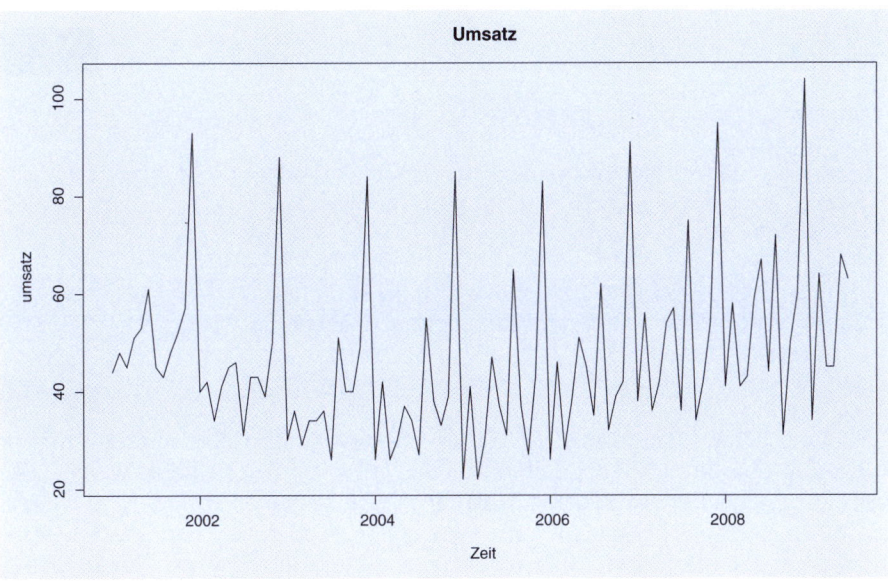

Abbildung 9.17: Zeitreihenplot der Buchhandlungsdaten

Multiplikative Zeitreihenzerlegung

Manche Reihen sind besser durch eine multiplikative Zerlegung beschreibbar:

$$Y_t = T_t \cdot S_t \cdot E_t \ .$$

Hier wirken Trend und Saison nicht unabhängig, der saisonale Effekt wird durch den Trend verstärkt.

Logarithmieren transformiert das multiplikative Modell in das additive:

$$\log(Y_t) = \log(T_t \cdot S_t \cdot E_t)$$
$$= \log(T_t) + \log(S_t) + \log(E_t) \ .$$

Berechnung der Komponenten

Die Ermittlung der systematischen Komponenten T_t und S_t erfolgt in drei Schritten:

1. Berechnung der Trendkomponente T_t:
   z. B. linearer, exponentieller Trend, mittelfristiger Trend durch Glättung
2. Berechnung der trendbereinigten (detrended) Reihe $TB_t = (Y_t - T_t)$.
3. Ermittlung der Saisonkomponente S_t, aus $TB_t = (Y_t - T_t)$.

9.6.3 Trend

Linearer und exponentieller Trend

Im Datenfile sind zwei künstlich generierte Zeitreihen (zrlin und zrexp) der Länge 50 enthalten. Wenn wir sie der Übung halber als Quartalsdaten beginnend mit dem dritten Quartal 1996 auffassen und in einem Plot (▶ Abbildung 9.18) darstellen, kommen wir zu:

R

```
> trends <- read.csv2("trends.csv", header = TRUE)
> attach(trends)
> zrlin <- ts(zrlin, freq = 4, start = c(1996, 3))
> zrexp <- ts(zrexp, freq = 4, start = c(1996, 3))
> detach(trends)
> par(mfrow = c(1, 2))
> plot(zrlin, xlab = "Zeit", main = "Linearer Trend")
> plot(zrexp, xlab = "Zeit", main = "Exponentieller Trend")
> par(mfrow = c(1, 1))
```

Form und Stärke (Signifikanz) des linearen Trends können über einfache lineare Regression (Abschnitt 9.2) der Zeitreihendaten gegen die Zeit bestimmt werden. Die Zeit ist im Folgenden einfach eine Zählvariable von 1 ausgehend.

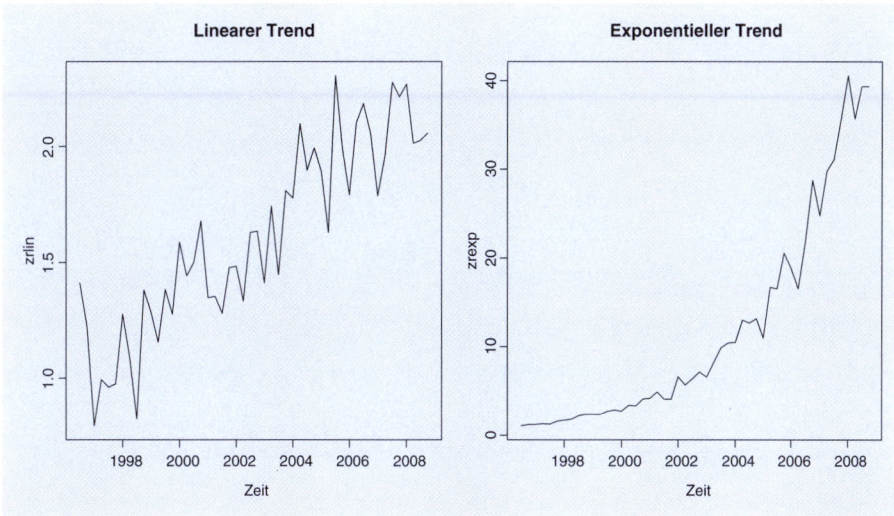

Abbildung 9.18: Zeitreihen mit linearem und exponentiellem Trend

R

```
> t <- 1:length(zrlin)
> zrl <- lm(zrlin ~ t)
> round(coefficients(summary(zrl)), digits = 3)
```

	Estimate	Std. Error	t value	Pr(>|t|)
(Intercept)	0.975	0.053	18.5	0
t	0.025	0.002	13.8	0

Eine exponentiell wachsende Reihe kann durch Logarithmieren in eine linear wachsende Reihe transformiert werden.

R

```
> zre <- lm(log(zrexp) ~ t)
> round(coefficients(summary(zre)), digits = 3)
```

	Estimate	Std. Error	t value	Pr(>|t|)
(Intercept)	-0.017	0.029	-0.581	0.564
t	0.076	0.001	76.147	0.000

Für zrlin ist ein signifikanter linearer Trend beobachtbar, die Zeit t trägt signifikant etwas zur Entwicklung der Reihe bei. Eine Interpretationsstufe mehr benötigen wir für die Reihe zrexp. Hier ist die Zeit eine gute Erklärung für die logarithmierte Reihe. Das bedeutet, dass ein linearer Trend für die logarithmierte Reihe vorliegt; für die eigentliche Reihe spricht das für einen exponentiellen Trend. Die berechneten

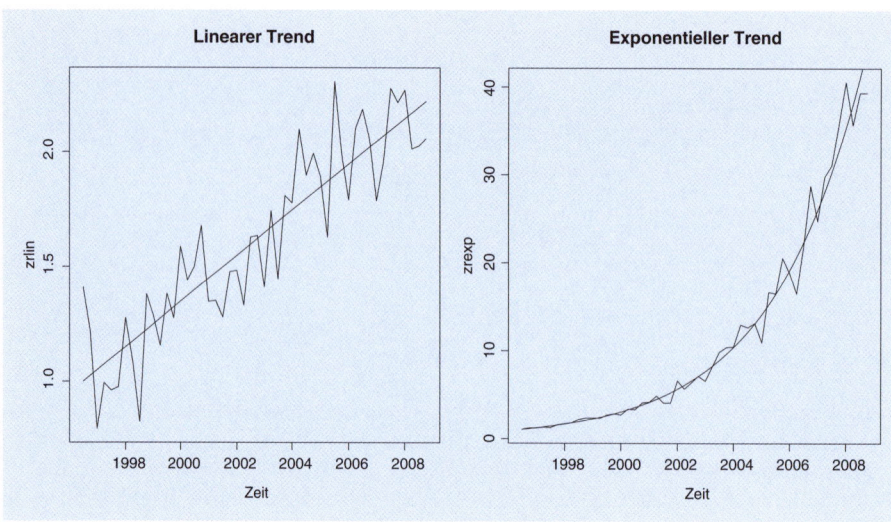

Abbildung 9.19: Zeitreihen mit berechneten linearen und exponentiellen Trends

Trends können mit `lines()` in die Zeitreihenplots (▶ Abbildung 9.19) eingezeichnet werden.

R

```
> par(mfrow = c(1, 2))
> plot(zrlin, xlab = "Zeit", main = "Linearer Trend")
> lines(ts(fitted(zrl), freq = 4, start = c(1996, 3)))
> plot(zrexp, xlab = "Zeit", main = "Exponentieller Trend")
> lines(ts(exp(fitted(zre)), freq = 4, start = c(1996, 3)))
> par(mfrow = c(1, 1))
```

Gleitende Durchschnitte

Liegt weder ein linearer noch ein exponentieller Trend vor, kann ein GLEITENDER DURCHSCHNITT (**moving average, MA**) verwendet werden, um die mittelfristige Entwicklung aufzudecken.

Werden beispielsweise fünf Werte in die Mittelung einbezogen, bestimmt man den Trendwert für einen Zeitpunkt t dadurch, dass man den Mittelwert aus den beobachteten Reihenwerten zum Zeitpunkt t und den zwei Zeitpunkten davor ($t - 1$, $t - 2$) und danach ($t + 1$, $t + 2$) bildet.

Werden beispielsweise vier (stellvertretend für eine gerade Anzahl) Werte in die Mittelung einbezogen, nimmt man die drei Reihenwerte zu den drei Zeitpunkten $t - 1$, t, $t + 1$ und je zur Hälfte die Reihenwerte zu den Zeitpunkten $t - 2$ und $t + 2$ in die Mittelung.

Gleitender Durchschnitt

Der Trend T_t zum Zeitpunkt t berechnet sich als Durchschnitt:

- k ungerade und $k = 2 \cdot m + 1$:

$$T_t = \frac{1}{k}(Y_{t-m} + \cdots + Y_t + \cdots + Y_{t+m})$$

- k gerade und $k = 2 \cdot m$:

$$T_t = \frac{1}{k}(0.5 \cdot Y_{t-m} + Y_{t-m+1} + \cdots + Y_t + \cdots + Y_{t+m-1} + 0.5 \cdot Y_{t+m})$$

Man nennt T_t den k-gliedrigen gleitenden Durchschnitt, kurz k-MA.

Zur Berechnung in R steht die Funktion `filter()` bereit, für die als Eingabe die Zeitreihe und die Gewichte für die Mittelung eingehen. Die Buchhandelsdaten sind Monatsdaten, sinnvoll sind daher zwölfgliedrige gleitende Durchschnitte. Die Gewichte dazu werden in `ma12` berechnet, die resultierende Trendreihe ist in `umsatzma12` enthalten. Zu Demonstrationszwecken wird auch ein 3-MA berechnet (Gewichte in `ma3` und Trendwerte in `umsatzma3`). In den Plot der ursprünglichen Reihe werden mit `lines()` der 12-MA und 3-MA mit unterschiedlichen Linientypen eingezeichnet.

Zum Schluss ergänzt eine Legende `legend()` die Lesbarkeit der Plots. Diese soll im Plot rechts unten stehen (`bottomright`). Es folgen der Text für die Beschriftung der Linien und die Angabe der Linientypen (`lty=`). Die letzte Spezifikation (`bty="n"`) bewirkt, dass die Legende nicht eingerahmt wird.

R

```
> ma3 <- rep(1/3, 3)
> ma12 <- c(0.5, rep(1, 11), 0.5)/12
> umsatzma3  <- filter(umsatz, ma3, sides = 2)
> umsatzma12 <- filter(umsatz, ma12, sides = 2)
> plot(umsatz, ylab = "Umsatz", main = "Gleitende Durchschnitte")
> lines(umsatzma3, lty = 2)
> lines(umsatzma12, lty = 1)
> legend("bottomright", c("k=3", "k=12"), lty = c(2, 1),
+        bty = "n")
```

Was ist aus dem Plot der gleitenden Durchschnitte (▶ Abbildung 9.20) erkennbar:

- Für große $k = 12$ ist die Glättung stark.
- Für $k = 3$ ist die Glättung vergleichsweise gering.
- Für Werte am Anfang bzw. Ende der Reihe können keine gleitenden Durchschnitte berechnet werden, da keine entsprechenden Vor- bzw. Nachwerte vorhanden sind.
- Je größer k, desto größer der Teil der Reihe, für die am Anfang und Ende keine MA-Werte berechenbar sind.

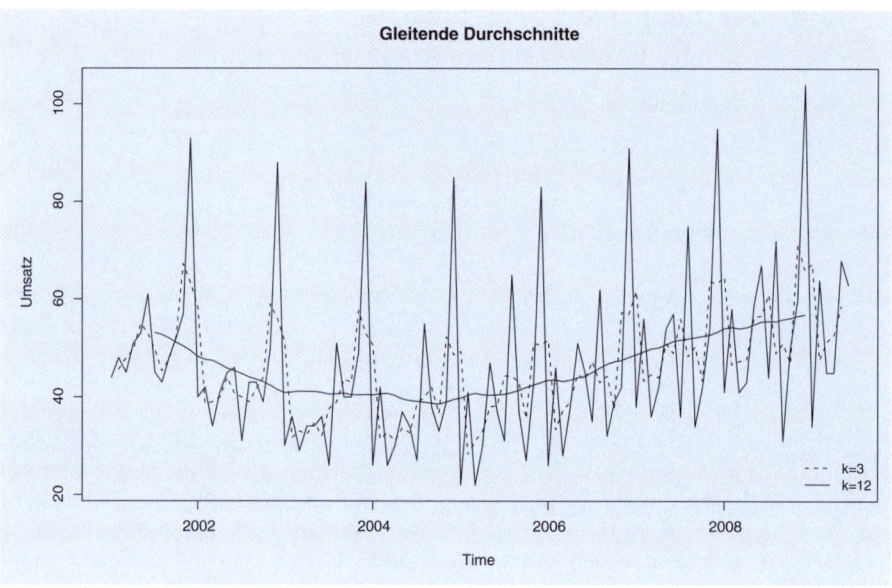

Abbildung 9.20: Zeitreihe und gleitende Durchschnitte

Exponentielle Glättung

Eine weitere Möglichkeit der Trendberechnung ist die EXPONENTIELLE GLÄTTUNG, bei der die Trendwerte T_t rekursiv als gewichtetes Mittel aus der aktuellen Beobachtung Y_t und der Glättung der Vorperiode berechnet werden.

Exponentielle Glättung

$$T_t = \alpha \cdot Y_t + (1 - \alpha) \cdot T_{t-1}$$

für $t \geq 2$ und mit Startwert

$$T_1 = Y_1 \ .$$

- α: Glättungsparameter liegt zwischen 0 und 1, also $0 < \alpha \leq 1$.
- Y_t: beobachtete Reihe
- T_t: Trendreihe

Einfluss von α auf die Stärke der Glättung:

- Ist $\alpha = 1$, wird nicht geglättet ($T_t = Y_t$).
- Ist α groß, z. B. 0.8, so ist der aktuelle Wert Y_t sehr wichtig, der Einfluss des geglätteten Werts der Vorperiode T_{t-1} (in dem auch die gesamte Vergangenheit der Reihe eingeht) ist gering. Es wird wenig geglättet.
- Ist α klein, z. B. 0.1, so kann der aktuelle Wert Y_t die Glättung nur wenig beeinflussen. Es wird stark geglättet.

Exponentielles Glätten mit R geschieht leicht mit der Funktion HoltWinters(), die allgemeineres Glätten mit drei Glättungsparametern anbietet, von denen wir nur α benötigen. Allerdings stellt diese Funktion die geglätteten Werte um einen Zeitpunkt in die Zukunft verschoben bereit und der letzte Wert ist unter coefficients verfügbar.

Mit diesem Wissen stellen wir die geglätteten Reihen (umsatzgl1 für $\alpha = 0.1$ und umsatzgl6 für $\alpha = 0.6$) aus diesen Teilen der Ausgabe als Zeitreihen mit den passenden Startwerten neu zusammen und können mehrere Reihen mit plot() und lines() übereinander darstellen.

Die Erstellung des Legendentextes ist im Vergleich zum Plot der gleitenden Durchschnitte (▶ Abbildung 9.20) etwas komplizierter, weil darin das griechische α auftauchen soll. Mit der expression()-Funktion können mathematische Formeln als Text in Grafiken (hier als Legendentext) eingebaut werden.

R

```
> hw1 <- HoltWinters(umsatz, alpha = 0.1, beta = FALSE,
+     gamma = FALSE)
> umsatzgl1 <- ts(c(fitted(hw1)[, 1], coefficients(hw1)),
+     freq = 12, start = 2001)
> hw6 <- HoltWinters(umsatz, alpha = 0.6, beta = FALSE,
+     gamma = FALSE)
> umsatzgl6 <- ts(c(fitted(hw6)[, 1], coefficients(hw6)),
+     freq = 12, start = 2001)
> plot(umsatz, xlab = "Zeit", main = "Exponentielles Glätten")
> lines(umsatzgl1, lty = 2)
> lines(umsatzgl6, lty = 3)
> legend("bottomright", expression(alpha == 0.1,
+     alpha == 0.6), lty = c(2, 3), bty = "n")
```

Fallbeispiel 22: Buchhandel: Trendinterpretation

Aus der Form des Zeitreihenplots (▶ Abbildung 9.17) können linearer und exponentieller Trend ausgeschlossen werden.

Ein gleitender Durchschnitt, sinnvollerweise ein 12-MA (▶ Abbildung 9.20), zeigt einen abnehmenden Verlauf bis in das Jahr 2004, um dann wieder anzusteigen.

Exponentielles Glätten ($\alpha = 0.1$) weist ein ähnliches Muster auf (▶ Abbildung 9.21). Allerdings führen vor allem die hohen Dezemberumsätze zu mehr Ausschlägen in der geglätteten Reihe, obwohl der Glättungsparameter schon eine starke Glättung bewirkt. Mit $\alpha = 0.6$ ist die Glättung für die Reihe eindeutig zu schwach.

In einem Plot (▶ Abbildung 9.22) sind beide geglätteten Reihen dargestellt. Der Aufschwung im Jahr 2004 wird in der geglätteten Reihe später angedeutet.

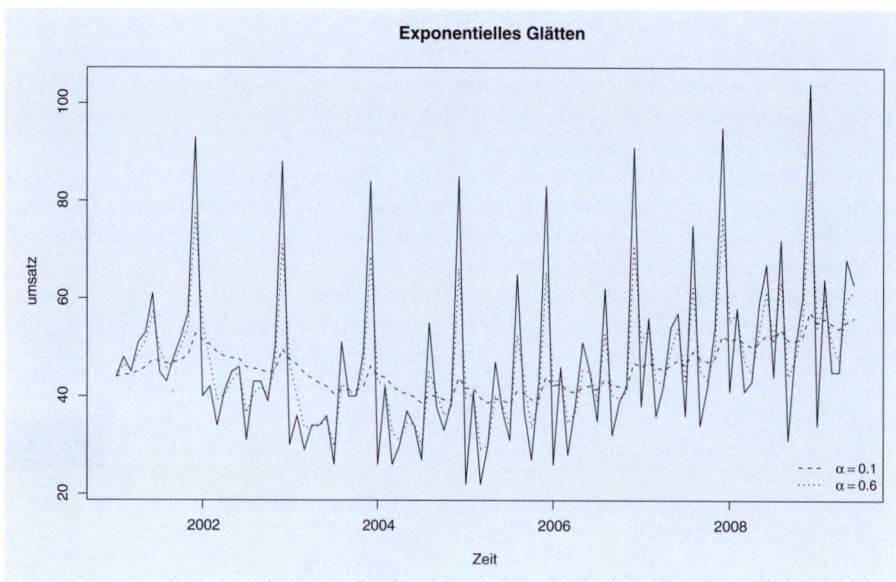

Abbildung 9.21: Zeitreihe und exponentielle Glättung

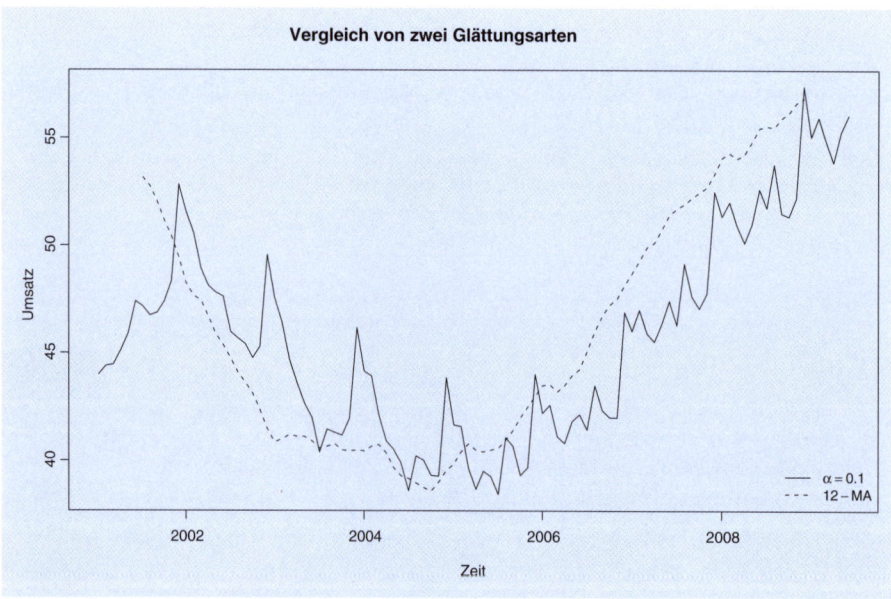

Abbildung 9.22: Exponentielle Glättung und gleitender Durchschnitt

Kommt im Aufruf von `HoltWinters()` `alpha` gar nicht vor, wird ein optimaler Wert in dem Sinn berechnet, dass der sog. Mean Squared Error (MSE) minimiert wird. Bei diesem Beispiel würde $\alpha = 0.064$ ermittelt, was eine noch stärkere Glättung als mit $\alpha = 0.1$ bedeutet.

9.6.4 Saison

Trendbereinigung

Subtrahiert man von der ursprünglichen Reihe Y_t den Trend, gelangt man zur TREND-BEREINIGTEN REIHE TB_t.

$$TB_t = Y_t - T_t$$

Im Fall der Buchhandelsdaten wählen wir die exponentielle Glättung mit $\alpha = 0.1$ (die Werte sind in der Zeitreihe umsatzgl1 enthalten (siehe Seite 317) und erhalten die trendbereinigte Reihe (gerundet auf ganze Zahlen):

R

```
> tbumsatz <- umsatz - umsatzgl1
> round(tbumsatz, digits = 0)
```

	Jan	Feb	Mar	Apr	May	Jun	Jul	Aug	Sep	Oct	Nov	Dec
2001	0	4	1	6	7	14	-2	-4	1	5	9	40
2002	-12	-9	-15	-7	-3	-2	-15	-3	-2	-6	5	38
2003	-18	-10	-16	-10	-9	-6	-14	10	-1	-1	7	38
2004	-18	-2	-16	-11	-4	-6	-12	15	-2	-6	0	41
2005	-20	-1	-18	-9	7	-2	-7	24	-4	-12	3	39
2006	-16	3	-13	-3	9	3	-6	19	-10	-3	0	44
2007	-8	9	-10	-4	8	10	-10	26	-14	-5	6	43
2008	-10	6	-10	-7	8	14	-8	18	-20	-1	8	47
2009	-21	8	-10	-9	13	7						

Den Vergleich zur ursprünglichen Reihe erhalten wir durch Gegenüberstellung der beiden Reihen.

R

```
> par(mfrow - c(1, 2))
> plot(umsatz, xlab = "Zeit", main = "Reihe und Trend")
> lines(umsatzgl1, lty = 2, lwd = 1.5)
> plot(tbumsatz, xlab = "Zeit", main = "Trendbereinigte Reihe")
> par(mfrow = c(1, 1))
```

Die Trendbereinigung (▶ Abbildung 9.23) hat bei den Buchhandelsdaten den Effekt, dass der Durchhänger zwischen 2003 und 2007 in den Daten verschwunden ist, die Reihe bewegt sich in etwa in derselben Höhe, auch wenn die saisonalen und zufälligen Schwankungen weiterhin vorhanden sind. Diese Schwankungen führen in der trendbereinigten Reihe zu positiven und negativen Werten, wie auch auf der Skala der y-Achse des rechten Diagramms ablesbar ist.

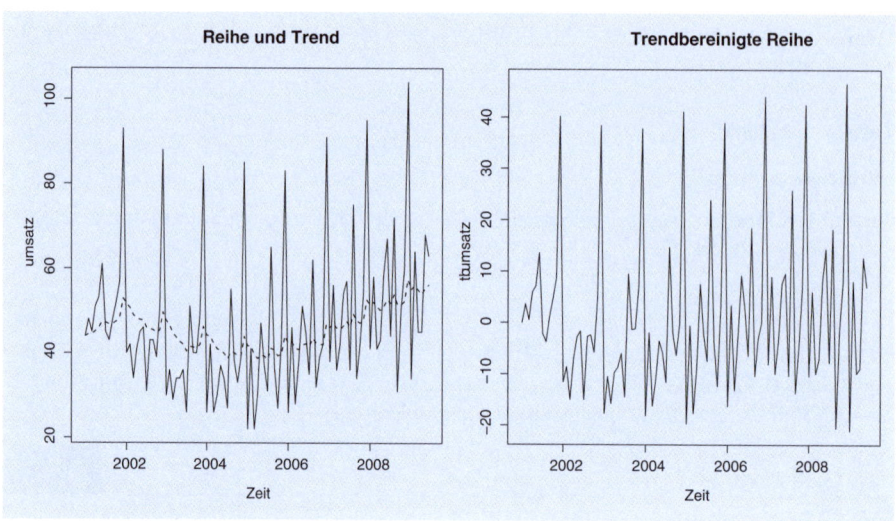

Abbildung 9.23: Trendbereinigung

Saisonkomponente

Auf der trendbereinigten Reihe aufsetzend, kann die Berechnung der SAISONKOM-PONENTEN angreifen. Die Saisonkomponente für jede Saison ist der Durchschnitt der trendbereinigten Werte der jeweiligen Saison über den gesamten Zeitraum. Für die Buchhandelsdaten liegen Monatsdaten über 8.5 Jahre vor. Für die Monate Januar bis Juni existieren jeweils neun trendbereinigte Monatswerte, für Juli bis Dezember nur jeweils deren acht. Die Saisonkomponente für Januar ist der Durchschnitt aller neun trendbereinigten Januarwerte.

$$S_1 = (0 - 11.5 - \cdots - 21.1)/9 = -13.6$$

Analog werden die Komponenten für Februar bis Dezember bestimmt.

Um diesen Plan in R zu realisieren, bestimmen wir von jedem Wert der Reihe, zu welchem Monat er passt. Das ist für diese Reihe nicht schwer, da die Reihe mit dem ersten Monat des Jahres 2001 beginnt und somit die Werte 1, 13, 25 etc. sich auf Umsätze im Januar beziehen. Allerdings beginnen Zeitreihen nicht immer mit dem ersten Monat oder Quartal eines Jahres. Eine willkommene Hilfe ist daher die Funktion cycle(), die den Werten einer Zeitreihe die entsprechende Zeituntereinheit (also in unserem Beispiel den Monat, auf den sich die Umsatzangabe bezieht) zuordnet. Mit tapply() werden dann für die zwölf Monate die Umsatzmittel berechnet.

Einen Überblick über die zwölf Werte bietet ein Balkendiagramm.

R

```
> monat <- cycle(umsatz)
> saisonkomp <- tapply(tbumsatz, monat, mean)
> barplot(saisonkomp, main = "Saisonkomponenten")
```

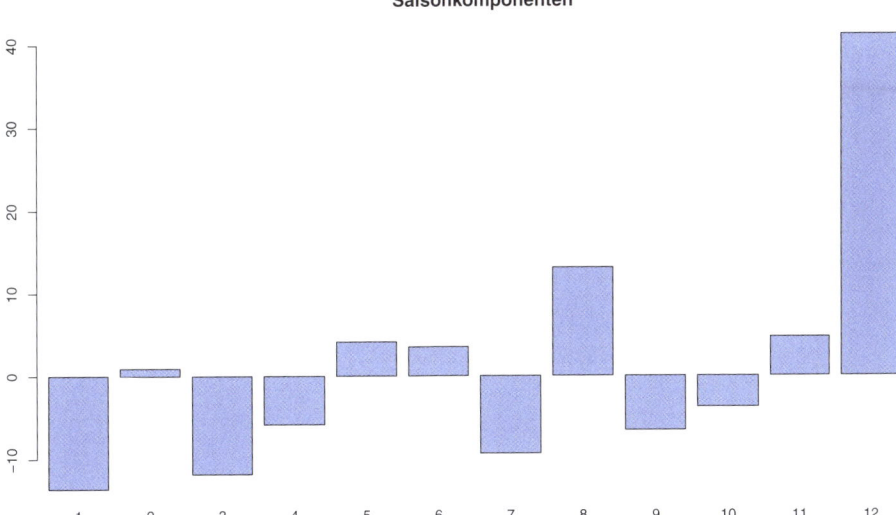

Abbildung 9.24: Saisonkomponenten

Fallbeispiel 22: Buchhandel: Interpretation der Saison

Im Balkendiagramm der Saisonkomponenten (▶ Abbildung 9.24) fällt vor allem der hohe Balken für die Saison 12 (also Dezember) auf. Die Saisonkomponente für Dezember ist also sehr hoch und bestätigt den Eindruck von der ursprünglichen Reihe mit hohen Umsätzen im Dezember.

Alle anderen Saisonkomponenten erreichen vom Absolutbetrag her nicht einmal die Hälfte des Dezemberwerts und werden nicht weiter interpretiert.

9.6.5 Zusammenfassung der Zeitreihenzerlegung

Wir haben in der Zeitreihenzerlegung zuerst versucht, aus der ursprünglichen Reihe Y_t einen Trend T_t abzuleiten. Aus der trendbereinigten Reihe $TB_t = Y_t - T_t$ konnten die Saisonkomponenten S_t bestimmt werden. Führen wir auch noch die Saisonbereinigung durch, gelangen wir zur Zufallskomponente E_t.

Eine Gesamtzerlegung inklusive Darstellung in einem Plot (▶ Abbildung 9.25) wird in R durch die Funktion decompose() unterstützt. Dabei werden gleitende Durchschnitte zur Trendbestimmung verwendet und die Reihe wird nur für jenen Bereich dargestellt, für den gleitende Durchschnitte berechnet werden konnten. Die Lücken am Anfang und Ende der Trendreihe bewirken also eine Verkürzung des Gesamtzeitraums um jeweils ein halbes Jahr.

Die Saison wird nicht als Balkendiagramm, sondern als Zeitreihenplot dargestellt, konstant über alle acht Jahre. Die Zufallskomponente ist das Resultat von $E_t = Y_t - T_t - S_t$.

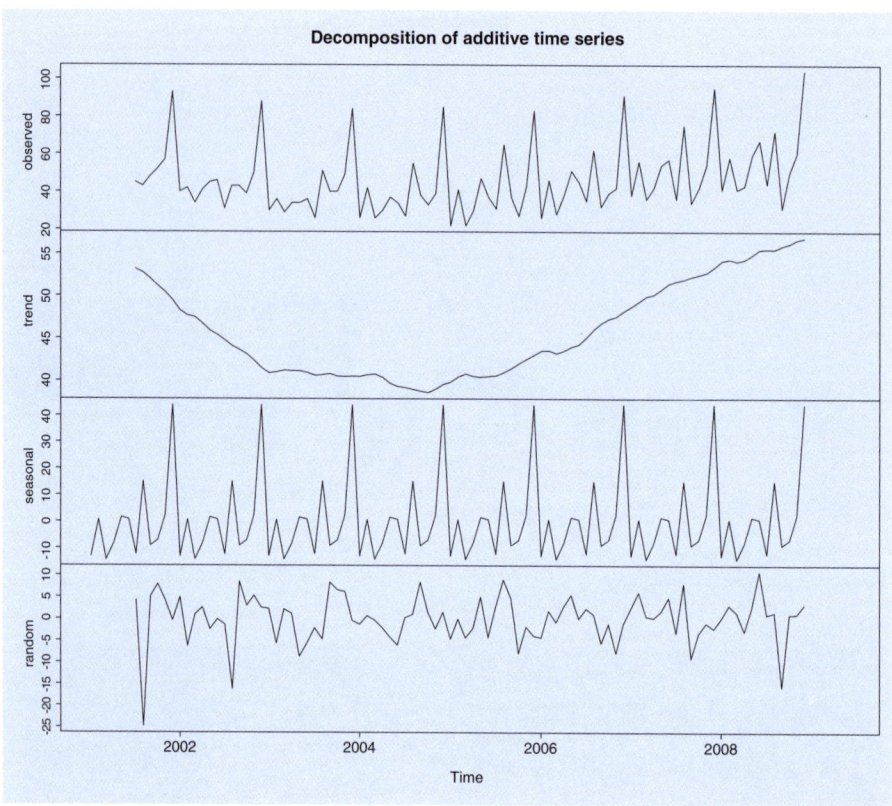

Abbildung 9.25: Zeitreihenzerlegung

R

```
> zerlegung <- decompose(umsatz)
> plot(zerlegung)
```

9.6.6   Prognose

Ist eine Zerlegung einer Zeitreihe geglückt, kann diese Zerlegung auch als Basis von Prognosen in die Zukunft dienen. Da die Zufalls- und Saisonkomponenten um 0 schwanken, wird bei der Prognose meist nur der Trend fortgeschrieben.

Prognose bei linearem oder exponentiellem Trend

Bei linearem oder exponentiellem Trend (Abschnitt 9.6.3) kann mit linearer Regression der Reihe bzw. der logarithmierten Reihe gegen die Zeit ein Trendmodell entwickelt werden. Dieses Modell bildet dann die Grundlage für Prognosen.

Für die Reihe mit linearem Trend lautete das Modell:

$$\widehat{\text{zrlin}} = 0.9751 + 0.0249 \cdot t$$

Für die Reihe mit exponentiellem Trend lautete das Modell für die logarithmierte Reihe:

$$\widehat{\log(\text{zrexp})} = -0.017 + 0.0762 \cdot t$$

Für die eigentliche Reihe bedeutet das:

$$\widehat{\text{zrexp}} = e^{-0.017} \cdot e^{0.0762 \cdot t}$$

Für t sollen die zukünftigen Zeitwerte 51 bis 58 eingesetzt werden. Mit `predict()` können wie schon bei der Prognose im Regressionsmodell (Abschnitt 9.3) die Prognosewerte berechnet werden.

R

```
> par(mfrow = c(1, 2))
> linprogn.dfr <- data.frame(t = 51:58, zrlintrend = rep(0, 8))
> zrl.prognose <- predict(zrl, newdata = linprogn.dfr)
> plot(zrlin, xlab = "Zeit", main = "Linearer Trend",
+       xlim = c(1996, 2011))
> lines(ts(fitted(zrl), freq = 4, start = c(1996, 3)))
> lines(ts(zrl.prognose, freq = 4, start = 2009))
> expprogn.dfr <- data.frame(t = 51:58, zrexptrend = rep(0, 8))
> zre.prognose <- predict(zre, newdata = expprogn.dfr)
> plot(zrexp, xlab = "Zeit", main = "Exponentieller Trend",
+       xlim = c(1996, 2011), ylim = c(0, 80))
> lines(ts(exp(fitted(zre)), freq = 4, start = c(1996, 3)))
> lines(ts(exp(zre.prognose), freq = 4, start = 2009))
> par(mfrow=c(1,1))
```

Die Unterbrechung in den eingezeichneten Trendlinien (▶ Abbildung 9.26) soll den Übergang vom letzten Zeitpunkt mit berechnetem Trend zum ersten Zeitpunkt mit prognostiziertem Trend verdeutlichen.

Prognose mit exponentieller Glättung

Wenn kein stabiler linearer oder exponentieller Trend vorliegt, sind gleitende Durchschnitte und exponentielles Glätten Möglichkeiten, einen Trend aus den Daten zu schätzen. Gleitende Durchschnitte bieten aber keine gute Grundlage für Prognosen zukünftiger Werte; es kann ja nicht einmal der Trend bis zum Ende des Beobachtungszeitraums berechnet werden.

Bei exponentiellem Glätten greift die Überlegung, dass für den kommenden Zeitpunkt $T + 1$ der letzte Wert Y_T und der erwartete Wert $\hat{Y}_T$ für den letzten Zeitpunkt in eine gewichtete Mittelung eingehen.

$$\hat{Y}_{T+1} = \alpha \cdot Y_T + (1 - \alpha) \cdot \hat{Y}_T, \qquad 0 < \alpha \leq 1$$

Die Prognosen über $T + 1$ hinaus sind auch gleich $\hat{Y}_{T+1}$:

$$\hat{Y}_{T+1} = \hat{Y}_{T+2} = \hat{Y}_{T+3} = \cdots$$

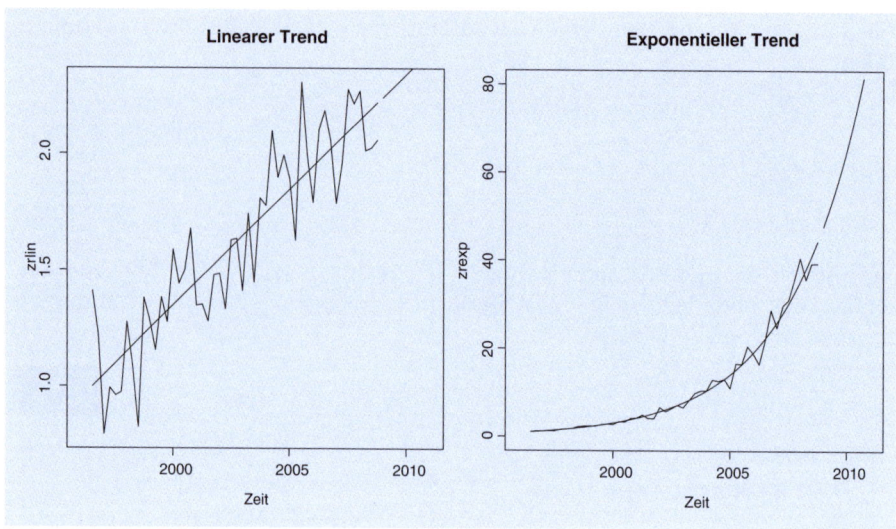

Abbildung 9.26: Prognose bei Zeitreihen mit linearen und exponentiellen Trends

Im Fall der Buchhandelsdaten war der letzte ($T = 102$ entspricht Juni 2009) Wert der Reihe umsatz 63, der letzte Wert der geglätteten Reihe mit $\alpha = 0.1$ umsatzgl1 56.051. Somit ergibt eine Schätzung für den Zeitpunkt 103 (Juli 2009):

$$\hat{Y}_{103} = 0.1 \cdot 63 + (1 - 0.1) \cdot 56.051 = 56.746$$

Die Prognosen für die weiteren Zeitpunkte bleiben konstant bei diesem Wert.

9.6.7 Autokorrelation

Lags und Lagplots

In Zeitreihenmodellen ist eine Frage, inwieweit die Vergangenheit der Reihe zur Prognostizierbarkeit der Reihe beitragen. Die Vergangenheit der Reihe zu einem Zeitpunkt t wird durch die Werte Y_{t-1}, Y_{t-2}, ... repräsentiert. Man nennt diese verzögerten Werte LAGS der Reihe.

Den Effekt solcher Lags und deren Realisierungen in R zeigen die Lags der Ordnung 1 und 2 für die ersten Werte der Reihe umsatz:

R

```
> cbind( umsatz, lag(umsatz, -1), lag(umsatz, -2))[1:10,]
```

```
     umsatz lag(umsatz, -1) lag(umsatz, -2)
[1,]    44              NA              NA
[2,]    48              44              NA
[3,]    45              48              44
[4,]    51              45              48
```

[5,]	53	51	45
[6,]	61	53	51
[7,]	45	61	53
[8,]	43	45	61
[9,]	48	43	45
[10,]	52	48	43

Die Prognostizierbarkeit einer Reihe aus Lags der Reihe sprengt den Rahmen dieses Buchs, eine angenehme grafische Unterstützung dazu sei aber vorgestellt, der LAG-PLOT. In ihm sind Streudiagramme der ursprünglichen Reihe mit Lags der Reihe zusammengefasst.

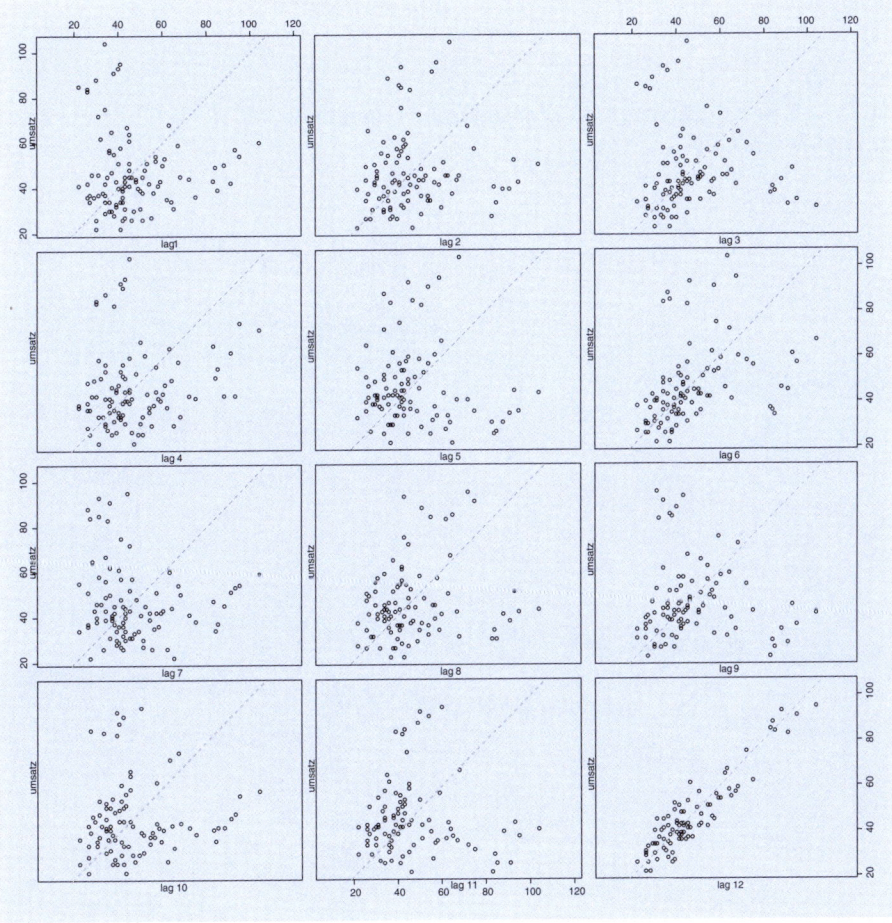

Abbildung 9.27: Lagplot

R

```
> lag.plot(umsatz, lags = 12, do.lines = FALSE)
```

Der Lagplot der Buchhandelsdaten (▶ Abbildung 9.27) umfasst hier zwölf Streudiagramme. Jedes Streudiagramm zeigt den Zusammenhang der Variablen umsatz mit verzögerten Werten dieser Variablen. Die meisten Verzögerungen führen zu keinem starken Zusammenhang. Hingegen ist der Zusammenhang bei einem Lag von zwölf Monaten sehr stark. Das hängt mit dem Jahresmuster der Buchhandelsdaten und vor allem mit dem klaren Umsatzmaximum jeweils im Dezember zusammen.

Autokorrelationsfunktion und Korrelogramm

Die rechnerische Entsprechung zum Lagplot ist die AUTOKORRELATIONSFUNKTION. In ihr werden die AUTOKORRELATIONSKOEFFIZIENTEN, das sind die Korrelationskoeffizienten der Reihe mit Lags der Reihe, zusammengefasst:

$$\rho_k = Cor(Y_t, Y_{t-k}), \quad k = 0, 1, 2, \ldots$$

Für $k = 0$ ist natürlich $\rho_0 = 1$. Eine grafische Darstellung der Werte führt zum KORRELOGRAMM:

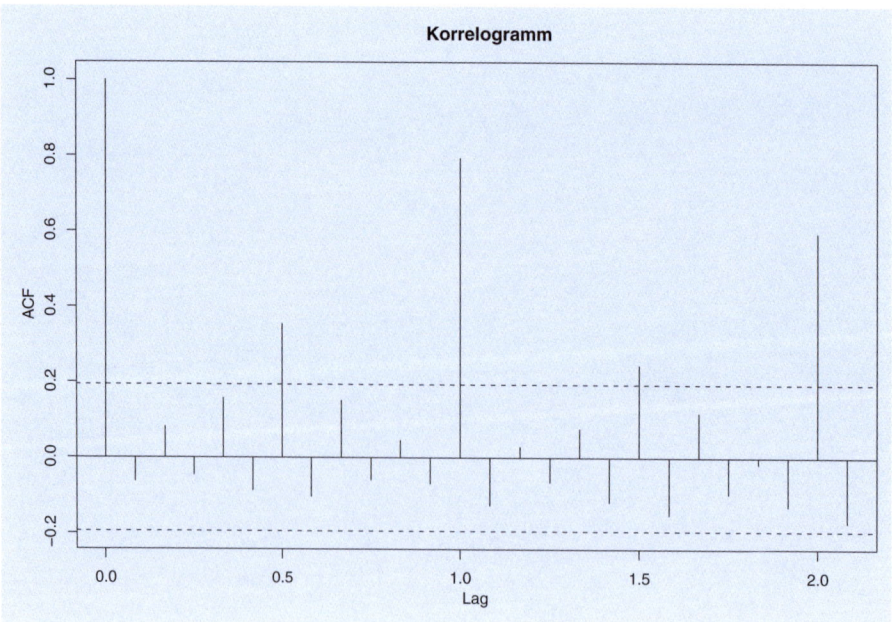

Abbildung 9.28: Korrelogramm

R

```
> acf(umsatz, 25)
```

Das Korrelogramm (▶ Abbildung 9.28) bestätigt den Eindruck des Lagplots (▶ Abbildung 9.27). Bei 1 liegt ein markant hoher Wert vor, 1 entspricht der Verzögerung von einem Jahr, also 12 Monaten. Der nächste sehr hohe Wert taucht bei 2 (also 24 Monaten) auf. Eingezeichnet ist auch ein Konfidenzband in der Höhe von ungefähr ±0.2, über das auch die Werte bei 0.5 (6 Monate) und 1.5 (18 Monate) reichen.

9.7 R-Befehle im Überblick

`abline(a, b, reg)` erlaubt das Einzeichnen einer Geraden, die durch Konstante a und Anstieg b oder durch ein einfaches lineares Regressionsmodell `reg` bestimmt ist, in einen Plot.

`anova(object)` berechnet eine Varianzanalysetabelle (mit F-Test) für das Modell `object`.

`anova(object1, object2, test)` berechnet einen partiellen F-Test zum Vergleich des Modells `object2` gegen das einfachere Modell `object1`.

`acf(x, lag.max)` berechnet die Autokorrelationsfunktion einer Zeitreihe x bis zur Stelle `lag.max`.

`coefficients(object)` extrahiert die Koeffizienten eines Modells `object`.

`cor(x, y)` berechnet nur den Korrelationskoeffizienten für x und y, aber nicht den Test.

`cor.test(x, y, method)` berechnet den Korrelationskoeffizienten für die beiden Variablen x und y sowie einen Test für den Korrelationskoeffizienten. Mit der Option `method="spearman"` kann die Berechnung des Spearman-Korrelationskoeffizienten (statt des Pearson-Korrelationskoeffizienten) angefordert werden.

`cycle(x)` ordnet den Werten einer Zeitreihe x die passende Zeituntereinheit (je nach Beispiel Monat, Quartal etc.) zu, auf die sich der Wert der Reihe bezieht.

`decompose(x)` berechnet die klassische Zerlegung einer Zeitreihe x in Trend, Saison und Zufallskomponente auf Basis gleitender Durchschnitte.

`expression(...)` ermöglicht das Einfügen von mathematischen Ausdrücken in Texte.

`filter(x, filter)` berechnet gleitende Durchschnitte einer Zeitreihe x auf Basis von Gewichten `filter`.

`fitted.values(object)` extrahiert die Modellwerte eines Modells `object`.

`HoltWinters(x, alpha, beta, gamma)` berechnet die Glättung einer Zeitreihe x nach der Holt-Winters-Methode mit den Parametern `alpha`, `beta` und `gamma`. Setzt man `beta=FALSE` und `gamma=FALSE`, erhält man die Reihe nach exponentiellem Glätten.

`lag(x, k)` berechnet den Lag der Ordnung k einer Zeitreihe x, also die um k Zeitpunkte verzögerte Reihe.

`lag.plot(x, lags)` erstellt alle Streudiagramme einer Zeitreihe x mit Lags dieser Zeitreihe bis zur Ordnung `lags`.

`legend(x, y, text)` fügt einen Legendentext `text` an der Position mit den Koordinaten (x,y) zu einem Plot hinzu.

`lm(formula)` berechnet Schätzungen für das lineare Modell, das durch die Modellformel `formula` definiert ist.

`plot(x)` für ein Objekt x wird eine passende Grafik ausgegeben.

Ist x eine Zeitreihe, ist die Ausgabe ein Zeitreihenplot.

Ist x ein lineares Modell, besteht die Ausgabe aus vier Diagnostikplots, darunter der Q-Q-Plot der Residuen und der Plot der Modellwerte gegen die Residuen.

`plot(x, y)` erzeugt ein Streudiagramm für die beiden Variablen x und y.

`predict(object, newdata)` berechnet vorhergesagte Werte auf Basis eines Modells `object`. Sollen Vorhersagen für Werte erfolgen, die nicht in die Berechnung von `object` eingegangen sind, müssen diese in einem Data Frame `newdata` enthalten sein.

`residuals(object)` extrahiert die Residuen eines Modells `object`.

`summary(x)` gibt eine Zusammenfassung eines Objekts x aus. Ist x ein lineares Modell, sind dies Schätzungen für die Koeffizienten, einige Modellkennwerte und eine Zusammenfassung der Residuen.

`tapply(X, INDEX, FUN)` berechnet eine Funktion `FUN` von einer Variablen `X` in Gruppen, die durch eine Liste von Faktoren `INDEX` definiert sind.

Typische Beispiele für `FUN` sind `mean`, `median`, `sd` für Mittelwert, Median bzw. Standardabweichung.

`ts(data, start, freq)` definiert eine Zeitreihe, die mit Werten aus `data` mit dem Datum `start` beginnt und deren Frequenz `freq` (4 für Quartalsdaten, 12 für Monatsdaten etc.) beträgt.

`t.test(x, y, paired=TRUE)` berechnet einen t-Test für abhängige Stichproben x und y.

`update(x, formula)` bewirkt die Änderung und Neuberechnung eines Modells x. Die Änderung des Modells ist in `formula` festgelegt.

9.8   Zusammenfassung der Konzepte

Mit der Korrelation wird die Stärke des Zusammenhangs von zwei metrischen Variablen gemessen, mit der Regression wird die Form des Zusammenhangs beschrieben. Die Regression kann auf mehrere erklärende Variablen erweitert werden, es können auch kategoriale Variablen als erklärende Variablen auftreten.

Wenn Unterschiede zwischen zwei Variablen, die an denselben Beobachtungseinheiten erhoben wurden, untersucht werden, kommt ein Test für verbundene Stichproben zum Einsatz.

- **Streudiagramm**: grafische Darstellung der Verteilung von zwei Variablen
- **Korrelation**: Mit Korrelationskoeffizienten wird die Stärke des Zusammenhangs von zwei Variablen beschrieben.
- **Lineare Regression**: Beschreibung des Zusammenhangs einer Variablen mit einer oder mehreren anderen Variablen
- **Prognose**: Vorhersage von erwarteten Werten einer Variablen über eine Regressionsgleichung
- **Residuen**: Differenz zwischen beobachteten und vorhergesagten Werten
- **t-Tests für Koeffizienten**: Tests zur Überprüfung, ob eine Variable Einfluss auf eine abhängige Variable hat
- **t-Test für abhängige Stichproben**: Test, ob sich Variablenwerte von zwei Zeitpunkten unterscheiden
- **Zeitreihen**: Beobachtungen einer Variablen, die in gleichen Zeitabständen wiederholt erhoben wurden. Ein wichtiges Ziel ist, den mittelfristigen Verlauf der Reihe (Trend) und davon regelmäßige Abweichungen (Saison) zu ermitteln.

9.9   Übungen

1. **Sozialstaatsvolksbegehren**

   Im April 2002 fand in Österreich ein Volksbegehren mit dem Ziel statt, soziale Rechte in der Verfassung festzuschreiben. Da dieses Volksbegehren durch die damals oppositionelle sozialdemokratische Partei (SP) unterstützt wurde, bezeichneten Kritiker des Volksbegehrens diese Unterstützung als vorweggenommenen Wahlkampf.

   Das Datenfile `volksbegehren.csv` enthält Daten zu den Ergebnissen in Wien in folgenden Variablen:

BEZIRK	Nummer des Bezirks in Wien
VB_ABS	Anzahl Unterschriften für das Volksbegehren
VB_REL	Anteil der Unterschriften an Wahlberechtigten
SP_ABS	Stimmen für die SP bei den Gemeinderatswahlen 2001
SP_REL	Stimmenanteil für die SP bei den Gemeinderatswahlen 2001

   - Erstellen Sie ein Streudiagramm mit den absoluten Angaben (SP_ABS und VB_ABS) und ermitteln Sie den Korrelationskoeffizienten!
   - Warum kann aus diesem Ergebnis noch nicht auf einen Zusammenhang zwischen Stärke der SP und Unterstützung für das Volksbegehren geschlossen werden?

- Führen Sie obige Untersuchung mit den relativen Angaben (SP_REL und VB_REL) durch!

2. **Tennisranglisten**

Von den 20 besten Nachwuchstennisspielern im Alter von 12 Jahren wurde nach acht Jahren überprüft, welchen Rang sie in der nationalen Rangliste einnehmen.

Das Datenfile tennis.csv enthält die beiden Variablen:

rang12 Ranglistenplatz in der Alterskategorie
rang20 nationaler Ranglistenplatz (Missing bedeutet Karriere beendet)

- Gibt es einen Zusammenhang zwischen der Spielstärke mit 12 Jahren und der mit 20 Jahren?

3. **US-Präsidentschaftswahl 2000 in Florida**

In Florida war der Ausgang US-Präsidentschaftswahl im Jahr 2000 zwischen George W. Bush und Al Gore sehr knapp und umstritten. Unter anderem wurde in einem County ein Wahlzettel verwendet, mit dem leicht statt einer Stimme für Gore eine Stimme für Buchanan abgegeben werden konnte.

Im Datenfile (florida2000.dat) sind für die 67 Counties von Florida die Stimmen für alle Kandidaten aufgelistet. Wir untersuchen die Stimmen für Bush und Buchanan.

- Identifizieren Sie im Streudiagramm den Ausreißer unter diesen Daten!
- Gibt es einen Zusammenhang zwischen der Anzahl an Stimmen für Bush und Buchanan?
- Schätzen Sie (ohne den Ausreißer) die erwartete Stimmenzahl für Buchanan aus der Stimmenzahl für Bush! Wie viele Stimmen hätte man für Buchanan im Ausreißer-County erwartet?

4. **MBA-Programm**

Im Datenfile mba.dat sind folgende Variablen enthalten:

MBA_GPA   Punktedurchschnitt im MBA-Programm
UNDERGPA Punktedurchschnitt im Undergraduate-Kurs
GMAT   Punktezahl im Zulassungstest
WORK   Berufserfahrung in Jahren

Die Leiterin eines MBA-Programms, das vor 20 Jahren gegründet wurde, will analysieren, welche Faktoren die Leistungen der Kursteilnehmer beeinflussen und bestimmen. Die Leistung wird durch den Punktedurchschnitt im MBA-Programm (GPA, grade point average) gemessen, als Einflussfaktoren werden der Punktedurchschnitt im Undergraduate-Kurs, die Punktezahl im Zulassungstest und die Berufserfahrung bei Eintritt in das MBA-Programm untersucht. Von 100 zufällig bestimmten MBA-Kursteilnehmern werden die entsprechenden Daten gesammelt.

- Finden Sie ein passendes Modell zur Prognose der Leistung im MBA-Kurs.

5. **US-Masters 2008: Runde 3 und 4**

- Haben die Teilnehmer am US-Masters 2009 (augusta2009.csv) die Runden 3 und 4 gleich gut absolviert (Variablen R3 und R4)?

6. **Mieten in Wien**

   Das Datenfile `mieten.csv` enthält den Mietpreisindex für Wien vom dritten Quartal 1986 bis zum zweiten Quartal 2009.

   - Erstellen Sie einen Zeitreihenplot!
   - Ermitteln Sie eine Trendschätzung für die Reihe!
   - Ist ein klares saisonales Muster erkennbar?

7. **Arbeitslosenquoten in Deutschland**

   Die monatlichen Arbeitslosenraten Deutschlands (beginnend mit Januar 2005) sind im Datenfile `al-d.csv` enthalten.

   - Erstellen Sie einen Zeitreihenplot!
   - Ist ein saisonales Muster erkennbar?

Datenfiles sowie Lösungen finden Sie auf der Webseite des Verlags.

TEIL IV

Metrische und kategoriale Daten

Metrische und kategoriale Variablen

10

ÜBERBLICK

In diesem Kapitel werden Fragestellungen untersucht, in die sowohl metrische als auch kategoriale Variablen einfließen. In den ersten Abschnitten werden wir Methoden zur Analyse, ob sich Mittelwerte oder Mediane in zwei oder mehr Gruppen unterscheiden, vorstellen. Eine metrische Variable ist dabei die abhängige Variable, für die Zuteilung der Beobachtungen zu Gruppen ist eine kategoriale Variable zuständig.

In den letzten zwei Abschnitten übernimmt die kategoriale Variable die Rolle der Responsevariablen, meist in Form einer Ja-Nein-Variablen. Als erklärende Variablen können sowohl metrische als auch kategoriale Variablen auftauchen.

LERNZIELE

Nach Durcharbeiten dieses Kapitels haben Sie Folgendes erreicht:

- Sie können zur Untersuchung von Mittelwerten oder Medianen in mehreren Gruppen geeignete Tabellen und Grafiken erzeugen.
- Sie wissen, mit welchen Verfahren untersucht werden kann, ob sich Mittelwerte oder Mediane in zwei Gruppen unterscheiden. Sie sind in der Lage, das passende Verfahren auszuwählen, in R anzuwenden und die Ergebnisse zu interpretieren.
- Sie kennen die Erweiterungen der obigen Verfahren auf mehr als zwei Gruppen und können deren Voraussetzungen überprüfen.
- Sie sind in der Lage, bei mehr als einer erklärenden Variablen ein passendes Modell für die Gruppenmittelwerte zu finden. Sie wissen um die Bedeutung der kombinierten Wirkung der erklärenden Variablen für die Interpretation des Ergebnisses.
- Sie erkennen, wenn als abhängige Variable eine kategoriale Variable auftritt, und wenden zu deren Modellierung geeignete Verfahren an.

10.1 Unterscheiden sich die Mittelwerte in zwei Gruppen?

Fallbeispiel 23: Aggression im Straßenverkehr

Datenfile: `aggression.dat`

Im Rahmen einer Lehrveranstaltung an der Wirtschaftsuniversität Wien wurde ein Experiment durchgeführt. An einer ampelgeregelten Kreuzung wurde ein Fahrstreifen eine Grünphase lang durch ein nicht weiterfahrendes Auto blockiert.

Das Experiment wurde an mehreren Tagen durchgeführt, nicht immer mit demselben Blockadeauto. An einigen Tagen war dies ein Ford KA, also eher ein Kleinwagen. An anderen Tagen wurde dafür ein Oberklassewagen, nämlich ein BMW X5, eingesetzt.

Beobachtet wurde hauptsächlich das Hupverhalten (Häufigkeit des Hupens, Dauer bis zum ersten Hupen, Hupdauer insgesamt) der Blockierten, natürlich gab es auch ausreichend andere Unmutsäußerungen. Dieses Hupverhalten wurde in Bezug zu anderen Variablen gesetzt; darunter das Geschlecht der Person, die das blockierte Auto lenkt, und der Status des blockierenden Fahrzeugs.

Werden unterschiedlich große Autos unterschiedlich oft angehupt?

Hier ist die Häufigkeit des Hupens, mit der die blockierten AutofahrerInnen auf die Blockade geantwortet haben, die abhängige Variable. Die Angabe, ob das blockierende Auto der Ford KA oder der BMW X5 war, teilt die Beobachtungen in zwei Gruppen.

10.1.1 Grafische und numerische Beschreibung

Zur grafischen Beschreibung von Stichproben zu Gruppenvergleichen werden meist Boxplots verwendet. Allerdings erstellt man die Boxplots nicht separat für jede Gruppe, sondern stellt sie nebeneinander und hat damit die Möglichkeit, alle Maßzahlen, die Boxplots beinhalten (also Median, Quartile, Quartilsabstand etc.), grafisch vergleichen zu können. Man nennt solche Boxplots PARALLELE BOXPLOTS, meist wird aber nur von Boxplots gesprochen.

R

```
> aggression <- read.table(file = "aggression.dat", header = TRUE)
> attach(aggression)
> boxplot(frequenz ~ Auto, ylab = "Hupfrequenz")
```

Zur Bestimmung von Maßzahlen für jede Gruppe ist die Funktion `tapply()` hilfreich.

R

```
> mws <- tapply(frequenz, Auto, mean)
> sds <- tapply(frequenz, Auto, sd)
> rbind(Mittelwerte = mws, Standardabw = sds)
```

```
            BMW Ford
Mittelwerte 1.95 2.62
Standardabw 1.36 1.39
```

337

10.1.2 Analyse der Fragestellung

Sowohl der Boxplot (► Abbildung 10.1) als auch die Maßzahlen deuten auf Unterschiede in den Mittelwerten zwischen den beiden Gruppen hin. Ob diese Unterschiede so groß sind, um von signifikanten Unterschieden sprechen zu können, kann mit einem ZWEI-STICHPROBEN-T-TEST beantwortet werden.

Zwei-Stichproben-t-Test

Nullhypothese H$_0$: $\mu_1 = \mu_2$

Alternativhypothese H$_A$: $\mu_1 \neq \mu_2$ oder $\mu_1 > \mu_2$ oder $\mu_1 < \mu_2$

- μ_i ... der unbekannte Mittelwert der Grundgesamtheit in Gruppe i
- Voraussetzung für den Einsatz dieser Methode ist, dass die abhängige Variable (hier die Huphäufigkeit) in beiden Gruppen normalverteilt ist oder dass aufgrund des hohen Stichprobenumfangs über den zentralen Grenzwertsatz auf Normalverteilung der Stichprobenmittel geschlossen werden kann.
- Es gibt einen t-Test unter der Annahme gleicher Varianzen in den beiden Gruppen ($\sigma_1^2 = \sigma_2^2$) und einen unter der Annahme ungleicher Varianzen ($\sigma_1^2 \neq \sigma_2^2$).
- Der Fall ungleicher Varianzen ist die Voreinstellung in **R**. Man bezeichnet diesen Test auch als WELCH-TEST.
- Null- und Alternativhypothese findet man auch in den Formulierungen:
  H$_0$: $\mu_1 - \mu_2 = 0$

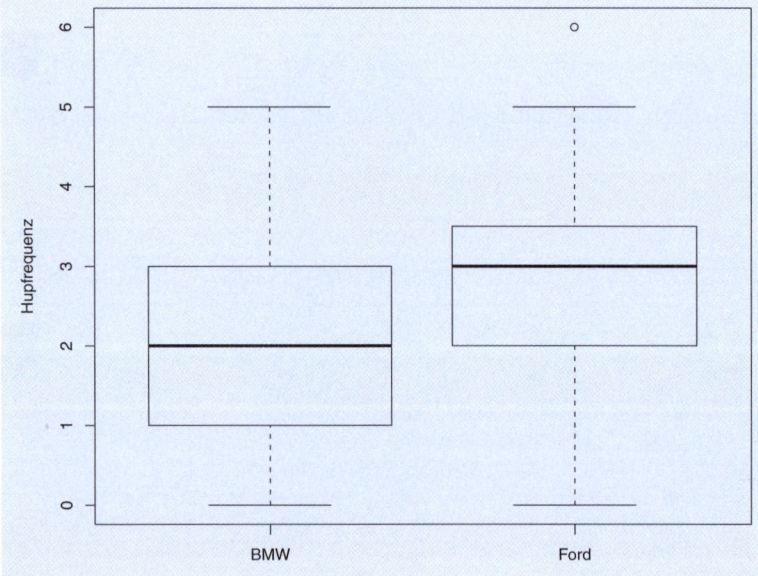

Abbildung 10.1: Boxplot der Huphäufigkeit

$$H_A: \mu_1 - \mu_2 \neq 0 \text{ oder } \mu_1 - \mu_2 > 0 \text{ oder } \mu_1 - \mu_2 < 0$$

Zur Entscheidung, ob von Varianzgleichheit in den zwei Gruppen ausgegangen werden kann, können natürlich Boxplots oder Maßzahlen herangezogen werden. Zur Überprüfung kann der Bartlett-Test vorgelagert werden (Abschnitt 10.3.2). In nicht eindeutigen Fällen soll auf diese Annahme verzichtet werden.

R

```
> t.test(frequenz ~ Auto)


        Welch Two Sample t-test

data:  frequenz by Auto
t = -2.76, df = 125, p-value = 0.006661
alternative hypothesis: true difference in means is not equal to 0
95 percent confidence interval:
 -1.155 -0.190
sample estimates:
 mean in group BMW mean in group Ford
            1.95               2.62
```

Der Testoutput beginnt mit dem Namen der Methode `Welch Two Sample t-test` und den Daten, mit denen der Test aufgerufen wurde.

Dann folgen der Wert der Teststatistik (`t = −2.759`), die Freiheitsgrade (`df = 125`) und der p-Wert (`p-value = 0.006661`).

Danach wird die Alternativhypothese beschrieben. In diesem Beispiel ist sie zweiseitig $H_A : \mu_1 \neq \mu_2$ (in der Formulierung $\mu_1 - \mu_2 \neq 0$).

Nach einem Abschnitt mit einem Konfidenzintervall für die Differenz der Gruppenmittelwerte schließen unter (`sample estimates:`) die berechneten Gruppenmittelwerte den Output ab. Für BMWs beträgt die mittlere Hupfrequenz 1.952 für Fords 2.625.

Fallbeispiel 23: Aggression: Interpretation des t-Tests

Zur Überprüfung, ob Fords und BMWs gleich oft angehupt werden, wurde ein Zwei-Stichproben-t-Test berechnet. Die Annahme gleicher Varianzen wurde nicht getroffen.

Der p-Wert ist klein (0.007), es liegt also ein signifikantes Ergebnis vor. Blockierende BMWs und Fords werden signifikant unterschiedlich oft angehupt.

Die Stichprobe weist in die Richtung, dass Fords öfter ($\bar{x}_{Ford} = 2.62$) angehupt werden als BMWs ($\bar{x}_{BMW} = 1.95$).

Die Vermutung, dass dies mit der Größe und damit verbunden dem Status des Autos zu tun hat, liegt nahe. Es würde aber ähnliche Experimente mit anderen Automarken benötigen, um diesen Einfluss nachzuweisen.

10.2   Unterscheidet sich die Lage einer Variablen zwischen zwei Gruppen?

Fallbeispiel 24: Jugendliche vor Bildschirmen

Datenfile: `monitor.csv`

In einer Untersuchung von 90 Jugendlichen (Alter zwischen 14 und 18 Jahren), die alle noch eine Schule besuchten, wurde erhoben, wie viel Zeit die Jugendlichen zwischen Montag und Freitag – also neben der Schule – vor Bildschirmen (TV, Computer etc.) verbringen.

Im Datenfile ist die durchschnittliche Zeit vor einem Bildschirm (`zeit`) an einem Schultag von 50 Jugendlichen aus Wien (`stadt=1`) und 40 Jugendlichen aus Orten im Großraum Wien mit höchstens 10 000 Einwohnern (`stadt=2`) enthalten.

Verbringen Jugendliche aus der Großstadt mehr Zeit vor Bildschirmen als Jugendliche aus kleineren Ortschaften?

10.2.1   Beschreibung der Stichprobe

Zur grafischen Beschreibung dienen wieder parallele Boxplots.

R

```
> monitor <- read.csv2(file = "monitor.csv", header = TRUE)
> attach(monitor)
> stadtdorf <- factor(stadt)
> levels(stadtdorf) <- c("Stadt", "Dorf")
> boxplot(zeit ~ stadtdorf, main = "Bildschirmzeit",
+         ylab = "Minuten/Tag")
```

Da Ausreißer vorkommen und die Verteilungen nicht symmetrisch sind, werden für die numerische Beschreibung auch robuste Maßzahlen bestimmt.

R

```
> tapply(zeit, stadtdorf, summary)
```

```
$Stadt
   Min. 1st Qu.  Median    Mean 3rd Qu.    Max.
     60     134     215     204     248     450
$Dorf
   Min. 1st Qu.  Median    Mean 3rd Qu.    Max.
     20     129     182     179     209     410
```

10.2.2 Analyse der Fragestellung

Zur Untersuchung der Fragestellung kommt der Zwei-Stichproben-t-Test kaum in Frage. Eine Voraussetzung für dessen Einsatz ist die Normalverteilung in beiden Gruppen. Der Boxplot (▶ Abbildung 10.2) deutet aber auf jeweils schiefe Verteilungen hin; überdies kommen auch Ausreißer vor. Da auch der Stichprobenumfang nicht sehr hoch ist, kann auch nicht über den zentralen Grenzwertsatz auf Normalverteilung des Stichprobenmittels gesetzt werden.

In solchen Fällen können nichtparametrische Tests einen Ausweg öffnen, in diesem Fall der MANN-WHITNEY U-TEST oder kurz U-TEST. Statt mit den eigentlichen Werten arbeitet dieser mit Rangzahlen. Aus der gemeinsamen Stichprobe beider Gruppen werden diese Rangzahlen bestimmt. Wenn die Verteilung in beiden Gruppen gleich ist, sollten auch in den Stichproben die mittleren Rangzahlen beider Gruppen in etwa gleich sein. In der Literatur findet man diesen Test auch als WILCOXON-TEST.

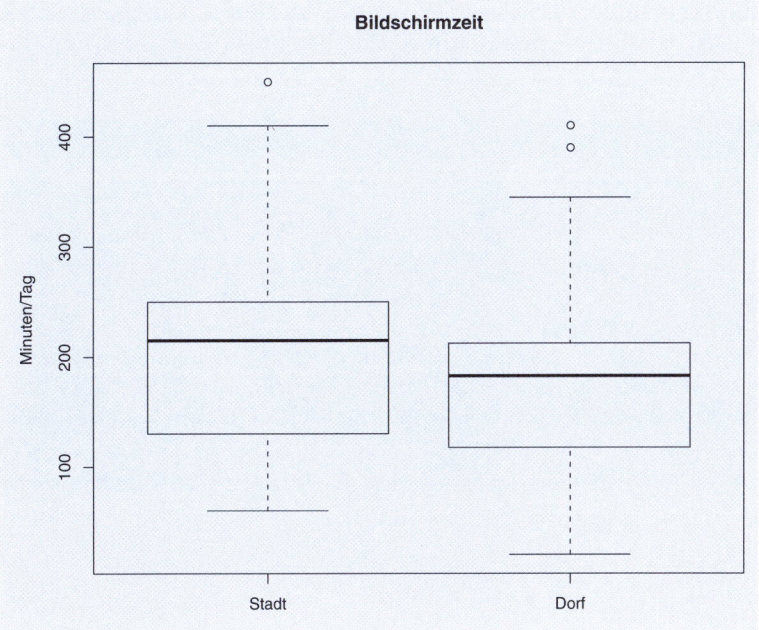

Abbildung 10.2: Boxplot der Bildschirmzeiten

Mann-Whitney U-Test

Nullhypothese H_0: In beiden Gruppen ist die Verteilung gleich.

Alternativhypothese H_A: Die Verteilungen sind in der Lage verschoben,
$\tilde{x}_1 \neq \tilde{x}_2$ oder $\tilde{x}_1 > \tilde{x}_2$ oder $\tilde{x}_1 < \tilde{x}_2$.

- $\tilde{x}_i \dots$ der unbekannte Median der Grundgesamtheit in Gruppe i
- Voraussetzung für den Einsatz dieser Methode ist, dass die abhängige Variable (hier die Zeit vor Bildschirmen) mindestens ordinal skaliert ist. Sie ist also auch in Fällen mit schiefen Verteilungen oder Verteilungen mit Ausreißern einsetzbar.

In R kann der Test mittels `wilcox.test()` aufgerufen werden.

R

```
> wilcox.test(zeit ~ stadtdorf, alternative = "greater")
```

```
	Wilcoxon rank sum test with continuity correction

data:  zeit by stadtdorf
W = 1141, p-value = 0.1269
alternative hypothesis: true location shift is greater than 0
```

Die Fragestellung im Einleitungsbeispiel entspricht der einseitigen Alternativhypothese $H_A : \tilde{x}_{\text{Stadt}} > \tilde{x}_{\text{Dorf}}$. Dies wurde im Aufruf des Tests berücksichtigt und ist auch im Output bei der Beschreibung der Alternativhypothese ersichtlich (`true location shift is greater than 0`).

Fallbeispiel 24: Bildschirmzeit: Interpretation des U-Tests

Zum Lagevergleich der Zeiten, die Jugendliche vor Bildschirmen verbringen, zwischen Wien und Umlandgemeinden wurde ein U-Test eingesetzt. Sowohl Ausreißer als auch schiefe Verteilungen in den Gruppen (▶ Abbildung 10.2) raten von der Anwendung des t-Tests ab.

Aus dem p-Wert (0.1269) kann nicht auf genügend Unterstützung für die Alternativhypothese geschlossen werden, die Nullhypothese wird beibehalten.

In der Großstadt Wien sitzen Jugendliche nicht signifikant länger vor Bildschirmen als in kleineren Ortschaften.

10.3 Unterscheiden sich die Mittelwerte mehrerer Gruppen?

Fallbeispiel 25: Intelligenz bei Schülern

Datenfile: `k-abc.csv`

In einer Studie wurden bei 149 Schülern Fertigkeiten und Intelligenz mit dem K-ABC-Test (Kaufman Assessment Battery for Children) gemessen. Die Schüler waren in der dritten, fünften oder siebten Schulstufe.

Gibt es Unterschiede im Testergebnis zwischen den drei Schulstufen?

Die Fragestellung ist ähnlich der aus den zwei vorigen Abschnitten, der Unterschied liegt nur in der Anzahl der Gruppen. Die bisher vorgestellten Methoden (t-Test und U-Test) sind auf zwei Gruppen beschränkt.

Der Zugang bei mehr als zwei Gruppen, alle paarweisen Vergleiche zwischen zwei Gruppen mittels t-Test oder U-Test anzustellen, ist nicht zulässig. Die Anzahl notwendiger Tests steigt stark mit der Anzahl vorhandener Gruppen; bei fünf Gruppen wären schon zehn einzelne Tests notwendig und die Gefahr zufällig auftretender signifikanter Ergebnisse wäre groß. Man spricht auch davon, dass das Signifikanzniveau nicht eingehalten werden kann.

10.3.1 Grafische und numerische Beschreibung

Bevor inferenzstatistische Methoden eingesetzt werden, soll immer ein Blick auf die Daten geworfen werden. Fast ausschließlich werden Boxplots verwendet.

R

```
> kabctest <- read.csv2("k-abc.csv", header = TRUE)
> attach(kabctest)
> schulstufe <- factor(klasse)
> levels(schulstufe) <- c("3.", "5.", "7.")
> boxplot(kabc ~ schulstufe, xlab = "Schulstufe",
+         ylab = "K-ABC-Punkte")
```

Für diese Daten weist der Boxplot (▶ Abbildung 10.3) für keine Schulstufe besondere Auffälligkeiten aus. Nur für die niedrigste Schulstufe wird ein moderater Ausreißer angezeigt.

Mittelwerte und Standardabweichungen für die einzelnen Schulstufen bilden die überschaubare Liste der Maßzahlen:

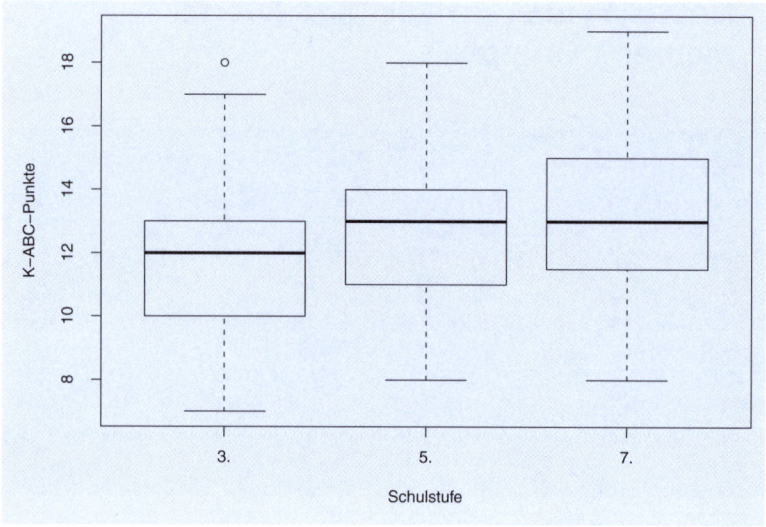

Abbildung 10.3: Boxplot der K-ABC-Daten

```
> mws <- tapply(kabc, schulstufe, mean)
> sds <- tapply(kabc, schulstufe, sd)
> rbind(Mittelwerte = mws, Standardabw = sds)
```

```
              3.    5.    7.
Mittelwerte 11.75 12.8 13.08
Standardabw  2.38  2.5  2.83
```

10.3.2 Analyse der Fragestellung

Varianzanalyse

Ähnlich wie bei der Regressionsanalyse (Abschnitt 9.2) erfolgt auch bei dieser Fragestellung eine Aufteilung von Quadratsummen. Wird ein Mittelwert für alle Beobachtungen berechnet und die Summe von allen quadrierten Abständen der Beobachtungen von diesem Mittelwert bestimmt, erhält man die Gesamtquadratsumme (TSS). Ersetzt man den globalen Mittelwert durch den jeweiligen Gruppenmittelwert, kommt man zur Residuenquadratsumme (RSS). Ist der Unterschied zwischen den beiden Quadratsummen groß, so ist es also besser, von nicht identen Gruppenmittelwerten auszugehen. Diesem Prinzip folgt die VARIANZANALYSE mit dem F-TEST.

F-Test der Varianzanalyse

Nullhypothese H$_0$: $\mu_1 = \mu_2 = \cdots = \mu_g$

Alternativhypothese H$_A$: Mindestens zwei Gruppen unterscheiden sich in den Mittelwerten.

$$F = \frac{(\text{TSS-RSS})/(g-1)}{\text{RSS}/(n-g)} \tag{10.1}$$

- g ... Anzahl der Gruppen
- μ_i ... unbekannter Mittelwert der Grundgesamtheit in Gruppe i
- n ... Stichprobenumfang
- TSS ... Gesamtquadratsumme, berechnet auf der Basis eines gemeinsamen Mittelwerts für alle Gruppen
- RSS ... Residuenquadratsumme, berechnet auf der Basis separater Mittelwerte für jede Gruppe
- Unter der Nullhypothese folgt die Teststatistik einer F-Verteilung.
- Voraussetzung für den Einsatz dieser Methode ist, dass die abhängige Variable (hier die K-ABC-Ergebnisse) in allen Gruppen (hier in allen Klassen) normalverteilt mit gleicher Varianz ist.

Überprüfung der Verteilungsannahmen

Vom Boxplot (▶ Abbildung 10.3) her spricht nichts gegen den Einsatz der Varianzanalyse. Die Verteilung in den Gruppen ist einigermaßen symmetrisch, die Streuung ist ähnlich in allen drei Gruppen. Als inferenzstatistische Unterstützung kann der BARTLETT-TEST herangezogen werden. Die Nullhypothese bei diesem Test ist natürlich Varianzhomogenität ($\sigma_1^2 = \sigma_2^2 = \cdots = \sigma_g^2$), die Alternativhypothese Varianzheterogenität (mindestens zwei Gruppen haben unterschiedliche Varianzen).

R

```
> bartlett.test(kabc, schulstufe)

        Bartlett test of homogeneity of variances

data:  kabc and schulstufe
Bartlett's K-squared = 1.41, df = 2, p-value = 0.4948
```

Die Überprüfung, ob die Varianzen in den Gruppen gleich sind, ergibt einen p-Wert von 0.4948. Damit haben wir grünes Licht für den Einsatz der Varianzanalyse mit dem F-Test.

Erhält man mit dem Bartlett-Test ein signifikantes Ergebnis, ist eine Voraussetzung für den Einsatz der normalen Varianzanalyse verletzt. Es kann aber mit `oneway.test` auf eine Version mit schwächeren Annahmen zurückgegriffen werden (siehe Seite 347).

Berechnung der Varianzanalyse

Zur Berechnung der Varianzanalyse mit R führen mehrere Wege. Wir stellen zunächst die Funktion `aov()` vor, andere Möglichkeiten folgen nach der Interpretation des Ergebnisses.

R

```
> kabcmodell <- aov(kabc ~ schulstufe)
> summary(kabcmodell)
```

```
              Df Sum Sq Mean Sq F value Pr(>F)
schulstufe     2     49   24.57    3.78  0.025
Residuals    146    948    6.49
```

Der Wert der Teststatistik (3.784) ist in Spalte `F value` zu finden. Der p-Wert des F-Tests steht in Spalte `Pr(>F)`.

Fallbeispiel 25: Intelligenz: Interpretation der Varianzanalyse

Aus dem Boxplot (► Abbildung 10.3) und dem Ergebnis des Bartlett-Tests kann geschlossen werden, dass die Voraussetzungen für die Anwendung der Varianzanalyse zum Vergleich der mittleren K-ABC-Testergebnisse in den drei Schulstufen erfüllt sind.

Der F-Test zeigt ein signifikantes Ergebnis an ($p = 0.025$).

Die durchschnittlichen K-ABC-Testergebnisse sind also nicht in allen drei Schulstufen gleich. In der Stichprobe sind die Mittelwerte höher, je höher die Schulstufe (11.75, 12.8, 13.08).

Andere Berechnungswege

Es gibt in **R** weitere Möglichkeiten zur Berechnung der Varianzanalyse. Eine stellt die Varianzanalyse als Sonderfall der linearen Regression dar; eine Responsevariable (hier `kabc`) wird nur durch eine kategoriale Variable (hier `schulstufe`) erklärt (Abschnitt 9.4.2). Von der kategorialen Variablen wird eine Kategorie als Referenzkategorie gewählt (standardmäßig jene mit dem kleinsten Zahlenwert), für die anderen Kategorien werden Dummyvariablen gebildet.

Die Berechnung läuft wie bei der Regression über die Funktion `lm()`, der Output zeigt die von dort gewohnte Struktur.

R

```
> kabcmodell2 <- lm(kabc ~ schulstufe)
> summary(kabcmodell2)
```

```
Call:
lm(formula = kabc ~ schulstufe)

Residuals:
   Min     1Q Median     3Q    Max
```

```
-5.077 -1.750  0.204  1.250  6.250

Coefficients:
             Estimate Std. Error t value Pr(>|t|)
(Intercept)    11.750      0.341   34.51   <2e-16
schulstufe5.    1.046      0.486    2.15    0.033
schulstufe7.    1.327      0.531    2.50    0.014

Residual standard error: 2.55 on 146 degrees of freedom
Multiple R-squared: 0.0493,        Adjusted R-squared: 0.0363
F-statistic: 3.78 on 2 and 146 DF,  p-value: 0.025
```

Das Ergebnis des F-Tests ist in der letzten Zeile zu finden. Im Koeffizientenblock sind die notwendigen Dummyvariablen schulstufe5. und schulstufe7. erkennbar (die 3. Schulstufe wurde als Referenzkategorie genommen). Der Wert für die Konstante (Intercept) ist der Mittelwert für die 3. Schulstufe (11.75), der Mittelwert für die 5. Schulstufe kann über 11.75 + 1.046, der Mittelwert für die 7. Schulstufe über 11.75 + 1.327 berechnet werden.

Mit oneway.test() ist in R eine weitere Möglichkeit zur Berechnung der Varianzanalyse abrufbar. Varianzhomogenität in den Gruppen ist dabei keine Voraussetzung mehr.

R

```
> kabcmodell3 <- oneway.test(kabc ~ schulstufe)
> kabcmodell3
```

```
        One-way analysis of means (not assuming equal variances)

data:  kabc and schulstufe
F = 3.84, num df = 2.0, denom df = 88.7, p-value = 0.02505
```

Der Output enthält die wesentlichen Werte eines F-Tests, nur dass unter denom df nicht unbedingt nur ganze Zahlen vorkommen müssen 88.688.

10.3.3 Post-hoc-Tests

Ein Fehlschluss aus obigem Ergebnis wäre, Unterschiede zwischen allen Gruppen anzunehmen. Das kann, muss aber nicht der Fall sein. In der Alternativhypothese werden nur Mittelwertsunterschiede zwischen mindestens zwei Gruppen behauptet.

Die Frage, welche Gruppen sich nun in den Mittelwerten unterscheiden, helfen, POST-HOC-TESTS zu beantworten. Von den vielen Methoden, auf die in der Literatur verwiesen wird, ist eine leicht in R abrufbar, TUKEYS HSD-METHODE. Bei dieser werden paarweise Gruppenmittelwerte verglichen und bewertet. Allerdings verlangt die Funktion TukeyHSD(), dass vorher die Varianzanalyse mit aov() berechnet wurde (nicht mit lm() oder oneway.test()).

R

```
> kabcmodell <- aov(kabc ~ schulstufe)
> posthoc <- TukeyHSD(kabcmodell)
> posthoc
```

```
  Tukey multiple comparisons of means
    95% family-wise confidence level

Fit: aov(formula = kabc ~ schulstufe)

$schulstufe
        diff     lwr   upr  p adj
5.-3.  1.046  -0.1045  2.20  0.083
7.-3.  1.327   0.0685  2.59  0.036
7.-5.  0.281  -0.9873  1.55  0.860
```

Für die K-ABC-Daten gibt Tukeys HSD-Methode signifikante Unterschiede zwischen der 3. und 7. Schulstufe aus (die p-Werte sind in der Spalte `p adj` ablesbar), die anderen Gruppenvergleiche sind nicht signifikant. Allerdings kratzt der Vergleich von 3. und 5. Schulstufe am Signifikanzniveau, während der Vergleich von 5. und 7. Schulstufe eindeutig nicht signifikant ist. Mit dem Aufruf `plot(posthoc)` kann das vorige Zahlenergebnis auch grafisch dargestellt werden. Der Plot bietet aber keine weiteren Einsichten, wir verzichten auf seine Präsentation.

10.4   Unterscheidet sich die Lage einer Variablen zwischen mehreren Gruppen?

Fallbeispiel 26: Tore in Fußballligen

Datenfile: `fbtore09.csv`

Im Datenfile sind von mehreren Ländern zusammenfassend die Ergebnisse der Mannschaften der jeweils höchsten Spielklasse im Fußball in der Saison 2008/09 angeführt.

Allgemein verbreitet ist die Ansicht, dass in Italien die Tendenz besteht, Tore eher zu verhindern (Catenaccio), in der englischen Premier League Kampfgeist und Härte im Vordergrund stehen und in der spanischen Primera Division spielstarke und offensiv ausgerichtete Mannschaften agieren. Die deutsche Bundesliga und die niederländische Eredivisie sind irgendwo zwischen diesen Polen einzuordnen.

Gibt es Unterschiede zwischen den fünf Ligen in der Anzahl erzielter Tore?

Bevor wir uns kopfüber in die Auswertung stürzen, soll eine kleine Überlegung angestellt werden. Im Datenfile sind die erzielten Tore (erzielt) der Mannschaften im
Laufe einer Meisterschaft enthalten. In England, Italien und Spanien sind jeweils 20
Mannschaften in der obersten Liga, somit werden 38 Runden gespielt. In Deutschland und den Niederlanden sind es nur 18 Mannschaften, gespielt werden 34 Runden. Der einfachste Weg, um zu einer gemeinsamen Basis zu kommen, ist, die durchschnittlich erzielten Tore pro Spiel und Mannschaft zu berechnen (in der Variablen
Tore gespeichert).

R

```
> tore <- read.csv2("fbtore09.csv", header = TRUE)
> attach(tore)
> Tore <- erzielt/spiele
> Land <- factor(liga)
> levels(Land) <- c("GB-E", "I", "E", "D", "NL")
> boxplot(Tore ~ Land, ylab = "Tore pro Spiel und Mannschaft")
```

Der Boxplot (▶ Abbildung 10.4) warnt uns vor der Anwendung der normalen Varianzanalyse. Es gibt in der spanischen Liga mehrere Ausreißer, die Verteilungen für
England und die Niederlande sind schief.

Wie schon beim U-Test (Abschnitt 10.2) ist der Ausweg das Ersetzen der eigentlichen Werte durch deren Rangzahlen; wir erhalten so den KRUSKAL-WALLIS-TEST.

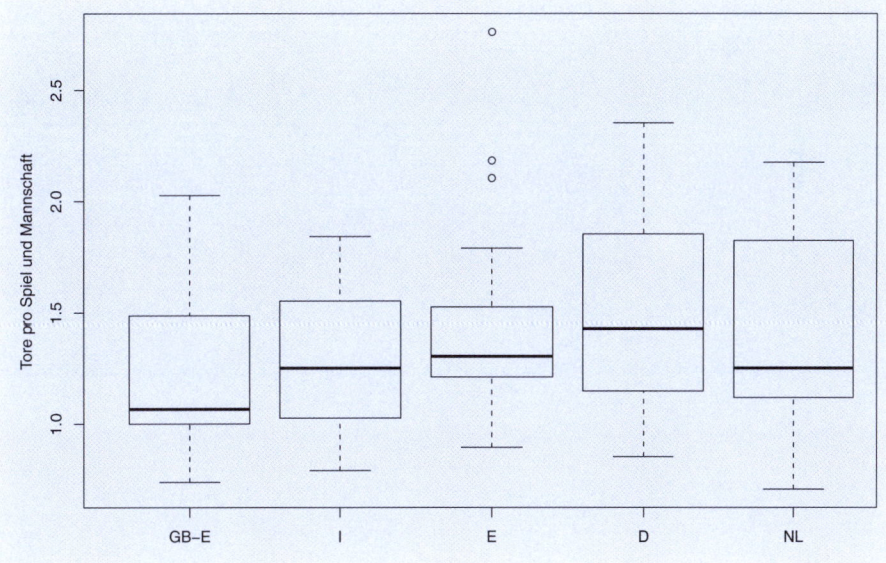

Abbildung 10.4: Boxplot erzielter Tore

Kruskal-Wallis-Test

Nullhypothese H_0: In allen g Gruppen ist die Verteilung gleich.

Alternativhypothese H_A: Mindestens zwei Gruppen haben in der Lage verschobene Verteilungen, also mindestens zwei Mediane unterscheiden sich $\tilde{x}_l \neq \tilde{x}_m$.

- g ... Anzahl der Gruppen
- $\tilde{x}_i$ ... der unbekannte Median der Grundgesamtheit in Gruppe i
- Voraussetzung für den Einsatz dieser Methode ist, dass die abhängige Variable (hier Tore) mindestens ordinal skaliert ist. Sie ist also auch in Fällen mit schiefen Verteilungen oder Verteilungen mit Ausreißern einsetzbar.

R

```
> kruskal.test(Tore ~ Land)
```

```
        Kruskal-Wallis rank sum test

data:  Tore by Land
Kruskal-Wallis chi-squared = 5.35, df = 4, p-value = 0.2532
```

Fallbeispiel 26: Fußballtore: Interpretation des Kruskal-Wallis-Tests

Für den Lagevergleich der fünf Ligen kann eine Standardvarianzanalyse nicht herangezogen werden (schiefe Verteilungen, Ausreißer).

Der Kruskal-Wallis-Test ($p = 0.253$) stellt kein ausreichendes Argument dar, die Nullhypothese keiner Lageunterschiede zwischen den Ligen zu verwerfen.

Die Unterschiede in der Stichprobe (▶ Abbildung 10.4) dürfen nicht überbewertet werden. Die fünf Ligen unterscheiden sich nicht signifikant in der pro Mannschaft in den Spielen erzielten Tore.

10.5 Wie wirken zwei kategoriale Variablen kombiniert auf Mittelwerte?

Fallbeispiel 27: Aggression im Straßenverkehr

Datenfile: `aggression.dat`

Wir haben schon für den t-Test (Abschnitt 10.1) das Beispiel mit den Reaktionen auf eine blockierte Kreuzung vorgestellt. Ging es dort um die Huphäufigkeit, konzentrieren wir uns in diesem Abschnitt auf die Dauer bis zum ersten Hupen (Variable `dauer`).

Diese abhängige Variable stellen wir in Bezug zur Marke des Blockadeautos (Ford KA oder BMW X5) und zum Geschlecht der Person, die den blockierten Wagen lenkt (Variablen `Auto` und `Geschlecht`).

Wie hängt die Dauer bis zum ersten Hupen von den beiden Faktoren ab?

10.5.1 Numerische und grafische Beschreibung

Da die Dauer bis zum ersten Hupen nur bei jenen sinnvolle Werte annimmt, die überhaupt gehupt haben, ist eine erste Aufgabe die Auswahl nur dieser Fälle für die weitere Analyse. Dazu erzeugen wir einen neuen Data Frame nur mit den Beobachtungen der Huper. Den neuen Data Frame nennen wir `huper` und verwenden die Funktion `subset()`, um ihn aus dem größeren Data Frame `aggression` zu erzeugen. Notwendig dazu ist die Formulierung der Bedingung, die die Auswahl jener Beobachtungen steuert, die in den neuen Data Frame aufgenommen werden sollen. Da nur die Huper aufgenommen werden sollen, ist (`frequenz>0`) die passende Bedingung.

R

```
> aggression <- read.table("aggression.dat", header = TRUE)
> attach(aggression)
> huper <- subset(aggression, subset = (frequenz > 0))
> detach(aggression)
> attach(huper)
> dim(huper)
```

[1] 109   4

Mit `dim(huper)` haben wir uns ein Bild von den Dimensionen des neuen Datensatzes gemacht, es liegen 109 Beobachtungen von 4 Variablen vor.

Boxplot und Mittelwerttabelle

Beide Faktoren haben jeweils nur zwei Stufen (Geschlecht mit Mann-Frau, Versuchs-auto mit BMW-Ford); insgesamt liegen also vier Gruppen vor. Da die Aufgabe darin besteht, die Mittelwerte in diesen Gruppen auf ihre Abhängigkeit von den Faktoren zu untersuchen, machen wir einen ersten Schritt, indem wir uns einen Überblick über diese Werte verschaffen. Dies geschieht meist mit Boxplots.

Im Aufruf müssen beide Faktoren angegeben werden.

R

```
> boxplot(dauer ~ (Auto + Geschlecht), ylab = "Sekunden")
```

Die Mittelwerttabelle wird – wie in diesem Kapitel schon gewohnt – mit `tapply()` generiert. Allerdings müssen die beiden Faktoren in eine Liste gestellt werden.

R

```
> mittelwerte <- tapply(dauer, list(Auto, Geschlecht), mean)
> round(mittelwerte, digits = 2)
```

```
     Frau Mann
BMW  6.21 5.13
Ford 3.80 5.30
```

Mittelwertplot

Ein Plot, der den Sachverhalt der Mittelwerttabelle grafisch darstellt, ist der MIT-TELWERTPLOT oder INTERAKTIONSPLOT (▶ Abbildung 10.6). Erstellt man einen Stre-ckenzug für jede Zeile, erhält man den linken Plot. Liest man die Tabelle spalten-weise, gelangt man zum rechten Plot.

R

```
> par(mfrow = c(1,2))
> interaction.plot(Geschlecht, Auto, dauer,
+       ylab = 'Mittlere Dauer bis zum Hupen')
> interaction.plot(Auto, Geschlecht, dauer,
+       ylab = 'Mittlere Dauer bis zum Hupen')
> par(mfrow = c(1,2))
```

Die Tabelle der Mittelwerte spiegelt die Relationen zwischen den Gruppen nume-risch wider, die der Boxplot (▶ Abbildung 10.5) grafisch vermittelt hat.

Blockiert ein BMW die Kreuzung, hupen Männer durchschnittlich etwas schnel-ler (im Durchschnitt nach 5.13 Sekunden) als Frauen (6.21 Sekunden). Bei einem blockierenden Ford KA ist es umgekehrt, Frauen (3.8 Sekunden) hupen früher als Männer (5.3 Sekunden).

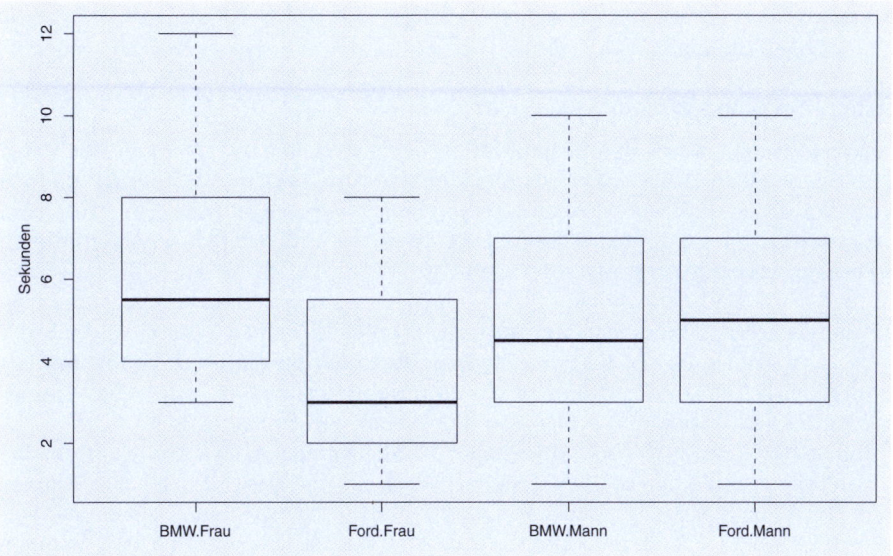

Abbildung 10.5: Boxplot für die Dauer bis zum ersten Hupen

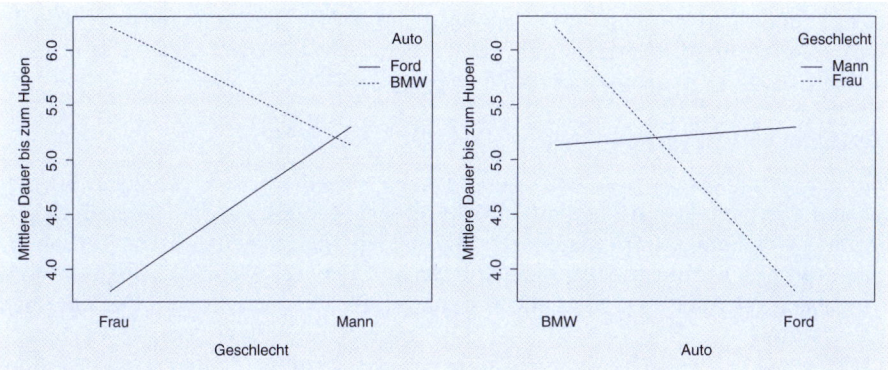

Abbildung 10.6: Mittelwertplot für die Dauer bis zum ersten Hupen

Auch über den Mittelwertplot (▶ Abbildung 10.6) kommen wir zu dieser Interpretation der Verhältnisse in der Stichprobe.

Der Unterschied zwischen Frauen und Männern in der Dauer bis zum ersten Hupen, scheint also vom blockierenden Auto abzuhängen.

10.5.2 Analyse der Fragestellung

Bei der einfachen Varianzanalyse (Abschnitt 10.3) war die Untersuchung auf Unterschiede von Gruppenmittelwerten ausgerichtet. Dabei war nur eine Variable (Faktor) für die Gruppeneinteilung zuständig. Im vorliegenden Beispiel werden die Gruppen durch zwei Variablen definiert und es geht nicht nur darum, ob überhaupt Unterschiede in den Gruppenmittelwerten vorliegen, sondern auch darum, woher diese Unterschiede stammen.

Haupteffekte und Wechselwirkung

Nehmen wir an, dass es signifikante Unterschiede zwischen den Gruppen gibt. Wenn die Unterschiede allein durch das blockierende Auto erklärbar wären, würde man vom signifikanten HAUPTEFFEKT `Auto` sprechen. Genauso spricht man von einem Haupteffektmodell mit Faktor `Geschlecht`, wenn die Unterschiede allein auf diesen Faktor zurückzuführen sind.

Sind beide Haupteffekte signifikant und wirkt sich das so aus, dass sich beide Effekte addieren, spricht man von einem ADDITIVEN MODELL.

Es kann aber auch der Fall vorkommen, dass eine bestimmte Kombination aus Stufen der beiden Faktoren überdurchschnittlich stark, positiv oder negativ, wirkt. Ist das der Fall, spricht man von einem WECHSELWIRKUNGSMODELL.

Nehmen wir etwa die Mittelwerttabelle und versuchen, die Eintragung rechts unten (Mann wird von Ford KA blockiert) allein aus den Haupteffekten zu schätzen. Beim BMW beträgt der Unterschied in den Mittelwerten zwischen Frauen und Männern $6.21 - 5.13 = 1.08$. Bei Männern dauert es also durchschnittlich 1.1 Sekunden weniger lang, bis sie zu hupen beginnen. Wenn das beim Ford KA auch so ist, würde man für Männer einen Mittelwert erwarten, der 1.1 Sekunden unter dem der Frauen liegt, also $3.8 - 1.1 = 2.7$. Tatsächlich beträgt er aber 5.3.

Der Unterschied zwischen dem Wert aufgrund der Haupteffekte und dem tatsächlich beobachteten Mittelwert ist sehr groß, vermutlich ist ein signifikanter WECHSELWIRKUNGSEFFEKT dafür verantwortlich.

Zweifache Varianzanalyse

Mit der ZWEIFACHEN VARIANZANALYSE kann das den Daten adäquate Modell gewählt werden. Der Rechenteil besteht in der Aufteilung der Gesamtquadratsumme auf mehrere Teilsummen, die den beiden Haupteffekten, der Wechselwirkung und den Residuen zugeordnet werden können. Als Voraussetzung wird von der abhängigen Variablen Normalverteilung mit gleicher Varianz in allen Gruppen angenommen.

In R kann eine zweifache Varianzanalyse berechnet werden, indem man sie als Spezialfall eines linearen Modells (`lm()`) auffasst. Die Responsevariable (hier `dauer`) wird in Abhängigkeit von den zwei erklärenden Faktoren (`Auto` und `Geschlecht`) gesetzt. Werden in der Modellformel die erklärenden Variablen durch ein "*"-Zeichen verbunden (statt einem "+"), wird das Wechselwirkungsmodell berechnet. Für eine erste Beurteilung des Modells genügt der ANOVA-Block (`anova()`).

R

```
> hupmodell <- lm(dauer ~ Auto * Geschlecht)
> anova(hupmodell)
```

```
Analysis of Variance Table

Response: dauer
               Df Sum Sq Mean Sq F value Pr(>F)
Auto            1     12    11.5    1.75  0.189
Geschlecht      1      3     3.0    0.46  0.500
Auto:Geschlecht 1     38    38.1    5.78  0.018
Residuals     105    692     6.6
```

In der ANOVA-Tabelle sind für jeden Effekt die Freiheitsgrade (in der Spalte `Df`), der zugehörige Teil der Quadratsumme (`Sum Sq`), die mittlere (bezogen auf die Freiheitsgrade) Quadratsumme (`Mean Sq`), ein F-Test für den jeweiligen Effekt (`F value`) und der p-Wert des F-Tests (`Pr(>F)`) angegeben.

Für uns sind die drei Zeilen mit den beiden Haupteffekten (`Auto` und `Geschlecht`) und dem Wechselwirkungseffekt (`Auto:Geschlecht`) von Interesse.

Folgende Reihenfolge in der Interpretation der Effekte sollte eingehalten werden:

1. Zuerst wird der Wechselwirkungseffekt interpretiert.
2. Nur wenn die Wechselwirkung nicht signifikant ist, werden die Haupteffekte interpretiert.

Fallbeispiel 27: Aggression: Interpretation der zweifachen Varianzanalyse

Zur Untersuchung der Mittelwerte der Dauer bis zum ersten Hupen wurde eine zweifache Varianzanalyse gerechnet.

Die Wechselwirkung der beiden Faktoren Auto und Geschlecht ist signifikant ($p = 0.018$).

Somit ist der Unterschied im Hupverhalten zwischen den Geschlechtern abhängig davon, ob ein BMW oder ein Ford die Kreuzung blockiert.

Die genaue Art der Wechselwirkung kann entweder aus der Mittelwerttabelle oder dem dazu gleichwertigen Mittelwertplot (▶ Abbildung 10.6) abgeleitet werden.

Die Unterschiede zwischen Frauen und Männern in der Dauer bis zum ersten Hupen hängen von den blockierenden Autos ab. Männer hupen BMWs früher an, Frauen Fords.

Wenn – wie in diesem Beispiel – zweistufige Faktoren vorliegen, haben die Freiheitsgrade bei den Haupteffekten jeweils den Wert 1. Es müsste ja in einem Regressionsmodell für jeden Faktor nur eine passende Dummyvariable konstruiert werden. Für einen Faktor mit k Stufen wären $k - 1$ Dummyvariablen notwendig, daher wäre $Df = k - 1$.

Zusätzliche Ergebnisse – strukturiert wie der Output aus einem Regressionsmodell (Abschnitt 9.2.2) – können mit `summary()` abgerufen werden.

10.5.3 Modellselektion

Andere Ergebnisse

Im präsentierten Beispiel ist der interessanteste Fall vorgestellt worden, das Wechselwirkungsmodell. In ► Abbildung 10.7 sind andere mögliche Modelle mit künstlich generierten Daten in Form von Mittelwertplots dargestellt.

- **Nullmodell**: Symbolisch in R: dauer~ 1
  Nur relativ geringe Abweichungen von der Parallelität, also kaum Verdacht einer signifikanten Wechselwirkung (p-Wert von Auto:Geschlecht: 0.932). Linien sind einander nahe, vermutlich kein Unterschied zwischen den Geschlechtern (p-Wert von Geschlecht: 0.582). Die Linien sind fast waagrecht, daher nur geringe Unterschiede zwischen den Versuchsautos (p-Wert von Auto: 0.535).
- **Haupteffekt Auto**: dauer~Auto
  Wiederum kaum Verdacht einer signifikanten Wechselwirkung (p-Wert von Auto:Geschlecht: 0.769) und kaum Unterschiede zwischen den Geschlechtern (p-Wert von Geschlecht: 0.665). Hingegen sind die Unterschiede zwischen den Versuchsautos nicht unbedeutend (p-Wert von Auto fast 0).
- **Haupteffekt Geschlecht**: dauer~Geschlecht
  Keine signifikante Wechselwirkung (p-Wert von Auto:Geschlecht: 0.578). Linien sind ungefähr horizontal, also kaum Unterschiede zwischen den Versuchsautos (p-Wert von Auto: 0.551). Allerdings sind die Linien weiter auseinander als in den vorigen Beispielen, also relativ starke Unterschiede zwischen den Geschlechtern (p-Wert von Geschlecht sehr klein).
- **Additives Modell**: dauer~Geschlecht+Auto
  Wiederum kein Verdacht auf eine signifikante Wechselwirkung (p-Wert von Auto:Geschlecht: 0.824). Sowohl große Unterschiede zwischen den Linien (p-Wert von Geschlecht sehr klein) als auch deutlich nicht horizontal (p-Wert von Auto fast 0).

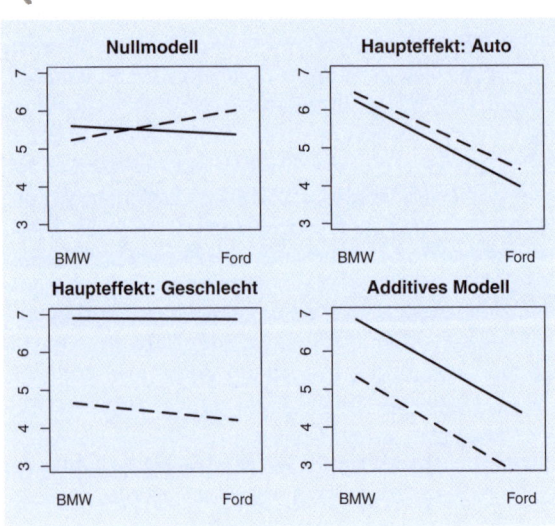

Abbildung 10.7: Mittelwertplots mehrerer Modelle (gestrichelte Linie steht für Frauen)

Modellwahl

Die Frage nach der Vorgangsweise, wenn die Wechselwirkung nicht signifikant ist, ist noch offen. Das nächst einfachere Modell, das additive Modell, kann geschätzt werden; sind beide Haupteffekte signifikant, wird man keine Vereinfachung des Modells vornehmen. Eine weitere Vereinfachung sind die beiden Haupteffektmodelle, das einfachste Modell ist das Nullmodell, in dem keine erklärende Variable mehr aufscheint.

Die Suche nach einem passenden Modell ist ähnlich der Modellselektion bei linearen Regressionsmodellen (Abschnitt 9.4.3). Da wie dort sind partielle F-Tests eine Hilfe bei der Entscheidung, ob ein komplexeres zugunsten eines einfacheren aufgegeben werden kann. Die partiellen F-Tests bauen auf dem Vergleich der Residuenquadratsummen auf.

Wodurch eine längere Suche nach einem Modell unterstützt werden kann, sei an folgendem Beispiel demonstriert. Wir nehmen die Daten zum Modell mit dem Haupteffekt Geschlecht, also `dauer~Geschlecht`. In der ▶ Abbildung 10.7 sind das die Daten zum Modell links unten.

Wir können zu allen denkbaren Modellen (bei zwei Faktoren sind es fünf) – vom komplexen Wechselwirkungsmodell bis zum einfachen Nullmodell – die zugehörigen Residuenquadratsummen berechnen lassen. Bei benachbarten Modellen wird mit einem partiellen F-Test entschieden, ob eine Modellvereinfachung möglich ist. Diese Daten sind in einer Abbildung (▶ Abbildung 10.8) übersichtlich eingetragen (die Faktoren Auto und Geschlecht sind mit A und G abgekürzt, die Responsevariable ist mit Y bezeichnet).

Wie kommt man aus diesen Modellvergleichen zum passenden Modell?

- Vergleich von $Y \sim A * G$ mit $Y \sim A + G$:
  Die Residuenquadratsumme steigt nur wenig, wenn das komplexere Wechselwirkungsmodell zugunsten des additiven Modells aufgegeben wird. Im p-Wert des partiellen F-Tests (0.457) kommt dies ebenfalls zum Ausdruck. Die Vereinfachung zum additiven Modell kann erfolgen.

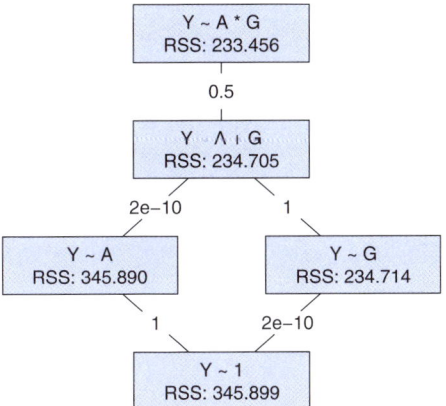

Abbildung 10.8: Modellbaum mit Residuenquadratsummen und p-Werten

- Vergleich von $Y \sim A + G$ mit $Y \sim A$:
  Die Residuenquadratsumme steigt stärker, der p-Wert ist sehr klein, die Modellvereinfachung ist nicht zulässig. Daher muss der Faktor G im Modell bleiben. Der Vergleich von $Y \sim A$ mit $Y \sim 1$ ist nicht mehr von Bedeutung.
- Vergleich von $Y \sim A + G$ mit $Y \sim G$:
  Die Residuenquadratsumme steigt kaum, der p-Wert ist nahe bei 1 (0.949), die Modellvereinfachung ist zulässig. Der Faktor A kann aus dem Modell genommen werden.
- Vergleich von $Y \sim G$ mit $Y \sim 1$:
  Die Residuenquadratsumme steigt wiederum stark, der p-Wert ist sehr klein, die Modellvereinfachung kann nicht erfolgen.

Somit kommen wir zu dem Schluss, dass für dieses Beispiel das Modell $Y \sim G$ passend ist.

Die Anzahl denkbarer Modelle ist bei zwei Faktoren überschaubar, steigt aber stark mit der Anzahl Faktoren an. Allerdings müssen nicht alle partiellen F-Tests zwischen benachbarten Modellen berechnet werden. Ist bei einem Modell keine Vereinfachung möglich, kann auf die Vergleiche mit noch einfacheren Modellen verzichtet werden. Üblich ist die Vorgangsweise der Rückwärtsselektion, also der Start mit dem komplexesten Modell und die Suche nach möglichen Vereinfachungen im Modell, ohne großen Verlust an Erklärungswert zu erleiden.

10.6 Hängen Chancen von einer oder mehreren Variablen ab?

Fallbeispiel 28: Verkehrsmittelwahl

Datenfile: `modalsplit.csv`

In einer Diplomarbeit an der Wirtschaftsuniversität Wien (Kunit G., 1990) wurde die Verkehrsmittelwahl im Ballungsraum Wien für die regelmäßigen Fahrten zum Arbeitsplatz untersucht. Hauptaugenmerk lag auf der Entscheidung zwischen Privatauto und öffentlichen Verkehrsmitteln (ÖV). Es gab aber auch Fälle mit einspurigen Fahrzeugen, Taxis oder Fahrgemeinschaften und bei kleinen Distanzen kam es auch vor, dass der Weg zu Fuß zurückgelegt wurde.

Für dieses Beispiel konzentrieren wir uns auf Pendlerfahrten aus dem Umland nach Wien, in denen die Wahl nur zwischen Auto und ÖV bestand. Im Datenfile gibt es folgende Variablen:

Variable	Bedeutung
mode	Gewähltes Verkehrsmittel (0 = ÖV, 1 = Auto)
zeit	Fahrzeitdifferenz zwischen ÖV und Auto
	(falls negativ, ist ÖV schneller)
kosten	Kostendifferenz zwischen Auto und ÖV
geschlecht	1 = Frau, 2 = Mann
umsteigen	Wie oft muss man mit ÖV umsteigen?

Von welchen Faktoren hängt die Wahl des Verkehrsmittels ab?

10.6.1 Logistische Regression

Die Situation ist ähnlich der im Regressionsmodell (Abschnitt 9.2). Eine Responsevariable (mode) soll durch einen Satz erklärender Variablen beschrieben werden. Der Unterschied liegt in der Skalierung der Responsevariablen. Während bei der linearen Regression die Responsevariable metrisch skaliert sein muss, ist sie hier kategorial mit nur zwei Ausprägungen (ÖV und Auto).

In einem ersten Schritt werden wir nur die Abhängigkeit der Wahl des Verkehrsmittels von der Variablen zeit untersuchen. Zur grafischen Beschreibung kann ein Streudiagramm oder ein Boxplot herangezogen werden. Das Streudiagramm (▶ Abbildung 10.9, links) bietet ein etwas ungewohntes Bild, da die Responsevariable (y-Achse) nur zwei Ausprägungen hat und daher die Punkte nur auf zwei Linien aufgefädelt sind.

R

```
> modalsplit <- read.csv2("modalsplit.csv", header = TRUE)
> attach(modalsplit)
> Auto <- factor(mode)
> levels(Auto) <- c("Nein", "Ja")
> par(mfrow = c(1, 2))
> plot(zeit, Auto)
> boxplot(zeit ~ Auto, xlab = "Zeit", horizontal = TRUE)
> par(mfrow = c(1, 1))
```

Da für den Boxplot (▶ Abbildung 10.9 rechts) die abhängige Variable die y-Achse bilden soll, ist eine Darstellung mit liegenden Boxen zu wählen.

Beide Darstellungen zeigen, dass mit zunehmendem Zeitvorteil für das Auto dieses auch vermehrt zur Fahrt zum Arbeitsort gewählt wird.

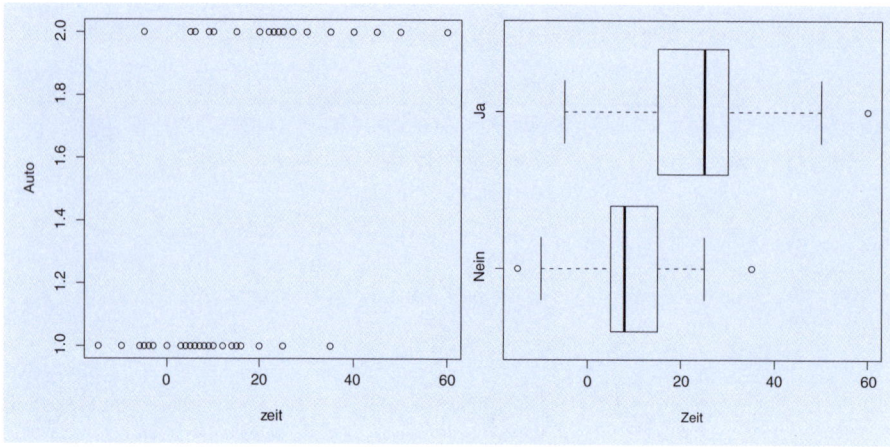

Abbildung 10.9: Streudiagramm und Boxplot für Verkehrsmittelwahl

Konzepte

Allein schon wegen der kategorial skalierten abhängigen Variablen Y kann es nicht sinnvoll sein, eine lineare Beziehung zwischen dieser und der erklärenden Variablen X zu modellieren. Ein erster Versuch, aus dieser Klemme zu kommen, ist, statt Y die Wahrscheinlichkeit, dass Y einen bestimmten Wert (etwa 1 = Auto) annimmt, heranzuziehen. Also

$$p(Y = 1) = \alpha + \beta X$$

Leider hat auch diese Formulierung ihre Nachteile, es können bei entsprechenden Werten für X unpassende Werte (negativ oder größer als 1) aus der Gleichung entstehen. Die EINFACHE LOGISTISCHE REGRESSION hat dieses Manko nicht:

Einfache logistische Regression

$$\ln\left(\frac{p(Y = 1)}{1 - p(Y = 1)}\right) = \alpha + \beta X \tag{10.2}$$

- $p(Y = 1)$... Wahrscheinlichkeit, dass die Responsevariable den Wert 1 annimmt
- X ist die erklärende Variable.
- Die Werte für α und β werden meist über die Maximum-Likelihood-Methode geschätzt, die wir hier nicht besprechen. Für $\beta > 0$ wächst $p(Y = 1)$ mit steigenden Werten von X, für $\beta < 0$ nimmt $p(Y = 1)$ mit steigenden Werten von X ab.
- Die Verbindung von $p(Y = 1)$ zum linearen Prädiktor $\alpha + \beta X$ nennt man LOGISTISCHE TRANSFORMATION oder kurz LOGIT.

Das Verhältnis $p(Y = 1)/(1 - p(Y = 1))$ entspricht den Odds, ein Maß aus Abschnitt 7.5. Es werden also die logarithmierten Odds als lineare Funktion der erklärenden Variablen angesetzt.

Berechnungen

In R kann die Berechnung logistischer Regressionsmodelle dadurch erfolgen, dass man sie als Verallgemeinerung linearer Modelle auffasst. Bei diesen ist zwischen erwarteten Werten der Responsevariablen Y und dem linearen Prädiktor eine Linkfunktion zwischengeschaltet. Im Fall der logistischen Regression ist dies eben die logit-Funktion. Für die Berechnung verallgemeinerter linearer Modelle (generalized linear models) kann die Funktion `glm()` eingesetzt werden. Neben einer Modellformel, die wie bei linearen Modellen den Aufbau des linearen Prädiktors beschreibt, genügt die Angabe der Verteilungsfamilie des Fehlerterms (für die logistische Regression ist dies die Binomialverteilung). Den Gesamtoutput besprechen wir in Kürze, vorläufig konzentrieren wir uns auf die geschätzten Werte für α und β.

R

```
> modalsplit1 <- glm(Auto ~ zeit, family = binomial)
> coefficients(summary(modalsplit1))
```

```
            Estimate Std. Error z value Pr(>|z|)
(Intercept)   -1.804     0.3998   -4.51 6.43e-06
zeit           0.104     0.0213    4.88 1.05e-06
```

Wenn man die Wahl des Verkehrsmittels nur durch den Zeitunterschied erklären will, ergeben Berechnungen für $\alpha = -1.804$ und $\beta = 0.104$. Somit liegt konkret folgende Beziehung vor:

$$\mathrm{logit}[p(Y = 1)] = -1.804 + 0.104 \cdot \texttt{zeit}$$

Welche Wahrscheinlichkeit für die Benutzung eines Autos für die Fahrt zum Arbeitsplatz würde man nach diesem Modell für jemanden erhalten, wenn man mit dem Auto 10 Minuten schneller zum Arbeitsplatz kommt als mit ÖV?

$$\mathrm{logit}[p(Y = 1)] = -1.804 + 0.104 \cdot \texttt{zeit} = -1.804 + 0.104 \cdot 10 = -0.764$$

Also kommen wir zu:

$$\ln\left(\frac{p(Y = 1)}{1 - p(Y = 1)}\right) = -0.764$$

und nach etwas Umformen zu:

$$p(Y = 1) = \frac{e^{-0.764}}{1 + e^{-0.764}} = 0.318$$

R

```
> m1fit <- fitted(modalsplit1)
> plot(zeit, m1fit, ylab = "Prognostizierte Wahrscheinlichkeiten")
> points(zeit, mode, pch = 16)
```

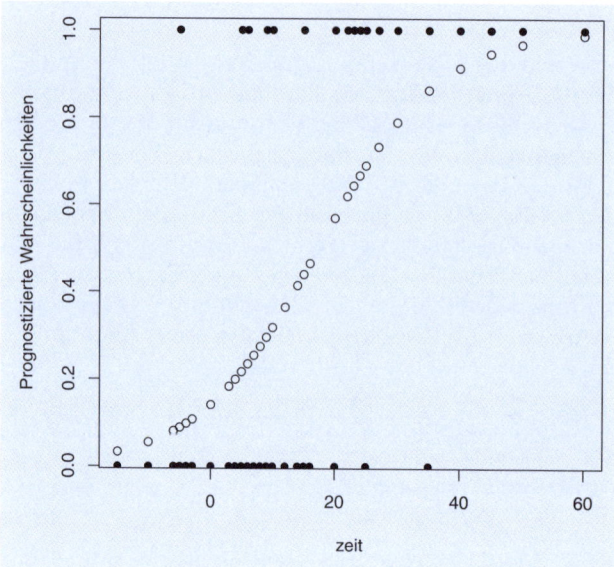

Abbildung 10.10: Logistische Transformation

Für alle in der Stichprobe vorkommenden Zeitvorteile sind die berechneten Wahrscheinlichkeiten leicht aus der ▶ Abbildung 10.10 ablesbar. Insgesamt ist erkennbar, dass die logistische Transformation eine S-förmige Beziehung zwischen der erklärenden Variablen und den modellierten Wahrscheinlichkeiten beschreibt.

Bei 20 Minuten Zeitvorteil ist die Wahrscheinlichkeit für die Autobenutzung schon über 50 %, bei 30 Minuten schon ca. 80 %.

10.6.2 Logistische Regression mit mehreren erklärenden Variablen

Multiple logistische Regression

Das Prinzip der logistischen Regression ist im vorigen Abschnitt mit einer erklärenden Variablen erläutert worden. In diesem Abschnitt geht es um die Erweiterung auf mehrere erklärende Variablen, die Diskussion der Rechenergebnisse und die Interpretation dieser Ergebnisse im Fallbeispiel der Verkehrsmittelwahl.

Die Erweiterung auf k erklärende Variablen erfolgt wie bei der linearen Regression (Abschnitt 9.4) durch eine Ergänzung des linearen Prädiktors um weitere Terme, wir gelangen zur MULTIPLEN LOGISTISCHEN REGRESSION.

Multiple logistische Regression

$$\ln\left(\frac{p(Y=1)}{1-p(Y=1)}\right) = \text{logit}[p(Y=1)] = \alpha + \beta_1 X_1 + \cdots + \beta_k X_k \quad (10.3)$$

- $p(Y=1)\ldots$ Wahrscheinlichkeit, dass die Responsevariable den Wert 1 annimmt
- $X_1,\ldots,X_k$ sind die erklärenden Variablen.

- Die Werte für $\alpha, \beta_1, \ldots, \beta_k$ werden meist über die Maximum-Likelihood-Methode geschätzt. Ist für eine bestimmte erklärende Variable der entsprechende Koeffizient positiv, so wächst $p(Y = 1)$ mit steigenden Werten dieser Variablen.

Modellschätzung

```
> gender <- factor(geschlecht)
> levels(gender) <- c("Frau", "Mann")
> modalsplit4 <- glm(Auto ~ zeit + kosten + gender + umsteigen,
+        family = binomial)
> summary(modalsplit4)
```

```
Call:
glm(formula = Auto ~ zeit + kosten + gender + umsteigen,
    family = binomial)

Deviance Residuals:
   Min      1Q   Median      3Q     Max
-1.842  -0.829  -0.395   0.728   2.446

Coefficients:
            Estimate Std. Error z value Pr(>|z|)
(Intercept)  -2.3427     0.6583   -3.56  0.00037
zeit          0.0970     0.0474    2.05  0.04079
kosten       -0.0113     0.0250   -0.45  0.65213
genderMann    1.0452     0.4641    2.25  0.02431
umsteigen     0.2223     0.5587    0.40  0.69068

(Dispersion parameter for binomial family taken to be 1)

    Null deviance: 164.29  on 118  degrees of freedom
Residual deviance: 120.55  on 114  degrees of freedom
AIC: 130.5

Number of Fisher Scoring iterations: 5
```

Abbildung 10.11: Output einer logistischen Regression mit vier erklärenden Variablen

Die Ergebnisse der Modellschätzung sind in mehreren Blöcke (▶ Abbildung 10.11) mit folgender Bedeutung gegliedert:

- **Call:** Wie ist der Aufruf von `glm()` erfolgt?
- **Deviance Residuals:** Eine Fünf-Punkt-Zusammenfassung der sog. Devianzresiduen, die in verallgemeinerten linearen Modellen die Abweichungen von Beobachtungen und Prognosen messen.
- **Coefficients:** In diesem Block werden die Schätzwerte für die Koeffizienten (in der Spalte `Estimate`) und Tests für diese ausgegeben (mit p-Werten in der Spalte `Pr(>|z|)`).
  Für das Beispiel bedeutet es, dass die Variablen `zeit` (p-Wert: 0.0408) und `geschlecht` (p-Wert: 0.0243) als signifikant ausgewiesen werden. Die Konstante (in der Zeile `(Intercept)`) wird in den linearen Prädiktor aufgenommen, unabhängig davon, ob signifikant oder nicht signifikant.
- **Devianzangaben:** Die Devianz ist ein Maß dafür, ob ein verallgemeinertes lineares Modell – also auch ein logistisches Regressionsmodell – gut die Daten beschreibt. Unter Nullmodell wird ein Modell nur mit der Konstanten verstanden, die Devianz beträgt 164.29.
  Die Devianz des Modells mit allen vier Variablen beträgt: 120.55.
  Im Abschnitt zur Modellselektion folgt ein Test zur Überprüfung, ob der Rückgang in der Devianz als signifikant einzustufen ist.

Modellselektion

Wie bei linearen Regressionsmodellen (Abschnitt 9.4.3) oder mehrfachen Varianzanalysemodellen (Abschnitt 10.5.3) stellt sich die Frage, ob alle erklärenden Variablen im Modell auftauchen müssen oder im Sinn der Sparsamkeit nicht auf die eine oder andere Variable verzichtet werden kann. Auch hier kann der Prozess der Rückwärtsselektion zur Modellwahl eingesetzt werden. Allerdings kann nicht auf das Werkzeug der partiellen F-Tests zurückgegriffen werden, mit denen Unterschiede in den Residuenquadratsummen bewertet wurden. An ihrer Stelle werden jetzt Unterschiede in den Devianzen bewertet.

Devianztest

H_0: einfacheres Modell (mit $\alpha, \beta_1, \ldots, \beta_k$)

H_A: komplexeres Modell (mit $\alpha, \beta_1, \ldots, \beta_k$ und zusätzlich $\beta_{k+1}, \ldots, \beta_{k+p}$)

$$D = D_0 - D_1 \tag{10.4}$$

- D_0 Devianz des einfacheren Modells ($df_0 = n - k - 1$ Freiheitsgrade)
- D_1 Devianz des komplexeren Modells ($df_1 = n - k - p - 1$ Freiheitsgrade)
- $df_0 - df_1 = p$ entspricht der Zahl p zusätzlicher Parameter im komplexeren Modell.
- D ist unter H_0 asymptotisch χ^2-verteilt mit p Freiheitsgraden.

Eine Anwendung des Tests könnte der Überprüfung dienen, ob ein Modell überhaupt etwas taugt. Das soll heißen, ob im Vergleich zum Nullmodell eine wesentliche Verbesserung der Devianz erzielt werden kann. Eine andere Anwendung ist die Bewertung bei Elimination erklärender Variablen.

Wir wenden den Test auf den Fall einer simultanen Elimination zweier Variablen an. Im Modell mit allen vier erklärenden Variablen (▶ Abbildung 10.11) waren die Variablen kosten und umsteigen deutlich von signifikantem Einfluss entfernt. Dieses Modell ist das komplexere, das wir mit dem einfacheren Modell vergleichen, aus dem diese beiden Variablen eliminiert wurden (unter Verwendung des update()-Befehls, der schon im Abschnitt 9.4.3 vorgestellt wurde).

R

```
> modalsplit2 <- update(modalsplit4, . ~ . - kosten - umsteigen)
> summary(modalsplit2)
```

```
Call:
glm(formula = Auto ~ zeit + gender, family = binomial)

Deviance Residuals:
   Min      1Q  Median      3Q     Max
-1.775  -0.851  -0.405   0.718   2.471

Coefficients:
             Estimate Std. Error z value Pr(>|z|)
(Intercept)   -2.4613     0.5181   -4.75  2.0e-06
zeit           0.1087     0.0224    4.86  1.2e-06
genderMann     1.0771     0.4578    2.35    0.019

(Dispersion parameter for binomial family taken to be 1)

    Null deviance: 164.29  on 118  degrees of freedom
Residual deviance: 120.85  on 116  degrees of freedom
AIC: 126.9

Number of Fisher Scoring iterations: 5
```

Im Modell mit allen vier Variablen betrug die Devianz $D_1 = 120.55$. Durch den Ausschluss von zwei Variablen steigt der Wert nur unwesentlich auf $D_0 = 120.85$. Die Differenz beträgt also $D = D_0 - D_1 = 0.3$. Dieser Wert ist viel kleiner als das 95 %-Quantil einer χ^2-Verteilung mit zwei Freiheitsgraden (5.99).

Die Berechnung des Tests in R wird durch die schon vom partiellen F-Test her bekannte Funktion anova() unterstützt, es muss allerdings die Option test richtig gewählt werden:

R

```
> anova(modalsplit2, modalsplit4, test = "Chisq")
```

```
Analysis of Deviance Table

Model 1: Auto ~ zeit + gender
Model 2: Auto ~ zeit + kosten + gender + umsteigen
  Resid. Df Resid. Dev Df Deviance P(>|Chi|)
1       116         121
2       114         120  2    0.303      0.86
```

Das Ergebnis bestätigt unsere Überlegungen von vorhin. Die Vereinfachung vom komplexeren Modell `modalsplit4` auf das einfachere Modell `modalsplit2` ist zulässig.

Eine Hilfe bei der Beurteilung eines Modells kann die Zuordnungstabelle darstellen. Sie ist eine Kreuztabelle der prognostizierten und der beobachteten Kategorien. Die prognostizierten Kategorien sind jene, für die die prognostizierten Wahrscheinlichkeiten über 0.5 liegen.

R

```
> Autofit <- fitted(modalsplit2) > 0.5
> table(Auto, Autofit)
```

```
      Autofit
Auto    FALSE TRUE
  Nein     52   12
  Ja       17   38
```

Bei 38 Fällen wurde das Auto gewählt und hatte auch die höhere Auswahlwahrscheinlichkeit, bei 17 wurde das Auto gewählt, jedoch hatte der öffentliche Verkehr die höhere Auswahlwahrscheinlichkeit. Von denen, die mit öffentlichen Verkehrsmitteln zur Arbeit fahren, wurden 52 richtig und 12 falsch prognostiziert.

Fallbeispiel 28: Verkehrsmittelwahl: Interpretation der logistischen Regression

Zur Untersuchung, welche Faktoren die Verkehrsmittelwahl (hier nur zwischen Auto und ÖV) beeinflussen, wurde eine multiple logistische Regression eingesetzt.

Das ursprüngliche Modell mit vier erklärenden Variablen konnte durch Devianztests auf eines mit den zwei Variablen Zeit und Geschlecht vereinfacht werden. Kosten und die Anzahl, wie oft umgestiegen werden muss, haben keinen guten Erklärungswert.

Der Koeffizient von Zeit ist positiv; je größer der Zeitunterschied zwischen Auto und ÖV, desto wahrscheinlicher ist es nach dem Modell, dass jemand das Auto für die Fahrt zum Arbeitsplatz verwendet.

Geschlecht geht als Dummyvariable in das Modell ein. Im Vergleich zu einer Frau mit gleichem Zeitvorteil ist die Modellwahrscheinlichkeit für Auto bei einem Mann größer (der lineare Prädiktor steigt um 1.0771).

Beide im Modell verbliebenen erklärenden Variablen für die Verkehrsmittelwahl für die Fahrt zum Arbeitsplatz tragen signifikant etwas zur Erklärung bei.

10.7 Unterscheiden sich Chancen und Odds-Ratios zwischen zwei oder mehreren Gruppen?

Die logistische Regression kann auch eingesetzt werden, um Odds und Odds-Ratios in mehreren Gruppen zu vergleichen. Da in diesem Abschnitt nur kategoriale Variablen auftreten, verlassen wird damit die Datenstruktur, die Namensgeber dieses Kapitels ist. Zur Untersuchung der Fragestellungen setzen wir aber die logistische Regression aus dem vorigen Abschnitt ein.

10.7.1 Vergleich von Odds in mehreren Gruppen?

Einen Test zum Vergleich der Odds in zwei Gruppen haben wir schon besprochen (Abschnitt 7.5). Es wurde ein Konfidenzintervall für das Odds-Ratio berechnet und entsprechend interpretiert. In diesem Abschnitt folgt die Erweiterung auf mehr als zwei Gruppen.

Fallbeispiel 29: Armutsrisiko bei Alleinerziehenden

Ein Aspekt der OECD-Studie „Income Distribution and Poverty in OECD Countries" (OECD, 2008) ist der Zusammenhang von Armut und Betreuung von Kindern. Armut liegt laut Definition dann vor, wenn das Einkommen unter der Hälfte des Medianeinkommens (Median Abschnitt 8.1.2) liegt.

Den im Bericht genannten Zahlen für Alleinerziehende in Deutschland (D), Österreich (A) und Spanien entsprechen die Häufigkeiten der Kreuztabelle:

	Land		
Armut	D	A	E
Ja	49	20	47
Nein	71	75	70

Unterscheidet sich für Alleinerziehende das Armutsrisiko in den drei Ländern?

Wir müssen, da kein Datenfile vorliegt, die Daten obiger Tabelle verfügbar machen. Im Unterschied zum Kapitel über Kreuztabellen erzeugen wir Einzelbeobachtungen.

Die beiden kategorialen Variablen werden mit der Funktion `gl()` so vorbereitet, dass jeweils Vektoren mit sechs Eintragungen entstehen. Der Vektor `armut` hat zuerst drei Eintragungen mit dem Wert 1 (bzw. dem Label *Ja*), dann drei Eintragungen mit dem Wert 2 (bzw. dem Label *Nein*). Der Vektor `land` hat zuerst die Werte 1 bis 3 (bzw. die Faktorstufen *D, A, E*), die sich noch einmal wiederholen. Mit der Funtion `rep()` werden diese Vektoren entsprechend den Eintragungen in der Tabelle erweitert.

R

```
> armut <- gl(2, 3, labels = c("Ja", "Nein"))
> land <- gl(3, 1, 6, labels = c("D", "A", "E"))
> haeufig <- c(49, 20, 47, 71, 75, 70)
> armut <- rep(armut, haeufig)
> land <- rep(land, haeufig)
> table(armut, land)
```

```
      land
armut  D  A  E
  Ja   49 20 47
  Nein 71 75 70
```

Die Daten sind also verfügbar, auf ein Balkendiagramm zur Beschreibung der drei Gruppen verzichten wir hier. Für die Bearbeitung der Fragestellung kann eine logistische Regression mit `armut` als Response- und `land` als erklärender Variablen herangezogen werden. Zur besseren Interpretation des Ergebnisses werden wir die Referenzkategorie der Responsevariablen verändern (`relevel()`). Da der Output mit `summary()` bei diesen Modellen sehr umfangreich wird, holen wir uns die zwei wichtigsten Elemente eigens heraus:

- Der Devianztest zur Überprüfung, ob das Modell überhaupt etwas an Erklärungswert hat:

R

```
> armut <- relevel(armut, ref = "Nein")
> modarmut <- glm(armut ~ land, family = "binomial")
> devtest <- anova(modarmut, test = "Chisq")
> printCoefmat(devtest)
```

```
        Df Deviance Resid. Df Resid. Dev P(>|Chi|)
NULL    NA       NA     331.0      429.7        NA
land    2.0     11.9     329.0      417.7    0.0026
```

- Die Koeffizientenmatrix mit den berechneten Werten und den Tests für die Koeffizienten.

R

```
> round(coefficients(summary(modarmut)), digits = 5)
```

	Estimate	Std. Error	z value	Pr(>|z|)
(Intercept)	-0.3709	0.186	-1.997	0.04584
landA	-0.9509	0.313	-3.040	0.00236
landE	-0.0275	0.265	-0.104	0.91728

Aus dem Koeffzientenblock kann die Schätzung für die Beziehung zwischen Response- und erklärender Variablen abgeleitet werden:

$$\text{logit}[p(\texttt{armut} = \text{Ja})] = -0.3709 - 0.9509 \cdot \texttt{landA} - 0.0275 \cdot \texttt{landE}$$

- Für land wurde Deutschland als Referenzkategorie gewählt. Der lineare Prädiktor für Deutschland ergibt den Wert -0.3709. Das ist gerade der Logarithmus der Odds für Armutsgefährdung in Deutschland: $\ln(49/71) = \ln(0.6901) = -0.3709$.
- Im Vergleich zu Deutschland sinkt der Wert des linearen Prädiktors für Österreich um 0.9509, insgesamt hat er den Wert: $-0.3709 - 0.9509 = -1.3218$. Das ist aber der Logarithmus der Odds für Armutsgefährdung in Österreich: $\ln(20/75) = \ln(0.2667) = -1.3218$.
- Dieser Unterschied ist signifikant, wie der p-Wert (in der Spalte Pr(>\|z\|)) anzeigt. Das bedeutet auch, dass das Odds-Ratio für Armut im Vergleich von Österreich und Deutschland $e^{-0.9509} = 0.3864$ beträgt und signifikant von 1 abweicht.
- Analog interpretierend gilt, dass für Spanien der lineare Prädiktor im Vergleich zu Deutschland nur minimal kleiner ist, der Unterschied ist nicht signifikant. Also ist auch das Log-Odds-Ratio nicht signifikant von 0 verschieden; somit das Odds-Ratio nicht signifikant von 1 abweichend.

Fallbeispiel 29: Armutsrisiko: Interpretation

Zur Untersuchung, ob sich das Armutsrisiko für Alleinerziehende zwischen drei Ländern unterscheidet, ist eine logistische Regression zur Anwendung gekommen

Der Devianztest mit einem p-Wert von 0.0026 zeigt, dass das Modell mit dem Faktor Land signifikant besser als das Nullmodell ist. Es ist somit sinnvoll, nicht für alle drei Länder dasselbe Armutsrisiko anzunehmen.

Die drei Länder unterscheiden sich signifikant im Armutsrisiko für Alleinerzieher. Deutschland und Spanien haben ein fast identisches Armutsrisiko, in Östrreich ist das Armutsrisiko ungefähr 2.5 mal niedriger als in den zwei Vergleichsländern.

10.7.2   Vergleich von Odds-Ratios in mehreren Gruppen?

Fallbeispiel 30: Beurteilung von Lehrveranstaltungen

Datenfile: `lva.dat`

An der WU Wien werden seit Jahren Lehrveranstaltungen (LV) von Studierenden beurteilt. Fragen zum Stoff, zu unterstützenden Unterlagen für den Kurs, zu den Prüfungen etc. können auf einer 6-stufigen Likertskala beantwortet werden. Eine wichtige Frage ist die nach dem Gesamteindruck.

Im Datenfile sind die Angaben zu mehreren Parallelkursen, manche wurden von männlichen, manche von weiblichen Vortragenden geleitet. In der Variablen `Profs` ist das Geschlecht der Vortragenden, in `Studs` das der TeilnehmerInnen enthalten. In `Beurteilung` ist nur enthalten, ob der Gesamteindruck als sehr gut oder als nicht sehr gut eingestuft wurde.

Wie hängt die Beurteilung vom Geschlecht der Vortragenden und TeilnehmerInnen ab?

Eine Auszählung der Stichprobe führt – es liegen drei kategoriale Variablen vor – zu einer dreidimensionalen Kreuztabelle. Zur Darstellung dieser Tabelle verwenden wir die Funktion `ftable()`.

R

```
> lva <- read.table("lva.dat")
> attach(lva)
> ftable(Profs, Beurteilung, Studs, col.vars =
+        c("Profs", "Studs"))
```

	Profs Frau		Mann	
	Studs Frau	Mann	Frau	Mann
Beurteilung				
nicht sehr gut	42	64	70	65
sehr gut	39	27	35	58

In diesem Beispiel führen Homogenitätstests (Abschnitt 7.2), mit denen separat auf Unterschiede in der Bewertung zwischen den Geschlechtern unter den Studierenden oder zwischen den Geschlechtern der Vortragenden getestet wird, zu keinen signifikanten Ergebnissen. Wir geben nur die p-Werte der beiden Tests aus:

```
> BP <- chisq.test(table(Beurteilung, Profs))
> BS <- chisq.test(table(Beurteilung, Studs))
> cbind(Test = c("Beurteilung-Profs", "Beurteilung-Studs"),
+       p.Werte = round(c(BP$p.value, BS$p.value), digits = 5))
```

```
      Test                    p.Werte
[1,]  "Beurteilung-Profs"     "0.69956"
[2,]  "Beurteilung-Studs"     "0.929"
```

Interessant ist die gemeinsame Betrachtung beider Faktoren. Ein Mosaikplot bildet die Verhältnisse der Kreuztabelle mit allen drei Faktoren grafisch ab, gibt aber auch Einblick in den Zusammenhang der Faktoren.

```
> mosaicplot(table(Profs, Beurteilung, Studs), color = TRUE,
+       main = "LV-Beurteilung")
```

Der Mosaikplot (▶ Abbildung 10.12) zeigt auf der linken Hälfte, wie weibliche Vortragende von Studentinnen und Studenten beurteilt wurden. Auf der rechten Hälfte ist das analoge für männliche Vortragende zu finden. Das Muster der vier Felder links ist anders als rechts. Während weibliche Kursleiter eher von Studentinnen sehr gut

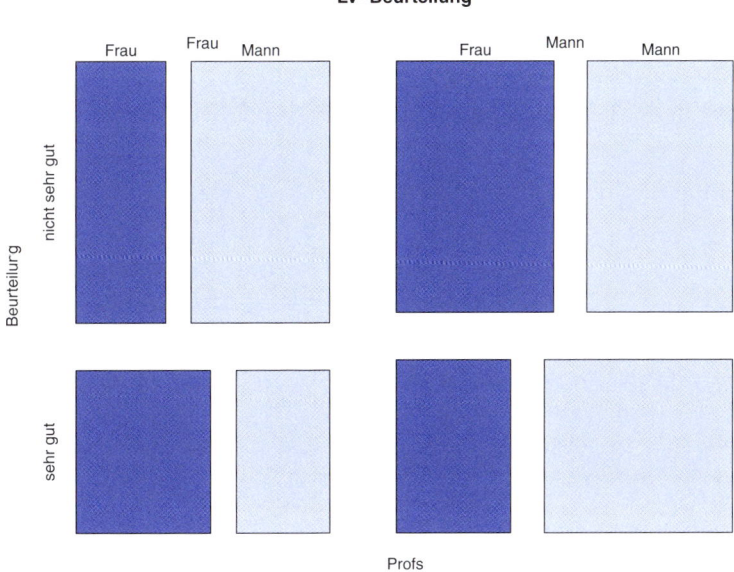

Abbildung 10.12: Mosaikplot der Daten zur LV-Beurteilung

beurteilt wurden, erhielten männliche Vortragende eher von männlichen Studenten die Bestnote.

Das drückt sich auch in recht unterschiedlichen Odds-Ratios für eine sehr gute Beurteilung durch weibliche im Vergleich zu männlichen Studierenden bei weiblichen Vortragenden (OR_w) und männlichen Vortragenden (OR_m) aus.

$$OR_w = \frac{39 \cdot 64}{42 \cdot 27} = 2.201 \quad OR_m = \frac{35 \cdot 65}{70 \cdot 58} = 0.56$$

Mit der logistischen Regression kann untersucht werden, ob der Unterschied zwischen den Odds-Ratios signifikant ist. Dazu wird ein Wechselwirkungsmodell berechnet, die Beurteilung ist die Responsevariable, die beiden Faktoren `Profs` und `Studs` sind die erklärenden Variablen. Der Wechselwirkungseffekt weist auf Unterschiede in den Odds-Ratios hin. Wir geben nur die Koeffizientenmatrix des doch umfangreichen Outputs wieder.

R

```
> lvamodell <- glm(Beurteilung ~ Studs * Profs, family = binomial)
> round(coefficients(summary(lvamodell)), digits = 5)
```

	Estimate	Std. Error	z value	Pr(>|z|)
(Intercept)	-0.0741	0.222	-0.333	0.73894
StudsMann	-0.7889	0.320	-2.469	0.01355
ProfsMann	-0.6190	0.304	-2.038	0.04160
StudsMann:ProfsMann	1.3681	0.421	3.247	0.00117

Die Referenzkategorie für die Responsevariable ist *nicht sehr gut*, es ist die erste Stufe des Faktors `Beurteilung`.

Aus dem Koeffizientenblock geht hervor, dass sowohl für `Profs` als auch für `Studs` Frau als Referenzkategorie gewählt wurde.

Responsevariable und linearer Prädiktor stehen zahlenmäßig in folgender Beziehung:

$$\text{logit}[p(\texttt{Beurteilung} = \text{sehr gut})] = -0.0741 - 0.7889 \cdot \texttt{StudsMann}$$
$$- 0.619 \cdot \texttt{ProfsMann}$$
$$+ 1.3681 \cdot \texttt{StudsMann:ProfsMann}$$

- Leitet eine Frau einen Kurs, sind die Odds für eine sehr gute Beurteilung durch eine Studentin: $39/42 = 0.9286$. Der Logarithmus davon stimmt mit dem Wert des linearen Prädiktors für weibliche Vortragende und Studenten überein: $\ln(0.9286) = -0.0741$.
- Die Odds für eine sehr gute Beurteilung einer weiblichen Vortragenden durch einen männlichen Studenten sind: $27/64 = 0.4218$, es gilt aber:

$$\ln(0.4218) = -0.863 = -0.0741 - 0.7889 \ .$$

- Für männliche Vortragende sind die Odds für eine sehr gute Beurteilung durch eine Studentin:

$$35/70 = 0.5 \quad \text{und} \quad \ln(0.5) = -0.6931 = -0.0741 - 0.619 .$$

- Für männliche Vortragende sind die Odds für eine sehr gute Beurteilung durch einen männlichen Studenten: $58/65 = 0.8923$ und

$$\ln(0.8923) = -0.1139 = -0.0741 - 0.7889 - 0.619 + 1.3681 .$$

- Die p-Werte der einzelnen Effekte sind in der Spalte `Pr(>|z|)` eingetragen.

Rechnen mit Logarithmen klärt auf, dass das Log-Odds-Ratio bei weiblichen Vortragenden -0.7889, das bei männlichen Vortragenden $-0.7889 + 1.3681$ beträgt.

Fallbeispiel 30: Beurteilungen: Interpretation

Zur Untersuchung der Lehrveranstaltungsbeurteilungen wurde eine logistische Regression mit den zwei Faktoren für das Geschlecht der Studierenden und dem der Lehrenden eingesetzt.

Der Koeffizient für den Wechselwirkungseffekt ist signifikant ($p = 0.001$).

Dieser Koeffizient ist der Unterschied zwischen den Log-Odds-Ratios bei Frauen und dem bei Männern. Da dieser Koeffizient signifikant ist, ist auch der Unterschied zwischen den beiden Log-Odds-Ratios (und damit auch zwischen den beiden Odds-Ratios) signifikant.

Die Beurteilung von Vortragenden ist geschlechtsabhängig. Studierende beurteilen Vortragende desselben Geschlechts eher besser als jene des anderen Geschlechts.

In diesem Beispiel ist das Wechselwirkungsmodell passend. Die Suche nach einem einfacheren Modell ist nicht notwendig. Wäre hingegen der Wechselwirkungseffekt nicht signifikant, könnte der Prozess der Rückwärtsselektion starten. Die Vorgangsweise ist analog zur Modellselektion bei der Regression (Abschnitt 9.4.3) oder bei der mehrfachen Varianzanalyse (Abschnitt 10.5.3). Anstelle des partiellen F-Tests wird der Devianztest zur Beurteilung eingesetzt, ob auf ein einfacheres Modell übergegangen werden kann.

10.8 R-Befehle im Überblick

`anova(object, test)` berechnet eine Varianzanalysetabelle (mit F-Test) oder eine Devianzanalysetabelle (wenn die Option `test="Chisq"` gesetzt ist) für das Modell `object`.

`anova(object1, object2, test)` berechnet einen partiellen F-Test oder einen Test auf Devianzunterschiede (wenn die Option `test="Chisq"` gesetzt ist) zum Vergleich des Modells `object2` gegen das einfachere Modell `object1`.

`aov(formula)` berechnet eine Varianzanalyse für das lineare Modell, das durch `formula` definiert ist.

`bartlett.test(x, g)` führt den Bartlett-Test auf Varianzhomogenität für die Variable `x` in den Gruppen, die durch eine Liste von Faktoren `g` definiert sind, durch.

`boxplot(formula)` eine Formel des Typs `y~grp` bestimmt, dass ein paralleler Boxplot für eine numerische Variable `y` in mehreren Gruppen, die durch `grp` definiert sind, erstellt werden soll.

`coefficients(object)` extrahiert die Koeffizienten eines Modells `object`.

`ftable(x, row.vars, row.vars)` gibt mehrdimensionale Kreuztabellen, die durch eine Liste von Faktoren `x` definiert sind, in zweidimensionaler Form so aus, dass in `row.vars` oder `col.vars` festgelegt werden kann, welche Faktoren zur Definition der Zeilen oder Spalten herangezogen werden.

`gl(n, k, length)` erzeugt einen Faktor mit n Stufen, die k-mal bis zur Länge `length` wiederholt werden.

`glm(formula, family)` berechnet ein verallgemeinertes lineares Modell, das durch die Formel `formula` für den linearen Prädiktor und die Verteilungsfamilie des Fehlerterms fixiert ist. In diesem Kapitel wird `glm()` zur Berechnung logistischer Regressionsmodelle verwendet, dazu muss `family = binomial` gesetzt sein.

`interaction.plot(x.factor, trace.factor, response)` erstellt einen Mittelwertplot der Variablen `reponse` auf Basis der Faktoren `x.factor` (für die x-Achse) und `trace.factor` (für die unterschiedlichen Streckenzüge).

`kruskal.test(x, g)` berechnet den Kruskal-Wallis-Test für die Variable `x` in Gruppen, die durch den Faktor `g` definiert sind.

`levels(x)` fragt die Namen der Stufen eines Faktors `x` ab oder weist ihnen (neue) Werte zu.

`oneway.test(formula, var.equal)` berechnet eine Varianzanalyse für das lineare Modell, das durch `formula` definiert ist, wenn `var.equal=TRUE` spezifiziert wurde; wenn nicht, wird eine Verallgemeinerung des Zwei-Stichproben-t-Tests bei ungleichen Varianzen berechnet.

`printCoefmat(x)` gibt die Koeffizientenschätzung eines Modells `x` aus.

`relevel(x, ref)` ordnet einen Faktor `x` so um, dass die unter `ref` angegebene Kategorie die neue Referenzkategorie des Faktors ist.

`summary(x)` gibt eine Zusammenfassung eines Objekts x aus. Ist x ein lineares oder verallgemeinertes lineares Modell, sind dies Schätzungen für die Koeffizienten, einige Modellkennwerte und eine Zusammenfassung der Residuen.

`tapply(X, INDEX, FUN)` berechnet eine Funktion `FUN` von einer Variablen `X` in Gruppen, die durch eine Liste von Faktoren `INDEX` definiert sind.

Typische Beispiele für `FUN` sind `mean`, `median`, `sd` für Mittelwert, Median bzw. Standardabweichung.

`t.test(formula, alternative, var.equal)` berechnet einen t-Test; in diesem Kapitel für die Berechnung des Zwei-Stichproben-t-Tests eingesetzt. In `formula` wird festgelegt, von welcher Variablen die Mittelwerte in welchen zwei Gruppen verglichen werden. Mit `alternative` kann die Richtung der Alternativhypothese formuliert werden (`"two.sided"`, `"less"`, `"greater"`). Mit `var.equal` kann festgelegt werden, ob der t-Test unter der Annahme gleicher Varianzen `var.equal=TRUE` oder nicht unter dieser Annahme `var.equal=FALSE` berechnet werden soll.

`TukeyHSD(x)` vergleicht Gruppenmittelwerte eines linearen Modells x mit der HSD-Methode nach Tukey.

`wilcox.test(formula, alternative)` berechnet einen U-Test. In `formula` wird festgelegt, von welcher Variablen die Mediane in welchen zwei Gruppen verglichen werden. Mit `alternative` kann die Richtung der Alternativhypothese formuliert werden.

10.9   Zusammenfassung der Konzepte

In den meisten Abschnitten haben wir die Lage einer metrischen Variablen in zwei oder mehreren Gruppen verglichen. Je nachdem, ob die entsprechenden Voraussetzungen erfüllt sind, kann der t-Test oder die Varianzanalyse eingesetzt werden. Sonst muss auf die nichtparametrischen Methoden ausgewichen werden.

Mit der zweifachen Varianzanalyse kann die Wechselwirkung zweier kategorialer Variablen auf den Mittelwert untersucht werden.

Bei der logistischen Regression ist die Responsevariable kategorial, der Zusammenhang mit einer oder mehreren erklärenden Variablen wird modelliert.

- Parallele Boxplots: Sie bieten einen guten Überblick über die Verteilung einer metrischen Variablen in mehreren Gruppen.
- Zwei-Stichproben-t-Test: Test, ob sich Mittelwerte einer Variablen in zwei Gruppen unterscheiden
- Mann-Whitney U-Test: Test, ob sich Mediane einer Variablen in zwei Gruppen unterscheiden
- Varianzanalyse: Test, ob sich Mittelwerte einer Variablen in drei oder mehr Gruppen unterscheiden
- Post-hoc-Tests: Tests, um festzustellen, welche Gruppenmittelwerte sich signifikant unterscheiden, nachdem eine Varianzanalyse ein signifikantes Ergebnis gebracht hat.
- Kruskal-Wallis-Test: Test, ob sich Mediane einer Variablen in drei oder mehr Gruppen unterscheiden
- Zweifache Varianzanalyse: Wie wirken zwei kategoriale Variablen kombiniert auf den Mittelwert einer metrischen Variablen? Gibt es eine Wechselwirkung?
- Logistische Regression: Das Odds Ratio für eine Kategorie wird durch eine oder mehrere erklärende Variable modelliert.

10.10   Übungen

1. **Haushaltsarbeit bei Teenagern**

   Es wurden Daten von Teenagern über die Mitarbeit im Haushalt erhoben, das Datenfile `teenagework.csv` enthält folgende Variablen:

`stunden`	Haushaltsarbeit pro Woche (in Stunden)
`mutter`	Berufstätigkeit der Mutter (1=nein, 2=ja)
`sex`	Geschlecht der Teenager (1=weiblich, 2=männlich)

   - Gibt es Unterschiede zwischen den Geschlechtern in der Mitarbeit im Haushalt?

2. **Haushaltsarbeit bei Teenagern**

   Wir arbeiten mit dem Datenfile `teenagework.csv` aus dem vorigen Beispiel.

   - Ist der Unterschied in der Mitarbeit im Haushalt zwischen männlichen und weiblichen Teenagern anders, je nachdem, ob die Mutter berufstätig ist oder nicht?

3. **Verfahrensdauer am VwGH nach Senaten**

   Gegen Abgabenbescheide von Behörden kann Berufung eingelegt werden. In Österreich ist die Berufungsbehörde 2. Instanz der Verwaltungsgerichtshof

(VwGH). In einer Studie wurden alle Entscheidungen des VwGH zwischen 2000 und 2004 in Abgabensachen untersucht. Ein Untersuchungsgegenstand waren die Verfahrensdauern.

Im Datenfile `vwgh.csv` sind der Senat (`senat`), in dem die Entscheidung erfolgt ist, und die Länge des Verfahrens in der zweiten Berufungsinstanz angegeben (`dauer3`).

- Unterscheidet sich die Dauer der Verfahren zwischen den verschiedenen Senaten?

4. **Kurierdienste**

In den letzten Jahren sind viele Firmen dazu übergegangen, ihre Korrespondenz ganz oder teilweise von privaten Kurierdiensten befördern zu lassen. Ein großes Unternehmen plant diesen Schritt ebenfalls und möchte unter drei Kurierdiensten einen fest auswählen. Unter anderem ist auch die Zeit, in der Aufträge erledigt werden, ein sehr wichtiges Kriterium.

Um die Entscheidung zu erleichtern, werden jedem der drei Kurierdienste zwölf zufällig ausgewählte Briefe (zufällige Aufgabezeit, zufälliger Bestimmungsort) zur Beförderung übergeben. Im Datenfile `kurier.csv` sind folgende Variablen enthalten:

Zeit   benötigte Zeit (in Minuten)

Kurier   Code zur Unterscheidung der Kurierdienste

- Gibt es signifikante Unterschiede in den Zustellzeiten zwischen den drei Kurierdiensten?

5. **Carter–Reagan**

Eine Teilmenge von Variablen des 1982 General Social Survey, betreffend die Präsidentschaftswahlen 1980, ist im Datenfile (`us-election80.csv`) enthalten.

VOTE   Wahlverhalten bei den Präsidentschaftswahlen 1980
            1 = Reagan, 2 = Carter oder andere

RACE   Hautfarbe
            1 = weiß, 2 = nicht weiß

POLVIEW   Skala für politische Einstellung
            1 = extrem liberal .. bis 7 = extrem konservativ

WEIGHT   Anzahl von Beobachtungen mit entsprechender Variablenkombination

- Finden Sie ein Modell für das Wahlverhalten!

6. **Leben nach dem Tod**

In eine Befragung zum Glauben an ein Leben nach dem Tod wurden die erklärenden Variablen Geschlecht (`sex`) und Alter (`alter`), bei dem nur eine Einteilung in unter und mindestens 60 Jahre erfolgt war, erhoben. Die Daten sind im Datenfile (`leben-nach-tod.dat`) enthalten.

- Finden Sie ein Modell zur Beschreibung der Responsevariablen `leben-nt` durch `alter` und `sex`!

Datenfiles sowie Lösungen finden Sie auf der Webseite des Verlags.

TEIL V

Multivariate Daten

Dimensionsreduktion

11

ÜBERBLICK

Dieses Kapitel beschäftigt sich mit komplexen Situationen, in denen man es mit mehreren Variablen gleichzeitig zu tun hat. Das Ziel dabei ist, die Komplexität so zu reduzieren, dass man wesentliche Strukturen in Daten erkennen kann, ohne dabei zuviel Information zu verlieren. Ein Nebenprodukt einer solchen Analyse ist die Erstellung neuer, einfacherer Variablen, die auf den ursprünglichen beruhen. Diese können für weitergehende Analysen verwendet werden.

LERNZIELE

Nach Durcharbeiten dieses Kapitels haben Sie Folgendes erreicht:

- Sie wissen, was Hauptkomponenten bedeuten bzw. was eine Hauptkomponentenanalyse ist, und können diese in R berechnen und grafisch darstellen. Dabei sind Sie in der Lage, das Ergebnis technisch und inhaltlich zu interpretieren.
- Sie wissen, was Komponentenladungen und Kommunalitäten sind und können diese in R berechnen und evaluieren.
- Sie wissen, wie man die Zahl der Hauptkomponenten bestimmt. Mit R können Sie dazu einen Scree-Plot erstellen und die Eigenwerte berechnen.
- Sie können Voraussetzungen einer Hauptkomponentenmethode mittels der Kaiser-Meyer-Olkin (KMO)- und der Bartlett-Statistik prüfen.
- Sie wissen, was Rotation von Komponenten bedeutet, und Sie können diese in R berechnen.
- Sie sind in der Lage, die Ergebnisse einer Hauptkomponentenanalyse in Form von Komponentenwerten weiterzuverwenden.

11.1 Kann man die Komplexität multidimensionaler metrischer Daten auf wenige wichtige Hauptkomponenten reduzieren?

Bisher haben wir uns, was die Anzahl zu analysierender Variablen betrifft, auf zwei Bereiche beschränkt: UNIVARIATE und BIVARIATE Methoden. Bei univariaten Analysen steht, wie der Name schon sagt, eine einzelne Variable im Zentrum des Interesses. Das heißt nicht, dass nicht auch mehrere Variablen im Spiel sein können. Wenn man Fragestellungen beantworten will, in denen die Unterscheidung in abhängige und unabhängige Variablen wichtig ist, dann heißt univariat, dass es nur eine einzelne abhängige Variable gibt. Wir haben z. B. den Ein-Stichproben-t-Test (Abschnitt 8.2), aber auch Regression (Abschnitt 9.2) oder Varianzanalyse als Vertreter solcher Methoden kennengelernt. Die Anzahl der weiteren Variablen, deren Einfluss auf die abhängige Variable untersucht werden soll, ist für die Zuordnung zur Klasse der univariaten Verfahren unerheblich.

Bei bivariaten Methoden, wie wir sie bisher kennengelernt haben, ging es um den Zusammenhang (Assoziation) *zweier* Variablen, also z. B. beim Chi-Quadrat-Test auf Unabhängigkeit (Abschnitt 7.4) oder bei Korrelationsanalysen (Abschnitt 9.1).

Dieses Kapitel behandelt nun eine Erweiterung auf MULTIVARIATE Methoden, wobei wir nur solche für metrische Variablen berücksichtigen wollen. Außerdem werden wir uns nicht mit Situationen beschäftigen, in denen wir zwischen abhängigen und unabhängigen unterscheiden, sondern wir werden Zusammenhangsstrukturen bei mehreren Variablen untersuchen.

Mit dem Begriff multivariat geht auch der Begriff MULTIDIMENSIONAL einher. Bei Streudiagrammen (Abschnitt 9.1.1) werden einzelne Personen (oder Beobachtungseinheiten) als Punkte in einem Koordinatensystem dargestellt, das sich aus zwei Variablen ergibt. Bei gleichzeitiger Betrachtung von drei Variablen wird jede Personen in einem dreidimensionalen Raum als Punkt repräsentiert, bei zehn Variablen in einem zehndimensionalen Raum. Leider kann man sich das nicht mehr vorstellen, aber das ist auch gar nicht notwendig. Wenn es um die bildhafte Vorstellung geht, bleibt man am besten in zwei oder drei Dimensionen und abstrahiert einfach. Und bei Berechnungen hilft uns ohnehin die Mathematik (insbesondere die lineare Algebra) weiter.

Wenn wir also mehrere Variablen gleichzeitig untersuchen wollen, haben wir es mit multidimensionalen Problemen zu tun. Da wir uns aber multidimensionale Zusammenhänge auch nur mehr schwer vorstellen, geschweige denn sie erfassen können, benötigen wir Methoden, die uns dabei helfen.

11.1.1 Grundlagen der Hauptkomponentenanalyse

Die Methode, die wir kennenlernen wollen und die sich zur Analyse solcher Fragestellungen eignet, heißt HAUPTKOMPONENTENANALYSE (*engl. Principal Component Analysis, abgekürzt PCA*). In gewisser Weise ist sie mit der sogenannten Faktorenanalyse verwandt und liefert auch oft ähnliche Ergebnisse. Konzeptuell aber ist die Faktorenanalyse ein völlig anderes Verfahren und eigentlich ein Überbegriff für verschiedene spezialisierte Methoden. In manchen populären Statistikprogrammen wird diese Unterscheidung leider nicht deutlich gemacht und es entsteht der Eindruck, dass die Hauptkomponentenmethode nur ein Spezialfall der Faktorenanalyse ist. Eine detaillierte Darstellung und Gegenüberstellung von Hauptkomponenten- und Faktorenanalyse ginge weit über den Rahmen dieses Buchs hinaus. Einen sehr guten und verständlichen Überblick gibt aber z. B. Bühner (2004) für alle, die sich in dieses Thema vertiefen wollen.

Wir können hier nur einige Grundideen zur Analyse multivariater Zusammenhänge präsentieren und werden uns auf das wichtigste und am häufigsten angewendete Verfahren, die HAUPTKOMPONENTENANALYSE konzentrieren. Im Mittelpunkt stehen hier der explorative Charakter der Methode und die Zielsetzung der Datenreduktion.

Hauptkomponentenanalyse: Überblick

Ziele:

- Reduktion einer größeren Zahl miteinander korrelierter Variablen auf eine kleinere Zahl unkorrelierter Variablen, wobei ein Großteil der Information bewahrt bleiben soll
- Aufdecken einer Struktur, die einer Vielzahl von Variablen zugrunde liegt
- Entdecken von Mustern gemeinsamer Streuung (Korrelation) der multiplen Variablen
- Erzeugen künstlicher Dimensionen oder neuer Variablen (sogenannte Hauptkomponenten), die mit den ursprünglichen Variablen hoch korrelieren

Die Hauptkomponentenanalyse ist eine explorative Methode, d. h., es gibt kein Vorwissen (keine Hypothesen) über die zugrunde liegenden Muster. Diese gilt es zu entdecken. Als explorative Methode liefert die Hauptkomponentenanalyse keine Resultate im Sinn von Entscheidungshilfen bei der Prüfung von statistischen Hypothesen, aber sie kann wertvolle Hinweise auf Strukturen in den Daten geben. Insofern kann sie auch als hypothesengenerierende Methode aufgefasst werden.

Die Hauptkomponentenanalyse beruht auf Kovarianzen (Korrelationen) zwischen allen Variablen. Daher müssen die Daten metrisch sein und es muss, wie bei der linearen Regression, ihre Beziehung untereinander linear sein. Es gelten also alle Voraussetzungen wie für den Pearson-Korrelationskoeffizienten. In der Praxis werden aber oft Likert-Items verwendet, die strenggenommen eigentlich nur ordinal kategorial skaliert sind. Die Anwendung einer Hauptkomponentenanalyse ist dann (aufgrund ihres explorativen Charakters) aber dennoch gerechtfertigt, wenn die Ergebnisse sinnvoll interpretiert werden können.

Wir wollen die grundlegenden Ideen zunächst an einem einfachen Beispiel kennenlernen.

Es geht um das Selbstkonzept von Studierenden, d. h., wie sehen sich Studierende selbst. Nehmen wir an, wir hätten einer Stichprobe von Studierenden folgende Items vorgelegt, die diese auf einer 5-stufigen Likert-Response-Skala (mit den Ausprägungen „trifft sehr zu" bis „trifft überhaupt nicht zu") beantwortet haben:

1. „Ich gehe gerne auf Parties" (A1)
2. „Ich wohne lieber gemeinsam als alleine" (A2)
3. „Es fällt mir leicht, mich mit irgendwelchen Leuten zu unterhalten" (A3)
4. „Ich bin ganz gut in Mathematik" (B1)
5. „Ich schreibe gerne Aufsätze bzw. Seminararbeiten" (B2)
6. „Mein Lieblingsplatz an der Uni ist die Bibliothek" (B3)

Wenn man sich diese Items ansieht, erkennt man, dass es zwei Gruppen gibt, die mit den Namen A und B gekennzeichnet sind. Die Gruppe A beschreibt soziale Eigenschaften, die Gruppe B Eigenschaften, die eher mit akademischen, studiumzentrierten Aspekten zu tun haben. Der Anschaulichkeit halber haben wir das Ergebnis schon vorweggenommen, indem wir die sechs Ausgangsitems in zwei Gruppen eingeteilt haben. Bei echten Problemstellungen wäre diese Gruppierung natürlich nicht von vornherein bekannt. Das Ziel der Hauptkomponentenanalyse ist es ja, solche Gruppierungen herausfinden zu helfen.

	A1	A2	A3	B1	B2	B3
A1	–	0.70	0.80	0.10	0.20	0.15
A2	0.70	–	0.75	0.01	0.15	0.09
A3	0.80	0.75	–	0.12	0.11	0.05
B1	0.10	0.01	0.12	–	0.85	0.79
B2	0.20	0.15	0.11	0.85	–	0.81
B3	0.15	0.09	0.05	0.79	0.81	–

Tabelle 11.1: Korrelationsmatrix für das Selbstkonzeptbeispiel

Ausgangspunkt der Analyse sind Korrelationen zwischen allen Variablen, die in Form einer Tabelle (der sogenannten KORRELATIONSMATRIX) dargestellt werden können (▶ Tabelle 11.1).

Man kann sehen, dass die Items A1–A3 untereinander hoch korrelieren, nämlich mit 0.7 bis 0.8. Sie bilden eine Gruppe, was auch durch die farbige Unterlegung angezeigt ist, und haben also etwas miteinander zu tun. Je höher z. B. die Zustimmung zu „Ich gehe gerne auf Parties" ist, umso höher ist auch die Zustimmung zu „Ich wohne lieber gemeinsam als alleine". Nur sehr kleine Korrelationswerte haben diese drei aber jeweils zu den anderen Items der Gruppe B. Sie haben mit diesen also nichts zu tun. Das gleiche Muster sehen wir für die Items der Gruppe B. Die B-Items korrelieren untereinander hoch (0.79 bis 0.85), aber nur gering mit den A-Items.

Im Wesentlichen haben wir auf diese Weise schon eine Art intuitive Hauptkomponentenanalyse durchgeführt. In der Praxis ist das leider nicht so einfach, da die Gruppen oft überlappen, die Werte der Korrelationskoeffizienten nicht so groß und deutlich sind und die Variablen auch nicht so übersichtlich angeordnet sind.

Man kann nun diese beiden Gruppen insofern zusammenfassen, als wir sie jeweils als neue Variable auffassen. Diese bezeichnet man als HAUPTKOMPONENTEN. Ihnen können wir Namen geben, z. B. soziale Orientierung und akademische Orientierung. Und wir können für jede Person den Wert ausrechnen, durch den sie mit dieser neuen Variable beschrieben werden kann. Gibt z. B. eine Person für die Items A1 bis A3 hohe Zustimmung an, dann wird sie auch einen hohen Wert für soziale Orientierung haben. Diesen Wert nennt man KOMPONENTENWERT oder KOMPONENTEN-SCORE.

Man kann sich das wie in der linearen Regression vorstellen, wobei die Komponentenwerte die Rolle der abhängigen Variable übernehmen. Die Gleichungen für die beiden Hauptkomponenten sind

$$\text{Score A} = \beta_{a1}^{A} \cdot a1 + \beta_{a2}^{A} \cdot a2 + \beta_{a3}^{A} \cdot a3 + \beta_{b1}^{A} \cdot b1 + \beta_{b2}^{A} \cdot b2 + \beta_{b3}^{A} \cdot b3$$

$$\text{Score B} = \beta_{a1}^{B} \cdot a1 + \beta_{a2}^{B} \cdot a2 + \beta_{a3}^{B} \cdot a3 + \beta_{b1}^{B} \cdot b1 + \beta_{b2}^{B} \cdot b2 + \beta_{b3}^{B} \cdot b3$$

Dabei sind Score A und Score B die Werte, die die Personen für die neuen Variablen bekommen, a1 bis b3 sind die standardisierten Werte der ursprünglichen Variablen

A1 bis B3.[1] Die β's sind Gewichte. Zum Beispiel ist β_{a1}^{A} das Gewicht, mit dem der (standardisierte) Wert des Items in den Score A eingeht, während β_{a1}^{B} das Gewicht ist, mit dem der (standardisierte) Wert des gleichen Items in den Score B eingeht. Bei Score A werden die Items A1 bis A3 hohe Gewichte haben, während sie für B1 bis B3 bei dieser Komponente nur sehr kleine Werte haben. Umgekehrtes gilt für Komponente B.

Wie erhält man die Hauptkomponenten und wie viele sind sinnvoll?

Unser fiktives Beispiel des Selbstkonzepts von Studierenden ist natürlich einfach und überschaubar gehalten. Es ist offensichtlich, dass es zwei wichtige Hauptkomponenten gibt. Aber rein mathematisch gibt es in diesem Fall sechs Hauptkomponenten, nämlich gleich viele, wie es Ausgangsvariablen gibt. Da wir uns aber das Ziel gesteckt haben, die Dimensionalität zu reduzieren, müssen wir eine Lösung finden, in der es weniger neue Variablen als ursprüngliche Items gibt.

Die Grundidee ist dabei folgende. Wir gehen schrittweise vor.

Schritt 1 Man sucht die größte Gruppe von Items, die untereinander hoch korreliert sind. Sie bilden die erste Hauptkomponente.

Schritt 2 Man sucht die zweitgrößte Gruppe von Items, die untereinander hoch korrelieren, die aber mit der ersten Gruppe möglichst gering korrelieren.

Schritte ... Das macht man so lange, bis man gleich viele Hauptkomponenten wie Items hat.

Man nennt diese Vorgehensweise EXTRAKTION von Hauptkomponenten.[2] Natürlich wird es immer schwieriger werden, weitere Gruppen von Items zu finden, die untereinander hoch korrelieren, aber nur niedrig mit allen vorhergegangenen Gruppen von Items. Daher sollte man eine Stopp-Regel haben, die wichtige von unwichtigen Hauptkomponenten (oder kurz Komponenten) trennt. Leider gibt es keine allgemein gültige Methode zur Bestimmung der Anzahl wichtiger Komponenten. Da die Hauptkomponentenanalyse eine explorative Methode ist, wird man jene Anzahl wählen, bei der die extrahierten Komponenten gut interpretierbar und auch inhaltlich sinnvoll sind. Das ist eine subjektive Entscheidung. Allerdings gibt es schon einige Faustregeln, die in einem ersten Schritt Hinweise darauf geben, wie viele Komponenten man ungefähr wählen sollte.

In der Praxis verwendet man meist zwei Methoden, die helfen, eine vernünftige Anzahl zu finden:

■ Man untersucht die sogenannten EIGENWERTE (numerisch).

■ Man untersucht den sogenannten SCREE-PLOT (grafisch).

---

1 Für jede Person erhält man den standardisierten Wert von A1, nämlich a1, wenn man vom jeweiligen Wert A1 den Mittelwert der Variable A1 abzieht und dann durch die Standardabweichung von A1 dividiert, d. h.,

$$a1 = \frac{A1 - \text{Mittelwert(A1)}}{\text{Standardabweichung(A1)}}$$

Diese Transformation (Standardisierung) führt dazu, dass der Mittelwert von a1 gleich 0 und die Varianz von a1 gleich 1 ist. Gleiches gilt für die Standardisierung beliebiger Variablen.

2 Diese Beschreibung ist mathematisch nicht ganz exakt und soll auch nur dem Grundverständnis dienen. Eine genauere Darstellung findet sich im Anhang zu diesem Kapitel.

Komponente	Eigenwert	Prozentsatz erklärter Varianz	kumulierte Prozente
Komponente 1:	2.90	48	48
Komponente 2:	2.24	37	86
Komponente 3:	0.33	5	91
Komponente 4:	0.26	4	95
Komponente 5:	0.19	3	99
Komponente 6:	0.09	1	100

Abbildung 11.1: Eigenwerte und Anteile erklärter Varianz (gerundet)

Bedeutung der Eigenwerte

- Jede Hauptkomponente hat einen Eigenwert.
- Die Größe des jeweiligen Eigenwerts beschreibt den ANTEIL DER GESAMTVARIANZ in den Daten, die durch diese Komponente erklärt wird. Je größer die Anzahl der Items, die in einem der oben genannten Schritte zu einer Gruppe zusammengefasst werden, und je höher die Korrelationen innerhalb dieser Gruppe sind, umso größer wird auch der Eigenwert der entsprechenden Hauptkomponente (der durch diese Gruppe gebildet wird) sein.
- Die Größe des Eigenwerts entspricht dem ERKLÄRUNGSWERT der Hauptkomponente.
- Hat eine Komponente nur einen kleinen Eigenwert, dann trägt sie nur wenig zur Erklärung der Gesamtstreuung bei und kann im Vergleich zu anderen Hauptkomponenten mit großem Eigenwert als unwichtig ignoriert werden. Die Anzahl der Items in dieser Gruppe ist klein, die Korrelationen der Items untereinander sind relativ niedrig und die Korrelationen zu Items anderer Gruppen sind relativ hoch.

Die Ausgangsvariablen (Items) werden standardisiert, d. h., die Werte werden so transformiert, dass ihr Mittelwert 0 und ihre Varianz 1 ist (s. Fußnote auf Seite 386). Dann ist die Gesamtvarianz gleich der Anzahl der Variablen (in unserem Beispiel also 6). Die Summe der Eigenwerte ist daher auch 6. Man kann für jeden Eigenwert den Anteil erklärter Varianz ausrechnen. Dazu dividiert man den Eigenwert durch die Anzahl der Variablen.

Für unser Beispiel des Selbstkonzepts von Studierenden sind die Eigenwerte und die Anteile erklärter Varianz in ▶ Abbildung 11.1 dargestellt.

Man sieht, dass die erste Komponente einen Eigenwert von 2.9 hat und 48 % der Gesamtvarianz ausschöpft. Die zweite Komponente hat einen Eigenwert von 2.2 und erklärt 37 %, gemeinsam erklären sie 86 % der Gesamtvarianz. Alle anderen Hauptkomponenten haben nur sehr kleine Eigenwerte und können vernachlässigt werden.

Eine der Faustregeln zur Bestimmung der Anzahl von Hauptkomponenten ist das EIGENWERT-KRITERIUM.

> **Eigenwert-Kriterium:**
> Es werden alle Hauptkomponenten berücksichtigt, die einen Eigenwert größer als 1 haben.
>
> Der Grund ist, dass Hauptkomponenten mit einem Eigenwert kleiner als 1 weniger Erklärungswert haben als die ursprünglichen Variablen.

Dies ist eine zwar eindeutige, aber rigide Regel, deren Anwendung in der Praxis oft fehlschlägt, wenn man sinnvoll interpretierbare Hauptkomponenten gewinnen will. In unserem Beispiel passt diese Regel allerdings gut.

Eine Alternative ist der sogenannte Scree-Plot. Bei diesem grafischen Verfahren trägt man die Eigenwerte auf der y-Achse und die Hauptkomponentennummer auf der x-Achse auf und verbindet diese mit einer Linie (für unser Beispiel ▶ Abbildung 11.2).

Der Scree-Plot beruht darauf, dass meistens der erste oder die ersten Hauptkomponenten hohe Eigenwerte haben, die aber rasch kleiner werden. Ab einer bestimmten Stelle bleiben sie dann auf recht niedrigem Niveau relativ konstant, es gibt einen Knick oder „Ellbogen".

> **Scree-Plot-Kriterium:**
> Es werden alle Hauptkomponenten berücksichtigt, die im Scree-Plot links der Knickstelle (des Ellbogens) liegen.
>
> Gibt es mehrere Knicks, dann wählt man jene Hauptkomponenten, die links vor dem rechtesten Knick liegen.

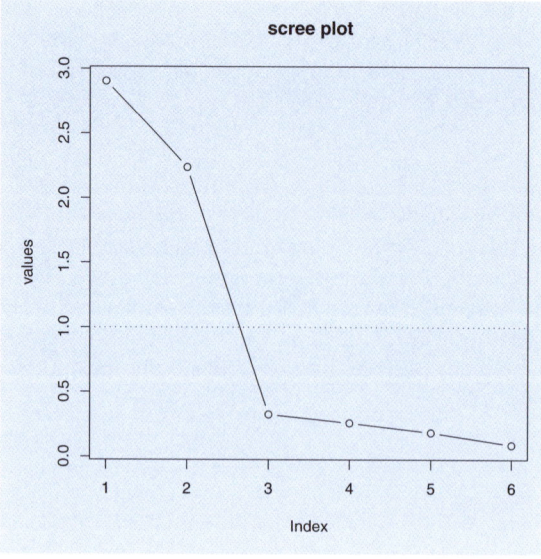

Abbildung 11.2: Scree-Plot für das Selbstkonzept-Beispiel

Bedeutsam sind nach diesem Kriterium nur Hauptkomponenten, die links vor dem Knick oder Ellbogen liegen. Das Wort „Scree" heißt Geröll oder Geröllhalde. Dasjenige, das zum Berg gehört, ist bedeutsam, das Geröll kann ignoriert werden. Das Problem ist manchmal, dass man nicht so genau weiß, was noch Berg und was schon Geröll ist, oder es gibt mehrere Knicks. Gibt es gar keinen Knick, dann hilft der Scree-Plot nicht weiter.

Für beide Kriterien gilt, dass sie nur als grobe Orientierungshilfe betrachtet werden sollten. Am besten man kombiniert beide Methoden. Das Wichtigste ist, dass die Hauptkomponenten inhaltlich sinnvoll interpretiert werden können.

In unserem Beispiel stimmen beide Kriterien überein, auch der Scree-Plot (▶ Abbildung 11.2) legt die Wahl von zwei Hauptkomponenten nahe.

Wie interpretiert man die Hauptkomponenten?

Eines der Ergebnisse, die man bei der Berechnung einer Hauptkomponentenanalyse erhält, ist die KOMPONENTENLADUNGSMATRIX (oder kurz Komponentenmatrix). Sie enthält die sogenannten KOMPONENTENLADUNGEN. Für das Selbstkonzept-Beispiel sieht sie folgendermaßen aus (▶ Abbildung 11.3).

Die Komponentenladungen sind die Korrelationskoeffizienten zwischen den ursprünglichen Variablen (Zeilen) und den Hauptkomponenten (Spalten). Man kann nun die Hauptkomponenten interpretieren, indem man jene Variablen sucht, die eine hohe Korrelation zu einer Komponente zeigen. Man muss einen „Namen" für die gemeinsamen Eigenschaften der Items finden, die hoch auf einer Komponente laden.

Komponentenladungsmatrix:
gibt an, wie stark jede Variable auf einer Komponente „lädt".
   Faustregel (für Absolutbetrag der Ladung):

■ > 0.7 ... sehr hoch
■ 0.5–0.69 ... hoch
■ 0.3–0.49 ... dürftig
■ < 0.3 ... sehr dürftig

Für unser Beispiel sehen wir in der Tabelle in ▶ Abbildung 11.3, dass alle Items auf der ersten Komponente hoch bis sehr hoch positiv laden, d. h., alle Items weisen eine

	Komponente	
Item	1	2
A1	0.66	0.63
A2	0.59	0.67
A3	0.62	0.69
B1	0.74	-0.58
B2	0.80	-0.51
B3	0.74	-0.55

Abbildung 11.3: Komponentenmatrix: Komponentenladungen für das Selbstkonzept-Beispiel

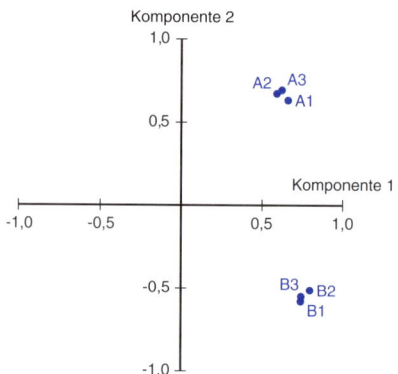

Abbildung 11.4: Komponentenladungen für das Selbstkonzept-Beispiel

hohe Korrelation zur neuen Variable auf. Ähnlich sieht es für die zweite Komponente aus, alle Items zeigen hohe Korrelationen, der Unterschied ist, dass die Items der Gruppe B negative Ladungen zeigen. Das heißt, dass Personen mit hohen Werten bei den Items B1 bis B3 niedrige Werte auf der zweiten Komponente aufweisen. Das ist relativ schwer zu interpretieren.

Hier hilft uns aber eine einfache Grafik weiter. Wenn wir die Ladungen in einem Streudiagramm darstellen, dessen Achsen die beiden Hauptkomponenten bilden, dann erhalten wir folgendes Bild (▶ Abbildung 11.4)

Generell kann man eine solche Grafik so interpretieren, dass Items, die nahe bei einer Achse (einer Hauptkomponente) liegen, eine starke Beziehung zu dieser haben. Je weiter sie dabei vom Ursprung entfernt sind, umso wichtiger sind sie für diese Komponente.

Hätten wir es nicht schon gewusst, dann könnten wir anhand der Grafik (▶ Abbildung 11.4) erkennen, dass es zwei Hauptkomponenten gibt, die klar durch die beiden Gruppen von Punkten repräsentiert werden. Aus den Ladungen in der Tabelle (▶ Abbildung 11.3) hätte man diese beiden Gruppen nicht so leicht ablesen können. Die Gruppen liegen in der Mitte zwischen den beiden Achsen und stehen daher mit beiden in Zusammenhang. Wir wollen aber Hauptkomponenten, die möglichst unabhängig voneinander sind, d. h., dass die Items eindeutig einer der Hauptkomponenten zugeordnet werden können, also auf einer der Achsen liegen (oder zumindest sehr nahe bei einer Achse positioniert sind). Dann könnten wir die Achsen auch besser interpretieren.

Grafisch geht das ganz leicht. Man muss nur die Achsen so drehen bzw. ROTIEREN, dass sie durch die Itemgruppen gehen. In ▶ Abbildung 11.5 kann man sehen, was passiert, wenn die Achsen rotiert werden.

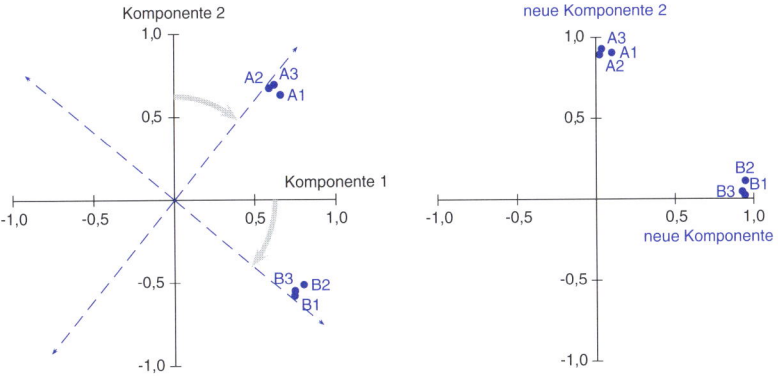

Abbildung 11.5: Unrotierte und rotierte Achsen

Rotation der Komponentenstruktur

Das Koordinatensystem, das die Komponentenstruktur abbildet, wird so gedreht, dass die Variablen (Items) möglichst nahe an den gedrehten Achsen zu liegen kommen, wobei das Ziel ist, dass jede Variable mit möglichst nur einer Komponente in Beziehung steht.

■ Das Muster ist üblicherweise klarer und es gibt einfachere Lösungen, die leichter zu interpretieren sind.

■ Es entsteht eine Neuverteilung der Korrelationen zwischen Variablen und Hauptkomponenten.

■ Der Erklärungswert einzelner Hauptkomponenten ändert sich im Sinne einer gleichmäßigeren Verteilung (im Gegensatz zu den ursprünglich erhaltenen Eigenwerten). Das heißt, der Erklärungswert der zweitwichtigsten (drittwichtigsten etc.) Hauptkomponenente fällt nicht so gegenüber der ersten Komponente ab wie bei der unrotierten Lösung. Insgesamt verändert sich der Anteil an erklärter Varianz durch die einmal extrahierten Hauptkomponenten aber nicht.

■ Es gibt eine Vielzahl von Methoden zur Rotation der Hauptkomponenten. Man unterscheidet in ORTHOGONALE und SCHIEFWINKELIGE (OBLIQUE). Bei orthogonaler Rotation bleiben die rechten Winkel zwischen den Hauptkomponenten erhalten (die Bedeutung ist, dass die Hauptkomponenten unkorreliert sind), bei schiefwinkeligen Rotationen erlaubt man Korrelationen zwischen den Hauptkomponenten. Aus verschiedenen Gründen (wie z. B. starke Stichprobenabhängigkeit) vermeidet man schiefwinkelige Rotationen besser.

■ Unter den orthogonalen Methoden wird am häufigsten die sogenannte VARIMAX-Rotation verwendet. Sie transformiert die Achsen so, dass für jede Komponente (jede Spalte in der Komponentenladungsmatrix) einige (wenige) Items hohe Ladungen, die anderen Items aber Ladungen nahe null haben. Eine andere Methoden ist Quartamax, bei der angestrebt wird, dass für jedes Item (jede Zeile in der Komponentenladungsmatrix) hohe Ladungen noch höher, niedrige aber noch niedriger werden. Equamax ist ein Kompromiss zwischen diesen beiden Methoden.

Für unser Beispiel liegen die Punkte nach der Rotation alle sehr nahe an den Achsen. Sie sind jetzt klar zuordenbar und die Achsen lassen sich viel leichter interpretieren. Wir ziehen den Schluss, dass die erste Komponente durch die Items B1–B3, die zweite durch A1–A3 charakterisiert ist. Wir benennen die erste Komponente „akademisches Selbstkonzept" (als Überbegriff der auf ihm hoch ladenden Items B1–B3) und die zweite „soziales Selbstkonzept" (Überbegriff für Items A1–A3). Die neue, rotierte Komponentenmatrix sieht jetzt so aus (▶ Abbildung 11.6).

Wie schon aus der Grafik (▶ Abbildung 11.5) ersichtlich, haben sich die Ladungen so verändert, dass jede Itemgruppe sehr hohe Werte auf der einen, aber nur sehr kleine auf der anderen Komponente aufweist. Diese Struktur ist nach der Rotation auch in der Komponentenmatrix schön zu sehen und man kann sie leichter zur Interpretation heranziehen, ohne auf Grafiken zurückgreifen zu müssen. Das ist dann wichtig, wenn man eine größere Zahl von Hauptkomponenten extrahiert hat, weil in diesem Fall viele zweidimensionale Grafiken entstehen (bei 5 Hauptkomponenten sind das schon $5 \times 4/2 = 10$), die man alle gleichzeitig betrachten müsste. Tabellarisch geht das einfacher. Man kann sich bei der Interpretation auch helfen, indem man aus der Komponentenmatrix die kleinen Ladungen ausblendet (wie in ▶ Abbildung 11.7).

Natürlich überrascht uns dieses Ergebnis nicht, da wir ja in diesem Beispiel von Anfang an die Lösung gewusst haben. In der Praxis kennen wir die Lösung aber nicht oder haben nur eine (manchmal vage) Vorstellung von der zugrunde liegenden Struktur. Die Rotation von Achsen ist meist ein sehr geeignetes Hilfsmittel, die Interpretation zu erleichtern.

	rotierte Komponente	
Item	1	2
A1	0.09	0.91
A2	0.02	0.89
A3	0.03	0.93
B1	0.94	0.04
B2	0.94	0.12
B3	0.92	0.06

Abbildung 11.6: Rotierte Komponentenmatrix

	rotierte Komponente	
Item	1	2
A1		0.91
A2		0.89
A3		0.93
B1	0.94	
B2	0.94	
B3	0.92	

Abbildung 11.7: Rotierte Komponentenmatrix, in der die kleinen Ladungen ausgeblendet sind

Allgemeine Aspekte der Interpretation von Hauptkomponenten

- Es muss für jede Komponente ein Überbegriff für jene Variablen (Items) gefunden werden, die hoch auf ihr laden. Die inhaltliche Bedeutung, die einer Komponente beigemessen wird, beruht üblicherweise auf sorgfältigen Überlegungen, was die Variablen mit hohen Ladungen eigentlich gemeinsam haben.
- Hauptkomponenten sind orthogonal, d. h. unkorreliert (wenn man nicht schiefwinkelige Rotationen verwendet). Das bedeutet für die Namensgebung, dass die Komponenten auch begrifflich als voneinander unabhängig aufgefasst werden sollten – alle Kombinationen von hoch/niedrig bei allen Hauptkomponenten sollten möglich sein. (Beim Selbstkonzept-Beispiel sollte es z. B. möglich sein, dass man entweder gerne oder nicht gerne mit Leuten beisammen ist, egal ob eine stark oder schwach zu akademischen Beschäftigungen neigt.)
- Lädt ein Item hoch auf zwei Komponenten (bei einer sonst zufriedenstellenden Komponentenstruktur), dann sollte man sich einen Aspekt dieses Items überlegen, der den beiden Komponenten gemeinsam ist, aber begrifflich (stark) mit anderen Komponenten kontrastiert, bei denen die Ladungen klein sind. Dieser Aspekt ist dann den beiden Komponenten gemeinsam, für die die Ladungen hoch sind.
- Hauptkomponenten müssen anders benannt werden als eine bestimmte ursprüngliche Variable. (Hauptkomponenten sind aus den ursprünglichen Variablen aggregiert und daher sollten ihre Namen das Aggregat widerspiegeln. Durch eine spezifische Variable werden sie nur unzureichend beschrieben.)
- Falls es sehr schwer bzw. unmöglich ist, einen Namen für die gemeinsamen Aspekte einer Komponente zu finden:
  - Versuch mit einer anderen Zahl von Hauptkomponenten
  - Weglassen von Variablen mit niedrigen Kommunalitäten (siehe Seite 398)

  Es sollten die Daten nicht vergewaltigt werden. Im Zweifelsfall ist es besser, eine andere Analysemethode zu suchen.

11.1.2 Anwendung der Hauptkomponentenanalyse

Wir wollen uns nun einem komplexeren Beispiel zuwenden, wie es in der Praxis auftaucht und an dem wir Strategien zur Analyse multidimensionaler Daten besprechen werden.

Fallbeispiel 31: Eigenschaften von Supermärkten

Datenfile: `superm.dat`

In einer repräsentativen Studie an 637 Personen in Wales untersuchten Hutcheson und Moutinho (1998) Charakteristika von Supermärkten. Die befragten Personen sollten unter anderem die Wichtigkeit folgender Eigenschaften auf einer Skala, die von 1 (wenig wichtig) bis 5 (sehr wichtig) reichte, beurteilen:

- Angebot an Nichtlebensmitteln
- offene Kassen
- Expresskassen
- Babyeinrichtungen
- Tankstelle
- Restaurant bzw. Cafeteria
- Stammkundenrabatt
- Parkplätze
- günstiger Standort
- Kundenservice und Beratungseinrichtung

- Häufigkeit von Sonderangeboten
- Freundlichkeit des Personals
- generelle Atmosphäre
- Hilfe beim Einpacken
- Länge der Schlangen bei Kassen
- niedrige Preise
- Qualität der Frischprodukte
- Qualität verpackter Produkte
- Qualität der Einkaufswagen
- Angebot von Lieferungen

Können die Eigenschaften von Supermärkten zu wenigen Schlüsseldimensionen zusammengefasst werden?

Wie schon in Abschnitt 11.1.1 dargestellt, geht man bei der Berechnung einer Hauptkomponentenanalyse in mehreren Schritten vor.

1. Prüfen der Voraussetzungen: Linearität, Kaiser-Meyer-Olkin (KMO)-Statistik
2. Erste Berechnung: Versuch einer Standardlösung
3. Verfeinerung: Ändern der Anzahl extrahierter Hauptkomponenten

Prüfen der Voraussetzungen

Da die Hauptkomponentenanalyse auf Kovarianzen bzw. Korrelationen beruht, ist es sinnvoll, sich diese näher anzusehen. Korrelationskoeffizienten werden am stärksten durch Ausreißer bzw. Nichtlinearitäten beeinflusst. Hierzu könnte man die Variablen paarweise in Streudiagrammen darstellen und auf Auffälligkeiten untersuchen. Eventuell kann man durch Transformationen (bei Nichtlinearitäten) oder Weglassen von Ausreißern (was aber problematisch sein kann) die Situation verbessern. Oder man entscheidet sich, die betreffende Variable ganz aus der Analyse zu nehmen.

Eine weitere Voraussetzung liegt in der zugrunde liegenden statistischen Methodik: Die Kennzahlen Mittelwert und Varianz sollten für die Ausgangsvariablen sinnvoll berechenbar sein, da sonst die Eigenwertberechnung nur dazu führt, dass die neuen Variablen unkorreliert sind, aber nicht notwendigerweise eine sinnvolle Gruppierung der Items zustande kommt. Das setzt aber eigentlich voraus, dass die Daten metrische Eigenschaften haben und einer Normalverteilung folgen. Wenn man aber den explorativen Charakter bei der Anwendung einer Hauptkomponentenanalyse in den Mittelpunkt stellt, wird man diese restriktiven Annahmen möglicherweise aufweichen.

Eine generelle Prüfung, ob die Daten überhaupt für eine Hauptkomponentenanalyse geeignet sind, kann mittels der Kaiser-Meyer-Olkin (KMO)-Statistik erfolgen. Vereinfacht gesagt gibt diese Statistik das Ausmaß an Korrelation an, das in den Daten steckt, und berücksichtigt dabei auch das Ausmaß an partieller Korrelation, also wie stark die Korrelation zweier Variablen durch die Korrelation mit anderen Variablen beeinflusst wird. Je höher der Wert der KMO-Statistik, die zwischen 0 und 1 liegen kann, umso eher wird man zu einer befriedigenden Hauptkomponentenlösung kommen. Werte unter 0.5 gelten als nicht akzeptabel, solche die größer als 0.8 sind, als sehr gut.

Ein weiteres Kriterium dafür, ob es sinnvoll ist, eine Hauptkomponentenanalyse anzuwenden, ist es zu untersuchen, ob die Variablen überhaupt untereinander korrelieren. Ein gängiges Verfahren dafür ist der Bartlett-Test, der die Nullhypothese testet, dass alle Korrelationen null sind. In der Praxis kommt das nur sehr selten vor. Ein nicht signifikanter Wert wäre ein Alarmsignal.

Wir wollen dies für unsere Daten überprüfen. Zur Berechnung der Hauptkomponentenanalyse werden wir vor allem das R-Package **psych** (Revelle, 2010) verwenden. Für die KMO-Statistik benötigen wir auch das Package **rela** (Chajewski, 2009). Wir laden zunächst diese beiden Packages und lesen dann das Datenfile mit den Supermarktdaten `superm.dat`. Die 20 Items mit den Variablennamen q08a bis q08n und q08q bis q08v finden sich in den Spalten 6 bis 25. Diese Daten speichern wir unter smd ab, wobei wir noch Personen mit fehlenden Werten entfernen.

R

```
> smarkt <- read.table("smarkt.dat", header = TRUE)
> smd <- na.omit(smarkt[, 6:25])
```

R

```
> smarkt <- read.table("Rdata/smarkt.dat", header = TRUE)
> smd <- na.omit(smarkt[, 6:25])
```

Mittels `nrow(smd)` können wir uns überzeugen, dass wir nun 497 Personen zur Verfügung haben. Außerdem wollen wir noch die Variablennamen q08a bis q08n sowie q08q bis q08v durch Kurzbezeichnungen zur Erleichterung der Interpretation ersetzen.

```
> itemnam <- c("Nichtlebensmittel", "offene Kassen",
+     "Expresskassen", "Babyeinrichtungen", "Tankstelle",
+     "Restaurant", "Stammkundenrabatt", "Parkplätze",
+     "Standort", "Kundenservice", "Sonderangebote",
+     "Freundlichkeit", "Atmosphäre", "Einpackhilfe",
+     "Schlangen Kassen", "Preise", "Qual.Frischprod.",
+     "Qual.verp.Prod.", "Qual.Wagen", "Zustellung")
> colnames(smd) <- itemnam
```

Die KMO- und die Bartlett-Statistik sind im Output-Objekt der Funktion paf() aus dem **rela**-Package enthalten. Wir berechnen sie mittels

```
> library("rela")
> paf.obj <- paf(as.matrix(smd))
> cat("KMO Statistik:", paf.obj$KMO, " Bartlett-Statistik:",
+     paf.obj$Bartlett, "\n")
```

KMO Statistik: 0.85576   Bartlett-Statistik: 3036

Das **psych**-Package enthält eine etwas informativere Implementierung des Bartlett-Tests, allerdings benötigt man hier die Korrelationsmatrix und die Anzahl der Beobachtungen als Eingabe. Man erhält das Ergebnis mittels

```
> library("psych")
> bart <- cortest.bartlett(cor(smd), n = nrow(smd))
> unlist(bart)
```

```
chisq p.value      df
 3036       0     190
```

Der Wert für die KMO-Statistik ist 0.856. Dies deutet daraufhin, dass die Daten für eine Hauptkomponentenanalyse brauchbar sind. Der Bartlett-Test ist hochsignifikant und spricht nicht gegen die Anwendung der Hauptkomponentenanalyse.

Berechnung einer ersten Lösung nach Standardvorgaben

In R gibt es verschiedene Möglichkeiten, eine Hauptkomponentenanalyse zu berechnen. Wir verwenden die Funktion principal() aus dem Package **psych**, mit dem wir schon den Bartlett-Test berechnet haben. Da wir in principal() die Anzahl zu extrahierender Komponenten angeben müssen, wollen wir zur Orientierung zunächst einen Scree-Plot (▶ Abbildung 11.8) ansehen. Einen solchen kann man mit der Funktion VSS.scree aus dem **psych**-Package erzeugen.

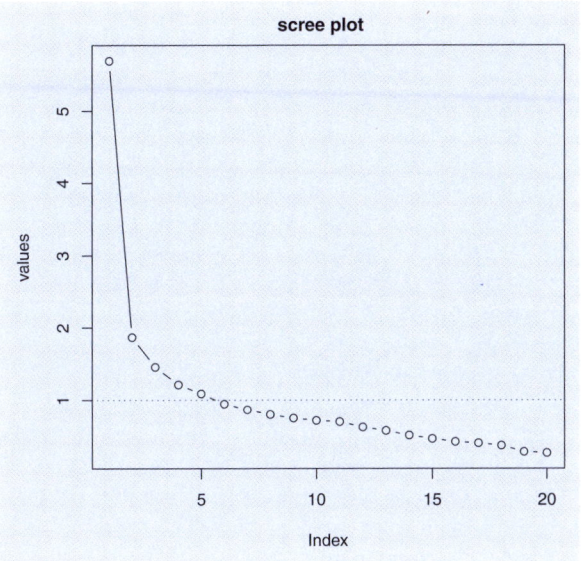

Abbildung 11.8: Scree-Plot für das Supermarktbeispiel

R

```
> VSS.scree(smd, lty = "dotted")
```

Der Plot weist darauf hin, dass nur zwei bis drei Hauptkomponenten gewählt werden sollten, allerdings haben fünf Hauptkomponenten einen Eigenwert größer als eins. Daher wollen wir als ersten Ansatz fünf Komponenten extrahieren und vorerst keine Rotation durchführen.

R

```
> pca.smd <- principal(smd, 5, rotate = "none")
> pca.smd$criteria <- NULL
> pca.smd
```

```
Principal Components Analysis
Call: principal(r = smd, nfactors = 5, rotate = "none")
Standardized loadings based upon correlation matrix
                      PC1   PC2   PC3    PC4    PC5   h2   u2
Nichtlebensmittel    0.48  0.50  0.10  -0.12  -0.10 0.52 0.48
offene Kassen        0.46  0.46  0.02  -0.15   0.34 0.56 0.44
Expresskassen        0.45  0.10  0.26  -0.41   0.28 0.52 0.48
Babyeinrichtungen    0.41  0.38  0.12   0.26  -0.01 0.40 0.60
Tankstelle           0.50  0.50 -0.51   0.02  -0.04 0.76 0.24
Restaurant           0.46  0.39  0.31   0.17  -0.27 0.56 0.44
```

Stammkundenrabatt	0.57	0.19	0.10	-0.18	-0.26	0.47	0.53
Parkplätze	0.42	0.34	-0.66	0.01	0.03	0.73	0.27
Standort	0.35	-0.18	-0.09	-0.45	0.44	0.56	0.44
Kundenservice	0.77	-0.13	0.11	-0.11	0.05	0.63	0.37
Sonderangebote	0.64	-0.08	0.18	-0.28	-0.36	0.66	0.34
Freundlichkeit	0.72	-0.36	0.00	0.01	-0.01	0.65	0.35
Atmosphäre	0.66	-0.34	-0.01	0.10	0.18	0.60	0.40
Einpackhilfe	0.50	0.08	0.25	0.30	-0.10	0.42	0.58
Schlangen Kassen	0.62	-0.17	0.04	-0.17	-0.06	0.45	0.55
Preise	0.43	-0.40	0.01	-0.19	-0.38	0.53	0.47
Qual.Frischprod.	0.54	-0.26	-0.33	0.31	-0.16	0.59	0.41
Qual.verp.Prod.	0.58	-0.31	-0.16	0.31	0.10	0.56	0.44
Qual.Wagen	0.59	-0.17	-0.12	0.28	0.29	0.55	0.45
Zustellung	0.23	0.10	0.55	0.39	0.32	0.61	0.39

	PC1	PC2	PC3	PC4	PC5
SS loadings	5.69	1.87	1.46	1.21	1.09
Proportion Var	0.28	0.09	0.07	0.06	0.05
Cumulative Var	0.28	0.38	0.45	0.51	0.57

Wir erhalten wieder eine ganze Menge Output, aber zunächst interessiert uns, wie viel Erklärungswert einzelne Items insgesamt liefern. Dies kann man an den Kommunalitäten, in der Spalte unter h2, sehen.

Die KOMMUNALITÄT eines Items ist die Summe der quadrierten Ladungen auf allen extrahierten Komponenten. Ist die Kommunalität eines Items niedrig, wird es durch die extrahierten Komponenten nicht gut repräsentiert. Möglicherweise sollte dieses Item aus der Analyse entfernt werden. In unserem Beispiel gibt es keine sehr niedrigen Werte, daher belassen wir alle Items in der Analyse. Es sei noch erwähnt, dass sich die Kommunalitäten durch Rotationen nicht verändern.

Als Nächstes wollen wir die extrahierten Hauptkomponenten (PC1 bis PC5, PC steht für Principal Component), insbesondere ihre Eigenwerte, untersuchen. Wir haben die fünf Hauptkomponenten mit Eigenwerten größer 1 extrahiert. Die fünf Eigenwerte finden wir im Output unten in der Zeile SS loadings. Den Anteil an der Gesamtvarianz, den sie erklären, gibt die Zeile Proportion Var an, aufsummiert sind die Varianzanteile in der Zeile Cumulative Var. Insgesamt werden also durch die fünf Komponenten 57 % der Gesamtvarianz erklärt. Das ist kein besonders hoher Wert, allerdings scheint die Hinzunahme weiterer Variablen zur Erhöhung des Erklärungswerts nicht sinnvoll, da alle weiteren Eigenwerte kleiner als 1 sind. Wie erwähnt, würde der Scree-Plot (▶ Abbildung 11.8) eher darauf hinweisen, dass selbst fünf Hauptkomponenten zu viele sind und nur zwei bis drei Hauptkomponenten gewählt werden sollten.

Wir müssen also einen Kompromiss finden, den wir danach richten, wie gut und sinnvoll sich die Komponenten interpretieren lassen. Dazu sehen wir uns die Ladungsmatrix an. Diese ist im Output aus zwei Gründen sehr unübersichtlich. Erstens gibt es viele kleine Ladungen, die nicht viel zur Interpretation beitragen, und zweitens sollten wir die Komponenten rotieren, um ein klareres Bild zu bekommen. Besser wäre es, die Ausgabe so zu spezifizieren, dass die Items nach der Größe ihrer Ladungen sortiert und kleinere Ladungen unterdrückt werden.

Nachdem wir noch einmal die Hauptkomponentenanalyse ohne die Option `rotate` berechnet haben (die Voreinstellung ist Varimax-Rotation) und die nicht interessierenden Teile für den Output unterdrückt haben, können wir die Ladungen sortiert mittels der Option `sort` und auf zwei Dezimalstellen gerundet ausgeben.

R

```
> pca.smdr <- principal(smd, 5)
> pca.smdr$criteria <- NULL
> print(pca.smdr, cut = 0.5, sort = TRUE, digits = 2)
```

```
Principal Components Analysis
Call: principal(r = smd, nfactors = 5)
Standardized loadings based upon correlation matrix
```

	item	RC1	RC2	RC5	RC3	RC4	h2	u2
Qual.verp.Prod.	18	0.73					0.57	0.43
Atmosphäre	13	0.69					0.61	0.39
Qual.Wagen	19	0.68					0.54	0.46
Qual.Frischprod.	17	0.64					0.58	0.42
Freundlichkeit	12	0.63					0.64	0.36
Kundenservice	10						0.63	0.37
Restaurant	6		0.69				0.56	0.44
Zustellung	20		0.58				0.61	0.39
Babyeinrichtungen	4		0.58				0.40	0.60
Einpackhilfe	14		0.52				0.41	0.59
Nichtlebensmittel	1		0.52				0.52	0.48
Sonderangebote	11			0.73			0.65	0.35
Preise	16			0.66			0.53	0.47
Stammkundenrabatt	7			0.51			0.47	0.53
Schlangen Kassen	15						0.44	0.56
Parkplätze	8				0.82		0.73	0.27
Tankstelle	5				0.81		0.75	0.25
Expresskassen	3					0.66	0.53	0.47
Standort	9					0.66	0.56	0.44
offene Kassen	2					0.54	0.56	0.44

	RC1	RC2	RC5	RC3	RC4
SS loadings	3.06	2.32	2.27	1.93	1.73
Proportion Var	0.15	0.12	0.11	0.10	0.09
Cumulative Var	0.15	0.27	0.38	0.48	0.57

Auf den ersten Blick sieht das Ergebnis vielversprechend aus. Es laden immer mehrere Items (mindestens zwei) hoch (>0.5) auf einer Komponente (die jetzt mit RC1 bis RC5 bezeichnet werden, RC steht für Rotated Component). Außerdem gibt es keine Items, die auf mehr als einer Komponente hoch laden. Auch der Versuch, die Komponenten inhaltlich zu interpretieren, führt zu einem befriedigenden Ergebnis. (Die ursprünglichen Itemnummern werden in der Spalte `item` angegeben.)

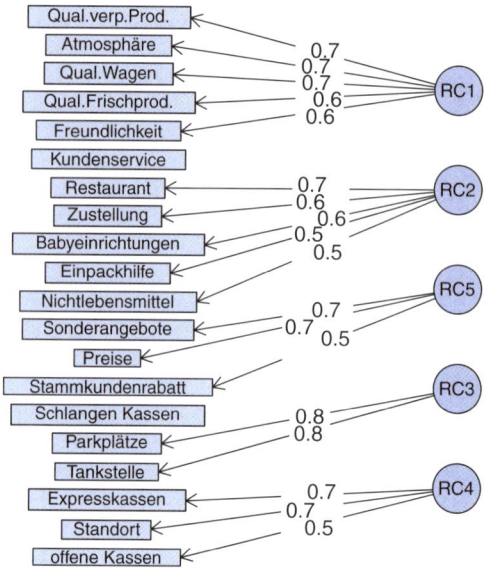

Abbildung 11.9: Zuordnung der Items (mit Ladungen > 0.5) zu den Komponenten

So könnte man die Items, die auf der ersten Komponente hoch laden, mit dem *Begriff Qualität von Produkten und Personal* zusammenfassen. Die zweite Komponente beschreibt die *Verfügbarkeit zusätzlicher Services*, die dritte das *Preis-Leistungs-Verhältnis* und die vierte *Einrichtungen für Autos*. Schließlich könnte man noch die Items der fünften Gruppe mit *Bequemlichkeit* bezeichnen.

Mit der Funktion `fa.diagram()` kann man das Ergebnis auch grafisch darstellen (▶ Abbildung 11.9). Die verwendeten Optionen `cex` und `rsize` dienen zur Skalierung der Schriftgröße und der Rechtecke. Diese wählt man nach der Länge der Bezeichnungen. Um eine schöne Grafik zu erhalten, muss man meist ein bisschen herumspielen. Die Definition `main = ""` unterdrückt den Titel.

R

```
> fa.diagram(pca.smdr, cut = 0.5, cex = 0.8, rsize = 0.5,
+     main = "")
```

Durch die Rotation haben sich natürlich auch die Eigenwerte der Komponenten geändert, die etwas über den durch die Komponenten erklärten Anteil an der Gesamtvarianz aussagen. Der Vergleich mit der Ausgabe der ersten Berechnung (auf Seite 397) zeigt, dass die Varianzanteile jetzt gleichmäßiger über die fünf extrahierten Komponenten verteilt sind.

Verfeinerung der Lösung

Selten ist man mit der ersten Lösung zufrieden, meistens wird man verschiedene Anzahlen von Hauptkomponenten extrahieren (möglicherweise auch andere Rotationsmethoden und andere Darstellungsformen der Ladungen, z. B. eine andere Grenze als 0.5 für die Unterdrückung der Anzeige, verwenden). Das Ziel ist, abzuklären, welche Lösung am sinnvollsten ist und man am besten interpretieren kann. Der Scree-Plot in ▶ Abbildung 11.8 gab den Hinweis, dass eigentlich nur zwei Komponenten extrahiert werden sollten. Wir wollen das überprüfen.

R

```
> pca.smd2 <- principal(smd, 2)
> pca.smd2$criteria <- NULL
> print(pca.smd2, cut = 0.5, sort = TRUE, digits = 2)
```

```
Principal Components Analysis
Call: principal(r = smd, nfactors = 2)
Standardized loadings based upon correlation matrix
```

	item	RC1	RC2	h2	u2
Freundlichkeit	12	0.79		0.647	0.35
Atmosphäre	13	0.73		0.552	0.45
Kundenservice	10	0.68		0.599	0.40
Qual.verp.Prod.	18	0.65		0.437	0.56
Schlangen Kassen	15	0.59		0.406	0.59
Preise	16	0.59		0.351	0.65
Qual.Frischprod.	17	0.58		0.351	0.65
Qual.Wagen	19	0.57		0.378	0.62
Sonderangebote	11	0.55		0.411	0.59
Standort	9			0.157	0.84
Tankstelle	5		0.70	0.498	0.50
Nichtlebensmittel	1		0.69	0.481	0.52
offene Kassen	2		0.64	0.416	0.58
Restaurant	6		0.59	0.365	0.64
Babyeinrichtungen	4		0.55	0.311	0.69
Parkplätze	8		0.53	0.295	0.70
Stammkundenrabatt	7		0.50	0.366	0.63
Einpackhilfe	14			0.259	0.74
Expresskassen	3			0.212	0.79
Zustellung	20			0.063	0.94

```
                RC1  RC2
SS loadings    4.26 3.30
Proportion Var 0.21 0.16
Cumulative Var 0.21 0.38
```

Man erkennt, dass die Begriffsbildung hier nicht so einfach fällt. Die erste Komponente beschreibt Aspekte des Supermarkts an sich, während die zweite eher zusätzliche Dienstleistungen umfasst. Dazu passt aber das Item, das die Verfügbarkeit genügend offener Kassen festhält, nicht besonders gut. Man würde eher eine höhere Ladung auf der ersten Komponente erwarten. Dies gilt auch für weitere Items, wie Stammkundenrabatt oder Hilfe beim Einpacken, die ihre höchste Ladung (die aber kleiner als 0.5 ist) auch auf der zweiten Komponente haben, aber besser zum ersten passen würden. Insgesamt scheinen bei dieser Lösung verschiedene Aspekte durcheinandergemischt zu sein, was auf mehr Komponenten und daher auf mehr zugrunde liegende Charakteristika von Supermärkten hindeutet.

Auf gleiche Weise kann man nun noch Lösungen mit drei und vier Komponenten berechnen, es zeigt sich aber, dass auch dann die Interpretation nicht so schlüssig ausfallen kann wie bei den zuerst gefundenen fünf Hauptkomponenten. Es bietet sich also an, bei dieser Lösung zu bleiben.

Fallbeispiel 31: Interpretation

Eine Hauptkomponentenanalyse wurde durchgeführt, um eine klarere Struktur der von 497 Konsumenten beurteilten Wichtigkeit von 20 verschiedenen Charakteristika von Supermärkten zu erhalten. Die Zuordnung der Items zu spezifischen Komponenten erlaubt eine einfachere Interpretation der Wichtigkeit verschiedener Supermarkteigenschaften.

Die KMO-Statistik von 0.856 belegt, dass die Korrelationsstruktur in den Daten genügend Information zur Durchführung einer Hauptkomponentenanalyse enthält.

Es wurden fünf Hauptkomponenten extrahiert und nach der Varimaxmethode rotiert. Die fünf Hauptkomponenten mit den hoch (>0.5) auf ihnen ladenden Variablen sind:

	Ladung
Qualität von Produkten und Personal	
Qualität verpackter Produkte	.727
Generelle Atmosphäre	.685
Qualität der Einkaufswagen	.683
Qualität der Frischprodukte	.643
Freundlichkeit des Personals	.634
Verfügbarkeit zusätzlicher Services	
Restaurant bzw. Cafeteria	.686
Angebot von Lieferungen	.581
Babyeinrichtungen	.578
Hilfe beim Einpacken	.524
Angebot an Nichtlebensmittel	.516
Preis-Leistungs-Verhältnis	
Häufigkeit von Sonderangeboten	.733
Niedrige Preise	.659
Stammkundenrabatt	.507
Länge der Schlangen bei Kassen	
Einrichtungen für Autos	
Parkplätze	.819
Tankstelle	.815

	Ladung
Bequemlichkeit	
Expresskassen	.658
günstiger Standort	.656
offene Kassen	.536

Die durchwegs positiven Ladungen besagen, dass Personen mit hohen Werten bei den jeweiligen Items auch hohe Ausprägungen auf der Komponente haben und die jeweilige Eigenschaft als wichtig erachten. (Zwei Items hatten mittlere Ladungen und wurden in der Darstellung nicht berücksichtigt. „Kundenservice und Beratungseinrichtung" lud mit 0.473 auf Komponente RC1 sowie mit 0.438 auf Komponente RC5, während „Länge der Schlangen bei Kassen" einen Ladungswert von 0.472 auf Komponente RC5 aufwies.)

Die fünf extrahierten Hauptkomponenten sind direkt interpretierbar als „Qualität von Produkten und Personal", „Verfügbarkeit zusätzlicher Services", „Preis-Leistungs-Verhältnis", „Einrichtungen für Autos" und „Bequemlichkeit". Ingessamt konnten durch diese Hauptkomponenten 57 % Prozent der Gesamtvarianz erklärt werden, die relative Bedeutsamkeit der Hauptkomponenten (nach der Varimax Rotation) ist:

Komponente	Eigenwert	Prozentsatz erklärter Varianz
Komponente 1 (RC1): Qualität	3.07	15 %
Komponente 2 (RC2): Services	2.32	12 %
Komponente 3 (RC5): Preis-Leistung	2.27	11 %
Komponente 4 (RC3): Autoeinrichtung	1.93	10 %
Komponente 5 (RC4): Bequemlichkeit	1.72	9 %

Supermärkte lassen sich dementsprechend nach fünf Schlüsselmerkmalen charakterisieren. Kunden beurteilen die *Qualität der Waren und des Personals* hoch, wenn sie die Qualität verpackter und frischer Produkte, die Qualität der Einkaufswagen sowie die Freundlichkeit des Personals und die generelle Atmosphäre positiv bewerten. Ebenso wird die *Verfügbarkeit zusätzlicher Dienstleistungen* geschätzt. Dies betrifft die Möglichkeit des Besuchs eines Restaurants oder einer Cafeteria, Einrichtungen zur Versorgung von Säuglingen, die Hilfestellung beim Einpacken der Waren und das Angebot von Hauszustellungen. Das *Preis-Leistungs-Verhältnis* steht an dritter Stelle. Positiv zählen hierbei die Häufigkeit von Sonderangeboten, generell niedrige Preise und Stammkundenrabatte. Weitere wichtige Eigenschaften von Supermärkten beziehen sich auf *Autoeinrichtungen*, d. h. die Verfügbarkeit von Parkplätzen und Tankstellen, sowie auf die *generelle Bequemlichkeit*, d. h., ob der Standort als günstig eingeschätzt wird und ob es genügend offene Kassen bzw. Expresskassen gibt. Je positiver diese einzelne Aspekte beurteilt werden, umso positiver wird die Gesamteinschätzung eines Supermarkts ausfallen.

11.2   Wie kann man die Ergebnisse einer Hauptkomponentenanalyse für weitere Analysen verwenden?

Eine der Zielsetzungen der Hauptkomponentenanalyse war es, eine Vielzahl von Variablen zu einigen wenigen Variablengruppen zusammenzufassen. Diese Variablengruppen oder Hauptkomponenten haben die Bedeutung von neuen Variablen. Wenn man also die Werte der Personen für die neuen Variablen kennt, kann man diese zu weiteren Analysen heranziehen und muss nicht die Vielzahl der ursprünglichen Variablen berücksichtigen. Wie schon im letzten Abschnitt erwähnt, heißen diese neuen Werte Komponentenwerte oder Komponentenscores.

Fallbeispiel 32: Der Qualitätsaspekt bei Supermärkten

Datenfile: `superm_scores.dat`

Die Hauptkomponentenanalyse für die Charakteristika von Supermärkten in Fallbeispiel 31 ergab unter anderem, dass die Qualität der Waren und die Freundlichkeit des Personals ein Schlüsselmerkmal für Supermärkte darstellt.

Ist der Qualitätsaspekt eines Supermarkts für Männer und Frauen gleich wichtig?

Hätten wir keine Hauptkomponentenanalyse durchgeführt, wollten aber die Fragestellung aus dem Fallbeispiel 32 beantworten, so müssten wir diese für jedes einzelne in Frage kommende Item analysieren. Oder wir müssten die Fragestellung für alle auf dieser Komponente hoch ladenden Items beantworten (vorausgesetzt, wir kennen die Ergebnisse der Hauptkomponentenanalyse). Wenn wir aber die Komponentenwerte berechnet haben, dann genügt eine einzelne Analyse, wir verwenden einfach die neue Variable *Qualität*.

Im Prinzip kann man Komponentenwerte so sehen, als wären sie Beobachtungen für die Hauptkomponenten. Der Komponentenwert einer Person (für eine bestimmte Komponente) ist eine Aggregation oder ein Index, gewonnen aus den ursprünglichen Werten. Wir kennen die Werte einer Person für alle Items (die Rohdaten) und ebenso die Beziehung dieser Items zu den Hauptkomponenten (das Ergebnis der Hauptkomponentenanalyse). Aus diesen beiden Informationsbestandteilen lassen sich die Komponentenwerte berechnen.

Es gibt hierzu verschiedene Methoden, die am häufigsten verwendete ist das Verfahren der multiplen Regression. Die Formel, wie man den Komponentenwert für eine der Komponenten, z. B. *Qualität*, für eine bestimmte Person ausrechnen kann, lautet

$$\text{Score Q} = \beta^{Q}_{q08a} \cdot z_{q08a} + \beta^{Q}_{q08b} \cdot z_{q08b} + \ldots + \beta^{Q}_{q08v} \cdot z_{q08v}$$

In dieser Formel bedeutet *ScoreQ* den Komponentenwert, den eine Person für die Komponente Q erhält, z_{q08v} bis z_{q08a} sind die standardisierten Werte dieser Person für die Items „Angebot an Nichtlebensmitteln" bis „Angebot an Lieferungen" (wie in File `superm.dat` definiert). β_{q08a}^{Q} ist das Gewicht, mit dem das Item q08a in Komponente Q eingeht.[3] Diese Formel muss für jede Person für jede Komponente berechnet werden, um alle Komponentenwerte für alle Personen zu erhalten. In R verwenden wir die Option `scores = TRUE` in der Funktion `principal()`, die wir sonst gleich spezifizieren, wie für die zufriedenstellende Lösung der Hauptkomponentenanalyse (für unser Beispiel also wie im vorigen Abschnitt mit fünf Komponenten und Varimax-Rotation). Die Komponentenwerte sind dann im Outputobjekt unter `scores` gespeichert.

R

```
> pca.smd <- principal(smd, 5, scores = TRUE)
> head(pca.smd$scores)
```

	RC1	RC2	RC5	RC3	RC4
25	0.83845	-0.996896	-0.45043	0.21808	-0.033771
57	-0.34081	-1.662159	0.26767	-0.63713	0.368520
66	-1.00422	-0.082169	1.47089	-0.74634	-0.190622
86	0.46983	-0.988098	-0.67017	0.47106	0.976849
87	0.92508	0.305309	1.03001	-0.24809	-1.344472
88	0.92508	0.305309	1.03001	-0.24809	-1.344472

Mittels `head()` haben wir die ersten Fälle aus der Matrix der Komponentenwerte ausgegeben. Die Zeilennummern entsprechen den Fällen, die im Ausgangsdatensatz keine fehlenden Werte aufwiesen. Zur weiteren Verarbeitung speichern wir die Komponentenwerte am besten in einen eigenen Data Frame, z. B. `smd.scores`, und vergeben die Spaltennamen entsprechend den Bezeichnungen für die Komponenten.

R

```
> smd.scores <- data.frame(pca.smd$scores)
> names(smd.scores) <- c("Qual", "Serv", "Preis-Leis",
+      "Auto", "Bequem")
```

Zusätzlich können wir noch weitere Variablen aus dem Ausgangsdatensatz `smd` hinzufügen, für die wir weitergehende Analysen durchführen wollen. Für unser Fallbeispiel benötigen wir die Variable `sex`. Allerdings haben wir nun ein kleines Problem, da wir aus dem Datensatz für die Items `smd` Personen mit fehlenden Werten ausgeschieden haben und diese folglich auch im neuen Data Frame `smd.scores` nicht mehr vorkommen. Der Ausgangsdatensatz `smarkt`, der die Variable `sex` enthält, ist aber vollständig. Wir müssen also aus der Variable `sex` jene Fälle entfernen, die auch in `smd.scores` nicht mehr vorkommen. Zum Glück geben uns die Zeilenbezeichnun-

---

3 Dieses Gewicht wird zunächst für die unrotierte Lösung bestimmt und die Ladung des Items q08a wird durch den Eigenwert der Komponente Q dividiert. Dann werden alle Gewichte genauso rotiert wie die Hauptkomponenten. Durch die Standardisierung der Itemwerte sowie die Division der Ladungen durch den entsprechenden Eigenwert werden auch die jeweiligen *Scores* standardisiert.

gen (`rownames()`) von `smd.scores` genau jene Beobachtungen, die wir benötigen. Wir gehen folgendermaßen vor:

- Zunächst holen wir die Variable `sex` aus `smarkt` heraus und speichern sie in `SEX`.
- Wir erzeugen einen Index (`idx`) aus den Zeilenbezeichnungen von `smd.scores`. Da die Zeilenbezeichnungen vom Typ `character` sind, wir sie aber numerisch brauchen, wandeln wir sie entsprechend mit `as.numeric()` um.
- Anschließend indizieren wir `SEX` mit `idx` und erhalten in `SEX` genau jene Fälle, die wir schon im neuen Data Frame `smd.scores` haben.
- Schließlich fügen wir `SEX` zu `smd.scores` hinzu.

R

```
> SEX <- smarkt$sex
> idx <- as.numeric(rownames(smd.scores))
> SEX <- SEX[idx]
> smd.scores <- data.frame(smd.scores, SEX)
> head(smd.scores)
```

	Qual	Serv	Preis.Leis	Auto	Bequem	SEX
25	0.83845	-0.996896	-0.45043	0.21808	-0.033771	weiblich
57	-0.34081	-1.662159	0.26767	-0.63713	0.368520	männlich
66	-1.00422	-0.082169	1.47089	-0.74634	-0.190622	weiblich
86	0.46983	-0.988098	-0.67017	0.47106	0.976849	weiblich
87	0.92508	0.305309	1.03001	-0.24809	-1.344472	weiblich
88	0.92508	0.305309	1.03001	-0.24809	-1.344472	weiblich

Um die Fragestellung aus Fallbeispiel 32 zu beantworten, wollen wir zunächst die Daten mittels Boxplot darstellen (▶ Abbildung 11.10). Den entsprechenden R-Befehl haben wir schon in Abschnitt 8.1.3 kennengelernt.

R

```
> boxplot(Qual ~ SEX, data = smd.scores)
```

Generell kann man sagen, dass Frauen höhere Werte für Qualität aufweisen (eine genauere numerische Interpretation ist nicht möglich, da Komponentenwerte ja eine gewichtete Summe aller Items des Fragebogens sind). Frauen ist demnach der Qualitätsaspekt wichtiger als Männern. Eine kurze numerische Beschreibung der Daten für diese Fragestellung erhalten wir mit der Funktion `describe.by()` aus dem **psych**-Package.

R

```
> describe.by(smd.scores$Qual, SEX, skew = FALSE)
```

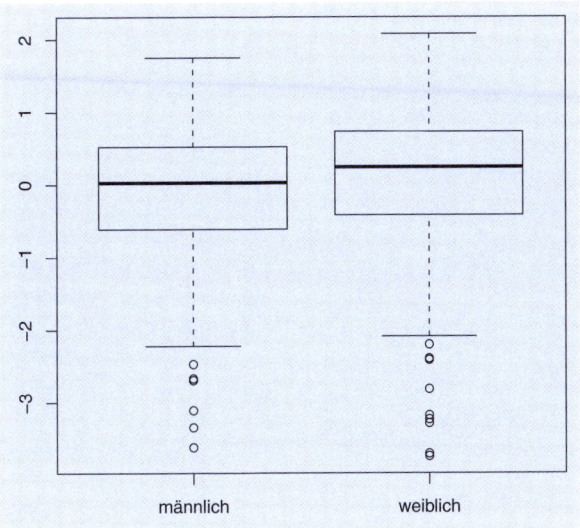

Abbildung 11.10: Komponentenwerte für Qualität nach Geschlecht

```
group: männlich
  var    n   mean    sd median trimmed  mad   min  max range   se
1    1 120 -0.19 1.06   0.03   -0.07 0.84 -3.61 1.75  5.37 0.1
--------------------------------------------------------------
group: weiblich
  var    n mean    sd median trimmed mad   min  max range   se
1    1 371 0.06 0.97   0.24    0.16 0.8 -3.73 2.08  5.81 0.05
```

Wir wollen noch prüfen, ob dieser Unterschied statistisch bedeutsam ist. Dazu verwenden wir (sicherheitshalber wegen der vielen Ausreißer) einen Wilcoxon-Rangsummen-Test (bzw. Mann-Whitney-U-Test) (den R-Befehl findet man auch in Abschnitt 10.2).

R

```
> wilcox.test(Qual ~ SEX, data = omd.scores)
```

```
        Wilcoxon rank sum test with continuity correction

data:  Qual by SEX
W = 18974, p-value = 0.01501
alternative hypothesis: true location shift is not equal to 0
```

Fallbeispiel 32: Supermärkte: Interpretation

Eine Hauptkomponentenanalyse von 20 Items, anhand derer die Wichtigkeit verschiedener Merkmale eines Supermarkts beurteilt wurden, ergab als wichtigste Dimension den Qualitätsaspekt. Zur Beurteilung der Frage, ob dieser Aspekt Frauen oder Männern wichtiger ist, wurde ein Wilcoxon-Rangsummen-Test (bzw. Mann-Whitney-U-Test) für die Komponentenwerte Qualität berechnet. Die Mediane waren 0.24 für Frauen ($N = 371$) und 0.03 für Männer ($N = 120$). Der Test ergab, dass die zweiseitige Nullhypothese (kein Unterschied der Wichtigkeit des Qualitätsaspekts zwischen Männern und Frauen) am 5 %-Niveau verworfen werden musste ($p = 0.015$).

Die Daten zeigen, dass für Frauen die Qualität der Waren und die Freundlichkeit des Personals wichtiger ist als für Männer.

Wir haben in diesem Beispiel eine Komponente als abhängige Variable verwendet. Ebenso könnte man diese als unabhängige Variable definieren, wie etwa zur Analyse einer Fragestellung, ob die Wichtigkeit verschiedener Hauptkomponenten die Wahl eines bestimmten Supermarkts (oder einer Supermarktkette) beeinflusst. Durch die Verwendung (intervallskalierter) Komponentenwerte lassen sich viele Aspekte untersuchen, die sonst auf Grund der Komplexität der ursprünglichen Variablen schwer durchschaubar sind.

11.3 R-Befehle im Überblick

`as.numeric(x)` wandelt eine Objekt x vom Typ `character` in ein numerisches Objekt um.

`cortest.bartlett(C, n)` berechnet den Bartlett-Test, ob alle Korrelationen, in einer Korrelationsmatrix C gleich null sind. Die Option n spezifiziert die Stichprobengröße (**psych**).

`describe.by(X, group = a, ... )` berechnet deskriptive Statistiken für Variablen im Data Frame X gruppiert nach einer oder mehreren Variablen a. Sollten a mehrere Variablen sein, dann müssen sie als Liste angegeben werden, z. B. group = list(a1, a2, a3). Die Punkte bedeuten, dass man weiter Optionen spezifizieren kann, z. B. skew = FALSE unterdrückt die Ausgabe von Schiefe und Kurtosis (für weitere Parameter siehe die Hilfe für die Funktion describe.by()). (**psych**)

`fa.diagram(obj, cut = .3, cex = 1, rsize = .15, main = "")` erstellt eine grafische Darstellung der Komponentenladungen aus einem Ausgabeobjekt obj der Funktion principal(). Die Option cut unterdrückt die Ausgabe für Ladungen mit kleinerem Wert als den angegebenen (voreingestellt ist 0.3), cex skaliert die Schriftgröße, rsize spezifiziert die Größe der Rechtecke und mit main kann man der Grafik einen Titel hinzufügen.

`paf(X)` berechnet unter anderem die KMO- und die Bartlett-Statistik aus einem Data Frame oder einer Datenmatrix X, die dann im Ausgabeobjekt (z. B. paf.obj) enthalten sind (z. B. paf.obj\$KMO, paf.obj\$Bartlett). (**rela**)

`principal(X, nfactors = 1, rotate = 'varimax', scores = FALSE)` berechnet eine Hauptkomponentenanalyse ausgehend von Variablen aus einem Data Frame oder einer Datenmatrix X (X kann auch eine Korrelationsmatrix sein, wobei dann zusätzlich der Parameter n.obj, die Stichprobengröße, spezifiziert werden muss). Die Anzahl zu extrahierender Komponenten wird mit nfactors angegeben, die Rotationsmethode mit rotate (voreingestellt sind die Werte 1 und varimax). Mit scores = TRUE fordert man die Berechnung von Komponentenwerten an, die dann im Ausgabeobjekt obj unter scores enthalten sind (z. B. obj\$scores). (**psych**)

`unlist(L)` wandelt eine Liste L in einen Vektor um, und zwar so, dass alle einzelnen Elemente der Liste der Reihe nach in dem Vektor enthalten sind.

`VSS.scree(X)` erstellt einen Scree-Plot aus einem Data Frame oder einer Datenmatrix X (X kann auch eine Korrelationsmatrix sein). (**psych**)

11.4 Zusammenfassung der Konzepte

Die Hauptkomponentenanalyse (Principal Component Analysis oder PCA) ist eine Datenreduktionsmethode. Sie ist eine verbreitete Technik zur Identifikation von Strukturen in höherdimensionalen Daten. Dabei werden Gemeinsamkeiten und Unterschiede in den Daten aufgedeckt.

- Hauptkomponente: eine neue Variable als Linearkombination der ursprünglichen Variablen. Komponenten repräsentieren Dimensionen, die die ursprünglichen Variablen zusammenfassen.
- Extraktion: Berechnung der Hauptkomponenten und ihrer Anzahl
- Komponentenladungen: Korrelation zwischen einer ursprünglichen Variable und einer Komponente. Sie bilden die Basis für das Verstehen der Bedeutung einer Komponente. Quadrierte Komponentenladungen zeigen an, zu welchem Prozentsatz eine ursprüngliche Variable durch eine Komponente erklärt wird.
- Komponentenmatrix: Tabelle mit den Ladungen aller Variablen auf allen (extrahierten) Komponenten
- Eigenwert: Spaltensumme der quadrierten Komponentenladungen für eine Komponente. Konzeptuell ist es der Anteil an der Gesamtvarianz aller Variablen, der von einer bestimmten Komponente repräsentiert wird.
- Kommunalität: Mit ihr wird beschrieben, wie groß der Anteil der mit den Hauptkomponenten erklärbaren Varianz an der Varianz einer Ausgangsvariable ist. Wenn die Kommunalität hoch ist, kann man eine Variable gut mit den Komponenten beschreiben.
- Rotation: Drehen des Koordinatensystems, das sich durch die Hauptkomponenten ergibt, d. h. Adjustierung der Komponentenachsen, um eine Lösung zu erhalten, die einfacher und sinnvoller interpretierbar ist.
- Orthogonale Rotation: Komponentenrotation, in der die Komponenten in rechten Winkeln zueinander stehen (bleiben). Der Korrelationskoeffizient zwischen jeweils zwei Komponenten ist definitionsgemäß null.
- Varimax: die populärste Rotationsmethode. Die Hauptkomponenten werden so rotiert, dass die Varianz der quadrierten Ladungen maximiert wird. Die Ladungen liegen dann nahe bei 0 oder nahe bei 1.
- Komponentenscore: die Ausprägung einer Person auf einer bestimmten Komponente. Zusammengesetztes Maß, errechnet für jede Beobachtungseinheit für jede bei einer Hauptkomponentenanalyse extrahierte Komponente. Die Komponentenladungen werden dabei gemeinsam mit den ursprünglichen Variablen in der Art eines Regressionsmodells benutzt, wobei die Komponentenscores standardisiert werden.

11.5 Übungen

1. **Kundenzufriedenheit**

   Eine Untersuchung bei 253 Personen zur Kundenzufriedenheit mit einer Einzelhandelskette im Südosten der USA enthält Variablen mit sozialstatistischen Daten der befragten Person, verschiedene Fragen zur Kundenzufriedenheit und spezifische Fragen, wie die Kundenzufriedenheit verbessert werden könnte.

- Um die Dimensionalität der Kundenzufriedenheit zu erforschen, soll eine Hauptkomponentenanalyse durchgeführt werden (Variablen `perf_1` bis `perf_20` im Datenfile `konsumenten.dat`).
- Zusätzlich sollen Forschungshypothesen formuliert und untersucht werden, die Unterschiede zwischen Konsumentengruppen (gebildet aus den sozialstatistischen Daten, wie z. B. Geschlecht, Alter, Einkommen) bezüglich der neuen Variablen (Komponenten) zum Gegenstand haben.

2. **Bewerbungen**

   Die Daten aus Kendall (1975) beziehen sich auf 48 Bewerbungen um eine Position in einem Unternehmen. Diese Bewerbungen wurden anhand von 15 Variablen bewertet (Datenfile: `bewerbung.csv`).

   - Form des Bewerbungsschreibens
   - Erscheinung
   - Akademische Fähigkeiten
   - Sympathie
   - Selbstvertrauen
   - Klarheit
   - Ehrlichkeit
   - Geschäftstüchtigkeit
   - Erfahrung
   - Schwung
   - Ambition
   - Auffassungsgabe
   - Potenzial
   - Eifer
   - Eignung

   (Je höher der Wert, desto stärker ist die Eigenschaft ausgeprägt.)

   - Gibt es einige zugrunde liegende Komponenten, die mit den Haupteigenschaften der Bewerber korrespondieren?
   - Falls ja, können die Bewerber leichter verglichen werden. Basierend auf den Ergebnissen der Hauptkomponentenanalyse: Welche Kandidaten würde man auswählen, wenn die zu besetzende Position im Verkauf, im Marketing oder aber in der Abteilungsleitung angesiedelt ist?

Datenfiles sowie Lösungen finden Sie auf der Webseite des Verlags.

11.6 Vertiefung: Extraktion der Hauptkomponenten für zwei Variablen

In Abschnitt 11.1 wurde versucht, eine intuitive Beschreibung zu geben, wie eine Hauptkomponentenanalyse funktioniert. Tatsächlich handelt es sich bei dieser Methode um eine orthogonale Rotation der (durch die ursprünglichen Variablen gebildeten) Achsen. Orthogonal heißt, dass die rechten Winkel zwischen den Achsen erhalten bleiben. Die erste Hauptkomponente (Achse) wird dabei so bestimmt, dass sie in Richtung der größten Varianz liegt. Ist sie einmal fixiert, dann sucht man (in rechtem Winkel zu ihr) wieder die Richtung der größten (verbleibenden) Varianz. Das geschieht so lange, bis alle (so viele wie ursprüngliche Variablen) Hauptkomponenten bestimmt sind. Die letzte muss man nicht mehr suchen, da sie durch alle vorgehenden determiniert ist.

Das Prinzip lässt sich anhand zweier Variablen folgendermaßen illustrieren. Nehmen wir an, wir haben bei 15 Personen die Werte zweier Variablen beobachtet. Außerdem haben wir diese Variablen standardisiert und wollen sie mit X_1 und X_2

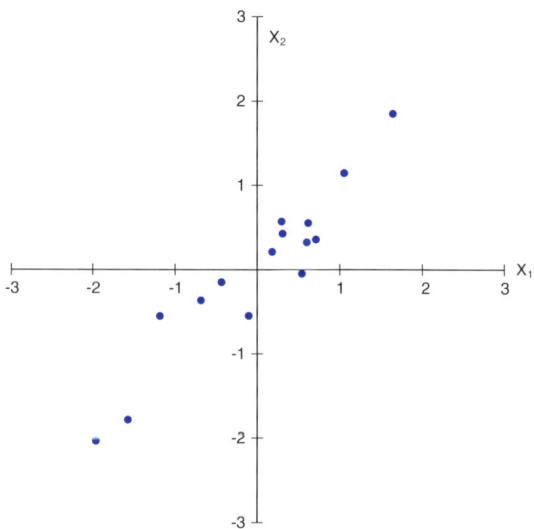

Abbildung 11.11: Streudiagramm der Variablen X_1 und X_2, die Korrelation beträgt 0,95.

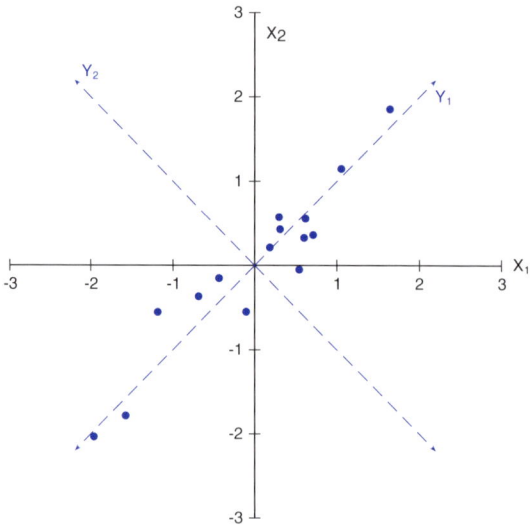

Abbildung 11.12: Streudiagramm der Variablen X_1 und X_2, mit Hauptkomponenten Y_1 und Y_2

bezeichnen. Sie korrelieren sehr hoch, nämlich mit 0,95, wie man auch im Streudiagramm (▶ Abbildung 11.11) sieht.

Durch die Standardisierung sind beide Varianzen 1 und der Korrelationskoeffizient $r(X_1, X_2)$ ist gleich der Kovarianz $Cov(X_1, X_2)$.[4]

---

4 Der Grund hierfür ist

$$r(X_1, X_2) = \frac{\text{Cov}(X_1, X_2)}{\sqrt{\text{Var}(X_1) \cdot \text{Var}(X_2)}} = \frac{\text{Cov}(X_1, X_2)}{\sqrt{1 \cdot 1}} = \text{Cov}(X_1, X_2) \,.$$

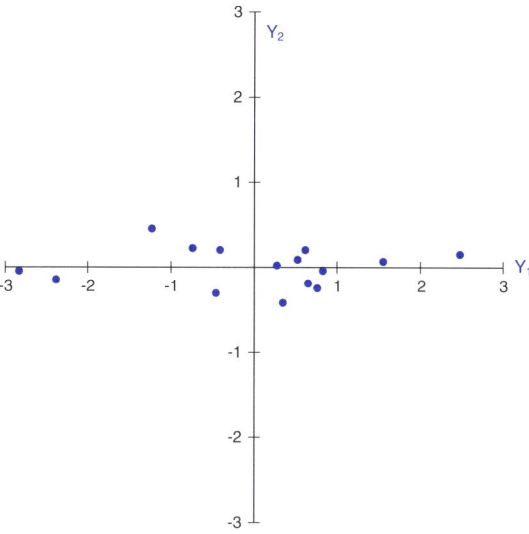

Abbildung 11.13: Streudiagramm der Daten aus ▶ Abbildung 11.11 im Koordinatensystem der Hauptkomponenten Y_1 und Y_2

Wenn, wie in diesem Beispiel, beide Varianzen 1 sind und die Korrelation positiv ist, dann liegt die erste Hauptkomponente immer im 45-Grad-Winkel zwischen den beiden Ausgangskoordinaten. Die zweite steht im rechten Winkel dazu. In der Grafik (▶ Abbildung 11.12) werden die beiden Hauptkomponenten durch gestrichelte Linien dargestellt. Wir wollen sie Y_1 und Y_2 nennen.

Wir können nun die Rotation durchführen und erhalten die Punkte im neuen Koordinatensystem (▶ Abbildung 11.13).

Man sieht, dass Y_1 und Y_2 nicht korreliert sind und dass die Varianz von Y_1 wesentlich größer als die von Y_2 ist. Tatsächlich ist die Varianz von Y_1 gleich 1,946 und jene von Y_2 0,054. Das ist auch die Größe der Eigenwerte für die beiden Hauptkomponenten. Die Summe der beiden Werte ist 2 und entspricht der Anzahl der Variablen.

Für drei Variablen gilt das gleiche Prinzip. Das Streudiagramm beschreibt nun eine Punktwolke in einem dreidimensionalen Raum, das optimalerweise die Form eines Ellipsoids hat. Die erste Hauptkomponente ist entlang der längsten Ausdehnung des Objekts platziert, im rechten Winkel dazu, wieder entlang der längsten Ausdehnung liegt die zweite Hauptkomponente. Die dritte, im rechten Winkel zu beiden vorgehenden, ergibt sich dann automatisch.

Gruppierung
von Beobachtungen

12

ÜBERBLICK

Ziel der in diesem Kapitel besprochenen Methoden ist es, CLUSTER *von Beobachtungseinheiten zu bilden. Cluster sind Gruppen von Beobachtungseinheiten, die meist durch viele Variablen beschrieben sind. Diese Gruppenbildung soll natürlich so erfolgen,*

- *dass die Mitglieder einer Gruppe einander ähnlich sind (Homogenität in den Gruppen) und*
- *sich die Gruppen voneinander unterscheiden (Heterogenität zwischen den Gruppen).*

Es gibt viele Verfahren, die dieses Ziel verfolgen. Sie folgen unterschiedlichen Ansätzen und nicht jedes Verfahren ist in jeder Situation gut eingesetzt. Der Oberbegriff CLUSTERANALYSE *fasst alle diese Verfahren zusammen, einige wichtige davon werden hier vorgestellt.*

In R verwenden wir das Package **cluster** (Maechler et al., 2005), das die Verfahren aus dem Buch von Kaufman und Rousseeuw (2005) bereitstellt. Eine Reihe weiterer Packages zur Clusteranalyse sind verfügbar, stellvertretend sei hier **mclust** (Fraley und Raftery, 2006) erwähnt. Einige Verfahren sind auch in der Standardinstallation von R implementiert.

LERNZIELE

Nach Durcharbeiten dieses Kapitels haben Sie Folgendes erreicht:

- Sie wissen, dass für alle Verfahren von Bedeutung ist, wie der Abstand zwischen (bzw. die Ähnlichkeit von) Beobachtungen gemessen wird.
- Sie können den Prozess der Clusterbildung bei hierarchischen Verfahren anhand des Outputs nachvollziehen und eine gute Aufteilung auswählen.
- Sie verstehen, dass das Clustern von Variablen prinzipiell nichts Neues im Vergleich zum Clustern von Beobachtungen darstellt.
- Sie wissen, dass bei einigen Verfahren statt der Datenmatrix die Distanzmatrix als Eingabe genügt.
- Sie bewerten den Output richtig, den Verfahren erzeugen, bei denen Sie eine Clusterzahl vorgeben müssen.

12.1 Wie entdeckt man Gruppen ähnlicher Beobachtungen?

Fallbeispiel 33: Demografie

Datenfile: `demographie.dat`

Für die Prognose, wie sich die Bevölkerung in bestimmten Staaten oder Staatengemeinschaften entwickeln wird, sind Angaben über die Altersverteilung, Lebenserwartung, Geburtenentwicklung, Migration etc. notwendig.

Im Datenfile sind zu den Staaten der EU nicht nur aktuelle Kennzahlen, sondern auch Prognosen dieser Kennzahlen für das Jahr 2030 enthalten.

Gibt es unter den EU-Staaten Gruppen mit ähnlichen demografischen Kennzahlen?

Die Fragestellung bezieht sich auf alle im Datenfile angegebenen demografischen Kennzahlen. Um einen Überblick über die Verfahren zu bewahren, werden wir uns auf zwei Variablen konzentrieren, die Fertilitätsrate (durchschnittliche Kinderzahl pro Frau) und die jährliche Nettomigrationsrate (auf 1000 Einwohner bezogene Differenz zwischen Einwanderung und Auswanderung). Im Datenfile sind die Variablen mit englischen Namen versehen, also mit `Fertilityrate` und `Annualnetmigrationrate`.

R

```
> demog <- read.csv2("demographie.csv", header = TRUE)
> attach(demog)
> plot( Fertilityrate, Annualnetmigrationrate, xlim=c(1,2.2))
> textpos <- rep(4,27)
> textpos[8] <- textpos[10] <- textpos[20] <- textpos[21] <- 2
> text( Fertilityrate, Annualnetmigrationrate, Country,
+      pos=textpos, cex=0.7)
```

Im Streudiagramm (▶ Abbildung 12.1) sind nur 26 Punkte eingezeichnet, von Bulgarien ist keine Nettomigrationsrate angegeben.

Wir können mehrere Gruppen in den Daten ausmachen. Mehr als die Hälfte der Staaten ist im Streudiagramm links unten (niedrige Fertilitätsrate und niedrige Nettomigrationsrate) angesiedelt. Oben (hohe Nettomigrationsrate) ist eine Zweiergruppe mit Spanien und Zypern. Rechts unten (hohe Fertilitätsrate und niedrige Nettomigrationsrate) eine Gruppe mit skandinavischen und einigen westeuropäischen Staaten. Zusätzlich gibt es mit Estland, Luxemburg und Irland drei Staaten, die nicht so recht zu einer dieser Gruppen passen.

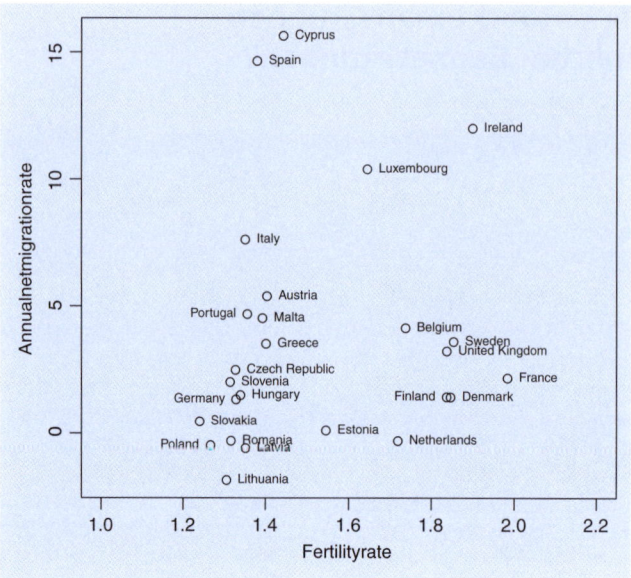

Abbildung 12.1: Streudiagramm von EU-Staaten nach zwei Demografiekennzahlen

12.1.1   Distanz- und Ähnlichkeitsmaße

Ein wichtiges Konzept der Clusteranalyse sind Distanz- und Ähnlichkeitsmaße, durch die angegeben werden kann, wie stark sich zwei Beobachtungen unterscheiden bzw. sich ähnlich sind.

Distanzmaße

Distanzmaße werden aus der Mathematik in ausreichender Zahl nicht nur für den zwei- oder dreidimensionalen Raum bereitgestellt, sondern auch für höher dimensionale Räume.

Für metrische Variablen ist die EUKLIDISCHE DISTANZ das bekannteste Distanzmaß.

$$d_E(x, y) = \sqrt{\sum_{i=1}^{n}(x_i - y_i)^2}$$

Sie entspricht in der Anschauung der Luftlinie zwischen zwei Punkten und ist die Voreinstellung für die meisten Verfahren aus dem Package **cluster**.

Ebenfalls verbreitet ist die MANHATTAN-DISTANZ.

$$d_M(x, y) = \sum_{i=1}^{n}|x_i - y_i|$$

Denkt man sich die beiden Punkte als Ecken eines Häuserblocks, so misst d_M nicht die Luftlinie, sondern die Strecke, wenn man die Häuserblockseiten abgeht (▶ Abbildung 12.2). Sie wird daher auch als City-Block-Metrik bezeichnet.

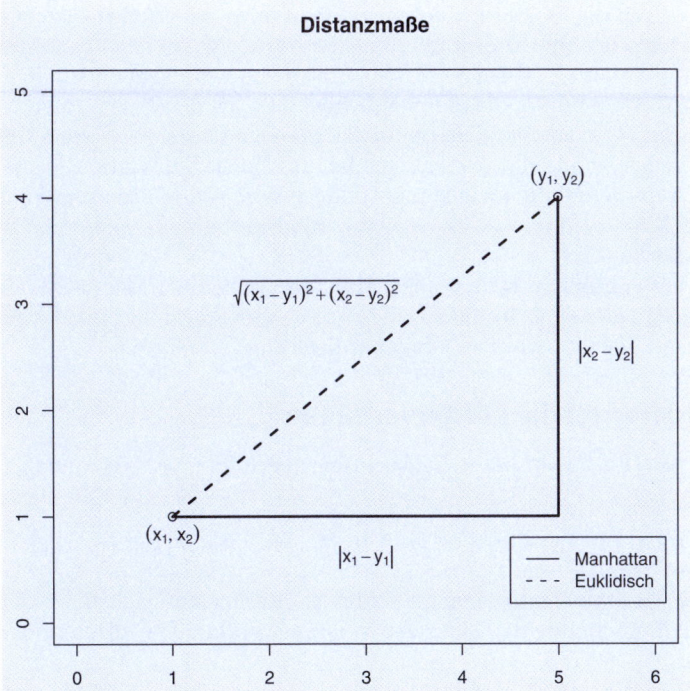

Abbildung 12.2: Distanzmaße

Ähnlichkeitsmaße

Ähnlichkeitsmaße verfolgen eine ähnliche Idee wie Distanzmaße. Allerdings sollen hohe Werte bedeuten, dass sich Beobachtungen ähnlich sind. Die meisten Ähnlichkeitsmaße erfüllen folgende Bedingungen:

- Symmetrie: $s(x, y) = s(y, x)$
- Normierung: $0 \leq s(x, y) \leq 1$
- $s(x, y) = 1 \Rightarrow x = y$ (oder schwächer $s(x, x) = 1$)

Speziell für binäre Variablen sind einige Maße entwickelt worden, bei Bedarf muss die Spezialliteratur dazu herangezogen werden (Kaufman und Roussecuw, 2005).

Steht ein Ähnlichkeitsmaß s zur Verfügung, so liefert $d = 1 - s$ ein Maß, das fast alle Forderungen an ein Distanzmaß erfüllt, nur die sog. Dreiecksungleichung nicht. Dennoch wird in der Literatur meist auch dafür der Begriff Distanzmaß verwendet, mitunter findet man dafür den schwächeren Begriff des Unähnlichkeitsmaßes.

Standardisierung

Die direkte Anwendung von Distanzmaßen auf metrische Daten ist selten empfehlenswert. Im Eingangsbeispiel nimmt die Fertilitätsrate Werte zwischen 1.2 und 2 an. Die Nettomigrationsrate schwankt wesentlich stärker, nämlich zwischen -2 und 15. Würde man die Distanzen aus diesen Daten berechnen, wäre hauptsächlich die Nettomigrationsrate für den Abstand zwischen zwei Beobachtungen verantwortlich.

Ein Ausweg ist die Standardisierung aller Variablen, die in die Clusteranalyse eingehen. Das bedeutet eine Transformation aller Variablen auf neue Variablen mit Mittelwert 0 und Varianz 1 (siehe Seite 386). Eine bequemere Version sind Optionen im Aufruf der Clusteranalyse, die es ermöglichen, dass bei der Berechnung der Distanzmatrix die involvierten Variablen automatisch standardisiert werden. Im Package cluster bedeutet Standardisieren aber meist, dass nach Subtraktion des Mittelwerts nicht durch die Standardabweichung, sondern durch die mittlere absolute Abweichung vom Mittelwert (ein weniger gebräuchliches Streuungsmaß) oder die Spannweite dividiert wird.

Werden alle Variablen in denselben Einheiten gemessen (Messwerte einer Variablen zu verschiedenen Zeitpunkten, Antworten auf Fragen auf einer einheitlichen Likertskala etc.), wird oft auf eine Standardisierung verzichtet.

12.1.2   Hierarchische Clusterverfahren

Eine Idee, wie Cluster ähnlicher Beobachtungen gebildet werden können, ist die folgende:

- Schritt 1: Jede Beobachtung ist ein Cluster. Berechnung der Distanzen zwischen den einzelnen Clustern.
- Schritt 2: Verschmelzung jener zwei Cluster, die sich am nächsten sind
- Schritt 3: Berechnung der Distanzen vom neu gebildeten Cluster zu den anderen Clustern
- Wiederhole die Schritte 2 und 3 so lange, bis nur mehr ein Cluster, in dem alle Beobachtungen enthalten sind, vorhanden ist.

Diese Vorgangsweise entspricht einem HIERARCHISCHEN CLUSTERVERFAHREN. Hierarchische Verfahren, bei denen von vielen Clustern durch Fusion auf immer weniger übergegangen wird, nennt man AGGLOMERATIVE VERFAHREN. Den umgekehrten Weg beschreiten TEILUNGSVERFAHREN, bei denen Cluster immer weiter in Teilcluster aufgeteilt werden, bis lauter Cluster mit nur mehr einer einzigen Beobachtung vorhanden sind. Diese sind aber rechenaufwändiger und wohl deshalb weit weniger verbreitet.

Neben der Wahl des Distanzmaßes in Schritt 1 entsteht eine Fülle von Möglichkeiten durch die unterschiedlichen Methoden zur Berechnung der Distanzen vom neu gebildeten Cluster zu den anderen Clustern in Schritt 3. Diese sind auch die Namensgeber der unterschiedlichen Verfahren. Wir besprechen nur folgende drei Verfahren:

Single-Linkage: Die Distanz zwischen den zwei nächstgelegenen Beobachtungen aus je einem Cluster ist die Distanz zwischen zwei Clustern.

Complete-Linkage: Die Distanz zwischen den zwei entferntesten Beobachtungen aus je einem Cluster ist die Distanz zwischen zwei Clustern.

Average-Linkage: Die Distanz zwischen zwei Clustern ist der Mittelwert aller Distanzen zwischen zwei Beobachtungen aus je einem Cluster.

Neben diesen sind noch weitere Verfahren abrufbar, deren Besprechung in der Spezialliteratur zur Clusteranalyse zu finden ist.

Jedenfalls wird von einer ganz feinen Einteilung (jede Beobachtung ist ihr eigenes Cluster) in $n - 1$ Schritten auf eine immer gröbere Einteilung übergegangen. Eine

Hilfe, wo dieser Prozess zu stoppen ist, stellen DENDROGRAMME dar. Sie enthalten den Abstand der beiden Cluster, die im jeweiligen Schritt verschmolzen wurden. Wenn nur geringe Zunahmen in diesen Distanzen zu beobachten sind, ist der Übergang auf weniger Cluster vertretbar. Ist die Zunahme stark, ist ein möglicher Stop des Fusionsprozesses erwägenswert.

Single- und Complete-Linkage

Wir stellen den Vergleich zwischen den beiden Extrempositionen Single- und Complete-Linkage an einem einfachen, überschaubaren und hypothetischen Beispiel an.

R

```
> x <- c(1, 2, 3, 4, 5, 5, 2, 3, 2, 7, 7, 7)
> y <- c(0, 0, 0, 0, 0, 1, 4, 5.5, 7, 4, 5.5, 7)
> xym <- cbind(x, y)
> namen <- letters[1:length(x)]
> plot(x, y, pch = 20)
> text(x, y, namen, pos = 4)
```

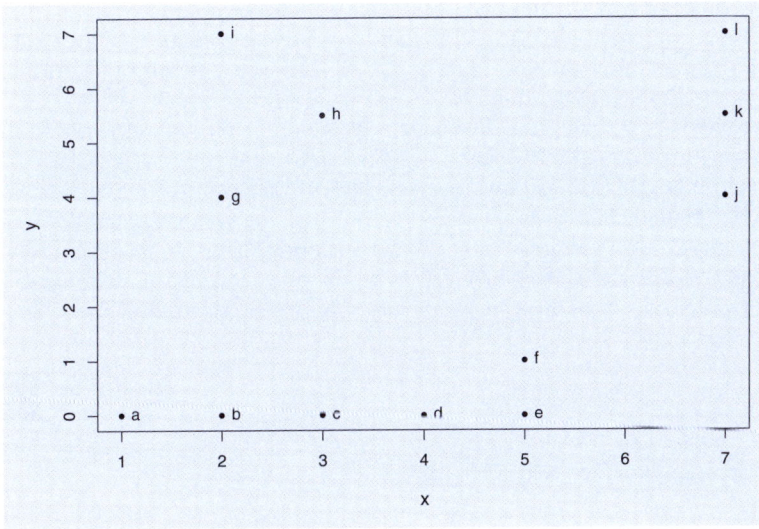

Abbildung 12.3: Streudiagramm künstlicher Clusterdaten

In den Daten (▶ Abbildung 12.3) gibt es grob drei Gruppen: eine mit den sechs Beobachtungen a bis f (nennen wir sie AF), eine mit den drei Beobachtungen j, k und l (wir nennen sie JL) und eine (Gruppe GI) mit den drei Beobachtungen g, h und i.

Clusterbildungsprozess im Single-Linkage-Verfahren Generell werden jene Cluster, die sich am nächsten sind, verschmolzen. Zum Start – jede Beobachtung ist ein eigenes Cluster, wir nennen sie (a), (b), ... (l) – haben aus der Gruppe AF mehrere Beobachtungen untereinander den Abstand 1 (wir nehmen die Euklidische Distanz). Welche zwei Cluster aus diesen als Erstes verschmolzen werden, ist beliebig. Nehmen wir an, dass (a) und (b) zum Cluster (a-b) verschmolzen werden. Von diesem neu gebildeten Cluster müssen die Distanzen zu den anderen Clustern neu bestimmt werden. Im Single-Linkage-Verfahren wird der kleinste Abstand einer Beobachtung des neuen Clusters zu einer Beobachtung der anderen Cluster gewählt. Damit hätte das neue Cluster (a-b) zu (c) den Abstand 1, da (b) und (c) nur eine Einheit auseinanderliegen. Analog wird für die Distanzen von (a–b) zu den anderen Clustern (d) bis (l) jeweils nur der Abstand von (b) herangezogen, weil dieser Punkt näher bei diesen Beobachtungen liegt als (a).

Auf diese Weise wird in den ersten fünf Verschmelzungen ein großes Cluster mit den Punkten (a) bis (f) gebildet. Für den Abstand zu (g) bestimmt aus diesem Cluster (b) den kleinsten Abstand, er beträgt 4, für den Abstand zu (j) bestimmt (f) den kleinsten Abstand, er beträgt $\sqrt{2^2 + 3^2} = 3.606$.

Diese Abstände sind größer als Abstände in der Gruppe rechts oben. Die nächsten Verschmelzungen führen dazu, dass die Punkte (j), (k) und (l) zu einem Cluster verbunden werden. Analog führen die nächsten zwei Verschmelzungen zu einem Cluster mit den Beobachtungen (g), (h) und (i).

Jetzt sind nur mehr drei Cluster vorhanden. Nach dem Single-Linkage-Prinzip wird der Abstand des Clusters AF zum Cluster GI durch den Abstand von (b) zu (g) bestimmt, er beträgt also 4. Der Abstand von AF zu JL wird durch den Abstand von (f) zu (j) bestimmt (3.606), der von GI zu JL durch den Abstand (h) zu (k), er beträgt 4.

Also kommt es im nächsten Schritt zur Verschmelzung von AF mit JL und im letzten Schritt werden alle Beobachtungen in ein Cluster zusammengefasst.

Eine Grafik (▶ Abbildung 12.4) spiegelt den sukzessiven Verschmelzungsprozess von Clustern wider. Eine genauere Besprechung solcher Dendrogramme folgt später, wenn wir den Output hierarchischer Clusterverfahren besprechen (Abschnitt 12.1.3). Agglomerative hierarchische Clusterverfahren können mit dem Befehl `agnes()` aufgerufen werden, die Spezifikation der gewünschten Methode erfolgt über die Option `method`.

R

```
> library("cluster")
> single <- agnes(xym, stand = FALSE, method = "single")
> complete <- agnes(xym, stand = FALSE, method = "complete")
> par(mfrow = c(1, 2))
> plot(single, which.plots = 2, main = "Single-Linkage",
+     labels = namen)
> plot(complete, which.plots = 2, main = "Complete-Linkage",
+     labels = namen)
> par(mfrow = c(1, 1))
```

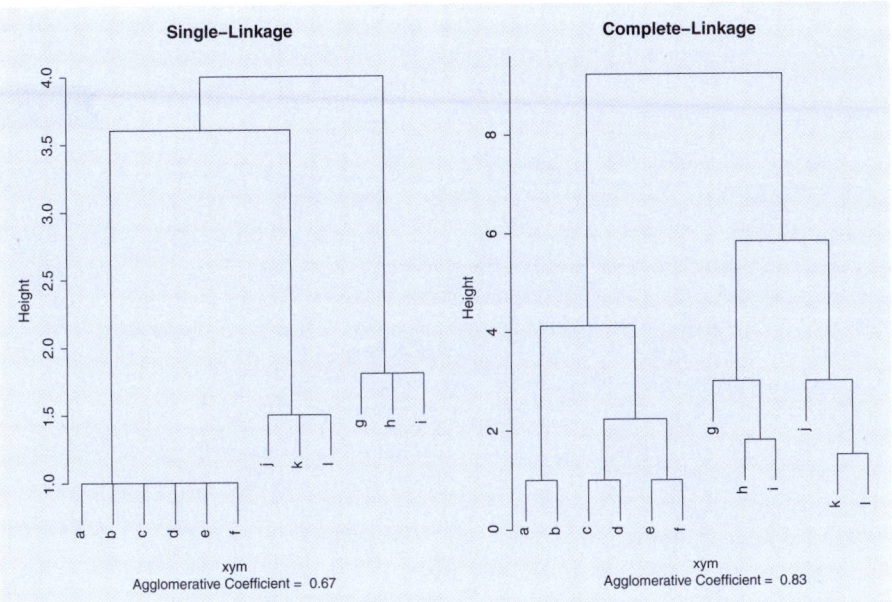

Abbildung 12.4: Dendrogramm: Single- und Complete-Linkage

Clusterbildungsprozess im Complete-Linkage-Verfahren Wie im Single-Linkage-Verfahren nehmen wir an, dass zuerst (a) und (b) zu (a-b) verschmolzen werden. Allerdings bestimmt jetzt der größte Abstand von Beobachtungen aus diesem Cluster zu den anderen Beobachtungen die neuen Clusterdistanzen. Also werden die Distanzen von (a) zu den Beobachtungen (c) bis (l) als Abstand herangezogen. Der Abstand zu (c) ist somit 2, der zu (d) 3 usw. Auf diese Weise werden zuerst mehrere kleine Cluster mit zwei oder drei Beobachtungen gebildet, bevor Cluster mit vielen Beobachtungen entstehen.

Auch hier wird zwei Schritte vor Schluss der Stand mit den drei (natürlichen) Clustern (a-b-c-d-e-f), (g-h-i) und (j-k-l) erreicht. Allerdings werden jetzt im vorletzten Schritt die zwei kleinen Cluster (g-h-i) und (j-k-l) verschmolzen (die größte Distanz zwischen Beobachtungen aus diesen Clustern beträgt $\sqrt{5^2 + 3^2} = 5.831$ und ist kleiner als etwa die Distanz von (a) zu (l) oder von (e) zu (i)).

Im Dendrogramm (▶ Abbildung 12.4) ist der gesamte Verschmelzungsprozess wiedergegeben.

Average-Linkage

Ein Mittelweg zwischen diesen beiden Extremen ist das Average-Linkage-Verfahren. Hier wird zur Bestimmung des Abstands zwischen zwei Clustern nicht das Minimum (Single-Linkage) oder das Maximum (Complete-Linkage) der Distanzen zwischen den Beobachtungen aus den zwei Clustern verwendet, sondern der Mittelwert dieser Distanzen.

Auch bei diesem Verfahren erreicht man im Verschmelzungsprozess zu den drei Clustern (a-b-c-d-e-f), (g-h-i) und (j-k-l). Im vorletzten Schritt werden jetzt aber die zwei kleinen Cluster (g-h-i) und (j-k-l) verschmolzen (▶ Abbildung 12.5).

R

```
> average <- agnes(xym, stand = FALSE, method = "average")
> plot(average, which.plots = 2, main = "Average-Linkage",
+      labels = namen)
```

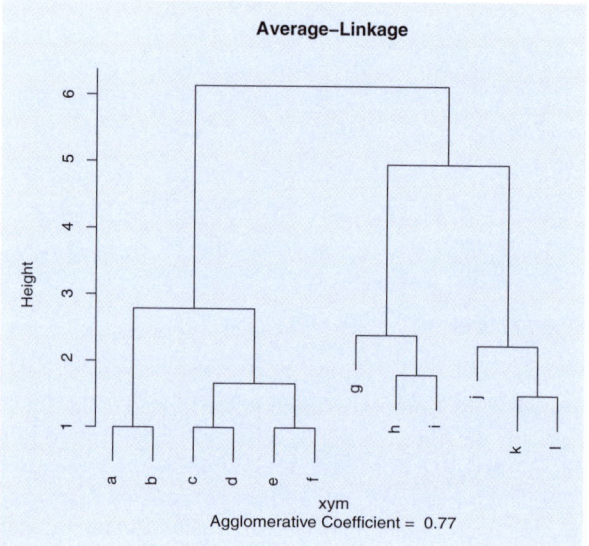

Abbildung 12.5: Dendrogramm: Average-Linkage

12.1.3 Outputteile

Jedes agglomerative hierarchische Verfahren liefert eine Folge von Clusterverschmelzungen, die von lauter Clustern mit nur jeweils einer Beobachtung zu einem einzigen Cluster mit allen Beobachtungen führen. Mit der Funktion summary() wird viel Information über diesen Verschmelzungsprozess geboten, wir stellen die wichtigsten Teile und damit verwandte Plots vor.

Als Basis verwenden wir die Ergebnisse des Average-Linkage-Verfahrens angewandt auf das einfache Beispiel mit den zwölf Punkten, an dem wir die Unterschiede zwischen den drei Verfahren besprochen haben.

Merge-Matrix und anderer numerischer Output

An der MERGE-MATRIX, wie sie die Funktion agnes() liefert, kann der Prozess der Clusterverschmelzung verfolgt werden. Die Beobachtungen sind durch die Zeilennummer der Datenmatrix angegeben. Da zwölf Beobachtungen vorliegen, sind insgesamt elf Clusterverschmelzungen dokumentiert.

R

```
> average <- agnes(xym, stand = FALSE, method = "average")
> average$merge
```

```
      [,1] [,2]
 [1,]   -5   -6
 [2,]   -3   -4
 [3,]   -1   -2
 [4,]  -11  -12
 [5,]    2    1
 [6,]   -8   -9
 [7,]  -10    4
 [8,]   -7    6
 [9,]    3    5
[10,]    8    7
[11,]    9   10
```

Negative Eintragungen (etwa −5) in der Matrix bedeuten, dass es die ursprünglichen Einzelcluster (etwa das mit der Beobachtungsnummer 5) sind, positive Eintragungen (etwa 2) bedeuten, dass es sich um das Cluster handelt, das im Schritt 2 entstanden ist. In diesem wurde ein Cluster aus den zwei Einzelbeobachtungen 3 und 4 gebildet.

Von Bedeutung ist auch, wie heterogen die gebildeten Cluster sind. Diese Information ist nicht in der Merge-Matrix enthalten. Wir beziehen sie aus einem Vektor, in dem die Distanz zwischen den zwei Clustern angegeben ist, die verschmolzen werden. Die Werte in diesem Vektor sind allerdings so angeordnet, dass sie für einen in der Folge zu besprechenden Plot gut passen. Für unsere Zwecke ist es besser, wenn wir sie vorher sortieren.

R

```
> options(digits = 4)
> sort(average$height)
```

```
 [1]  1.000 1.000 1.000 1.500 1.663 1.803 2.250 2.401 2.786
[10]  4.961 6.136
```

Die ersten Cluster wurden also auf einer Höhe von 1 verschmolzen, die letzte Verschmelzung geschah auf einer Höhe von etwas über 6. Ein markanter Sprung in diesen Werten ist vom drittletzten zum vorletzten Wert erkennbar. Die zugehörige Verschmelzung würde zu wesentlich heterogeneren Clustern führen, man sollte sie nicht mehr durchführen. Man würde bei drei Clustern den Verschmelzungsprozess stoppen.

Eine Kennzahl, die beschreiben soll, ob sich die Daten gut in Cluster einteilen lassen, ist der AGGLOMERATIVE KOEFFIZIENT (kurz: AC). Er kann nur Werte zwischen 0 und 1 annehmen, hohe Werte sprechen für gut unterscheidbare Cluster. Werte über 0.5 werden schon als gut eingestuft.

R

```
> average$ac
```

[1] 0.7656

Mit über 0.76 sind die Daten also gut in Gruppen einteilbar.

Dendrogramm

Dendrogramme haben wir schon mit `plot()` erstellt, eine andere Möglichkeit bietet `pltree()`.

R

```
> pltree(average, main = "Average-Linkage", labels = namen)
```

Im Dendrogramm (▶ Abbildung 12.6) sind die Informationen aus der Merge-Matrix und der Höhe, auf der die Verschmelzungen erfolgt sind, in einer Grafik zusammengeführt.

Zunächst sind sich die Cluster, die fusioniert werden, noch sehr ähnlich (niedrige Höhe). Die letzten zwei Fusionen finden zwischen Clustern statt, die schon stark unterschiedlich sind.

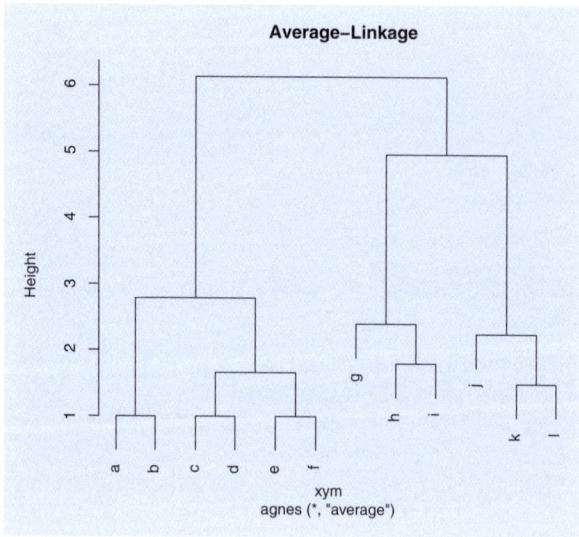

Abbildung 12.6: Dendrogramm: Average-Linkage

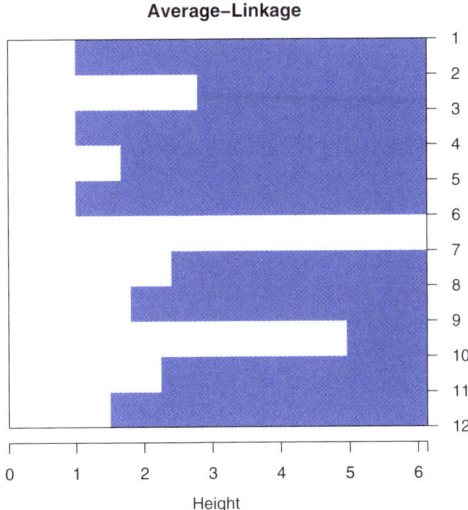

Abbildung 12.7: Bannerplot: Average-Linkage

Bannerplot

Wie schon das Dendrogramm kann auch ein Bannerplot mit dem Befehl plot() erstellt werden, nämlich mit plot(average,which.plots=1). Dabei werden automatisch Haupt- und Untertitel für die Grafik generiert. Sind diese nicht erwünscht, müssen sie durch eigene Titel ersetzt oder unterdrückt werden. Die etwas bequemere Variante ist der Aufruf mit dem bannerplot()-Befehl.

R

```
> bannerplot(average, main = "Average-Linkage")
```

Aus dem Bannerplot (▶ Abbildung 12.7) sind die dieselben Informationen ablesbar wie aus dem Dendrogramm. Die nach links hin längsten Balken gehören zu jenen Clusterverschmelzungen, die zuerst erfolgt sind. Die Beschriftung der y-Achse gibt an, welche Cluster miteinander verschmolzen werden. Aus der Beschriftung der x-Achse ist erkenntlich, auf welchem Niveau die Verschmelzung geschieht.

Auf gleich niedrigem Niveau wurden also die Beobachtungen 1 und 2, die Beobachtungen 3 und 4 sowie die Beobachtungen 5 und 6 verschmolzen. Etwas später (Höhe 1.5) kommt es zur Verschmelzung der Beobachtungen 11 und 12. Die erste Verschmelzung von Clustern, die schon aus mehreren Beobachtungen bestehen, passiert auf einer Höhe von ca. 1.7, es kommen die Beobachtungen 3 bis 6 in ein gemeinsames Cluster.

Der Bannerplot verdankt seinen Namen der Form, die er in vielen Beispielen annimmt; er ähnelt einer Fahne (Banner) im Wind. Der Bannerplot ist ähnlich dem Eiszapfenplot (icicle plot), der von vielen anderen Programmen ausgegeben wird.

Dendrogramme enthalten dieselbe Information, sind aber einfacher zu interpretieren. Wir beschränken uns daher im Folgenden auf die Wiedergabe von Dendrogrammen.

12.1.4   Anwendung auf die Demografiekennzahlen

Wir haben an einem einfachen Beispiel agglomeratives hierarchisches Clustern beschrieben. Jetzt kommen wir auf das ursprüngliche Beispiel der EU-Staaten und einigen Demografiekennzahlen zurück, von denen nur die Fertilitätsrate und die Nettomigrationsrate in die Clusteranalyse eingehen sollen. Ein kleines Problem stellt dabei der fehlende Wert der Nettomigrationsrate für Bulgarien dar, da die Clusterbefehle nicht mit fehlenden Werten operieren können. Aus dem Data Frame demog entfernen wir mit na.omit() jene Beobachtungen, bei denen fehlende Werte auftreten. Da wir nur an der Fertilitätsrate und der Nettomigrationsrate interessiert sind, nehmen wir nur die ersten vier Variablen (neben den beiden Demografievariablen den Namen und die Kurzbezeichnung des Staates) in einen neuen Data Frame (demog1) auf.

Da die Streuungen in den beiden Variablen stark unterschiedlich sind, verwenden wir beim Aufruf der Clusteranalyse mit agnes() die Option stand=TRUE, die eine Standardisierung der Variablen bewirkt.

Den umfangreichen Output, der durch summary() entstünde, unterdrücken wir. Die wesentliche Information ist ohnehin im Dendrogramm enthalten, als numerische Zusammenfassung geben wir nur den agglomerativen Koeffizienten aus.

R

```
> demog <- read.csv2("demographie.csv", header = TRUE)
> attach(demog)
> demog1 <- na.omit(demog[, 1:4])
> detach(demog)
> clustdata <- demog1[, 3:4]
> demogclust <- agnes(clustdata, stand = TRUE)
> demogclust$ac
```

[1] 0.8842

Das Dendrogramm erzeugen wir mit pltree() und unterdrücken den Subtitel, in dem in der Voreinstellung die verwendete Methode erscheint.

R

```
> pltree(demogclust, main='Average-Linkage', xlab='EU-Staaten',
+        sub='', labels=demog1$Code)
```

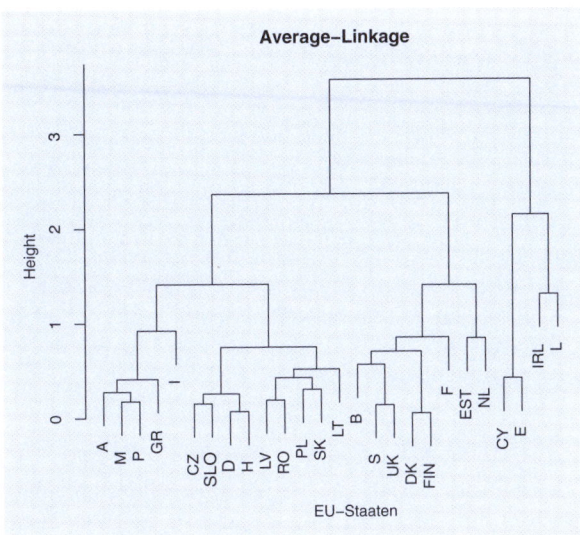

Abbildung 12.8: Dendrogramm für die Demografiedaten

Fallbeispiel 33: Demografie: Interpretation des hierarchischen Clusterns

Um Gruppen unter den 26 Staaten mit ähnlichen demografischen Kennzahlen zu finden, wurde ein agglomeratives hierarchisches Clusterverfahren eingesetzt.

Der agglomerative Koeffizient hat mit 0.884 einen hohen Wert, die Daten sind also gut für eine Clusteranalyse geeignet.

Das Dendrogramm (▶ Abbildung 12.8), das den Clusterverschmelzungsprozess anzeigt, legt einen Stopp bei einer Höhe von ca. 1.5 nahe. Das entspricht einer Einteilung in vier Cluster. Weitere Schritte führen zu deutlich heterogeneren Clustern.

Ebenfalls aus dem Dendrogramm kann die Zusammensetzung der Cluster abgeleitet werden. Für die Wahl mit vier Clustern sind die Staaten folgenden Clustern zugeordnet:

    Cluster 1: Österreich, Malta, ..., Litauen
    Cluster 2: Belgien, Schweden, ..., Niederlande
    Cluster 3: Zypern, Spanien
    Cluster 4: Irland, Luxemburg

Die Cluster 3 und 4 enthalten nur jeweils zwei Staaten. Aus praktischen Erwägungen kann es vertretbar sein, diese beiden Cluster zu vereinen. Nach dem Dendrogramm sind es die nächsten Kandidaten für eine Verschmelzung.

Die Clusteranalyse hat ähnliche Resultate geliefert, wie wir sie aus dem Streudiagramm (▶ Abbildung 12.1) abgeleitet hätten. Das sollte unser Vertrauen in die Methode bei Anwendungen stärken, bei denen mehr als zwei Variablenwerte pro

Beobachtung vorliegen und eine Überprüfung der Sinnhaftigkeit der Cluster über ein Streudiagramm nicht mehr möglich ist.

Bemerkungen:

- Die Voreinstellung (Average-Linkage) bei den Fusionsmethoden sollte nur in begründeten Fällen geändert werden.
- Die Standardisierung der Variablen in diesem Beispiel ist ratsam, da die Streuung der beiden Variablen stark unterschiedlich ist. Die Clusteranalyse ohne Standardisierung hätte dazu geführt, dass die Clustereinteilung fast nur von der Nettomigrationsrate bestimmt wird. Ein Übungsbeispiel geht darauf ein.
- Natürlich ist von der Verwendbarkeit der Ergebnisse her auch die Variante mit drei Clustern denkbar, bei der die beiden kleinen Cluster mit jeweils nur zwei Beobachtungen zusammengelegt werden.

12.1.5 Teilungsverfahren

Agglomerative hierarchische Verfahren sind leicht verständlich, haben einen vertretbaren Rechenaufwand und verlangen kein Vorwissen über die Anzahl an Clustern, in die die Daten eingeteilt werden sollen. Als Nachteil dieser Verfahren wird manchmal angeführt, dass zwei Beobachtungen, die einmal in einem gemeinsamen Cluster sind, nicht mehr getrennt werden können.

Bei Teilungsverfahren wird ausgehend von einem Cluster mit allen Beobachtungen durch sukzessive Teilung von Clustern der Endzustand von vielen Einzelclustern erreicht. Die Verfahren sind rechenaufwändiger und weniger intuitiv, wir verzichten daher auf eine genaue Beschreibung. Der Output, der durch den Befehl `diana()` erzeugt wird, hat dieselbe Struktur wie bei agglomerativen Verfahren, statt eines agglomerativen Koeffizienten wird ein TEILUNGSKOEFFIZIENT (divisive coefficent, DC) bestimmt. Natürlich muss bei der Interpretation von Dendrogrammen oder Bannerplots in der zu agglomerativen Verfahren umgekehrten Richtung argumentiert werden.

R

```
> demogclustdiv <- diana(clustdata, stand = TRUE)
> demogclustdiv$dc
```

[1] 0.902

R

```
> pltree(demogclustdiv, main = "Teilungsverfahren",
+     xlab = "EU-Staaten", sub = "", labels = demog1$Code)
```

Der Teilungskoeffizient hat einen hohen Wert, die Daten lassen sich demnach gut in Cluster einteilen. Das Dendrogramm (▶ Abbildung 12.9) zeigt, dass zuerst die Vierergruppe (CY, E, IRL, L) von den anderen Staaten abgetrennt wird (diese Gruppe wird

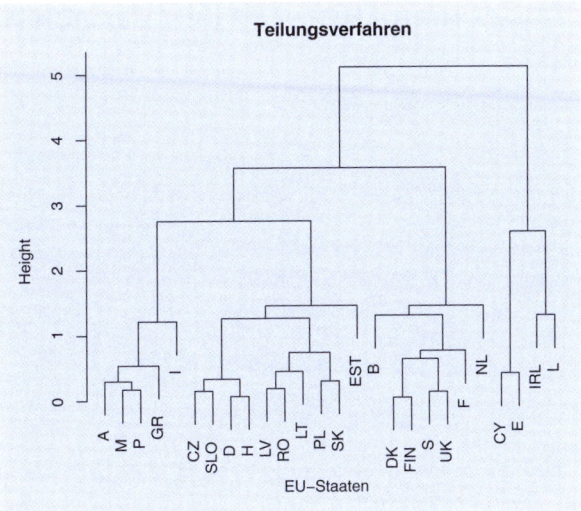

Abbildung 12.9: Dendrogramm des Teilungsverfahrens für die Demografiedaten

erst viel später weiter aufgespalten). Würde man bei drei Clustern den Prozess anhalten, wäre die Clusterzusammensetzung fast gleich wie beim agglomerativen Verfahren. Allein Estland ist aus dem Cluster mit den west- und nordeuropäischen Ländern in das Cluster mit den hauptsächlich mitteleuropäischen Ländern gewandert.

12.1.6 Speichern der Clusterzugehörigkeit

Die Clusteranalyse ist kein Selbstzweck, sondern bildet mit der Einteilung der Daten in Cluster oft eine Basis für weitere Analysen. Nun liefern hierarchische Clusterverfahren nicht eine einzige Einteilung in Cluster, sondern eine ganze Folge von Einteilungen, aus denen etwa mit Hilfe eines Dendrogramms eine gute und passende Einteilung ausgewählt werden kann.

Welche Beobachtungen dabei ein gemeinsames Cluster bilden, kann eigenständig aus der Merge-Matrix ermittelt werden, indem Schritt für Schritt der Klassenbildungsprozess nachvollzogen wird. Dieser bei großen Datensätzen nicht unbeträchtliche Aufwand wird einem von der Funktion cutree() abgenommen.

R

```
> cutree(demogclust, 4)
```

```
[1] 1 2 3 1 2 2 2 2 1 1 1 4 1 1 1 4 1 2 1 1 1 1 1 3 2 2
```

12.2   Wie findet man Cluster in den Variablen?

Fallbeispiel 34: Demografiekennzahlen

Datenfile: `demographie.dat`

Wir haben im vorigen Abschnitt drei oder vier Gruppen von Staaten aufgrund von zwei demografischen Kennzahlen gebildet. Im Datenfile sind weitere Kennzahlen – insgesamt sind es 17 – enthalten.

Gibt es Gruppen ähnlicher Kennzahlen?

Statt nach Gruppen ähnlicher Beobachtungen wird also nach Gruppen ähnlicher Variablen gefragt. Technisch gesehen entsprechen Beobachtungen Zeilen in der Datenmatrix, Variablen bilden die Spalten. Schreibt man Zeilen als Spalten an (in der Mathematik spricht man vom Transponieren einer Matrix) und wendet die Verfahren von vorhin an, werden Gruppen ähnlicher Variablen gebildet. Technisch übergeben wir – nach Entfernen jener Beobachtungen mit fehlenden Werten – nicht die ursprüngliche Datenmatrix (`clustdata`), sondern die transponierte Datenmatrix (`t(clustdata)`) an das Clusteranalyseprogramm, etwa an das agglomerative hierarchische Clustern (`agnes()`).

R

```
> attach(demog)
> demog1 <- na.omit(demog)
> detach(demog)
> clustdata <- demog1[, 3:19]
> varclust <- agnes(t(clustdata), stand = TRUE)
> varclust$ac
```

```
[1] 0.8951
```

R

```
> pltree(varclust, main = 'Variablen-Cluster',
+        xlab = 'Demografiekennzahlen', sub='')
```

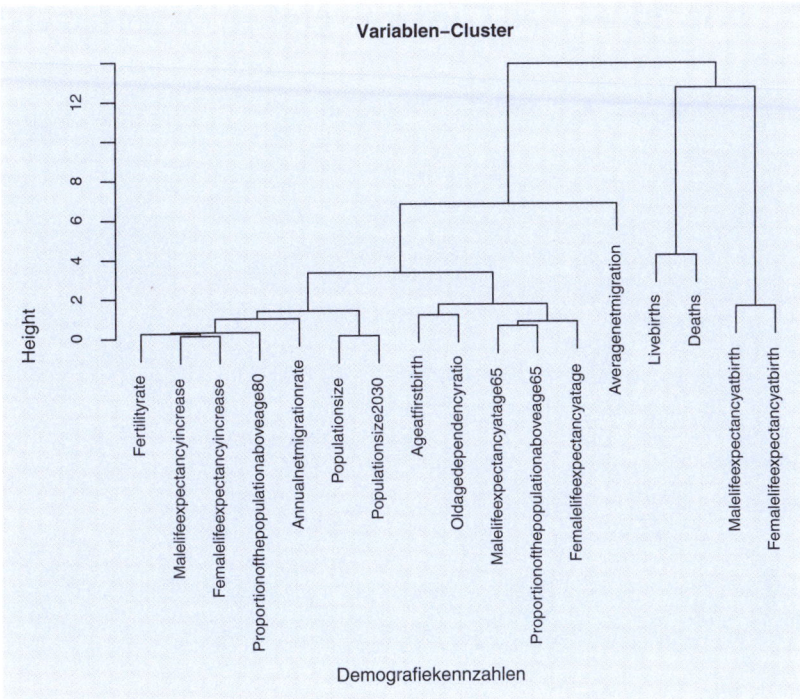

Abbildung 12.10: Clustern von Variablen

Fallbeispiel 34: Demografiekennzahlen: Interpretation des Variablenclusterns

Die Suche nach Gruppen ähnlicher Demografiekennzahlen wurde mit einem agglomerativen hierarchischen Clustern der transponierten Datenmatrix durchgeführt.

Der agglomerative Koeffizient ist recht hoch (0.8951), eine Clusteranalyse für Variablen ist also gut durchführbar.

Das Dendrogramm (▶ Abbildung 12.10) legt nahe, den Clusterbildungsprozess in der Höhe von ca. 8 abzubrechen. Damit bleiben drei Cluster bestehen, eines davon enthält 13 Variablen (von Fertilityrate bis Averagenetmigration), ein anderes nur die zwei Angaben über Lebendgeburten und Todesfälle und das dritte die Angaben zur Lebenserwartung bei Frauen und Männern bei der Geburt.

12.3 Wie findet man Cluster in großen Datensätzen?

Fallbeispiel 35: Beweggründe für ein Studium

Datenfile: `drop-out.csv`

In einer Studie mit dem Ziel, Motive und Hintergründe für den Abbruch eines Studiums an der Wirtschaftsuniversität Wien zu erarbeiten, wurden alle Erstinskribierenden des Wintersemesters 2003/04 im Frühjahr 2005, also nach drei Semestern, zur Beantwortung eines Online-Fragebogens aufgefordert. Davon haben ungefähr ein Drittel diesen Fragebogen tatsächlich ausgefüllt, darunter viele, die ihr Studium schon abgebrochen hatten.

Ein Teil des Fragenbogens widmete sich den Beweggründen für die Aufnahme eines Studiums generell, einige Fragen betrafen die Aufnahme eines Studiums speziell an der WU Wien.

Gibt es Gruppen unter den Studierenden, die aus ähnlichen Motiven ihr Studium an der WU Wien begonnen haben?

Die Motivation wurde über 17 Fragen (die Variablen v4a bis v4q) erhoben, von denen aber drei (v4n, v4o und v4q) fast keine Variation aufweisen. All diese Motivationsfragen waren auf einer 5-stufigen Likertskala zu beantworten, von 1 (trifft sehr zu) bis 5 (trifft gar nicht zu). Es liegen somit ordinale Daten vor, die wir mit etwas Bauchweh als metrisch behandeln. Ein weiteres Problem ist der nicht unbeträchtliche Stichprobenumfang von 682 Befragten, der für hierarchische Verfahren schon an der Grenze zur Bearbeitbarkeit liegt.

12.3.1 Centroid-Verfahren

Eine weitere Möglichkeit der Clusterbildung stellen CENTROID-VERFAHREN dar. Bei diesen werden um Clusterzentren (Centroiden) herum die Cluster gebildet. In dem hier vorgestellten Verfahren werden für eine gegebene Clusterzahl k aus einem Teil der Stichprobe k MEDOIDE bestimmt, die als Zentren der zukünftigen Cluster dienen sollen. In einem weiteren Schritt werden alle Beobachtungen dem nächstgelegenen Medoid zugeordnet. Es wird aber auch überprüft, ob diese Beobachtung nicht besser als Medoid geeignet ist, als Maß dient der durchschnittliche Abstand zum Medoid des eigenen Clusters.

In R kann das Verfahren über zwei Arten aufgerufen werden, `pam()` ist für moderate Datensätze ausgelegt, `clara()` bewältigt auch große Datensätze. Wir demonstrieren die Methode mit `clara()`, lassen uns drei Cluster erzeugen und verwenden die sog. MANHATTAN-METRIK. Vom Datensatz sind die uns interessierenden Variablen die Spalten 6 bis 18 und 21. Das Verfahren toleriert auch fehlende Werte bei Beobachtungen, eine Beobachtung mit lauter fehlenden Werten führt allerdings zu einem Abbruch mit entsprechender Fehlermeldung.

R

```
> drop <- read.csv2("drop-out.csv", header = TRUE)
> attach(drop)
> dropv4 <- drop[, c(6:18, 21)]
> dropv4 <- na.omit(dropv4)
> clara4 <- clara(dropv4, 4, metric = "manhattan")
```

Der Standardoutput, etwa nach print(clara4) oder nach summary(clara4) ist für dieses Beispiel schon zu umfangreich, um hier in voller Länge dargestellt zu werden. Wir besprechen die wichtigen Outputteile im folgenden Abschnitt.

12.3.2 Outputteile des Verfahrens

Medoide

Die aus den Daten abgeleiteten Clustermedoide können wichtige Informationen für die Interpretation und Namensgebung der Cluster beisteuern.

R

```
> clara4$medoids
```

	v4a	v4b	v4c	v4d	v4e	v4f	v4g	v4h	v4i	v4j	v4k	v4l	v4m	v4p
402	2	3	1	1	2	5	2	2	1	4	2	5	5	2
606	2	5	1	1	3	5	4	3	2	5	3	5	5	2
190	1	5	1	1	2	5	3	2	1	5	2	4	1	2
429	3	2	2	2	4	2	3	2	2	4	3	2	5	3

Für jedes Cluster sind die Beobachtungsnummer des Clustermedoids und die Koordinaten (hier 14 Variablenwerte) des Medoids angeführt.

Clusterinformation

R

```
> clara4$clusinfo
```

	size	max_diss	av_diss	isolation
[1,]	255	17	9.54	1.889
[2,]	218	21	10.47	2.333
[3,]	91	20	10.31	2.000
[4,]	101	27	13.11	1.688

Pro Cluster sind folgende Informationen aufgelistet:

■ Anzahl Beobachtungen im Cluster

- Maximale Distanz zwischen einer Beobachtung aus dem Cluster und dem Clustermedoid
- Durchschnittliche Distanz zwischen den Beobachtungen aus dem Cluster und dem Clustermedoid
- Maximale Distanz zwischen einer Beobachtung aus dem Cluster und dem Clustermedoid dividiert durch die minimale Distanz des Clustermedoids zu den anderen Clustermedoiden. Kleine Werte sollen angeben, dass das Cluster klar von den anderen Clustern separiert ist.

Clusterzugehörigkeit der Beobachtungen

Natürlich ist man auch daran interessiert, in welches Cluster die jeweilige Beobachtung fällt. Im Unterschied zu hierarchischen Verfahren muss diese Information nicht nachträglich (aus einer Merge-Matrix) ermittelt werden, sondern sie wird hier in einem eigenen Vektor mitgeliefert. Wir zeigen sie nur für die ersten zehn Beobachtungen an.

R

```
> cbind(Cluster = clara4$clustering[1:10])
```

```
   Cluster
1       1
2       2
3       3
4       1
5       1
6       3
7       1
8       1
9       1
10      4
```

Sonstiges

Mit dem Verfahren wird versucht, den durchschnittlichen Abstand der Beobachtungen zum Medoid des eigenen Clusters als Zielfunktion zu minimieren. Der Wert der Zielfunktion kann für die bestehende Clustereinteilung abgerufen werden.

R

```
> clara4$objective
```

```
[1] 10.53
```

Zusätzlich stehen auch Angaben zu sog. Silhouetten zum Abruf bereit. Aus ihnen kann bei metrischen Variablen abgeleitet werden, wie klar abgetrennt die Cluster voneinander sind. In diesem Beispiel haben wir nur ordinale Daten und verzichten daher auf deren Präsentation.

12.3.3 Analyse des Outputs

Wir haben den Output für eine Einteilung in vier Cluster besprochen. Aber natürlich kommen auch Einteilungen auf andere Clusterzahlen in Frage. Man kann für andere Clusterzahlen die Clustereinteilung berechnen lassen, eine Hilfe bei der Auswahl der Clusterzahl stellt der jeweilige Wert der Zielfunktion dar.

R

```
> clara3 <- clara(dropv4, 3, metric='manhattan' )
> clara4 <- clara(dropv4, 4, metric='manhattan' )
> clara5 <- clara(dropv4, 5, metric='manhattan' )
> clara6 <- clara(dropv4, 6, metric='manhattan' )
> clara7 <- clara(dropv4, 7, metric='manhattan' )
> clara8 <- clara(dropv4, 8, metric='manhattan' )
> clara9 <- clara(dropv4, 9, metric='manhattan' )
> obj <- c( clara3$objective, clara4$objective, clara5$objective,
+           clara6$objective, clara7$objective, clara8$objective,
+           clara9$objective )
> cbind(Klassenzahl = 3:9, Zielfunktion = obj)
```

	Klassenzahl	Zielfunktion
[1,]	3	11.248
[2,]	4	10.532
[3,]	5	10.248
[4,]	6	10.030
[5,]	7	9.970
[6,]	8	9.642
[7,]	9	9.532

Es ist keine Überraschung, dass die Werte abnehmen. Die Frage ist, bis wohin eine deutliche Abnahme erfolgt. Hier ist der Rückgang in der Zielfunktion nach vier (bzw. sechs) Clustern nur mehr gering. Von dieser Seite scheinen vier oder sechs Cluster eine gute Wahl zu sein. Wir entscheiden uns der Einfachheit halber für vier Cluster.

Zur Beschreibung der Cluster können die Clustermedoide herangezogen werden. Etwas leichter geht es mit den Mittelwerten der Variablen in den einzelnen Clustern. Dabei unterstützt uns die Funktion aggregate(). Neben der Datenmatrix (bzw. dem Data Frame) muss dabei die Clusterzugehörigkeit in einer Faktorenliste (mit nur einem Element) angegeben werden. Das Ergebnis enthält für jedes Cluster eine Zeile mit den Mittelwerten der einzelnen Variablen in diesem Cluster. Allerdings gibt es eine zusätzliche Spalte am Anfang, in der die Clusternummer steht. Diese Spalte löschen wir und übernehmen für die Spalten die Variablennamen des Data Frame. Weil das Ergebnis zu breit für eine schöne Anzeige wäre, transponieren wir die Matrix für die Ausgabe.

R

```
> cl4 <- list(clara4$clustering)
> clmw <- aggregate( dropv4, cl4, mean)
> clmw <- clmw[,-1]                    # spalte mit cluster-nr weg
> names(clmw) <- names(dropv4)
> round(t(clmw), digits=1)
```

	[,1]	[,2]	[,3]	[,4]
v4a	1.8	2.0	1.4	2.7
v4b	3.1	4.1	3.9	2.8
v4c	1.7	1.6	1.4	2.6
v4d	1.4	1.9	1.5	2.4
v4e	1.9	2.9	2.2	3.1
v4f	3.9	4.6	4.4	3.3
v4g	2.2	4.0	3.2	2.8
v4h	2.0	3.1	2.4	2.7
v4i	1.5	2.3	1.7	2.5
v4j	4.2	4.8	4.7	4.0
v4k	2.0	3.1	1.9	2.7
v4l	4.4	4.5	4.4	2.4
v4m	4.3	4.2	1.6	4.1
v4p	2.2	2.9	2.1	3.1

Fallbeispiel 35: Studiumsmotive: Interpretation des Centroid-Clusterns

Als Verfahren zum Auffinden von Gruppen ähnlicher Beobachtungen wurde bei dem umfangreichen Datensatz der Erstinskribierenden ein Centroidverfahren eingesetzt.

Eine Einteilung in vier Cluster ist sinnvoll.

Zur Beschreibung der Cluster hilft die Mittelwerttabelle.

Cluster 1 hat jeweils die durchschnittlich niedrigsten Werte in den Variablen v4d, v4e, v4h und v4i. Cluster 2 hat sehr hohe Werte in den Variablen v4b, v4f, v4h, v4j und v4l. Cluster 3 fällt durch niedrige Werte in den Variablen v4c, v4k, v4m und v4p auf. Cluster 4 ist durch niedrigste Durchschnittswerte in den Variablen v4b und v4l, sonst eher durch hohe Werte geprägt.

Fassen wir auch die Bedeutung der Variablen ins Auge.

v4a	Horizont erweitern
v4b	Studentenleben genießen
v4c	Interesse am Fach
v4d	Arbeitsmarktchancen
v4e	Voraussetzung für angestrebten Beruf
v4f	in Familie üblich
v4g	Titel wichtig
v4h	internationaler Ruf der WU
v4i	Vielfalt der Einsatzmöglichkeiten
v4j	Freunde studieren auch an WU
v4k	höheres Einkommen
v4l	keine bessere Idee
v4m	Weiterbildung im Beruf
v4p	Vielfalt der Spezialisierungen

Unter Berücksichtigung der Codierung aller Variablen (1 = völlige Zustimmung etc.) können die Cluster kurz folgendermaßen beschrieben werden:

- Cluster 1: Zielorientierte
- Cluster 2: Berufs- und Karriereorientierte
- Cluster 3: Fachlich Interessierte
- Cluster 4: Orientierungslose

12.4 Wie können kategoriale Variablen in eine Clusteranalyse einbezogen werden?

Fallbeispiel 36: Sexualmoral

Datenfile: `sexualmoral.dat`

In einer Projektarbeit erhoben Studierende der Wirtschaftsuniversität Wien im Studienjahr 2008/09 die Einstellung zu Abtreibung und Sexualmoral. Die Angaben zum Thema Sexualmoral und die demografischen Daten der Befragten sind im Datenfile enthalten.

Die Fragen zur Sexualmoral sind auf einer 4-stufigen Likertskala erhoben worden, die niedrigen Werte entsprechen einer offenen, die hohen Werte einer ablehnenden Einstellung. Der Großteil der demografischen Angaben ist kategorialer Natur, von diesen sollen Geschlecht und Religionsbekenntnis in der Clusteranalyse berücksichtigt werden.

Können auch die kategorialen Variablen in die Clusteranalyse eingebunden werden?

12.4.1 Distanzmatrix

Für den seltenen Fall eines Datensatzes mit nur binären kategorialen Variablen steht im Package cluster die Funktion `mona()` zur Verfügung. Für das obige Beispiel mit gemischt skalierten Variablen greift diese Funktion nicht. Es liegen ordinale (z. B. alle Fragen zur Sexualmoral), binär kategoriale (Geschlecht) und allgemein kategoriale (Religion) Variablen vor.

Ein Ausweg besteht darin, aus den Daten eine Distanzmatrix aufzubauen und mit dieser Distanzmatrix in ein Clusterverfahren einzusteigen, das als Eingabe nicht nur die Datenmatrix, sondern auch eine Distanzmatrix zulässt. Natürlich ist es einem freigestellt, selbst die Distanzmatrix zu berechnen, in R kann aber auch die Unterstützung durch die Funktion `daisy()` angenommen werden, die für den Aufbau einer Distanzmatrix auch bei komplexen Variablensituationen ausgelegt ist. Als Option muss bei gemischten Datenlagen angegeben werden, dass das Gower-Maß berechnet werden soll.

R

```
> sexualmoral <- read.table("sexualmoral.dat")
> attach(sexualmoral)
> dsexm <- daisy(sexualmoral[, c(7:19, 23)], metric = "gower")
```

Mit dieser Distanzmatrix kann ein hierarchisches Verfahren aufgerufen werden (etwa mit `agnes(dsexm)` oder `diana(dsexm)`). Wir stellen noch ein weiteres Clusterverfahren vor.

12.4.2 Fuzzy-Verfahren

FUZZY-VERFAHREN sind im Unterschied zu sog. harten Clusterverfahren dadurch gekennzeichnet, dass eine Beobachtung nicht einem und nur einem Cluster, sondern mehreren Clustern zugeordnet wird. Die Stärke der Zuordnung einer Beobachtung i zu einem Cluster v wird durch eine Zahl u_{iv} ($0 \leq u_{iv} \leq 1$), den MITGLIEDSCHAFTS-KOEFFIZIENTEN, ausgedrückt. Die Summe der Mitgliedschaftskoeffizienten einer Beobachtung über alle Cluster ergibt 1 (bzw. 100 %).

Damit wird ein Nachteil der harten Clusterverfahren abgeschwächt. Kann eine Beobachtung nicht klar einem Cluster zugeordnet werden, ist das bei harten Verfahren nicht direkt erkennbar. Bei Fuzzy-Verfahren drückt sich das in Mitgliedschaftskoeffizienten aus, die zumindest für einige Cluster ähnlich groß sind.

Auf eine genauere Beschreibung der konkreten Methode verzichten wir wegen der großen Gefahr, sich in einem Formeldschungel zu verlieren. Die Besprechung der wichtigen Outputteile, die nach dem Aufruf der Funktion `fanny()` bereitstehen, darf hingegen nicht fehlen. Wir rufen das Verfahren mit der vorhin bestimmten Distanzmatrix `dsexm`, der gewünschten Clusterzahl und einem Berechnungsparameter `memb.exp`, mit dem etwas experimentiert werden muss (er muss größer als 1 sein, liefert aber mit dem Defaultwert 2 schlechte Ergebnisse), auf.

R

```
> fuzzysex <- fanny(dsexm, 3, memb.exp = 1.4)
```

12.4.3 Outputteile

Mitgliedschaftskoeffizienten

Für jede Beobachtung werden die Mitgliedschaftskoeffizienten u_{iv} angegeben. Hohe Werte bedeuten, dass eine Beobachtung eher diesem Cluster zugeordnet wird. Aus Platzgründen geben wir diese Koeffizienten nur für die ersten zehn Beobachtungen aus.

R

```
> fuzzysex$membership[1:10, ]
```

```
      [,1]     [,2]     [,3]
1  0.50114 0.09907 0.39979
2  0.52223 0.11752 0.36025
3  0.28123 0.58166 0.13711
4  0.44806 0.03363 0.51831
5  0.03936 0.94716 0.01348
6  0.09069 0.88209 0.02722
7  0.50341 0.05223 0.44436
8  0.39309 0.06033 0.54659
9  0.33006 0.07579 0.59415
10 0.43878 0.15339 0.40783
```

Die Beobachtungen 5 und 6 werden klar dem Cluster 2 zugeordnet (die entsprechenden Koeffizienten sind 0.947 und 0.882), bei Beobachtung 10 ist die Zuordnung zu Cluster 1 oder zu Cluster 3 (die Koeffizienten liegen mit 0.439 und 0.408 unter 0.5) nicht eindeutig.

Clusterzugehörigkeit

Es wird nicht für jedes Cluster der Mitgliedschaftskoeffizient angeführt, sondern nur jenes Cluster mit dem höchsten Mitgliedschaftskoeffizienten.

R
```

```
> cbind(Zuordnung = fuzzysex$clustering[1:10])
```

```
   Zuordnung
1          1
2          1
3          2
4          3
5          2
6          2
7          1
8          3
9          3
10         1
```

Sonstiges

Eine Kennzahl dafür, ob die Clusteranalyse zu einer guten Aufteilung geführt hat, ist der TEILUNGSKOEFFIZIENT NACH DUNN, $F(k)$ (k ist die Clusteranzahl). Für $F(k)$ gilt:

- Die Untergrenze ist $1/k$ und wird nur dann angenommen, wenn für alle Mitgliedschaftskoeffizienten $u_{iv} = 1/k$ gilt.
- Die Obergrenze ist 1 und wird nur dann angenommen, wenn für jede Beobachtung die Mitgliedschaftskoeffizienten extrem sind; also für ein Cluster den Wert 1 hat, für die anderen Cluster den Wert 0.
- Je näher $F(k)$ bei 1 liegt, desto klarer ist die Aufteilung in k Cluster geglückt.

Eine NORMALISIERTE VERSION des Koeffizienten ergibt Werte zwischen 0 (wenn $F(k) = 1/k$) und 1.

```
R
```

```
> fuzzysex$coeff
```

```
dunn_coeff normalized
    0.5050     0.2575
```

Daneben können wie für `clara()` Angaben zu sog. Silhouetten und Kennzahlen aus dem Rechenvorgang abgefragt werden. Wir verzichten auf deren Präsentation.

12.4.4   Analyse des Outputs

Wir haben den Output für drei Cluster präsentiert. Damit ist nicht gesagt, dass dies die beste Wahl ist. Eine Berechnung und der anschließende Vergleich der Teilungskoeffizienten nach Dunn für andere Clusterzahlen können möglicherweise auch in die Irre führen, sind diese ja auch von der Wahl der Option `memb.exp` abhängig.
```

Ein anderes Kriterium für Clusteranalysen ist nicht zuletzt, wie brauchbar sie sind. Darunter fällt auch die Aufteilung in nicht zu kleine Klassen. Dazu tabellieren wir die Klassenzugehörigkeit.

R

```
> table(fuzzysex$clustering)
```

```
 1  2  3
34 44 36
```

Die Aufteilung in drei Cluster hat zu etwa gleich großen Clustern geführt, ist also durchaus brauchbar. Eine Erhöhung der Clusterzahl auf vier lässt befürchten, dass hauptsächlich eines der drei Cluster in zwei, schon eher kleine Teilcluster aufgeteilt wird. Wir bleiben also bei drei Clustern.

Die Beschreibung der Cluster kann zumindest für die ordinalen Variablen (es geht dabei hauptsächlich um die Einstellung zu Sexualpraktiken) durch Mediane oder mit etwas Bauchweh durch Mittelwerte angegeben werden. Zu deren Berechnung gehen wir wie im vorigen Fallbeispiel vor (siehe Seite 437).

R

```
> cl3 <- list(fuzzysex$clustering)
> clmw <- aggregate(sexualmoral[, 7:18], cl3, mean)
> clmw <- clmw[, -1]
> names(clmw) <- names(sexualmoral[, 7:18])
> round(t(clmw), digits = 1)
```

	[,1]	[,2]	[,3]
petting	1.1	1.0	1.2
oGv	1.0	1.0	1.6
anGv	1.9	1.3	2.8
Fesseln	2.3	1.5	2.7
SaM	3.1	2.0	3.5
selbst	1.2	1.1	1.7
drei	2.8	2.0	3.5
porno	1.8	1.1	2.6
swinger	2.9	1.8	3.5
strip	2.3	1.4	2.9
prostitution	2.9	1.6	2.9
sextoys	1.4	1.1	2.1

Fallbeispiel 36: Sexualmoral: Interpretation des Fuzzy-Clusterns

Für die Einteilung der Studierenden nach ihren Einstellungen zur Sexualmoral wurde ein Fuzzy-Clusterverfahren angewendet.

Eine Aufteilung in drei Cluster ist brauchbar.

Der Teilungskoeffizient ist mit 0.505 nicht sehr hoch (Minimum: $1/3 = 0.333$). Demnach eignen sich die Daten nicht sehr gut für eine Clusteraufteilung (zumindest in drei Cluster).

Schaut man auf die Mittelwerte der Variablen in den drei Clustern, zeigt sich, dass in Cluster 2 die diversen Sexualpraktiken gegenüber Offensten, in Cluster 3 die Ablehnensten enthalten sind.

12.5   R-Befehle im Überblick

aggregate(x, by, FUN) berechnet aus einer Datenmatrix oder einem Data Frame x
Maßzahlen (etwa den Mittelwert), die durch FUN spezifiziert sind, für Teil-
mengen, die durch eine Liste von Gruppierungselementen (etwa Faktoren)
definiert sind.

agnes(x, metric, stand, method) erstellt eine agglomerative hierarchische Clus-
terstruktur. Als Eingabe kann für x die Datenmatrix oder eine Distanzmatrix
dienen. Die weiteren Argumente sind optional und betreffen das Distanzmaß,
ob eine Standardisierung der Variablen gewünscht wird, und welches Ver-
schmelzungsverfahren angewendet werden soll. Die Voreinstellungen sind:
metric = "euclidean", stand = FALSE und method = "average". (cluster)

bannerplot(x) gibt einen Bannerplot für das Ergebnis x eines hierarchischen Clusterverfahrens aus. (cluster)

clara(x, k, metric, stand) berechnet ein Centroid-Verfahren für eine Datenmatrix oder einen Data Frame x, bei dem k Cluster erzeugt werden. Die Voreinstellungen für metric und stand sind gleich wie bei agnes(). (cluster)

cutree(tree, k) liefert die Clusterzugehörigkeit von Beobachtungen nach einem
hierarchischen Clusterverfahren tree für k Cluster.

daisy(x, metric, stand) erstellt aus einer Datenmatrix oder einem Data Frame x
eine Distanzmatrix. Die Voreinstellungen für metric und stand sind gleich
wie bei agnes(). (cluster)

diana(x, metric, stand) führt ein hierarchisches Teilungsverfahren aus. Die Parameter sind denen von agnes() vergleichbar. (cluster)

fanny(x, k, memb.exp) ergibt ein Fuzzy-Clustering für eine Datenmatrix, einen
Data Frame oder eine Distanzmatrix x in k Cluster. memb.exp ist ein Parameter, der mitbestimmt, wie weich die Zuordnung zu Clustern sein kann.
(cluster)

pltree(x) erstellt ein Dendrogramm eines hierarchischen Clusterverfahrens x. (cluster)

12.6 Zusammenfassung der Konzepte

Ziel der Clusteranalyse ist das Aufteilen der Daten in Gruppen (Cluster) ähnlicher Beobachtungen. Ähnlichkeiten von meist hochdimensionalen Beobachtungen werden über Distanz- und Ähnlichkeitsmaße definiert.

Hierarchische Verfahren liefern nicht eine, sondern eine ganze Folge solcher Aufteilungen, von einer ganz feinen bis zu einer ganz groben. Dendrogramme sind bei der Auswahl einer guten Aufteilung in Cluster hilfreich.

Centroid-Verfahren suchen für eine gegebene Clusterzahl aus den Beobachtungen mögliche Zentren für Cluster aus. Auf diese Clusterzentren aufbauend erfolgt die Zuordnung der Beobachtungen zu jenem Cluster, dessen Zentrum der Beobachtung am nächsten liegt (bzw. am ähnlichsten ist).

Bei Fuzzy-Verfahren ist die Zuordnung zu Clustern nicht hart, sondern weich in dem Sinn, dass eine Beobachtung allen Clustern aber mit unterschiedlicher Stärke zugeordnet wird.

- Cluster: Gruppe ähnlicher Beobachtungen
- Distanz- und Ähnlichkeitsmaße: Sie bestimmen, wie Unterschiede bzw. Ähnlichkeiten zwischen Beobachtungen und in der Folge zwischen Clustern gemessen werden.
- Agglomerative hierarchische Verfahren: Ausgehend von Clustern mit nur einer Beobachtung wird durch Verschmelzen von Clustern die Clusterzahl laufend verkleinert.
- Hierarchische Teilungsverfahren: Durch sukzessive Aufteilung von Clustern wird eine immer feinere Aufteilung bis zum Extremfall von lauter Clustern mit nur einer Beobachtung erreicht.
- Dendrogramm: semigrafischer Outputteil bei hierarchischen Clusterverfahren, der sowohl die Übersicht über die einzelnen Fusionsschritte als auch die Auswahl einer passenden Clusterzahl erleichtert.
- Bannerplot: Er bietet wie das Dendrogramm eine Übersicht über die einzelnen Fusionsschritte bei hierarchischen Clusterverfahren.
- Centroid-Verfahren: Meist wird von einer Teilstichprobe ausgehend versucht, Zentren von Clustern zu finden. Die einzelnen Beobachtungen werden anschließend jenem Cluster zugeordnet, dessen Zentrum ihnen am nächsten liegt.
- Fuzzy-Verfahren: Es findet keine feste Zuordnung zu nur einem Cluster statt, sondern Zuordnungen zu mehreren Clustern. Mitgliedskoeffizienten geben die Stärke der Zuordnungen zu den einzelnen Clustern an.

12.7 Übungen

1. **Demografie**

   Wir haben hierarchische Verfahren anhand des Datensatzes mit den Demografiekennzahlen (Datenfile demographie.csv) besprochen.

   - Führen Sie eine hierarchische Clusteranalyse mit den Variablen Fertilityrate und Annualnetmigrationrate ohne Standardisierung durch.
   - Führen Sie dieselbe Analyse nur mit Annualnetmigrationrate aus.
   - Vergleichen Sie die beiden Ergebnisse.

2. **Supermarkt**

   In einer Studie zu Charakteristika von Supermärkten wurden 637 Personen in Wales über die Bedeutung mehrerer Eigenschaften von Supermärkten auf einer Skala, die von 1 (wenig wichtig) bis 5 (sehr wichtig) reichte, befragt (siehe auch Fallbeispiel 31).

   Im Datenfile `smarkt.dat` sind es die Variablen q08a-q08n,q08q-q08v.

   ■ Gibt es unter den Befragten Gruppen mit ähnlichen Erwartungen, was ein Supermarkt bieten soll?

3. **Bewerbungen** Die Daten aus Kendall (1975) beziehen sich auf 48 Bewerbungen um eine Position in einem Unternehmen. Diese Bewerbungen wurden anhand der 15 Variablen im Datenfile `bewerbung.csv` bewertet (je höher der Wert, desto stärker ist die Eigenschaft ausgeprägt).

   ■ Gibt es Gruppen ähnlicher Bewerbungen?

4. **Einschätzung von TV-Kanälen**

   In einer Umfrage im Mai 2008 wurden 229 Personen (mit Kabel-TV- oder Satelliten-TV-Empfang) im Raum Wien zu ihrem TV-Sehverhalten befragt.

   Ein Teil dieser Umfrage zielte darauf ab, Eigenschaften (informativ, sensationslüstern etc.) von Fernsehsendern herauszufiltern.

   Die Antworten zu den Fragen nach Aktualität, kritischer Berichterstattung und politischer Unabhängigkeit sind im Datenfile `tvimage.csv` für die drei Sender ORF1, Pro7 und RTL enthalten.

   ■ Gibt es unter den Befragten Gruppen, die das TV-Angebot ähnlich einschätzen?

Datenfiles sowie Lösungen finden Sie auf der Webseite des Verlags.

Literaturverzeichnis

Becker, R.A., Wilks, A.R., Brownrigg, R., und Minka, T.P. (2010). *maps: Draw Geographical Maps*. R package version 2.1-5.

Bühner, M. (2004). *Einführung in die Test-und Fragebogenkonstruktion*. Pearson Studium, München.

Chajewski, M. (2009). *rela: Scale item analysis*. R package version 4.1.

Crawley, M. (2007). *The R book*. John Wiley & Sons Inc.

Fox, J. und Weisberg, S. (2010). *car: Companion to Applied Regression*. R package version 2.0-2.

Fraley, C. und Raftery, A.E. (2006). *MCLUST Version 3 for R: Normal Mixture Modeling and Model-based Clustering*. (revised in 2009).

Hutcheson, G. und Moutinho, L. (1998). Measuring Preferred Store Satisfaction Using Consumer Choice Criteria as a Mediating Factor. *Journal of Marketing Management*, 14(7):705–720.

Kaufman, L. und Rousseeuw, P. (2005). *Finding Groups in Data: An Introduction to Cluster Analysis. Wiley's Series in Probability and Statistics*. John Wiley and Sons, New York.

Keller, G. und Warrack, B. (1997). *Statistics for Management and Economics*. Duxbury Press, Belmont.

Kendall, M. (1975). *Multivariate Analysis*. Griffin, London.

Kockelkorn, U. (2000). *Lineare statistische Methoden*. Oldenbourg, München.

Leisch, F. (2002). Sweave: Dynamic generation of statistical reports using literate data analysis. In Härdle, W. und Rönz, B., Hrsg., *Compstat 2002 – Proceedings in Computational Statistics*, pages 575–580. Physica Verlag, Heidelberg. ISBN 3-7908-1517-9.

Lemon, J. (2010). Plotrix: a package in the red light district of r. *R-News*, 6(4):8–12.

Ligges, U. (2008). *Programmieren mit R*. Springer.

Maechler, M., Rousseeuw, P., Struyf, A., und Hubert, M. (2005). *Cluster analysis basics and extensions*. R by Kurt Hornik and Martin Maechler. R package version 1.12.3.

Meyer, D., Zeileis, A., und Hornik, K. (2010). *vcd: Visualizing Categorical Data*. R package version 1.2-9.

Murrell, P. (2005). *R Graphics*. Chapman & Hall/CRC.

Pavlidis, I., Eberhardt, N., und Levine, J. (2002). Seeing through the face of deception. *Nature*, 415:6867.

R-core members, DebRoy, S., Bivand, R., et al. (2010). *foreign: Read Data Stored by Minitab, S, SAS, SPSS, Stata, Systat, dBase, ...* R package version 0.8-40.

R Development Core Team (2010). *R: A Language and Environment for Statistical Computing*. R Foundation for Statistical Computing, Vienna, Austria. ISBN 3-900051-07-0.

Revelle, W. (2010). *psych: Procedures for Psychological, Psychometric, and Personality Research*. Northwestern University, Evanston, Illinois. R package version 1.0-90.

Rosenfeld, J. (2002). Event-related potentials in the detection of deception, malingering, and false memories. In Kleiner, A., Hrsg., *Handbook of polygraph testing*, pages 265–286. Academic Press, New York.

Verzani, J. (2010). *UsingR: Data sets for the text Using R for Introductory Statistics*. R package version 0.1-13.

Index

Der Schrifttyp der Schlagworte folgt den im Buch verwendeten Schrifttypen, die in Kapitel 1 detailliert dargestellt sind. Zur besseren Lesbarkeit haben wir hier R-Funktionen und R-Packages blau dargestellt. Beispiele sind subset() für eine Funktion und vcd für ein Package. Die blauen Seitenzahlen geben an, wo eine Funktion in den Abschnitten „R-Befehle im Überblick" (am Ende jedes Kapitels) beschrieben wird.